Polymorphism and the controlling technology in crystallization

多形現象と制御技術

―― 晶析と多形の基礎から多形制御の実際まで ――

北村 光孝 著

NTS

はじめに

　結晶多形 (polymorph) とは、同一化合物でありながら、結晶中の分子配列が異なるものである。無機、有機化合物を問わず、多くの多形が知られているが、さまざまな分析法の進歩とともに、医薬の分野をはじめ、近年ますます多くの多形が報告されている。溶媒和物（水の場合は水和物）結晶は疑似多形と呼ばれ、結晶多形に順じた取り扱いがされる。また、筆者らは、包接結晶（超分子、cocrystal）についても、以前から多形としての取り扱いを行ってきた。本書では、これらの結晶を含めて多形と称し、これらの結晶が関係する現象を「結晶多形現象」と呼ぶ。これら多形は構造の違いによって、さまざまな物理化学的性質が異なる。医薬では、溶解度や溶解速度の違いにより bioavailability が異なるため、その認可において重要な問題となっている。また、結晶のモルフォロジー、粒径、純度などが変化するため、固液分離特性、パッキング、ハンドリング特性などが影響を受ける。さらに、多形では自由エネルギーの違いにより、準安定形から安定形への転移が起こる。これは製剤化工程や貯蔵中の結晶の安定性を損なう原因にもなる。このため、多形制御は、材料開発においてきわめて重要な基盤技術である。

　これら多形は、一般に溶液中からの結晶の析出（晶析）により形成されるが、過飽和溶液中で溶質が凝集し、クラスターの形成を経て核発生が起こり、結晶（多形）が成長する。この過程では、溶液構造から固液界面、さらには結晶構造までの境界領域的な多くの問題が含まれる。また多形現象には、溶質のコンフォーメーションに関連して、さまざまな分子間相互作用や溶媒和構造などが関係する。最近では多形に関する報告も急速に増え、特にコンピューターシミュレーションに関連した研究が目立っている。しかし、多形現象への対処には、やはり実験による検討が依然として重要である。さらに、多形現象を深く理解するには、さまざまな物質系の多形現象における共通因子や、それぞれのメカニズムを明らかにする必要がある。この観点から、筆者は、各種物質について系統的に検討を行い、国際論文誌を中心に報告を行ってきた。本書は、これまでの研究結果を系統的にまとめたもので、第1～3章は基礎編、第4～13章はトピックスを中心とした応用編となっている。基礎編では晶析（第1章）、添加物問題（第2章）ならびに多形現象の基礎（第3章）について解説を行っている。第4章においては、多形制御因子とメカニズムについての考え方を示し、第5章以降では、晶析操作方法に関連づけて、冷却晶析（第5章　アミノ酸）、反応晶析（第7章　炭酸カルシウム）、貧溶媒晶析（第8章　医薬）、分子間化合物の晶析（第11章）、超臨界流体を用いた晶析（第13章）など、さまざまな晶析操作のなかでの多形現象と制御因子について、詳しく紹介する。さらに、重要な多形制御因子でありトピックスでもある

添加物効果（第6章）、溶媒効果（第10章）、分子構造と多形現象の相関（第9、10章）、および種品効果と界面の影響（第12章）などについて、新たな知見を加えた解説を行っている。また、本書では、理解を助けるために生のデータ図（筆者の論文に掲載）を多く採用した。これらの内容が、読者の研究や仕事の一助になれば幸いである。

これまでを振り返ると、恩師をはじめ多くの方々のお力添えを頂いた。京都大学工学部修士課程では中西浩一郎教授に溶液論や熱力学の、京都大学博士学位の取得に当たっては渡辺信淳教授に界面化学、電気化学の御指導を頂いた。また、晶析工学の研究を始めるきっかけを、広島大学工学部の中井 資教授に頂いた。助手となって間もなく、1年半の留学で滞在したロンドン大学生物化学工学科では、J. W. Mullin教授に熱心な討論を連日のようにして頂いた。ワルシャワで工業晶析国際会議があった際、ポーランド科学アカデミー物理科学研究所長のJ. Lipkowski教授が、何の前触れもなく空港まで車で迎えに来られ、研究所を案内してくださった。その後日本にも来られた。また、ハワイでの環太平洋国際会議の際には、オランダデルフト工科大学プロセス研究所長のP. Jansens教授から客員教授の招聘を受け、何度もデルフトでお世話になった。また、英国マンチェスター理工科大学のJ. Garside教授には、ブリティッシュカウンシルを通じたご援助を何度か頂きマンチェスターに滞在した。デルフト工科大学から英国ストラスクライド大学に移られたJ. Horst教授にも、お世話になった。これらの方々とは共著の論文もあり、それぞれの出会いは、筆者の研究人生においてかけがえのないものである。改めて心からの感謝を申し上げる。また、これまでの研究成果は、広島大学工学部と兵庫県立大学工学部でなされたが、大学内外でお力添えをして頂いた方々、研究室で共に実験に頑張ってくれた学生諸君らにも、深くお礼を申し上げたい。そして、日本粉体工業技術協会晶析分科会、化学工学会晶析技術分科会、日本結晶成長学会、日本化学会有機結晶部会などの学会を通してお世話になった方々、共同研究を通じてお世話になった企業の方々に心からお礼申し上げる。最後に、これまで常に私をサポートし、支えてくれた妻幸枝にも感謝の意を表したい。

（本書は2010年に出版した「多形現象のメカニズムと多形制御」（IPC刊）に、新たな論文や知見を加筆し大幅に編集し直し、新訂版として出版するものである。）

2018年3月

北村光孝

はじめに

基礎編 ... 1

第1章 晶析の基礎 ... 3
- 1.1 固液平衡（共晶系と固溶体系） ... 3
- 1.2 溶解度と粒径の関係 ... 5
- 1.3 晶析法（過飽和生成法） ... 6
- 1.4 結晶の析出過程 ... 7
  - 1.4.1 核発生のメカニズム ... 8
  - 1.4.2 結晶成長のメカニズム ... 11
  - 1.4.3 結晶のモルフォロジー ... 15
  - 1.4.4 成長速度の粒径依存性とGrowth rate dispersion ... 15
- 1.5 実際の撹拌槽中での結晶の核発生と成長過程（硫酸アンモニウム） ... 16
  - 1.5.1 2次核の発生と成長挙動 ... 16
  - 1.5.2 2次核の成長速度 ... 18
  - 1.5.3 成長速度の粒径依存性と原因 ... 19

第2章 晶析における添加物効果の基礎と実際 ... 23
- 2.1 添加物（不純物）効果の基礎 ... 24
- 2.2 結晶の析出過程における添加物効果の実際 ... 26
  - 2.2.1 結晶中への類似化合物の混入挙動と原因（OCBA-BA-トルエン3成分系） ... 26
  - 2.2.2 固溶体系での析出速度と結晶組成の関係（K-alum＋NH_4-alum 系など） ... 35
  - 2.2.3 イオンの吸着による成長阻害 （硫酸アンモニウム-Cr^{3+}イオン系） ... 36

第3章 結晶多形現象の基礎 ... 38
- 3.1 多形の分析と溶解度の測定方法 ... 40
- 3.2 多形の熱力学と溶解度 ... 40
- 3.3 多形の析出過程 ... 43
  - 3.3.1 多形の核発生 ... 43
  - 3.3.2 多形の成長過程 ... 44
  - 3.3.3 転移過程 ... 44
- 3.4 溶媒和物と包接結晶多形の熱力学的安定性と転移 ... 46
- 3.5 固相転移速度の検討 ... 48

応用編　　　　　　　　　　　　　　　　　　　　　　　　　　　　　55

第4章　多形制御因子とメカニズム ･･････････････････････････････ 57

4.1　多形制御因子の種類 ･･ 57

4.2　晶析法と多形制御因子 ･･････････････････････････････････････ 58

4.3　多形析出における制御因子の役割とメカニズム ･･････････････････ 58

4.4　多形制御因子の分離 (例：冷却晶析における温度と過飽和度) ･･････ 60

第5章　アミノ酸の多形現象と多形制御 ･･････････････････････････ 62

5.1　L-グルタミン酸の多形現象と制御因子 ･････････････････････････ 62

　5.1.1　多形の溶解度と析出メカニズム ････････････････････････ 62

　5.1.2　多形単一結晶の成長メカニズムとモルフォロジー変化 ･････ 68

　5.1.3　結晶成長表面の AFM 観察 ････････････････････････････ 78

5.2　L-ヒスチジンの多形現象と制御因子 ･･･････････････････････････ 80

　5.2.1　多形の析出と転移挙動 ･･･････････････････････････････ 80

　5.2.2　転移過程の速度解析 ･････････････････････････････････ 84

第6章　多形現象における添加物効果 ････････････････････････････ 87

6.1　L-グルタミン酸 (L-Glu) 多形の回分晶析における添加物効果 ･･････ 88

6.2　L-グルタミン酸多形の結晶成長における添加物効果のメカニズム ･･ 90

　6.2.1　α 形結晶成長速度への L-Phe の影響 ･･････････････････ 91

　6.2.2　β 形結晶成長速度への L-Phe の影響 ････････････････ 94

　6.2.3　添加物効果のメカニズムと速度解析 ･･････････････････ 96

6.3　種々のアミノ酸添加物による L-グルタミン酸 α 形成長阻害と混入メカニズム ･･･････ 101

　6.3.1　アミノ酸添加物のアルキル置換基の大きさの影響 (第1系列) ････････････ 102

　6.3.2　アミノ酸添加物の環状置換基の大きさの影響 (第2系列) ･････････････ 113

第7章　反応晶析における多形現象と制御因子 ･･････････････････ 120

7.1　$CaCl_2$＋$NaCO_3$ 系における炭酸カルシウム結晶多形の析出 ････ 123

　7.1.1　純粋系からの析出挙動 ･･･････････････････････････････ 124

　7.1.2　マグネシウムイオンの添加物効果と結晶中への混入メカニズム ･･ 131

　7.1.3　多形の析出における温度効果 ･････････････････････････ 134

7.2　$Ca(OH)_2$-Na_2CO_3 系での多形現象と制御 ･･･････････････････ 137

　7.2.1　反応晶析の実験装置および方法 ･･･････････････････････ 138

　7.2.2　均一系での多形の析出挙動 ･･････････････････････････ 139

　7.2.3　不均一系での多形の析出挙動 ･････････････････････････ 140

　7.2.4　$Ca(OH)_2$-Na_2CO_3 系での温度効果とメカニズム ･･･････ 155

第8章　貧溶媒晶析における多形現象と制御因子 ･････････････････ 158

8.1　BPT 多形の溶解度、転移挙動に及ぼす溶媒組成ならびに温度の影響 ･･ 159

8.2　貧溶媒晶析における多形の析出メカニズムと制御因子 ･････････････ 168

ii

目　次

8.3　BPT 多形の貧溶媒晶析における温度効果　‥‥‥‥‥‥‥‥‥‥‥‥‥‥‥　177

第 9 章　分子構造（置換基）と結晶構造ならびに多形現象の相関　‥‥‥‥‥‥　183

9.1　アミノ酸の分子構造と多形現象の相関　‥‥‥‥‥‥‥‥‥‥‥‥‥‥‥‥‥　184

9.2　BPT エステル（BPT-est(CN)）の結晶構造と多形現象に及ぼす
　　　アルキル基サイズの影響　‥‥‥‥‥‥‥‥‥‥‥‥‥‥‥‥‥‥‥‥‥‥‥　186

　　9.2.1　BPT-est(CN) の合成と実験方法　‥‥‥‥‥‥‥‥‥‥‥‥‥‥‥‥‥　186

　　9.2.2　Pr-est(CN) 多形のモルフォロジーと析出挙動　‥‥‥‥‥‥‥‥‥‥‥　187

　　9.2.3　Pr-est (CN) 多形の結晶構造　‥‥‥‥‥‥‥‥‥‥‥‥‥‥‥‥‥‥　189

　　9.2.4　Me-est(CN) の析出挙動ならびに結晶構造　‥‥‥‥‥‥‥‥‥‥‥‥　192

　　9.2.5　i-But-est(CN) 多形の析出挙動ならびに結晶構造　‥‥‥‥‥‥‥‥‥　193

　　9.2.6　アルキル基サイズ－結晶構造－多形現象の相関　‥‥‥‥‥‥‥‥‥‥　197

9.3　水素置換体（BPT-est (H)）の結晶構造と多形現象　‥‥‥‥‥‥‥‥‥‥‥　199

　　9.3.1　BPT-est(H) の合成と実験方法　‥‥‥‥‥‥‥‥‥‥‥‥‥‥‥‥‥　199

　　9.3.2　Me-est(H) の晶析挙動と結晶構造　‥‥‥‥‥‥‥‥‥‥‥‥‥‥‥　200

　　9.3.3　Pr-est(H) の晶析挙動と結晶構造　‥‥‥‥‥‥‥‥‥‥‥‥‥‥‥　202

　　9.3.4　i-But-est(H) の晶析挙動と結晶構造　‥‥‥‥‥‥‥‥‥‥‥‥‥‥　203

9.4　CN 基とアルキル基サイズが結晶構造と多形現象に及ぼす要因　‥‥‥‥‥　204

9.5　BPT の多形現象における COOH 基の効果　‥‥‥‥‥‥‥‥‥‥‥‥‥‥‥　204

第 10 章　多形現象における溶媒効果ならびに分子構造との相関　‥‥‥‥‥‥　206

10.1　L-ヒスチジン（L-His）多形の析出挙動における溶媒効果とメカニズム　‥‥‥　206

　　10.1.1　多形の析出および転移挙動における溶媒組成の影響　‥‥‥‥‥‥‥‥　207

　　10.1.2　多形析出挙動と成長速度の相関　‥‥‥‥‥‥‥‥‥‥‥‥‥‥‥‥‥　208

　　10.1.3　多形析出における溶媒効果のメカニズム　‥‥‥‥‥‥‥‥‥‥‥‥‥　212

10.2　BPT 多形の析出における溶媒効果とメカニズム（冷却晶析）‥‥‥‥‥‥‥　213

　　10.2.1　各純溶媒からの析出における溶媒効果　‥‥‥‥‥‥‥‥‥‥‥‥‥‥　213

　　10.2.2　混合溶媒からの析出における溶媒組成の影響　‥‥‥‥‥‥‥‥‥‥‥　221

　　10.2.3　析出挙動に及ぼす溶媒効果のメカニズム　‥‥‥‥‥‥‥‥‥‥‥‥‥　223

10.3　BPT エステル多形の析出挙動への溶媒効果と分子構造との相関　‥‥‥‥‥　223

　　10.3.1　アルキル基サイズの異なる BPT エステル多形の各種溶媒中での析出挙動‥‥‥‥　223

　　10.3.2　各種溶媒中におけるアルキル基サイズとモルフォロジーの関係　‥‥‥‥‥‥　230

　　10.3.3　アルキル基サイズと多形現象の相関ならびに溶媒効果のメカニズム　‥‥‥‥　230

　　10.3.4　各種溶媒中での BPT と BPT エステルの多形現象比較
　　　　　　（COOH 基の存在と溶媒効果）‥‥‥‥‥‥‥‥‥‥‥‥‥‥‥‥‥‥　234

　　10.3.5　CN 基の存在と溶媒効果の関係　‥‥‥‥‥‥‥‥‥‥‥‥‥‥‥‥‥　235

10.4　BPT エステルの転移ならびに成長速度解析と溶媒効果メカニズム　‥‥‥‥　237

　　10.4.1　転移速度に及ぼす溶媒効果の測定　‥‥‥‥‥‥‥‥‥‥‥‥‥‥‥‥　237

　　10.4.2　安定形の成長速度解析と溶媒効果のメカニズム　‥‥‥‥‥‥‥‥‥‥　239

iii

第11章　包接結晶の多形現象と制御因子 ··· 242

11.1　Ni 錯体ホスト包接結晶の多形現象 ··· 244

11.1.1　キシレン異性体の分子認識と包接結晶多形現象 ··················· 244

11.1.2　1-、2-メチルナフタレン異性体の分子認識と包接結晶多形現象 ······ 254

11.2　ジオール系ホスト（DHC）包接結晶の分子認識と多形現象 ··············· 276

11.2.1　d-リモネン包接結晶の析出挙動と徐放化 ························· 276

11.2.2　2-アセチルナフタレンの包接化における溶媒効果 ··············· 277

11.3　TEP ホスト包接結晶の多形現象と殺菌剤の徐放化 ······················· 284

11.3.1　転移による殺菌剤徐放化メカニズム ····························· 285

11.3.2　包接結晶溶解における濃度変化の動的メカニズムならびに温度効果 ···· 292

11.3.3　包接結晶多形の析出挙動と溶液組成の関係 ······················· 300

第12章　多形制御における種晶効果および界面、超音波の影響 ·················· 305

12.1　L-グルタミン酸多形の析出における界面の影響 ··························· 306

12.2　L-ヒスチジン（L-His）多形の種晶効果と 2 次核発生メカニズム ··········· 307

12.3　貧溶媒晶析での種晶効果と 2 次核発生メカニズム ························· 308

12.3.1　313 K での種晶効果と制御因子の影響 ··························· 309

12.3.2　333 K における種晶効果と転移速度 ···························· 311

12.3.3　多形の種晶効果と 2 次核発生のメカニズム ····················· 312

12.4　貧溶媒晶析での多形の析出における超音波の効果 ························· 313

12.5　Ni 錯体包接結晶多形の種晶効果と 2 次核発生メカニズム ················· 315

12.5.1　1-および 2-メチルナフタレン系における種晶効果 ··············· 316

12.5.2　異性体混合系からの異性体分離に及ぼす種晶効果 ··············· 317

第13章　超臨界流体を用いる晶析による粒径ならびに多形制御 ················· 321

13.1　超臨界流体晶析装置および実験方法 ···································· 322

13.2　GAS 法における加圧法と析出結晶の粒径 ······························· 323

13.2.1　段階的加圧法 ··· 324

13.2.2　急速加圧法 ··· 325

13.2.3　2 段圧力変化法 ··· 325

13.3　GAS 法における多形の析出挙動 ······································· 326

13.4　PCA 法における操作因子と粒径変化 ··································· 327

13.4.1　実験装置と方法 ··· 327

13.4.2　エタノール溶液供給後のセル内の相挙動 ······················· 328

13.4.3　ノズル径や溶液流量による影響 ······························· 328

13.4.4　結晶粒径変化のメカニズム ··································· 331

おわりに ·· 332

文献 ·· 333

索引 ·· 341

iv

基礎編

第1章　晶析の基礎

第2章　晶析における添加物効果の基礎と実際

第3章　結晶多形現象の基礎

基礎編

第1章 晶析の基礎

多形を含めほとんどの結晶は、通常溶液中からの析出（晶析）によって出現する。この結晶の析出や多形現象の取り扱いは、化学、熱力学、化学工学、晶析工学、結晶学、溶液論など幅広く境界領域的な学問分野にわたって行われる。なかでも、固体の析出操作の基本となるのは熱力学や晶析工学である。本章では、まず固体2成分系における共晶系と固溶体系の存在や、固液平衡に対する熱力学的な考え方を説明する。次いで、溶液中からの結晶の析出に関連して、固液平衡物性である溶解度と過飽和度の意義や表現法、そして析出過程の基礎である核発生と結晶成長、ならびにそのメカニズムについて述べる。核発生では均一核発生、不均一核発生、2次核発生について、また結晶成長では、コッセルモデル、拡散モデル、2次元核発生モデルなどについて詳しく説明する。さらに、本章では実際の核発生と成長の研究例として、撹拌槽中で核発生した硫酸アンモニウムの、微粒子群の成長過程に着目した研究例を紹介する。

1.1 固液平衡（共晶系と固溶体系）

晶析すなわち結晶の析出現象は、非平衡な過飽和の状態で起こる。このとき、平衡からのずれが晶析現象における推進力であり、これは固液平衡曲線からの差（濃度の場合は過飽和度 ΔC、温度の場合は過冷却度 ΔT がこれに対応する）として表わされる。このため、晶析操作においては固体と液体の平衡関係は極めて重要である。固液平衡関係を表わす相図は、成分の数によりその表現方法が異なるが、2成分系においてはナフタレン－ベンゼン系で知られるような共晶系と、ナフタレン－アントラセン系のような固溶体系に大きく分かれる[1]。これは結晶中への添加物（不純物）の混入の問題に直結する、きわめて重要な問題である。図1-1(a)にはa、bを融点とするA、B、2成分共晶系の相図を示している。この系では溶液を冷却すると、cの共晶点より左側の溶液組成ではB成分が、また右側の溶液組成ではA成分が析出し、それぞれ純粋な結晶が得られる。結晶の析出とともに溶液組成はc点に近づくことになり、やがてA、B、2成分の混合物が析出する。一方、図1-1(b)に示す固溶体系では、Pの溶液を冷却するとc点で析出が始まり、d点では破線の両端で表わされる固相と液相が析出する。この固相は液相と同様に、2成分が分子オーダーで混合したものである。またe点で結晶化は終了し、すべて固相となる。そのとき析出する固相組成は、破線の左端の点で表わされる。このように、固溶体系では2成分が混合した結晶が析出し、その成分は晶析過程で変化する。

このため、通常の晶析操作で純粋な成分を得ることは、きわめて難しい。ここで、成分（i）の固体と液体のケミカルポテンシャルを μ_i^S、μ_i^L とすると、固液平衡条件下ではこれらケミカルポテンシャルが等しいとおけるので、次式が成立する。

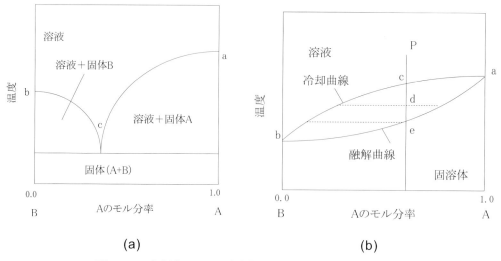

図1-1 2成分系での共晶系 (a) と固溶体系 (b) の固液平衡図

$$\mu_i^L = \mu_i^S \tag{1-1}$$

これらは液体と固体の活量、a_i^L と a_i^S を用いてそれぞれ次式で表わされる。

$$\mu_i^L = \mu_i^{0L} + RT \ln a_i^L \tag{1-2}$$

$$\mu_i^S = \mu_i^{0S} + RT \ln a_i^S \tag{1-3}$$

また、a はモル分率 X と活量係数、γ の積で与えられる。ここで、純固相では $a_i^S=1$ とおける。

$$a_i = \gamma_i X_i$$

(イオン性化合物では、活量係数は Debye-Hukel 理論[2])によって表現される。)
非理想系の共晶系では、各成分について次の固液平衡式が成立する。

$$\ln \gamma_i X_i = -\frac{\Delta H_{im}}{RT}(1 - \frac{T}{T_{im}}) + \frac{\Delta C_{ip}}{R}(\frac{T_{im}}{T} - 1) - \frac{\Delta C_{ip}}{R} \ln T_{im}/T \tag{1-4}$$

ただし、T は温度、T_{im} は純粋な i 成分の融点、ΔH_{im} は T_{im} における融解熱、ΔC_{ip} は液体と固体の定圧モル熱容量の差である。

理想溶液においては、活量はモル分率で表わした溶液濃度 (X) で置き換えることができる (γ =1)。これは、次式の van't Hoff 式としてよく用いられる[3])。

$$\ln X_i = \frac{\Delta H_{im}}{R}(\frac{1}{T_{im}} - \frac{1}{T}) \tag{1-5}$$

一方、固溶体系では、常に成分の混合物よりなる結晶が析出する(結晶の混合物ではない)

が、分子の相対的な大きさによって置換型と侵入型固溶体がある。

固溶体系では、i 成分の固液平衡関係（非理想系）は次式で表わされる。

$$\ln \frac{a_i^L}{a_i^S} = \frac{\Delta H_{im}}{R}\left(\frac{1}{T_{im}} - \frac{1}{T}\right) \tag{1-6}$$

晶析操作は通常共晶系で行われ、このため純粋な結晶が得られるが、後で例を示すように共晶系と考えられていても、不純物が固溶体を形成して結晶中に取り込まれる場合もある。固溶体系の例として、$KAl(SO_4)_2 \cdot 12H_2O(1) + NH_4Al(SO_4)_2 \cdot 12H_2O(2) + H_2O(3)$ の3成分系の固液平衡図を図1-2に示す。この系では、水溶媒の中で1と2の成分が固溶体を形成して析出する。固溶体の組成と水溶液の組成がタイラインで表わされるが、連続的に変化することがわかる。筆者ら[4]は、この系について連続晶析法（Mixed Suspension Mixed Product Removal：MSMPR）により、固溶体結晶の成長速度と組成の関係について検討を行っている。

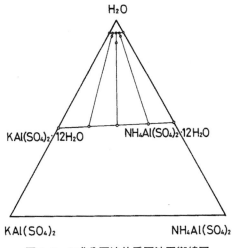

図1-2　3成分固溶体系固液平衡線図

実際の固液平衡はもっと複雑なものが多く、たとえば共晶型のなかには、単純共晶系のほかに後述（第2章）の o-クロル安息香酸（O-chlorobenzoic acid Benzoic acid：OCBA）-安息香酸（Benzoic acid：BA）-トルエン系[5]のような部分固溶体を形成するものや、分子間化合物を形成するものなどがある。また、上記の系は溶媒を含む3成分系であるが、溶媒-溶質の2成分系では、一般にその固液平衡関係は溶解度-温度曲線として、図1-3の実線のように表わされる。なお、溶解度の測定方法については、後述の第3章3.1の多形の溶解度測定方法と同様である。

1.2　溶解度と粒径の関係

溶液中固体の溶解度は、粒径が十分小さくなると固液間の界面エネルギーの増加の影響を受け、粒径により変化するようになる。粒径（L）と平衡にある溶液濃度（$c(L)$）との関係は次式で

表わされ、Gibbs–Kelvin あるいは Gibbs–Thomson 式[6,7]などとして知られている。

$$\ln\left(\frac{c(L)}{c^*}\right) = \frac{4M\gamma}{RT\rho_s L} \tag{1-7}$$

ここで、c^*は通常の溶解度、Mは分子量、ρ_sは固体密度、γは界面エネルギー[7]を示す。

　この関係から結晶粒径 L が減少すると、それに対応する平衡濃度 c(L) は増加することがわかる。しかし、実際には界面エネルギーの値によるが、ミクロンオーダー以下の粒径にしかこの効果は現れない。この例として、硫酸アンモニウム結晶の場合について後述する。また、いわゆるオストワルドライプニング効果は、この粒径による平衡濃度の違いが原因で起こる現象である。すなわち、通常の過飽和溶液にありながら、微小粒径では溶解が起こり、粒径の大きな結晶はさらに成長を続けることになる。

1.3 晶析法（過飽和生成法）

　晶析法は、過飽和あるいは過冷却状態を生成する方法により分類される。代表的なものとして、冷却法、蒸発法、貧溶媒添加法あるいは反応法がある。また、比較的特別な場合に用いられる方法として、塩析、アダクト晶析、高圧晶析、超臨界流体を利用した RESS（Rapid Expansion of Supercritical Solutions）法や GAS（Gas Antisolvent Method）法などがある。以下にはこれらの概要を述べる。

a. 冷却晶析

　溶解度の温度依存性が大きい場合、未飽和溶液の冷却により結晶を析出させる方法が多用される。温度 T_1 の飽和溶液を温度 T_2 まで冷却すれば、溶解度差（$T_1 - T_2$）に応じた結晶が析出する。急激な 2 次核発生などが起こりにくく、粒径の大きな結晶を創製する場合に有利だと思われる。しかし、一般に冷却速度が大きいほど、核発生の起こる温度は低くなり、過飽和度が大きくなる。このため、冷却速度が大きくなると粒径は小さくなる傾向にある（第 4 章 4.4 参照）。

b. 蒸発晶析

　溶質の溶解度が温度によってあまり変化しない場合、溶媒を蒸発除去することによって過飽和状態を生成することができる。ただし、この方法では蒸発晶析装置が必要となる。溶液の蒸発面で過飽和度は最大となり、気液界面で核発生が急激に起こり、結晶が析出する。このため、凝集晶が析出したり、壁面やインペラーでスケーリングが起こりやすい。また、蒸発潜熱が大きいため、エネルギー的には不利な面がある。一方で、蒸発により冷却晶析では得られない収率を上げることが可能である。第 2 章 2.2.1 の o-クロル安息香酸（OCBA）-安息香酸（BA）-トルエン系では、トルエンを蒸発除去することによって晶析を行い、析出する結晶組成と溶液組成の相関性をみている。

c. 貧溶媒晶析

　貧溶媒を添加することにより溶質の溶解度を低下させ、結晶を析出させる方法である。溶解度の温度依存性が小さかったり、溶質が温度を上げることによって分解したりする場合などに有効

である。室温付近での操作が可能であり、貧溶媒の使用により収率を上げることができるので、種々の薬品関連の晶析で用いられている。ただし、この方法の欠点として、添加した溶媒を分離回収するプロセスが必要になる。第8章では、医薬結晶について貧溶媒晶析による検討を行っている。

d. 反応晶析

それぞれ反応物質を含む溶液を混合させることにより、結晶を析出させる方法である。多くの難溶性の有機、無機化合物で用いられている。典型的な例として、無機物では第7章で述べる炭酸カルシウムや硫酸バリウムなど、また有機物ではL-グルタミン酸ソーダや多数の医薬中間体などがある。多くの場合、急激な反応が起こるため微粒子が得られる。これに対して、反応速度がきわめて遅い場合には、溶液中でゆっくりと析出させる均一沈殿法もある。これは過飽和を溶液全体にわたって均一に生じさせ、粒径を制御する1つの方法として用いられる。

e. アダクト晶析

ホスト化合物とゲスト分子が、分子間化合物である包接結晶（超分子、co-crystal）を形成することを利用して晶析を行う方法である[8]。第11章で詳述するが、包接結晶にはクラウンエーテルやシクロデキストリンなどのように、巨大分子で単一分子中に空孔を有しそこにゲスト分子を閉じ込めたものと、ホストとゲストが晶析過程で3次元構造体を形成し析出するものに分けられる。これらいずれの場合も、包接結晶はゲスト分子に対する分子認識性能が高く、これを利用した異性体分離や、包接結晶の特性を生かした機能性結晶の開発などへの応用が期待される。

f. 高圧晶析

高圧を系に付加することにより固液平衡関係を変化させ、過飽和を生成させ結晶を析出させる方法である。圧力の伝播速度が速いため、均一な過飽和状態がほぼ瞬間的に達成される[9]。この方法は省エネルギー操作であるが、きわめて高圧の装置が必要となり、装置のスケールアップは難しい。

g. 超臨界流体晶析

超臨界流体を用いる晶析法であり、超臨界流体を貧溶媒として用いる方法（GAS法、PCA（Precipitation with a Compressed Antisolvent）法）、良溶媒として用いる方法（RESS法）などが知られている[10]。この方法の長所は、圧力操作により過飽和度を変化させ、結晶を析出させることができること、また室温付近の省エネルギー操作が可能であることなどである。しかし、欠点として高圧装置が必要であり、スケールアップが困難であることなどがあげられる。筆者らは第13章で示すように、無毒で分離が容易な二酸化炭素の超臨界流体を貧溶媒として用い、医薬品の一種であるスルファチアゾールをGAS法およびPCA法により析出させ、検討を行っている。

1.4 結晶の析出過程

図1-3に示すように、未飽和領域にあるaの溶液を冷却していくと、その飽和濃度（実線との交点）に達してもすぐには結晶の析出は起こらず、温度Tで一定の過飽和に達して（b）、はじめて核発生が起こる。このような点を実験的に求めて結ぶと破線が得られ、これを「過溶解度曲線」

と称する。しかし、この過溶解度曲線は冷却速度、撹拌速度、溶液体積、あるいは溶液の純度などによっても変動するもので、熱力学的な平衡値ではない。実線と破線の間の領域を準安定領域と称し、晶析操作はこの領域で行われる。この準安定領域幅は晶析装置のスケールによっても変化し、一般にスケールの大きな工業装置の方が実験室での値よりも大きいことが知られている。

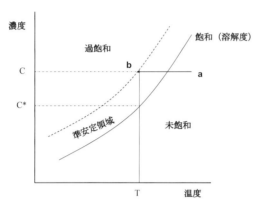

図 1-3　結晶の溶解度と準安定領域

図 1-3 の b 点において結晶が析出をはじめ、温度の低下とともに濃度は減少し、やがて溶解度に達する。この結晶の析出（晶析）過程ではまず溶質が凝集し、核発生が起こり、続いて結晶が成長する。

　　　結晶の析出過程　＝　溶質の凝集　＋　核発生　＋　結晶成長

ここで、温度 T での過飽和度の大きさを表わすために以下の 3 種の表示法がある。

・過飽和度（supersaturation degree）：　　$\Delta c = c - c^*$　　　　　　　　　　　　　（1-8）

・過飽和比（supersaturation ratio）：　　$S = c/c^*$　　　　　　　　　　　　　　　　（1-9）

・相対過飽和度（relative supersaturation）：　　$\sigma = S - 1 = (c - c^*)/c^*$　　　　　（1-10）

Δc は一般的によく用いられる。これに対し、後で述べるように S は核発生速度式、また、σ は結晶成長速度式のなかでよく用いられる。

1.4.1　核発生のメカニズム

　結晶の析出では溶質が凝集し核発生が起こるが、図 1-4 に示すように、核発生には、1 次核発生（primary nucleation）と 2 次核発生（secondary nucleation）があり、1 次核発生はさらに均一核発生（homogeneous nucleation）と不均一核発生（heterogeneous nucleation）に分かれる[6]。均一核発生は溶液中からの 3 次元核の発生であり、核発生理論はこの核発生に関して発展してきた。不均一核発生は、溶液中に存在する異物や器壁の界面などで起こる 2 次元の核発生である。また、2 次核発生は溶液中に存在する母結晶を種晶として起こるものであるが、後述のように、

これまで種々のモデルが提案されてきた。工業晶析操作は懸濁溶液中で行われるので、実際には2次核発生の速度が重要となるが、この機構にはまだ不明の部分が多い。

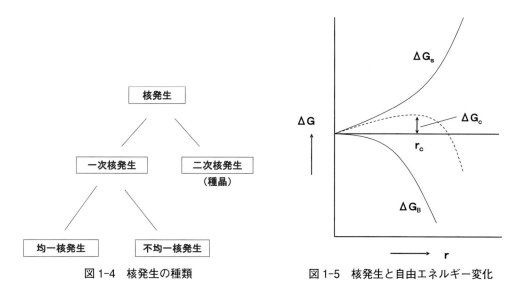

図1-4　核発生の種類　　　　　図1-5　核発生と自由エネルギー変化

（1）均一核発生

非平衡にある過飽和溶液中では、溶質分子は会合と解離を繰り返しており、胚種（クラスター）が形成されていると考えられる。Volmerらの古典的理論によれば、溶質の連鎖的な付加反応によりクラスターが形成され、ついには結晶に成長することのできる臨界サイズ（臨界核）に達するとして説明される[6]。このときクラスターの形成は、溶質が単一分子で存在していた状態と比較すると、バルクの自由エネルギーの減少 ΔG_B と固液界面の形成による自由エネルギーの増加 ΔG_S を伴うことになる。各自由エネルギーと粒径 r の関係を図1-5に示す。クラスター形成における全体としての自由エネルギー変化 ΔG は次式で与えられる。

$$\Delta G = \Delta G_S + \Delta G_B = \beta L^2 \gamma + \alpha L^3 \Delta G_v \tag{1-11}$$

ただし、β は表面積形状係数、α は体積形状係数であり、γ は界面エネルギー、L は粒径、ΔG_v は単位体積当たりの固体と溶液中の溶質の自由エネルギー差を示す。

ここで、クラスターの形状を球と仮定すれば、半径 r の固体が溶液中で形成されるときの自由エネルギー変化 ΔG は、次式で与えられる。

$$\Delta G = 4\pi r^2 \gamma + \frac{4}{3}\pi r^3 \Delta G_v \tag{1-12}$$

上式で ΔG は極大値をもつ関数であり、この極大値の条件（$dG/dr = 0$）から臨界核の半径 r_c（図1-5）として、次式が得られる。

$$r_c = \frac{-2\gamma}{\Delta G_v} \tag{1-13}$$

一方、ΔG_v は溶液濃度 $c(\mathrm{r})$ と溶解度 c^* を用いて次式で表わされる。

$$\Delta G_v = RT \ln(c/c^*)/v \tag{1-14}$$

v は結晶のモル容積を示す。

ここで、核発生速度 J は、頻度因子 A および臨界核を形成するための自由エネルギー、ΔG_c （図1-5の極大で表わされる）を用いて、通常 Arrhenius 型により次のように表わされる。

$$J = A \exp\left(-\frac{\Delta G_c}{kT}\right) \tag{1-15}$$

これは ΔG_c を核発生のための活性化エネルギーとみなした速度式とみることができる。頻度因子 A には、理論的には溶質濃度や Zeldovich 因子などが含まれているが、現実には不確定な定数である。ΔG_c を求めて代入することによって、次式が得られる。

$$J = A \exp\left[\frac{-16\pi\gamma^3 v^2}{3(kT)^3 (\ln c/c^*)^2}\right] \tag{1-16}$$

ここで、過飽和溶液中で核が発生するまでの時間、すなわち核発生の待ち時間 (τ) は J の逆数に比例する ($\tau \propto 1/\mathrm{J}$)。このため、$\tau$ の対数と $\ln(c/c^*)^{-2}$ をプロットすれば、その直線の勾配から γ が求められる。

（2）不均一核発生

人工的に雨を降らせようとする場合、よくヨウ化銀を用いることが知られているが、これはヨウ化銀表面での水滴の不均一核発生を利用したものである。結晶の場合も原理は同様で、適当な異物表面では均一核発生よりも不均一核生成が容易に起こる。すなわち、不均一核生成する場合の自由エネルギー$\Delta G_c^{\,h}$ と均一核発生の自由エネルギーΔG_c の関係は、次式で表わされる。

$$\Delta G_c^{\,h} = \chi \Delta G_c \tag{1-17}$$

ここで χ は 1 よりも小さい定数で、溶質と異物表面の親和性の関数となる。

晶析操作において、インペラー表面や器壁表面での結晶の析出は、不均一核発生によると考えられる。また、不均一核発生は異物の2次元平面上での核発生とみることができるが、界面の性質が関係しており複雑である。

（3）2次核発生

2次核発生は種晶存在下での核発生であるが、まだ十分に明らかではない。しかし、一般の晶析操作では、種晶を用いて2次核を発生させることにより粒径制御が行われてきた。このため、

これまで種々のメカニズムが提案されている[11]。**表 1-1** に、従来知られているものを示す。

表 1-1　2 次核発生のメカニズム

a.　initial breeding
b.　needle breeding
c.　polycrystalline breeding
d.　contact nucleation
e.　fluid shear mechanism

"a. initial breeding" は、結晶表面に付着していた微結晶が溶液中で脱離して、2 次核として成長するものであり、"b. needle breeding" あるいは "c. polycrystalline breeding" は、針状結晶や多結晶などが機械的衝撃により破砕して 2 次核となるものである。"d. contact nucleation" は、結晶-結晶間、インペラー-結晶間、結晶-器壁間などの衝突によって、結晶表面の微視的破損あるいは結晶表面の吸着層（疑似固体層）が離脱して 2 次核となるものである。一方 "e. fluid shear mechanism" は、結晶表面の吸着層で配列した分子が流体力学的せん断応力によって剥離し、これが 2 次核となる場合である。工業装置内では "d. contact nucleation" が、一般的に最も重要と考えられている。撹拌槽中の 2 次核発生速度 J_s は過飽和度のほか、撹拌速度や懸濁密度の関数となり、一般に次式のように表わされる。

$$J_s = k_n W^i M_T{}^j \Delta C^n \tag{1-18}$$

ただし、k_n は 2 次核発生速度定数、W は撹拌速度、M_T は懸濁密度、i、j、n は系に依存する定数である。

2 次核発生のメカニズムに関しては多くの報告があるが、興味がもたれるものとして Denk and Botsaris[12] の報告がある。sodium chlorate の 2 次核発生が、結晶周囲の溶質の配列変化により単一のメカニズムではなく、異なるメカニズムでも起こりうることを述べている。一般的に、2 次核発生のメカニズムのなかで、最も知られ検討されてきたものが contact nucleation である。最近 Cui and Myerson[13] は、contact secondary nuclei が母結晶の微小破砕（microattrition）によるか、母結晶界面の順秩序だった（semiordered）溶質クラスターに起因するものかの検討を行っている。また、2 次核の発生は多形制御においても用いられる。すなわち、多形の種晶を添加することにより同じ多形の 2 次核を発生させ、目的多形を選択的に得ようとするものである。この詳細については第 12 章で述べる。

1.4.2　結晶成長のメカニズム

過飽和溶液中で結晶は成長するが、理想結晶の表面をミクロな観点からみれば、コッセルモデルにあるように、テラス、ステップ、キンクからなっていると考えられる（**図 1-6**）。また、結晶成長過程は次のように考えられる。まず、溶質分子は、結晶と溶液との界面にある濃度境界層（拡散層）を拡散して、結晶の表面に到達する。次いで、結晶表面に吸着した分子は、結晶表面を拡散し（表面拡散）、キンク点を介して結晶格子中に取り込まれる。図 1-6 に示すように、溶質分子がキンク点に取り込まれるとき、完全な脱溶媒が必要になるが、結晶表面に吸着する際に

も、部分的な脱溶媒が行われるものと考えられる。この脱溶媒の過程が、気相中の結晶成長と根本的に異なる点であり、溶液中の晶析過程では、最もエネルギー障壁が大きな素過程と考えられている。これらの過程を含めて、「表面反応過程」と称する。この考え方に基づき、結晶成長過程は溶液中の拡散過程と、その後の表面反応過程からなると考えられる。この成長過程を取り扱う上では、いくつかのモデルが知られている。以下にその代表的なものを紹介する。

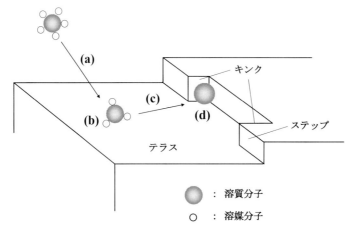

図1-6　理想結晶表面と成長メカニズム

(1) 拡散モデル

　溶液中の拡散過程とその後の表面反応過程が、直列につながるとして、成長過程を取り扱うのが拡散モデルである。図1-7に示すように、結晶に接する溶液濃度を界面濃度（c_i）とすれば、この界面濃度と溶液濃度の差（$c - c_i$）が拡散過程の、また界面濃度と平衡濃度（溶解度 c_i^*）の差（$c_i - c_i^*$）が表面反応過程の推進力となる。それぞれの過程は、次式のように表わされる。

$$G = k_d (c - c_i) \tag{1-19}$$

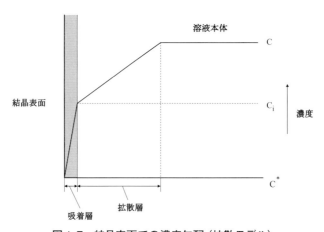

図1-7　結晶表面での濃度勾配（拡散モデル）

第1章　晶析の基礎

ただし、k_d は物質移動係数、c は溶液濃度である。

一方、表面反応過程は先の推進力の関数として、次のように表わされる。

$$G = k_r \left(c_i - c^* \right)^w \tag{1-20}$$

ここで、k_r は表面反応過程の速度定数、w はその次数である。

また成長速度は、総括結晶成長速度定数 K_G を用いて全体としての過飽和度 $(c - c^*)\,(= \Delta c)$ の関数として、次式で表わされる。

$$G = K_G \left(c - c^* \right)^v \tag{1-21}$$

表面反応過程が1次（w＝1）の場合には次式が得られる。

$$G = K_G \Delta c \quad , \qquad K_G = \frac{k_d k_r}{k_d + k_r} \tag{1-22}$$

k_r が k_d に比べきわめて大きければ、成長過程において拡散過程が支配的となり、その逆では表面反応過程が支配的となる。

v＝2の場合は、以下の解が得られる。

$$G = k_d \left[\left(1 + \frac{k_d}{2 k_r \Delta c} \right) - \sqrt{\left(\left(1 + \frac{k_d}{2 k_r \Delta c} \right)^2 - 1 \right)} \right] \left(c - c^* \right) \tag{1-23}$$

以上の関係は、w＝3以上では数値的な解法が必要になる。

また、実際の工業晶析は通常流動する溶液中で行われる。そのときの結晶成長速度への流体力学的条件の影響について、たとえば次の物質移動速度に関する式が適用される。

$$Sh = 2 + \phi \, Re^a \, Sc^b \tag{1-24}$$

上式中、Sh はシャーウッド数（＝kL/D：k は物質移動係数、L は粒径、D は拡散係数）、Re はレイノルズ数、Sc はシュミット数である。また、ϕ, a, b は定数であるが、$a = 1/2$、$b = 1/3$ が一般に認められている。筆者は撹拌槽中での硫酸アンモニウムの結晶成長速度が、これに類似の関係式によって良好に表現できることを認めている[14]。

ここで、結晶成長における表面反応過程のメカニズムとしては、大きく分けると、2次元核を成長起源とする2次元核成長モデルと、らせん転位を成長起源とする BCF（Burton-Cabrera-Frank）モデルとが知られている。前者では、完全な結晶面を仮定し、ステップの移動速度との相対的な関係により、結晶面でのステップの前進速度が核発生速度よりも十分に大きく、表面がステップにより掃引された後、2次元核発生が起こる場合（単一核成長）と、ステップが掃引する前に複数核が発生して成長する場合（多核成長）が知られている[15]。それぞれ次に示す式により、成長速度が表わされる。

13

（2）　2次元核成長モデル

a.　単一核成長モデル（mononuclear model）

$$G = hAJ \tag{1-25}$$

hはステップの高さ、Jは2次元核発生速度、Aは結晶の表面積である。

このように単一核成長の場合は、成長速度が結晶の表面積に比例する。

また、過飽和比S（$=c/c^*$）の関数として、次式が知られている。

$$G = D\exp[-F/\ln S] \tag{1-26}$$

D, Fは定数である。

b.　多核成長モデル（polynuclear model）

$$G = h\left(\frac{\pi}{3}\right)^{1/3} s^{2/3} J^{1/3} \tag{1-27}$$

ただし、Jは2次元核発生速度、sはステップの前進速度である。

このように多核成長では、結晶の表面積に依存しない。

多核成長モデルの代表的なものとして、NaNモデル（Birth and spreadモデル）[16]があり、過飽和度σとの関係は次式で与えられる。

$$G = A\sigma^{5/6}\exp(-B/\sigma) \tag{1-28}$$

ここで、A、Bは各系によって決まる定数である。

（3）　BCFモデル（らせん成長モデル）

2次元核発生に基づく成長では、核発生によるため、過飽和度が低くなると急激に成長速度が低下することになる。したがって、実際の現象の説明がつかないことがある。これに対して、らせん転位を成長の起点とするBCFモデル[17]では、結晶表面上に常に転位（格子欠陥）が存在するため、低過飽和度でも成長が可能である。このメカニズムでの成長速度は、次式で与えられる。

$$G = C(\sigma^2/\sigma_c)\tanh(\sigma_c/\sigma) \tag{1-29}$$

σは相対飽和度、σ_cは臨界過飽和度、Cは系によって決まる定数である。

BCF成長ではσ値により、上式は以下のように近似できる。

低濃度では（$\sigma \ll \sigma_c$）、

$$G = C\sigma^2/\sigma_c \quad \text{(parabolic law)} \tag{1-30}$$

高濃度になると（$\sigma \gg \sigma_c$）

$$G = C\sigma \quad \text{(linear law)} \tag{1-31}$$

1.4.3 結晶のモルフォロジー

結晶形状、すなわちモルフォロジーは、ろ過、遠心分離などの固液分離効率、かさ密度や輸送、ハンドリング特性さらには結晶純度などにも関連し、製品結晶の特性として重要なものの1つである。結晶の形状には、その固液平衡状態から決まる平衡形と、結晶が非平衡な条件下でみられる形状（成長形）がある。平衡形について Gibbs は、界面エネルギーの総和が最小となる形状であることを示した。また、Wulff はさらに発展させて、平衡形には次の条件を満たす点（Wulff 点）が存在するとしている[6]。

$$\frac{\gamma_1}{h_1} = \frac{\gamma_2}{h_2} = -\frac{\gamma_N}{h_N} = const \tag{1-32}$$

ただし、h_i はこの点から結晶面 S_i までの距離、γ_i は界面エネルギーである。

一方、非平衡な条件下で成長を続ける結晶の形状は、各面の相対的な成長速度から決まる。すなわち、結晶の主面は成長速度が小さな面により構成され、成長速度の大きな面は消失する傾向にある。また、各結晶面の成長速度は過飽和度とともに大きくなるが、通常その依存性は結晶面によって異なるため、結晶のモルフォロジーが過飽和度とともに変化することが観察される。第5章では、L-グルタミン酸の成長形について詳細な検討を行っている。また、析出する結晶形状は、温度、添加物、溶媒などさまざまな操作条件によっても変化する。晶析におけるモルフォロジー変化の具体例については、第5、6、7章および第10章などで紹介する。また、結晶のモルフォロジーは結晶構造や各結晶面の成長速度と関係づけられるが、これについては第5章5.1で詳しく解説する。さらに、成長界面の不安定さによって結晶面に凹凸を生じ、雪にみられるような骸晶や樹枝状晶になる場合がある。これらの原因の1つに、ベルグ効果[15]がある。これは、溶液成長中の結晶の周りの濃度分布が、結晶の角で最大、結晶面中央で最小となることによるもので、過飽和度が高い場合にこの界面不安定性が現れる。

1.4.4 成長速度の粒径依存性と Growth rate dispersion

晶析過程で成長速度が粒径によらず一定で、結晶形状が相似形を保ちながら成長する場合、「ΔL 法則が成立する」と称する。しかし、現実の結晶成長は複雑であり、結晶の成長速度が個々の結晶により異なったり（Growth rate dispersion）、粒径に依存したりすることが知られている。前者は、格子欠陥密度が結晶により異なることなどが原因として報告されている。また後者については、粒径の増大とともに表面の荒れや格子欠陥が増加することが原因となって、成長速度が粒径に依存することが知られている[18]。粒径と成長速度の関係式として、たとえば次の ASL（Abegg-Stevenson-Larson）式が知られている。

$$G = G_0 (1 + \gamma L)^b \tag{1-33}$$

G_0 は粒径 0 に外挿して得られる成長速度、γ、b（<1）は定数である。

さらに、懸濁溶液中では結晶の凝集などの現象も同時に進行しており、晶析装置内の粒径分布を取り扱う場合には、これらの現象も考慮する必要がある。また、撹拌槽中で晶析を行った場

合、核発生した結晶の成長は一様ではないと思われる。実際に、結晶の核発生や成長は、定常的なものではなく、非定常な挙動が認められる。これについて次節では、筆者らの硫酸アンモニウムの検討例[14]を紹介する。

1.5 実際の撹拌槽中での結晶の核発生と成長過程（硫酸アンモニウム）

　工業的に安定した製品結晶を析出させるために、しばしば種晶が添加され、発生する2次核を成長させて製品結晶を得ることがなされる。しかし、この2次核の成長過程は単純ではなく、その成長速度は、結晶粒径や流動状態により変化すると考えられる。たとえば、Rusli ら[15]により、カリ明礬結晶の微粒子の成長速度が、粒径とともに大きくなることが報告された。その後、同一粒径であっても成長速度が変化する、いわゆる"Growth rate dispersion"が存在し、これが粒径依存性と混同されることが指摘されている[19-20]。

　ここでは硫酸アンモニウムを用いて2次核を発生させ、この2次核が撹拌槽中でどのように成長するか、成長メカニズムの検討を行ったので以下に紹介する。この中では、結晶成長過程に及ぼす物質移動過程の寄与について検討するため、溶解速度の測定も行っているので、溶解過程についても述べる。

1.5.1　2次核の発生と成長挙動

　4枚のバッフルを備えた内径18 cm、5リットルの撹拌槽中に硫酸アンモニウム溶液を仕込み、6枚のタービン翼で200 rpm の速度で撹拌しながら、所定濃度の溶液を313 Kで溶解した後、298 K（T）まで急冷して晶析を行った。溶液の冷却は、外部ジャケットとコイルに恒温槽からの水を循環させることにより行っている。このとき、スチール線の先端に付けた種晶（サイズは［001］方向で3 mm（第2章図2-14参照））を溶液に浸し、2次核発生を誘発した。種晶の前処理として、純水で10～20秒間洗浄している。種晶を溶液に浸す時間は過飽和度に依存して、1～10分である。核発生した2次核の個数は、コールターカウンターにより経時的に測定し、その個数が10^4～10^5/リットルまで増加したときに種晶を引き上げ、粒径分布（Crystal Size Distribution：CSD）の測定を開始した。アパーチャーチューブサイズは、560 μm（測定範囲12～224 μm）を使用した。粒径分布の経時変化を追跡することにより、各粒径の成長速度を求めた。ここでは過冷却度（ΔT）は、各溶液の飽和温度（T^*）を用いて次式で表わされる。

$$\Delta T = T - T^* \tag{1-34}$$

　なお、あらかじめ結晶の顕微鏡観察により、長軸方向（［001］）に対する体積形状係数（f_v）、表面積形状係数（f_s）をそれぞれ0.47、3.73と求めた。これより、結晶粒径、Lはコールターカウンターのチャンネルサイズ（L_c）と次式で関連づけられる。

$$V = (1/6) \cdot \pi \cdot L_c^3 = f_v \cdot L^3 \tag{1-35}$$

$$L = 1.04 \cdot L_c \tag{1-36}$$

ただし、Vは結晶体積である。

0.5 Kから3 KのΔTの範囲で、粒径分布（CSD）の経時変化を測定した。図1-8ではΔTが1 Kの場合の典型的な結果の一例を示す。少なくとも実験時間内で1次核発生は起こらないことが確かめられているので、これらの核発生は全て2次核発生によるものであると考えられる。また、図1-8の結果から、CSDの変化は全ての結晶粒径で等しくはないと考えられる。図1-9および図1-10には、ΔTが1 Kと2 Kの場合の積算個数分布（Cumulative number distribution：CND）曲線を示している。顕微鏡観察により、結晶の凝集や破砕は無視できると思われるので、CNDの変化は成長によると考えられる。

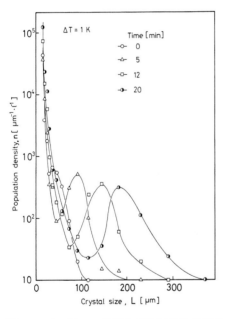 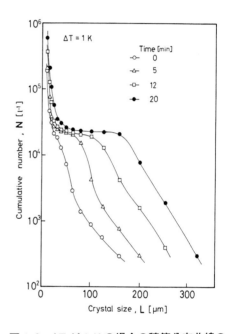

図1-8　ΔTが1 Kの場合の粒径分布曲線の経時変化　　図1-9　ΔTが1 Kの場合の積算分布曲線の経時変化

図1-8より、粒子の成長挙動は、粒径の大きい側で成長の速いグループ（I）と粒径の小さな成長速度の遅いグループ（II）に分けることができる。さらに、図1-9、1-10より、グループ（I）の粒子群の数は少なく時間的に変化しないが、グループ（II）の粒子群の数は時間とともに徐々に増加していることがわかる。このことから2次核発生のメカニズムはグループ（I）と（II）では異なることが考えられる。グループ（I）は粒子数が増加しないことから、種晶表面から限定された数の2次核が発生したと考えられ、イニシャルブリーディングのメカニズムによることが推測される。一方、グループ（II）の粒子数は、種晶を取り出した後も数が増加し続けるので、グループ（I）が種晶になって発生したのではないかと考えられる。

17

1.5.2 2次核の成長速度

積算個数分布曲線において個数 N 一定でみた場合、Δt 時間に粒径が L から $L+\Delta L$ に変化したとすると、$L+0.5\Delta L$ の粒径の成長速度、R_G は次式によって表わされる。ただし、Growth rate dispersion は無視でき、グループ (II) の発生する 2 次核は測定粒径レンジよりも小さいものと考える。

$$R_G = \Delta L / \Delta t \tag{1-37}$$

図 1-9、1-10 と同様に他の ΔT においても積算分布曲線の測定を行い、それぞれの Δt について上式より成長速度 R_G を求め、粒径に対してプロットする図 1-11 が得られる。

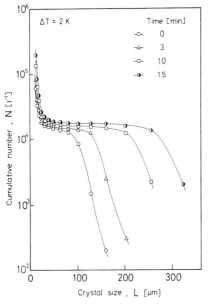
図 1-10　ΔT が 2 K の場合の積算分布曲線の経時変化

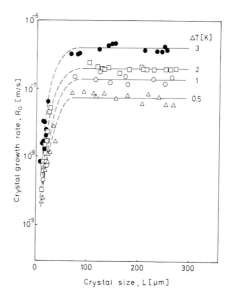
図 1-11　成長速度と粒径の関係

グループ (I) の成長速度は ΔT が 0.5～3 K の範囲で $0.8-5.0\times 10^{-7}$ m/s であり、粒径によらず一定であることがわかる。一方、グループ (II) の成長速度は、精度は相対的に低いが、グループ (I) よりも 1～2 桁小さい。このような極端に遅い成長速度は、ペンタエリスリトールやカリウム明礬でも観測されている。この結果は、ほとんどの部分を占めるグループ (II) の成長速度がきわめて小さく、通常の大きな粒径まで成長できないことを示唆している。しかし、比較的低い過飽和度での長時間の測定で、グループ (II) の一部が非定常的に急に成長速度を増すことが観察された (図 1-12)。この理由として、グループ (II) の粒子であってもある臨界値 (20～40 μm) を超えると、結晶中の格子欠陥密度が増し、成長速度が急に増加するのではないかと想像される。これは、成長の非定常性を示唆するものと思われる。

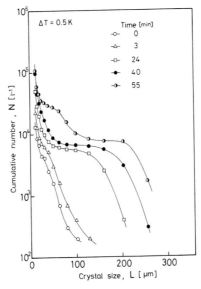

図 1-12　ΔT が 0.5 K での積算分布曲線の経時変化

1.5.3　成長速度の粒径依存性と原因

　成長速度が粒径とともに変化する原因としては、Gibbs-Thomson 効果[6]により過飽和度が粒径により異なる、あるいは溶質の結晶表面への拡散係数や成長における表面反応過程の寄与が粒径により異なる、などの理由が主として考えられる。以下には、これらについて考察を行った結果について述べる。

（1）　Gibbs-Thomson 効果

　Gibbs-Thomson 効果により溶解度が粒径に依存するため、過飽和度が粒径とともに減少する。Nielsen-Sohnel の方法[21]より硫酸アンモニウムの界面エネルギーを 0.02 J/m² として、たとえば ΔT が 2 K の場合の臨界核半径を計算すると、0.62 μm となり、ほぼ文献値と等しい値が得

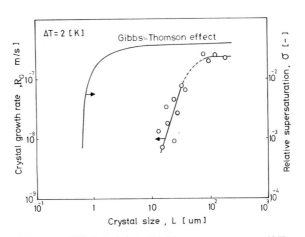

図 1-13　過飽和度（σ）に及ぼす Gibbs-Thomson 効果

られる。そこで、過飽和度を補正し成長速度との関係をみると、図 1-13 のようになり、粒径が 1 μm 以下でなければこの効果の影響は無視できることがわかる。また、測定によって得られた成長速度（図 1-11）と比較すると、明らかに Gibbs-Thomson 効果はさらに小さな粒径で影響が出ることがわかる。

(2) 溶解速度ならびに成長における表面反応速度の粒径依存性

成長過程は、溶液中の拡散と表面反応過程が直列につながったものとして考えることができる。一方、粒子の溶解過程は、ほとんど体拡散が支配的と考えられる。このため、晶析槽で発生した微粒子を用いて、ΔT が -1 から -3 K の範囲で溶解速度を測定した。図 1-14 には、ΔT が -3 の場合の典型的な測定結果の例を示している。CND は時間とともに、平行的に右から左に移動している。しかし、その変化量は小粒径側で相対的に小さいことが認められる。各 ΔT についての測定結果から溶解速度を計算すると、図 1-15 が得られる。ここで、球形固体から溶液本体への物質移動係数、k_d は Levins と Glastonbury の式[22] により次式で与えられる。

$$\frac{k_d L}{D_v} = 2 + 0.47 \left(\frac{L^{4/3} \varepsilon^{1/3}}{\nu} \right)^{0.62} \left(\frac{D_s}{D_t} \right)^{0.17} \left(\frac{\nu}{D_v} \right)^{0.36} \qquad (1\text{-}38)$$

ただし、D_v は体拡散係数、D_s はインペラー直径（9×10^{-2} m）、D_t は晶析槽直径（18×10^{-2} m）、ε はエネルギー消散速度（$= N_s^3 \cdot D_s^5 / (D_t^2 \cdot H)$）、$\nu$ は動粘度である。

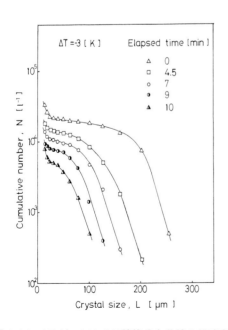

図 1-14　ΔT が -3 K での積算分布曲線の経時変化　　図 1-15　溶解速度（R_D）と粒径の関係

上式の k_d を D_v（1.14×10^{-9} m^2/s）、溶液粘度（2.1×10^{-3} kg/(m·s)）、溶液密度 ρ_l（1247 kg/m^3）などの値を用いて計算した。溶解速度 R_d と k_d の関係は、次式で表わされる。

$$R_D = (f_s/(3 \cdot f_v \cdot \rho_s)) \cdot k_d \cdot (C^* - C) \cdot \rho_l \tag{1-39}$$

図 1-16 は、ΔT が−2 K の場合について計算された溶解速度（R_D）を破線で示し、図 1-15 の実験結果（実線）と比較している。40 μm よりも大きな粒径範囲（グループ（I））では、実験値と計算値では良好に一致しているが、20 μm 以下の小粒径側（グループ（II））では、著しくはずれている。この原因として、物質移動メカニズムの違いが考えられる。同様な現象は、Garside[23] や Nagata[24] らにより 1 μm 以下の微小粒径でも認められている。この理由は、粘性効果の著しい微小渦よりも小さい粒子サイズでは、物質移動は微小渦から周囲の溶液への移動に支配されるためとして説明されている。**図 1-17** は、Levins と Glastonbury の式に Gibbs-Thompson 効果を補正した場合の、成長速度と粒径の関係を示している。やはり、グループ（II）の成長速度は、これらの式による計算値からはずれていることがわかる。

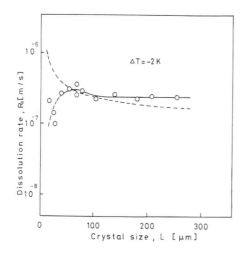
図 1-16　溶解速度（R_D）の粒径依存性

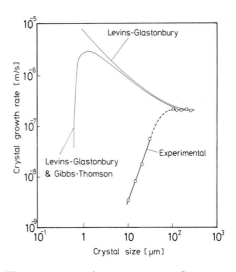
図 1-17　Levins と Glastonbury の式に Gibbs-Thompson 効果を補正した場合

図 1-18 では、ΔT が 2 K の成長速度と ΔT が−2 K の溶解速度を比較している（これらは推進力の符号が逆、すなわち物質移動の方向が逆である）。両者を比較すると、グループ（I）では溶解速度は成長速度よりもわずかに大きいだけであり、成長過程がほとんど拡散支配であることを示している。一方、グループ（II）では、溶解速度は成長速度の約 2 倍と大きい。

以上のことから、グループ（II）の成長過程では、表面反応過程の寄与が大きいことがうかがわれる。ここで、結晶と結晶、インペラーと結晶間の衝突におけるエネルギーと確率は、結晶サイズとともに増加する。さらに、一般に結晶の成長過程で格子欠陥密度は増加する。本実験結果からは、粒子サイズが 20～40 μm を超えると欠陥密度が急激に増加することが推測され、このことが、グループ（II）から非定常的なグループ（I）の成長へと遷移する原因ではないかと思われる。

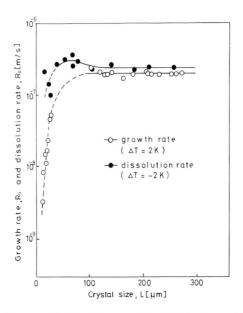

図1-18 成長速度（R_G）と溶解速度（R_D）の比較

(3) 単一結晶の成長速度との比較

筆者らは第2章2.2.3で述べるように、粒径が数100 μm程度の硫酸アンモニウム単一結晶を用いて、成長ならびに溶解速度の測定も行っている。同一過飽和度での単一結晶の成長速度と比較すると、グループ (I) の成長速度、溶解速度の両者とも、単結晶での測定結果にほぼ近い値であることが認められている。したがって、CSDの変化から求めた成長速度や溶解速度も、妥当な値であることがわかる。

基礎編

第2章　晶析における添加物効果の基礎と実際

　溶液中に添加物（不純物）が存在すると、晶析によって結晶純度が低下するほか、粒径分布、結晶形状（晶癖、モルフォロジー）あるいは結晶構造（結晶多形）が異なる結晶が析出し、問題となる場合が頻繁にみられる（図2-1）。このような添加物の影響を、以下「添加物効果（あるいは不純物効果）」と呼ぶ。これは、結晶の核発生や成長過程あるいはメカニズムが、不純物の存在によって変化することによるものである。ただし、この核発生と結晶成長過程への効果は、本来分けて考えるべきものであるが、実際の晶析では両者が重複して起こっているため複雑である。したがって、添加物効果の検討においては、これらを分離する必要がある。結晶成長過程への添加物効果は、結晶の純度の低下やモルフォロジー（晶癖）変化として観察される。この結晶中への不純物の混入は、大きく2つの場合に分けて取り扱われると考えられる[25]。1つは、結晶中への混入はほとんどみられない（一般には数%以下）が、モルフォロジーや成長速度に大きな変化を引き起こす場合である。これは不純物が結晶面に特異的に吸着することにより、その面の成長を阻害するためと、一般的に理解されている。もう1つは、不純物が結晶中に溶質分子と競争的に取り込まれ、固溶体を形成する場合である。この場合は、結晶中への混入量が数10%に達するものが多くみられる。これまでの結晶成長過程における添加物効果の報告については、ほとんどが前者に属するものである。しかし、本書でも示されるように、実際には後者に属するものが予想以上に多いと考えられる。また、添加物効果は、添加物と溶質あるいは結晶表面との分子間相互作用に基づくものであるため、添加物分子構造や結晶の構造が深く関与する現象である。類似分子構造を有する添加物は、"Tailored-made additive"と称し、結晶化に及ぼす効果が大きいことが以前から着目され、重要な考え方となっている。また、成長過程への添加物効果は、特にモルフォロジー（晶癖）や結晶の成長メカニズムへの影響との関連から、多くの有用な情報が得られ興味深い。これに関しては第6章のアミノ酸の結晶成長の場合について、詳細な検討を行っている。さらに、現在では計算機科学の進歩に伴い、結晶表面での分子動力学（Molecular Dynamics：MD）を用いた添加物の取り込みに関するシミュレーションなど、分子運動の観点からの検討もなされるようになっている[30]。ただし、一般にこれらの計算にはさまざまな仮定が含まれ、まだ完全なものではない。本章では、多形の存在しない一般の晶析における添加物効果について、有機物の添加物混入の場合（OCBA-BA-トルエン系）と無機物の固溶体形成の場合（K-alum＋NH_3-alum系）、さらに無機イオンの吸着による成長阻害の場合（硫酸アンモニウム-C_r^{3+}系）の研究例を示す。なかでもo-クロル安息香酸（OCBA）と安息香酸（BA）は、互いに"Tailored-made additive"の関係にある添加物効果の例であり、添加物混入の基本的な考え方を紹介する。

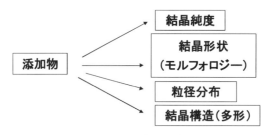

図 2-1 添加物（不純物）効果

2.1 添加物（不純物）効果の基礎

（1） 添加物（不純物）の混入

結晶中への不純物の混入は、純度の低下の問題と関連して重要である。これについては、次の表 2-1 のような原因が考えられる。

ここで結晶構造内部への取り込みについてみると、1 つには、不純物が結晶中に溶質分子と競争的に取り込まれ、固溶体を形成する場合がある。この場合は、結晶中への混入量が数十％に達するものが多くみられる。もう 1 つは、結晶表面へ吸着した不純物がその成長過程で取り込まれるもので、この場合は結晶中への混入は微量（数％以下）であることが多い。しかし、不純物が結晶面に特異的に吸着することにより、成長速度を大きく変化させるため、その晶癖にも大きな変化を伴うことが頻繁にみられる。

表 2-1 添加物（不純物）の混入機構

1. 結晶構造内部への混入 　a. 結晶表面へ吸着した不純物がその成長過程で取り込まれる 　b. 固溶体を形成して結晶格子中に取り込まれる 2. 母液による混入 　a. 表面の付着母液による混入 　b. 結晶中に形成された空孔による混入

（2） 固溶体形成による不純物の混入

不純物が溶質分子ときわめて類似した分子構造と結晶構造をもっている場合、固溶体形成によって不純物の結晶中への取り込みが起こる。この場合、多量の不純物の混入による結晶固体の物性変化そのものを考慮する必要がある。

固溶体系の i 成分の固液間分配係数 K_i は、先に示した固液平衡の式から求められる。ここでは、正則溶液について示すと次式のようになる[27]。

$$\ln K_i = \frac{\Delta H^m_{i,L}}{RT} - \frac{\Delta H^m_{i,S}}{RT} + \frac{\Delta H^f_i}{R}\left(\frac{1}{T} - \frac{1}{T_i}\right) \tag{2-1}$$

ただし、$\Delta H^m_{i,L}$ は液体の混合熱、$\Delta H^m_{i,S}$ は固体の混合熱、ΔH^f_i は融解熱、T_i は融点である。
固溶体系の晶析においては、近年はモルフォロジーならびに構造学的研究[28]が多くを占め、

速度論的研究は少ない。なお、融液系で固溶体に関する取り扱いに関しては、松岡ら[29]の報告などがある。

(3) 添加物（不純物）の吸着による成長過程への影響

　従来、晶析過程での不純物効果に関する研究は、ほとんどが無機結晶への金属イオンの影響を取り扱ったもので、特に吸着力の強いと思われる電荷の多い Cr^{3+}, Al^{3+}, Fe^{3+} などの研究例が多かった。不純物が結晶表面上へ吸着する場合、図2-2に示すようにテラス、ステップ、キンクに吸着することが考えられる。各場所への吸着挙動についてはDaveyらの報告[30]がある。しかし、現実的には吸着場所を特定することはきわめて難しいと考えられる。有機物分子の場合は、金属イオンに比べて遠距離（クーロン）力の代わりにファンデルワールス（van der Waals）力が支配的である。したがって、その相互作用は弱いが、分子形状そのものが不純物効果において立体効果を与えると考えられる。このため、近年では結晶構造と不純物の分子構造に着目した検討が多くなってきた。これに関しては、特にWeizmann Institute of Scienceのグループ（イスラエル）[31]は、有機化合物結晶の光学異性体の優先晶析に及ぼす影響などについて、結晶学的観点より興味ある検討を行っている。たとえば、(R,S)-アスパラギン・1水和物の晶析において、過飽和溶液にR-またはS-アスパラギン酸を添加すると純度の高い光学分割が行えるが、溶液中から(010)面が大きく発達してモルフォロジーが変化したものと変化しないものが析出する。S-体の添加によって変化したものはS-アスパラギンであり、R-体は変化しない。このモルフォロジーの変化は、アスパラギン結晶(010)面にアスパラギン酸が選択的に吸着することにより、アスパラギン分子間の（アミド基）NH…O（カルボキシル基）水素結合が切断され、その代わりに反発的要素の強い（水酸基）O…O（カルボキシル基）結合が形成される結果、(010)面の成長が阻害されることによる。Berkovitch-Yellinら[32]は、さまざまなアミド誘導体について分子モデリングにより各結晶面での添加物の吸着強度（結合エネルギー）を計算し、モルフォロジーとの関係を検討した。MyersonとJang[33]は、アジピン酸に及ぼすさまざまな添加物の結合エネルギー計算を行い、準安定領域幅との関係を見出している。

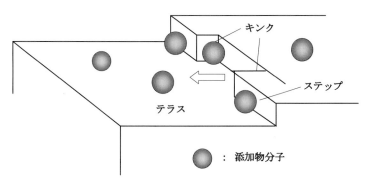

図2-2　結晶表面の添加物分子の吸着モデル（矢印は成長方向）

（4） 成長速度と添加物の吸着率の関係

　結晶表面上に吸着した添加物量と成長速度の関係については、添加物が吸着すると成長に有効な表面が減少するとして、一般に添加物の吸着率 θ を用いて次式のように成長速度が表わされてきた。

$$G = G_0(1-\theta) \tag{2-2}$$

ただし、G_0 は純粋系での成長速度である。

　この吸着率は、次の Langmuir 型吸着等温式によって与えられる。

$$\theta = \frac{qCp}{1+qCp} \tag{2-3}$$

q は定数、Cp は添加物濃度である。

　（2-3）式を（2-2）式に代入することによって、成長速度が添加物濃度の関数として表わされる。この例として Davey ら[34]によるリン酸二水素アンモニウム（Ammonium Dihydroqenphosphate：ADP）結晶成長への、$AlCl_3$、$FeCl_3$ の影響の報告がある。また、添加物系で成長速度がゼロにならず一定の限界値 G_{min} になる場合は、次式が用いられる。

$$G = G_0 - (G_0 - G_{min})\theta \tag{2-4}$$

この例には、NaCl, KCl 結晶への Cd^{2+}、Pb^{2+} の影響などがある。しかし、後述の硫酸アンモニウムの例で示すとおり、この式に適応しない場合も多くみられる。

（5） 核発生速度への影響

　成長速度に影響を与える添加物は、通常核発生速度にも同様に影響する。これは、溶質-添加物相互作用によりクラスター形成が阻害されたり、クラスター表面に吸着して核への成長が阻害されるためと考えられる。また、結晶核が発生しても、その成長が抑制され、検知可能なサイズまで核が成長できないことが考えられる。

2.2 結晶の析出過程における添加物効果の実際

2.2.1 結晶中への類似化合物の混入挙動と原因（OCBA-BA-トルエン３成分系）

　o-クロル安息香酸（以下 OCBA と記す）はトルエンを原料として、その塩素化および空気酸化によって合成される。この製造プロセスによって得られる OCBA 結晶中の主な不純物としては、未反応安息香酸（以下 BA と記す）や p-クロル安息香酸などの類似化合物が含まれる。これらの不純物を含む溶液中から OCBA を１段晶析法によって析出させた場合、不純物の混入を避けることは難しい。この原因を明らかにするため、筆者らは OCBA に対する不純物として BA を取りあげ、OCBA-BA-トルエン３成分系からの晶析によって得られる OCBA および BA 結晶中の不純物に関する検討を、種々の観点から行った[5]。先述のように o-クロル安息香酸（OCBA）と

安息香酸（BA）は互いに"Tailored-made additive"の関係にある。結晶表面への付着母液のトルエンによる洗浄効果を調べるため、ベンジルアルコール（Benzyl Alcohl、以下BEALと記す）を母液のトレーサーとして、仕込み溶液に添加して、微分晶析を行った。結晶およびろ液の組成分析には（PEGA 10％＋H_3PO_4 5％）カラムを用い、水素炎イオン化検出器（Flame Ionization Detector：FID）を備えたガスクロマトグラフィーにより190℃で測定を行っている。なお、その際の内部標準物質としてジエチルフタレートを用いた。また、結晶の構造変化はXRD（X-ray diffraction、X線回折）により測定し、結晶の表面状態などはノマルスキー型微分干渉顕微鏡を用いて観察した。

(1) 溶解度測定

OCBA-BA-トルエン系の溶解度はIsothermal method[35]により測定した。すなわち、恒温槽中で一定に保った容量200 mlの共栓付三角フラスコ中に、OCBAとBAの種々の組成の結晶混合物（両者とも試薬特級）を仕込み、マグネチックスタラーで撹拌しながら、トルエンを微量ずつ添加し、結晶混合物が完全に溶解する点を測定した。温度は、20、40、60および80℃で測定を行った。また、OCBAおよびBAのトルエン中への単独の溶解度は、それぞれの結晶を過剰に沈殿させた一定温度のトルエン溶液をつくり、ガラスフィルター付きのサンプリングチューブで上澄液を採取し、この溶液中のOCBAとBAの濃度を分析する方法によっても測定した。

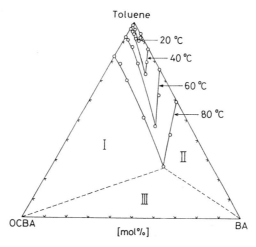

図2-3　OCBA－BA－トルエン系の溶解度

OCBA-BA-トルエン系の溶解度の測定は、図2-3のようになる[5]。OCBAとBAが互いの固相中に溶解しない場合には、たとえば80℃でのⅠおよびⅡの領域の溶液組成では、OCBAおよびBA結晶のみがそれぞれ析出する。また、Ⅲの領域ではOCBAおよびBAの結晶が同時に析出することが、図2-3より推定される。したがって、冷却晶析を行う場合には、仕込み時の溶液組成がⅠの領域にあった場合でも、その晶析過程で溶液温度および組成が同時に変化するために、Ⅲの領域に入ることが考えられる。そこで、このようなOCBAとBAの共晶が起こらないように

するために、微分晶析法による測定を行った。

(2) 微分結晶

晶析の装置は、二重円筒型晶析器の底部にガラスフィルターを取り付けており、下から母液を晶析器と同温度で吸引ろ過できるようになっている。晶析中はガラスフィルターから少量の液漏れを防ぐため、下部よりチッ素ガスでわずかに加圧している。晶析は結晶を溶解させた後急冷し、60℃で一定温度に保持して撹拌条件下で結晶を析出させた。この場合、仕込み組成は先に求めた溶解度曲線を利用して、過飽和度ができるだけ小さくなるように調製し、結晶の析出量は仕込み結晶量の3%以下になるようにした。このため、結晶の析出による溶液の組成変化はほぼ無視できるので、得られる結晶固体内の組成は均一とみなせる。本実験における晶析は、すべてこのような微分晶析法により行っている。微分晶析法によって得られた結晶は、吸引ろ過によって固液分離を行った後、結晶の約20倍量のトルエンを吸引ろ過しながら3回の洗浄を行っている。このようにして得られた結晶とろ液について、それぞれ組成分析を行った結果を図2-4に示している。

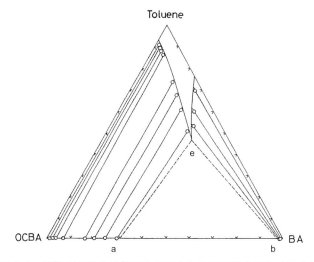

図2-4　60℃での微分晶析により得られた固液組成のタイライン

図中の直線は、結晶と溶液組成の関係を示すタイラインである。溶液組成が図2-2のⅠに対応する領域にあるにもかかわらず、微分晶析によって得られたOCBA結晶中には、かなりの量のBAが混入している。一方、Ⅱの領域についても図2-4に示すように、BA結晶中へのOCBAの混入がわずかながら認められた。しかしその量は、OCBA結晶中へのBAの混入量に対して、はるかに少ない。

(3) 不純物の混入機構と結晶の洗浄効果

図2-4に示された不純物混入の原因としては、表面付着母液によるものと、構造的不純物と

して結晶中での取り込みが考えられる。さらに、構造的不純物には結晶成長過程でのステップの乱れによる母液の巻き込みと、不純物が結晶格子中に取り込まれる場合とが考えられる。これらのうち、表面付着母液についてはトルエンの洗浄によって除去できるが、構造不純物は洗浄では除去できないはずである。そこで、結晶表面への付着母液のトルエンによる洗浄効果を調べるため、BEALを母液のトレーサーとして仕込み溶液に添加し、微分晶析を行った。仕込みの溶液に対するBEALの添加量は、OCBA結晶の析出領域では、溶液の不純物であるBAのモル濃度に等しくし、またBA結晶の析出領域では、不純物であるOCBAと等しいモル濃度になるように設定している。微分晶析で得られた結晶は、約20倍量のトルエンで吸引ろ過を行いながら3回洗浄し、洗浄回数と結晶中の不純物濃度およびBEAL濃度との関係を測定した。

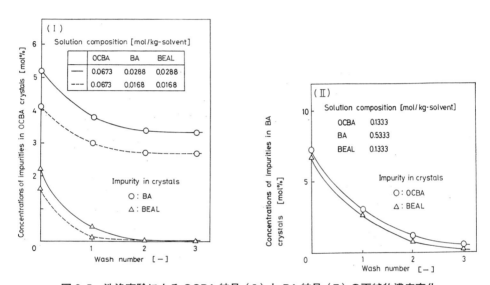

図 2-5 洗浄実験による OCBA 結晶（Ⅰ）と BA 結晶（Ⅱ）の不純物濃度変化

このときの結晶純度に及ぼす洗浄効果を、図2-5（Ⅰ）および（Ⅱ）に示す。図2-5（Ⅰ）は、2種類の溶液組成で得られた、OCBA結晶中の不純物（BA、BEAL）濃度と洗浄回数の関係を示している。また、図2-5（Ⅱ）は、同様にBA結晶についての結果である。OCBA結晶を析出させた溶液中のBAとBEALの濃度は等しいが、得られた結晶中のBA量は、未洗浄の段階ではBEAL量の約2.5倍になっている。このOCBA結晶をトルエンで洗浄すれば、結晶中のBEAL量は減少し、ほぼ3回の洗浄で消失することがわかる。これに伴い、結晶中のBA量は、BEALの減少量とほぼ等しい量だけ減少するが、3回の洗浄後はほぼ一定値に近づくことが認められる。このことから、付着母液は3回の洗浄により、ほぼ完全に除去されることがわかる。一方、3回の洗浄後も残存するBAは、洗浄によって除去できない構造的不純物として存在するものとして考えられる。したがって、図2-4の微分晶析で得られたOCBA結晶中の不純物は、この構造的不純物に対応するものと考えられる。さらに、BEALがトルエン洗浄により完全に除去されることからすると、構造的不純物の原因として母液の巻き込みは考えにくい。一方、図2-5（Ⅱ）に示すBA結晶の場合は、未洗浄の結晶中に含まれるOCBAとBEAL量はほぼ等しく、これをトル

エンで洗浄すると、OCBA と BEAL はほぼ同様に減少する。このことは、BA 結晶中の不純物としての OCBA は、BEAL と共に付着母液中に含まれる不純物として存在することを示している。したがって、OCBA の BA 結晶格子中への取り込みは、ほとんど存在しないものと考えられる。図 2-4 の BA 結晶中に微少量の OCBA 混入が認められるのは、BA 結晶の洗浄不完全によるものとみられる。

(4) 粉末 X 線法による構造的不純物の検討

OCBA 結晶中への BA の混入について検討を進めるために、X 線粉末法の測定を行った。図 2-6(A) は微分晶析によって得られた結晶で、その組成が BA 18 モル％、OCBA 82 モル％のものの X 線回折パターンである。また、図 2-6(B) は、BA と OCBA の結晶粉末を (A) の組成と同じ割合で機械的に混合して測定した場合の X 線回折パターンを示している。OCBA と BA は、いずれも単斜晶系に属し、その空間群は各々 C2/c、P2$_1$/A で表わされる[5,15]。また、OCBA と BA 結晶について得られた特性ピークを、表 2-2 に示す。図 2-6(B) では BA と OCBA の両方の特性ピークが認められるが、同一組成であるにもかかわらず、図 2-6(A) の微分晶析で得られた結晶のパターンには、BA の特性ピークは現れず、OCBA の特性ピークしか認められない。以上の結果は、OCBA と BA の微結晶の機械的混合物では、両者の固相構造が共存することを示している。

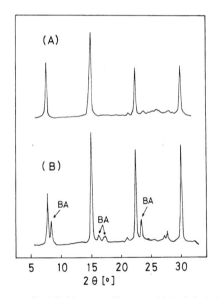

図 2-6 微分晶析により得られた結晶 (A) と混合物結晶 (B) の XRD パターン

表 2-2 OCBA と BA 結晶の XRD 特性ピーク

2θ [°]	d [Å]	hkl	2θ [°]	d [Å]	hkl
7.5	11.8	002	8.1	10.9	200
15.0	5.89	004	17.2	5.15	20$\bar{1}$
27.5	3.24	113	23.8	3.73	410, 11$\bar{1}$
30.3	2.95	310, 008			

しかし、微分晶析で得られた結晶中には、BA が混入するにもかかわらず、BA の結晶構造そのものは存在せず、その格子構造は純粋な OCBA に対するものとほぼ同一であることを意味している。さらに、微分晶析ならびに機械的混合によって得られた種々の結晶組成に対して同様な測定を行い、OCBA と BA の特性ピークの相対強度 ($I_{BA}/(I_{BA}+I_{OCBA})$) と、結晶中の BA 濃度 (モル％) との関係を示したのが図 2-7 である。ここで、I_{BA} は BA の d＝10.9Å、I_{OCBA} は OCBA の

d＝11.8Åにおける特性ピークの強度を示す。OCBAとBAの機械的混合物では、図2-7（B）に示すように、結晶中のBAモル％とOCBAおよびBAの特性ピークの相対強度との関係は、原点を通る直線となった。一方、微分晶析で得られたOCBA結晶のX線回折パターンは、結晶中のBA濃度が30モル％以上になるまで、図2-7（A）に示すようにOCBAの特性ピークのみが現れ、BAの特性ピークは観察されなかった。このように、不純物としてBAが混入してもBAの特性ピークが現れない原因としては、BAがOCBA結晶中に固溶体的に混入していることが考えられる。さらに、図2-7（A）はBAが30モル％程度含まれても、その結晶構造は純粋なOCBAに対するものとほぼ同一であることを示している。固溶体には侵入型と置換型があるが、前述のように不純物としてBAが混入しても、OCBA結晶格子には大きなひずみが生じないこと、またOCBAの分子半径がBAに比べてわずかに大きいことから、この系はOCBAの格子点をBAが一部占有する置換型固溶体に近いものと推察される。一方、BA結晶では前述のようにOCBAのBA結晶格子中への取り込みが行われ難いが、これはOCBAの分子半径がBAよりも大きく、BAの格子間にOCBAが侵入したりBAの格子点をOCBAで置換するのが困難なためと考えられる。最近になって、本系で得られた結果と類似の現象が報告されている。Simoneら[36]は、o-アミノ安息香酸（O-Aminobenzoic acid：OABA）中に安息香酸（BA）が機械的混合物でなく固溶体的に混入していることを認め、この場合多形の転移に影響することを報告している。

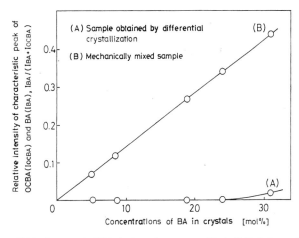

図2-7　OCBAとBAの特性ピークの相対強度（$I_{BA}/(I_{BA}+I_{OCBA})$）と結晶中のBA濃度（モル％）との関係

(5) 固液平衡の測定

固溶体を形成する3成分系固液平衡の測定に関しては、Ricci[37]の報告があるが、図2-4はRicciがNa_2SO_4-$NaBrO_3$-H_2O系で得たものと類似している。Ricciは一定組成で結晶粉末を溶液中に分散させ、この懸濁液を約2週間撹拌して固液平衡常態にさせた後、その液相の組成分析を行って間接的に固層組成を求め、固液平衡関係を得ている。これに対して本報の微分晶析では一定温度の溶液からの結晶析出を数時間で行い、その固層組成を直接的に分析で求めている点で異なっているが、本法も固液平衡測定法の一つといえる。微分晶析によって得られた、図2-4の結晶中のBAモル分率X_{BA}^Sと溶液組成X_{BA}^Lの関係をプロットすれば、図2-8が得られる。ここ

で、溶液組成 X_{BA}^L は、溶液中の BA と OCBA との全体量に対する BA のモル分率を表わす。BA 結晶では、X_{BA}^S がほぼ 1 で一定値を示すのに対して、OCBA 結晶では、X_{BA}^S が X_{BA}^L の増大とともに連続的に増加し、固溶体的性質を示すことがわかる。途中の破線（a-b）で示した領域は図 2-4 の eab の領域に対応しており、ここでは a と BA の共晶が生じる。

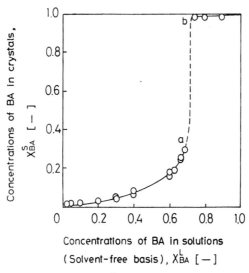

図 2-8 結晶組成 (X_{BA}^S) と溶液組成 (X_{BA}^L) の関係

(6) OCBA と BA の結晶形状に及ぼす不純物の影響

BA を添加しないトルエン溶液からの微分晶析によって得られる、OCBA の純粋な結晶は、図 2-9（Ⅰ）に示すように柱状晶である。しかし、溶液中に BA が存在すると、その濃度に対して晶癖は図 2-9（Ⅱ）および（Ⅲ）のように変化する。また、これらの結晶の表面状態を反射型ノマルスキー微分干渉顕微鏡で観察すれば、OCBA 結晶表面では BA 濃度の増大とともに、荒れがひどくなることが認められた。これは大量の BA が、固溶体的に OCBA 結晶格子中に取り込まれることによって、結晶の性質や成長機構が変化したためと考えられる。一方、BA のみをトルエン溶液から析出させれば、図 2-10（Ⅰ）の柱状晶が得られるが、トルエン溶液中に OCBA が存在すると、晶癖は著しく変化して図 2-10（Ⅱ）のようにりん片状となる。このような BA の晶癖変化は、前述の OCBA 結晶の場合と異なり、溶液中の OCBA の表面吸着による添加物効果が原因と考えられる。ここで、固溶体結晶における添加物の結晶各面での取り込みは均一と考えられがちであるが、これについては Vaida ら[38]の検討結果などが知られている。すなわち、成長させた E-シンナムアルデヒドと E-2-チエニルアクリルアミドの固溶体結晶について、各部分の X 線回折による構造解析を行い、固溶体結晶においても結晶面の構造を反映し、方位により不均一な構造となることを示している。

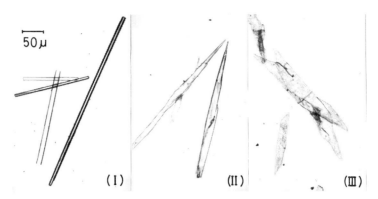

図 2-9　BA の混入量と OCBA 結晶の晶癖の関係
((Ⅰ) 0 mol%、(Ⅱ) 5 mol%、(Ⅲ) 9 mol%)

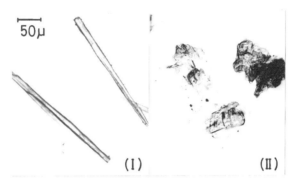

図 2-10　溶液中 OCBA の存在による BA 結晶の晶癖変化
(OCBA 濃度：(Ⅰ) 0、(Ⅱ) 0.51 mol/kg-solvent)

(7) 蒸発法の積分晶析で得られる結晶組成の推算

図 2-4 で示した微分晶析を、40、50℃でも測定を行った。これら微分晶析で得られた結晶中で、組成は均一と考えられる。しかし、回分晶析によって固溶体結晶を析出させると、結晶組成は溶液組成の経時変化と共に変化する。すなわち、結晶固体の中心部から外表面まで、組成は変化すると考えられる[39]。そこで、筆者ら[40]は、温度を一定に保った蒸発回分晶析において、析出した結晶の組成 (平均組成) の推算を試みた。まず、微分晶析によって得られる結晶組成の関係を検討するため、Berthelolot-Nernst の法則[41]を適用して、次式で定義される固液間分配係数を求めた。

$$\alpha = \frac{X_{BA}^{L}(1-X_{BA}^{S})}{X_{BA}^{S}(1-X_{BA}^{L})} \tag{2-5}$$

各温度で、各溶液組成の分配係数を求めると、図 2-11 のようになる。これより、いずれの温度でも溶液組成 X_{BA}^{L} が 0.6 を超えると、固溶体のみならず BA 結晶が析出することがわかる。また、分配係数を各溶液組成について、温度に対してプロットすると、図 2-12 のように分配係数と温度の関係は 1 本の曲線で表わされる。

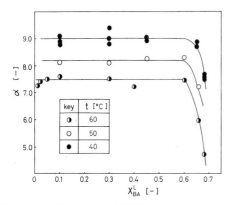
図2-11 各温度での分離係数（α）とX_{BA}^Lの関係

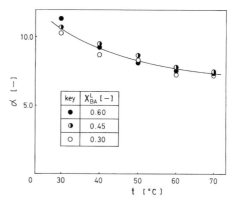
図2-12 温度と分離係数（α）の関係

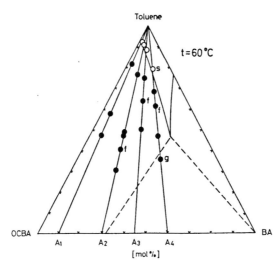
図2-13 蒸発法による回分晶析の操作線

　ここで、温度を一定（60℃）として、溶媒であるトルエンを蒸発させ晶析を行うと、その操作線は図2-13のようになる。白丸（○）が初期溶液組成を、黒丸（●）が晶析後に得られる溶液組成を示している。さまざまな溶液組成まで晶析を行っていることがわかる[40]。

　また、晶析の過程で溶液組成（瞬間溶液組成）が変化するので、これに対応して瞬間結晶組成が変化すると考えられる。析出するときの瞬間結晶組成は、そのときの瞬間溶液組成に対応し、(2-5)式の関係にあると考えることができる。初期のBAとOCBAの混合物のうち、晶析によりWのモル分率だけ析出した時点で得られる結晶の平均組成をY_{BA}^Sとすると、次式が成立する。

$$X_{BA}^L = (A - WY_{BA}^S)/(1-W) \tag{2-6}$$

ただし、Aは仕込み混合物中のBAモル分率である。

　析出量がWからW+dWに変化したとき、平均組成がY_{BA}^Sから$Y_{BA}^S + dY_{BA}^S$に変化したとすると、物質収支により次式が得られる。

第2章 晶析における添加物効果の基礎と実際

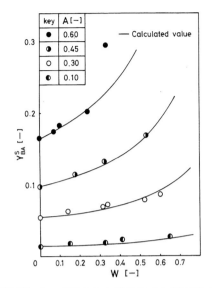

図2-14 蒸発晶析によって得られた結晶組成と計算値(実線)の比較

$$\frac{dY_{BA}^S}{dW} = \frac{1}{W}\left[\frac{A - WY_{BA}^S}{\alpha\{1 - A - W(1 - Y_{BA}^S)\} + A - WY_{BA}^S} - Y_{BA}^S\right] \quad (2\text{-}7)$$

上式を用いれば、析出量と平均結晶組成の関係を知ることができる。ただし、境界条件として次式を用いる。

$$(Y_{BA}^S)_{w=0} = \frac{A}{\alpha(1-A) + A} \quad (2\text{-}8)$$

$$\left(\frac{dY_{BA}^S}{dW}\right)_{w=0} = \frac{1}{2}\alpha(Y_{BA}^S)_{w=0}^2\left(\frac{A - (Y_{BA}^S)_{w=0}}{A^2}\right) \quad (2\text{-}9)$$

先に得られた分配係数をもとに推算した計算結果を、図2-14の実線で示す。実験値と良好に一致することが認められる。A(仕込み混合物中のBAモル分率)が0.6では、W値が大きくなると計算値から外れているのは、図2-13のg点に対応しており、共晶混合物が析出したためである。

2.2.2 固溶体系での析出速度と結晶組成の関係(K-alum＋NH$_4$-alum系など)

固溶体の析出過程に関する速度論的検討として、MullinとKitamura[4]は連続完全混合晶析装置(MSMPR)を用いてNH$_4$Al(SO$_4$)$_2$·12H$_2$O(NH$_4$-alum)とKAl(SO$_4$)$_2$·12H$_2$O(K-alum)の各固溶体系で検討を行った。まず、NH$_4$-alumとK-alum、各々の純粋系で実験を行い、これらの成長速度を比較すると、同一の過飽和度では、NH$_4$-alumの方が約30～50%大きいことが認められた。また、これらを1：1で混合した過飽和溶液中から晶析を行うと、NH$_4$-alumとK-alumが

1:1の割合の組成をもつ固溶体の析出がみられた。したがって、この系(いずれも等軸晶系)では、分配係数がほぼ1の理想的な固溶体が析出すると考えられる。このとき、固溶体形成による結晶形状の変化は、ほとんどみられない。また、混合溶液の過飽和度を両成分の和として求め、得られた結晶の成長速度を、純粋系と同一の過飽和度で比較すると、1:1固溶体結晶の成長速度は両alumの中間にあることが認められた[4]。すなわち、理想的な固溶体では、成長速度もその純成分の成長速度の間で連続的に変化することがわかった。ただし、その変化の様子は系に依存する。たとえばNH_4-alumと$NH_4Fe(SO_4)_2・12H_2O$の固溶体系では、Fe^{+3}のわずかな混入にもかかわらず、固溶体の成長速度は、NH_4-alumよりもはるかに大きくなることが認められている[4]。

2.2.3 イオンの吸着による成長阻害 (硫酸アンモニウム-Cr^{3+}イオン系)

以上に、添加物(不純物)が結晶中に混入する場合の例を示した。しかし、一般に不純物効果といった場合には、結晶中への混入は小さく無視できる程度であり、一方で晶癖や成長速度が大きく変化する場合を取り扱うことが多い。ここでは、そのような例として硫酸アンモニウム結晶成長への、Cr^{3+}イオンの影響を紹介する[42]。

一般に成長速度と添加物濃度の関係に用いられる(2-2)〜(2-4)式では成長速度は不純物濃度に対して凹の曲線となる。しかし、実際にはこれとは逆の傾向を示し、これらのモデルでは説明できない場合が頻繁にみられる。たとえば、硫酸アンモニウムの単一結晶(図2-15)を用い、Cr^{3+}イオン存在下で各結晶面の成長速度を298 Kで測定すると、図2-16のような結果が得られた。この場合の過冷却度(ΔT)は2 K($\sigma=3.85\times10^{-3}$に相当)、溶液の流速は5.56×10^{-2} m/sである。いずれの面でも、成長速度とCr^{3+}イオンの関係は凸の曲線になり、ある一定のCr^{3+}イオン濃度で成長速度がゼロになることがわかる。

このような成長速度と添加物濃度の関係は(2-2)〜(2-4)式では説明できない。筆者らはこの原因として、Cr^{3+}イオンの結晶表面上への吸着によりステップが前進できなくなったとして、

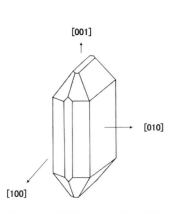

図2-15 硫酸アンモニウム結晶

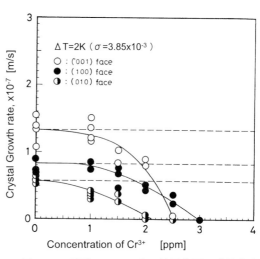

図2-16 硫酸アンモニウム結晶各面の成長速度

Cabrera と Vermilya[43] のモデルを適用した。このモデルによれば、添加物が結晶表面に吸着すると、成長面で前進するステップは添加物分子にピン止めされたような形で、添加物分子の間に円弧状に張り出して前進しなければならない。したがって、半径 ρ をもつ円弧状ステップの前進速度、V は直線状ステップとの幾何平均により、次式で表わされるとしている。

$$V = V_0 (1 - \rho_c / \rho)^{1/2} \qquad\qquad (2\text{-}10)$$

ここで、V_0 は純系での線形ステップの成長速度 ρ_c は、臨界核半径である。

　この場合、ステップ半径 ρ が臨界半径に等しくなると成長が停止することになる。成長速度と添加物濃度の関係やモルフォロジー変化については、第6章の L–グルタミン酸多形の結晶成長における添加物効果で、詳細に述べる。また、硫酸アンモニウム結晶の成長速度は、Cr^{3+} イオン存在下で時間と共に減少する傾向がみられるが、これは吸着速度が遅いためと考えられる。吸着速度の影響の問題については、後に久保田ら[44] が取り扱いを行っている。

基礎編

第3章　結晶多形現象の基礎

　結晶多形（polymorph）とは、McCrone[45]によれば、同一化合物でありながら結晶構造の異なるものと定義されている。書物によっては、変態（modification）という言葉を多形と同意語で使用することもある。同一の元素でも配列の異なるものがあり、一般にこれを同素体（allotropy）と呼んでいる。図3-1には、筆者らの固体についての取り扱いの考え方を示している。単一成分の多形が本来多形と呼ばれるものであり、無機、有機化合物を問わず多くの例が知られている。分析法の進歩とともにその種類は現在なお増加しつつあり、特に医薬では国の認可などにおける重要性が増し、多くの多形が知られるようになっている。また、同一物質以外に溶媒分子を含む溶媒和物（水の場合は水和物）は、図3-1で示すように分子間化合物（あるいは分子付加物）の一種とみられ、これらを疑似多形（pseudopolymorph）と呼び、結晶多形に順じた取り扱いがなされる。さらに筆者らは、以前からホストの3次元格子内部の空孔にゲスト分子を閉じ込めた包接結晶（分子錯体、inclusion complex, cocrystalなどとも呼ばれる）でも、同様に多形としての取り扱いを行ってきた[8]。最近では、包接結晶の多形に関する論文も多くみられるようになってきている。以下ではこれらの結晶を含めて「多形」と称し、これらの結晶が関係する現象を「多形現象」と呼ぶ。結晶多形は構造の違いに伴い、密度、溶解度、融点など種々の物理化学的性質が異なる。また、モルフォロジー、粒径、帯電性のほか磁性や蛍光特性が異なるなど、結晶の機能性を決定する要因となっている[46]。医薬では溶解度や溶解速度が多形によって異なるため、投薬後の効果（bioavailability）が違ってくるなど、重要な問題となっている。さらに、多形では自由エネルギーが異なるため、準安定形から安定形への転移が起こる。これは製剤化工程や貯蔵中の結晶の安定性を損なう原因にもなる。多形現象が問題となる具体例には、以下のようなものがある。

a.　多形転移による問題（例：固結固化）

　古くから知られる一般的な例として、硝酸アンモニウム[47]は、5つの多形（Ⅰ、Ⅱ、Ⅲ、Ⅳ、Ⅴ）を有することが知られている。これらは条件によって多くの転移形態を示すが、特に問題となるのは常温付近（32.1℃）のⅢ-Ⅳ間の転移である。この転移による結晶構造の変化は体積の収縮、膨張を伴うため、結晶粒子の破砕あるいは固結などの問題を生じる原因となる。したがって、製造中や輸送中においては温度管理を十分に行う必要がある。

b.　多形による物性の違い（例：bioavailability）

　非ステロイド性消炎剤であるインドメタシン（α、β、γ形）や、核酸代謝きっ効剤であるメルカプトプリン（Ⅰ、Ⅱ形）などの医薬品[48]においては、多形により溶解度やbioavailabilityが異なる。また、脂質などでは融点などの物性が異なる[49]。さらに、目的の多形が析出しても、その後

で転移が進行し、物性の異なる構造に変化するなどの問題が起こる。医薬では、これらの問題に対処するため、多形制御と同時に、微粒子化やcocrystalの利用などの検討がなされている。

c. 多形による物性の違い（例：モルフォロジー）

L-グルタミン酸には、αとβ形の2種の多形が存在するが、これらのモルフォロジーの違いから、実際には固液分離特性に優れるα形の析出が望まれる。また、炭酸カルシウム結晶では、カルサイト、アラゴナイト、バテライトの3種の多形[50]があるが、これらはモルフォロジーの違いにより、製紙における充填剤としての性能に違いを生じる。

d. 包接（クラスレート）結晶の例

包接結晶（分子錯体、超分子、cocrystal）は、ホストとゲスト分子が3次元格子構造を形成した複合材料であり、各種異性体の分離、精製やさまざまな機能性結晶としての応用が期待されている[51]。これらの包接化合物の形成は、通常ホストと複数のゲスト分子を含む多成分溶液中からの晶析操作（アダクト晶析）によって行われる。このとき析出する結晶のホスト格子構造や結晶組成は固定的なものではなく、一種の結晶多形現象とみることができる。

これら多形現象に対処するためには、基礎となる多形の溶解度をはじめとする物性や多形の熱力学安定性を理解しておく必要がある[46]。また、多形の析出過程は溶質の凝集、核発生、成長、転移からなり、溶液構造、界面構造、結晶構造に深くかかわっている。これら現象の解明には、科学的にも重要な興味ある問題が多く含まれる。そこで、本章では多形現象の基礎として、多形の分析法や溶解度測定法、多形の熱力学的安定性や転移について説明するとともに、多形の析出過程が多形の競争的核発生、競争的成長、準安定形から安定形への転移からなることを示し、これらの素過程の基礎について解説を行う。さらに詳細な説明は、第4章以降の実際の現象の紹介のなかで行うが、固相転移に関しては本章で研究例を示し解説する。

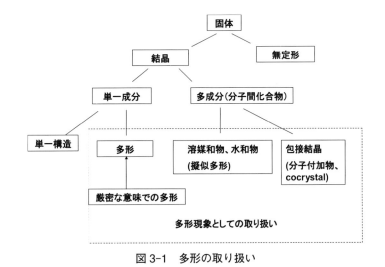

図3-1　多形の取り扱い

3.1 多形の分析と溶解度の測定方法

　固相中の多形成分の分析法は分析機器の進展ともに多様化し、精度も上がっている。主として使用されるのは、粉末X線回折装置（XRD）であるが、この他FTIR、レーザーラマン、熱分析装置（DSC：Differential scanning cabrimetry、TG：Thermogravimetry）なども多く用いられている。さらに、SPRING8など放射光による分析も貴重な情報が得られる。また、多形のモルフォロジー観察には、走査型電子顕微鏡（SEM：Scanning Electron Microscope）や光学顕微鏡、レーザー顕微鏡などが用いられる。近年はこれらの装置が複合的に組み合わされ、同時に複数の分析情報が得られる装置類が開発されている。また、測定時間の短縮化が図られ、経時変化をXRDやその他の分析装置で追跡するなど、データの多次元化による解析が可能になっている。しかしここでは、これら最近の各装置の詳しい紹介は他書に譲るものとする。

　多形の溶解度を測定する最も簡便な方法は、添加法である。これは、温度を一定に保った溶媒中に各多形結晶を少量ずつ加え溶解させ、それ以上溶解しなくなった時点までの結晶の添加量から溶解度を求める方法である。さらに精度良く測定するには、温度を一定に保った溶液中に過剰量の各多形を加えて溶解させ、平衡状態に到達させる。そこで、溶液をサンプリングして分析し、溶解度を決定する（濃度分析法）。平衡状態に到達していることを確かめるためには、濃度の経時変化を測定し、それ以上変化しなくなったことから判別する。また、顕微鏡を用いて溶液中の結晶に着目し、結晶が成長あるいは溶解しなくなった点を平衡温度として決定する方法もある。いずれの場合も、準安定形の溶解度測定においては、転移が進行して安定形に変わっていないか、XRDなどにより結晶構造を確認することが大切である。

3.2 多形の熱力学と溶解度

　結晶多形では、構造の違いにより自由エネルギーが異なる。図3-2(a) および (b) は、一成分系での多形ⅠとⅡの自由エネルギー（G）と温度（T）との関係を示した図である。固相の自由エネルギーの最も低いものが安定形であり、それよりも大きいものが準安定形である。Lは融液のG-T曲線を示している。これらの曲線の勾配（dG/dT）はエントロピー（S）と次式の関係にある。

$$\frac{dG}{dT} = -S \tag{3-1}$$

　ここで、図3-2(a) では多形Ⅰ、ⅡのG-T曲線が融液曲線との交点（a、b）、すなわち融点（T_I^m、T_{II}^m）よりも低い温度で交わっている。この温度（T_t）は転移点と呼ばれ、この温度以下ではⅠが安定形でⅡが準安定形であるが、この温度以上ではⅡが安定形となっている。このため、転移点以下の温度ではⅡ形よりⅠ形への転移が起こるが、転移点以上では逆方向の転移が進行する。このような場合を、「互変転移」（enantiotrpic）と称する。一方、図3-2(b) では多形の融点（T_I^m、T_{II}^m）以上で、はじめてG-T曲線は交わる（仮想転移点 (c)）。このため、この系では常にⅠ形の自由エネルギーはⅡ形のそれよりも大きく、Ⅰ形からⅡ形への転移のみが起こる。この場

合を「単変転移」(monotropic) と称する。

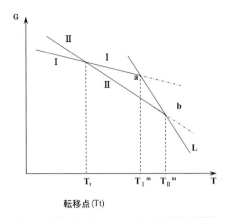

図 3-2(a)　自由エネルギーと温度の関係
　　　　　　（互変転移）

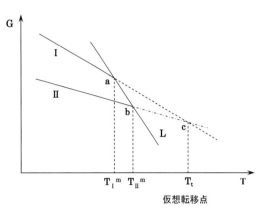

図 3-2(b)　自由エネルギーと温度の関係
　　　　　　（単変転移）

　このように、転移はその条件下において、自由エネルギー (G) が大きな多形から小さな多形へと進行する。それに付随してエンタルピー (H = G + TS) も変化するので熱の出入りが発生するが、単変転移系と互変転移系によってエンタルピーの大小関係が変化する。このときの関係を利用した転移を区別する方法として、Berger と Ramberger[52] による方法がある。もし、転移による吸熱ピーク (ΔH > 0) が、ある温度で観測されたときは互変転移であり、その温度以下に転移点がある。また、ある温度で発熱のピーク (ΔH < 0) が観測された場合は単変転移か、それ以上に転移点のある互変転移である。これは転移熱則 (Heat of Transition Rule：HTR) として知られている。また、転移速度がきわめて遅く転移熱の測定が困難な場合には、融解熱の測定によってある程度予測することができる（融解熱則 (Heat of Fusion Rule：HFR)）。すなわち、もし高い融点をもつ多形の融解熱のほうが一方より小さければ互変転移系で、そうでない場合は単変転移系と考えられる。

　晶析では、溶媒が存在するため、2成分系について考えると、多形の自由エネルギーは溶解度に関連する。たとえば、結晶多形 A、B についてみると、溶液中での各成分の自由エネルギー、すなわち化学ポテンシャル μ_A^L、μ_B^L は、活量 a_A、a_B を用いて次式で表わされる。

$$\mu_A^L = \mu_A^0 + RT \ln a_A \tag{3-2}$$

$$\mu_B^L = \mu_B^0 + RT \ln a_B \tag{3-3}$$

上式中、μ_A°、μ_B° は標準化学ポテンシャルを示す。
　また、活量は活量係数 γ を用いて、溶液中モル分率 X と次式の関係にある。

$$a_A = \gamma_A X_A \quad : \quad a_B = \gamma_B X_B \tag{3-4}$$

理想溶液においては γ = 1 であるので、活量は溶液濃度 (X) で置き換えることができる。
　固体の化学ポテンシャルを μ_A^s、μ_B^s とすれば、それぞれの固液平衡条件下では次式が成立する。

$$\mu_A^L = \mu_A^S \quad ; \quad \mu_B^L = \mu_B^S \tag{3-5}$$

 Aが準安定形、Bが安定形の場合、溶液中での標準化学ポテンシャルは等しいと考えれば、μ_A^S の方が μ_B^S より大きいので、Bの溶解度はAのそれよりも小さいことになる。ここで、AとBの溶解度については、図3-1に対応して互いに交差する場合とそうでない場合がある。これらの溶解度（X）と温度（T）の関係を、**図3-3**(a)および図3-3(b)に示す。図3-3(a)では、温度を変化させることにより溶解度が交差し、T_1 ではA形の溶解度（X_A）が小さく安定であるが、T_2 ではB形の溶解度（X_B）が小さいので安定形となる。なお、T_t は転移点である。したがって、この系では転移が可逆的に起こるので互変転移と呼ばれる。一方、図3-3(b)では、常にA形の溶解度（X_A）のほうがB形（X_B）よりも大きく、したがって常にA形が準安定形、B形が安定形である。このため、転移は一方向のみにしか進行せず、単変転移の場合を示している。ここで、A、B形について理想溶液（$\gamma = 1$）を仮定すると、いわゆるvan't Hoff式として知られる次式が得られる。

$$\ln X_A = \frac{\Delta H_{Am}}{R}\left(\frac{1}{T_{Am}} - \frac{1}{T}\right) \tag{3-6}$$

$$\ln X_B = \frac{\Delta H_{Bm}}{R}\left(\frac{1}{T_{Bm}} - \frac{1}{T}\right) \tag{3-7}$$

 ここで ΔH_{Am}、ΔH_{Bm} はA、B形の融解熱、T_{Am}、T_{Bm} はA、B形の融点である。これらの関係式より

$$\frac{\partial \ln(X_A/X_B)}{\partial(1/T)} = \frac{1}{R}(\Delta H_{Bm} - \Delta H_{Am}) = \frac{-\Delta H_{tr}}{R} \tag{3-8}$$

 ここで ΔH_{tr} はA、B間の融解熱の差、すなわち転移熱である。これより、溶解度の比 X_A/X_B の対数を $1/T$ に対してプロットすれば、その直線の勾配が転移熱 ΔH_{tr} として得られる。

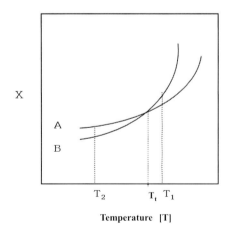 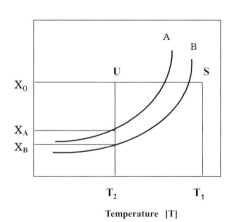

図3-3(a) 多形の溶解度曲線（互変転移系）　　図3-3(b) 多形の溶解度曲線（単変転移系）

3.3 多形の析出過程

多形の析出過程は、**図 3-4** に示すように相対的な核発生、成長および転移の 3 つの過程よりなっていると考えられる。多形制御を行うためには、操作条件あるいは操作因子と析出挙動との相関性を明らかにしておくことが重要になる。しかし、析出過程が図 3-4 のように複雑であるため、各素過程についても検討を行う必要がある。これに関して、定量的に検討された報告例はまだ比較的少ない。そこで、以下ではこれら各々の過程について解説を行う。

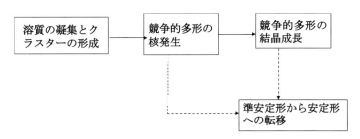

図 3-4　多形の析出過程

3.3.1　多形の核発生

図 3-3(b) を用いて、多形の核発生過程について解説する。まず、図の S 点（濃度 X_0）から冷却を行い U 点で結晶を析出させた場合、A 形と B 形のどちらも過飽和にあるため、いずれの結晶が析出してもおかしくない。また、結晶の析出は核発生過程と成長過程からなる。このうち、核発生過程についてみると、第 1 章で述べたように核発生速度は過飽和の関数となるが、多形間で同一溶液中でも過飽和度が異なる。また、界面エネルギーの違いも無視できない。そこで、一般に用いられる均一核発生速度式を、多形（準安定形 A、安定形 B とする）に適用すると、各々の核発生速度、J_A、J_B は次式のように表わされる。

$$J_A = A_A \exp(-16\pi\sigma_A^3 v_A^2 / (3(kT)^3 (\ln S_A)^2)) \tag{3-9}$$

$$J_B = A_B \exp(-16\pi\sigma_B^3 v_B^2 / (3(kT)^3 (\ln S_B)^2)) \tag{3-10}$$

したがって、核発生割合 R は次式で表わされる。

$$R = J_A/(J_A + J_B) = 1/(1 + (A_B/A_A)\exp(Y_B - Y_A)) \tag{3-11}$$

ただし、

$$Y_B - Y_A = -16\pi/3(kT)^3 (\sigma_B^3 v_B^2/(\ln S_B)^2 - \sigma_A^3 v_A^2/(\ln S_A)^2) \tag{3-12}$$

上式中、A は頻度因子、σ は界面エネルギー、v は固体密度、S は過飽和度、T は絶対温度、k はボルツマン因子である。

(3-11) 式において、A_B/A_A を一定と考えると、相対的な核発生速度は、Y_B-Y_A によって変化す

ることになる。また、固体密度νについては、一般に差異は小さいので、RはSとσの相対的な効果により決まる。ここで、多形間では溶解度の違いにより、核発生の推進力である過飽和比（S）は常に安定形の方が大きい（S_B（$=X_0/X_B$）$> S_A$（$=X_0/X_A$））。一方、界面エネルギー（σ）は、界面構造や溶媒の吸着などが関与すると考えられ評価が困難な物性であるが、一般に溶解度の大きい準安定形が小さいと考えられる（$σ_B > σ_A$）。このため、Y_B–Y_Aに着目すれば、図3-3（b）において低温側で高過飽和度の場合は、界面エネルギーの小さい準安定形の析出が優勢となると考えられる。これはオストワルドの段階則[53]として知られている。一方、高温側で低過飽和度では、相対的にσよりもSの効果が大きくなり、安定形の析出が起こることが考えられる。

3.3.2　多形の成長過程

　核発生した多形は、溶液濃度が準安定形の溶解度以上であれば、各々が競争的に成長する。このとき、他の多形上に別の多形がエピタキシャルに成長することもある。そのような場合を除いて、各多形の成長過程は、基本的には第1章1.4で述べた一般の結晶成長と同様である。ただし、多形間で過飽和度は異なるため、特に低濃度では安定形の成長速度が相対的に大きくなる（図3-5）。しかし、過飽和度の大きい通常の晶析条件下では、このことは必ずしも成立せず、多形の相対的な成長速度は、それぞれの成長メカニズムや成長速度と過飽和度の関係に依存する。また、溶液濃度が準安定形の溶解度以下になると準安定形は溶解するようになり、次節に述べる溶液媒介転移が進行することになる。

低濃度での過飽和度：安定形＞準安定形	→	安定形の成長が優勢

図 3-5　低過飽和度での多形の成長速度

3.3.3　転移過程

　析出した多形間では自由エネルギーの違いによって、転移が進行する。転移現象は固相の自由エネルギーの違いによるものであるが、このメカニズムには、固相転移、溶液媒介転移、融液媒介転移、気相媒介転移、メカノケミカルな転移などがある。

（1）　固相転移

　固相転移（Solid state transformation）は、結晶を構成する分子やイオンが熱運動により再配列するもので、構造変化の形態に応じて、秩序－無秩序転移、分子の回転（いわゆるソフトモード）、変位、コンフォーメーションの変化を伴うものなどがある。この例にはテオフィリン[54]、カフェイン[54]、トリエチレンジアミン[55]、フェニルブタゾン[56]などがあるが、固体物性の立場からの研究がきわめて多い。医薬品では、粉砕などの製剤工程でも固相転移が進行することが、多く知られている。固相転移に関する速度論的アプローチは、古くはAvramiら[57]によってなされ、その後Mnyukh[58]やCardewら[59]の報告などがある。いずれも、準安定固相中での格子欠陥などを起点とする安定形の核発生と、境界面の移動による成長をモデル化したものである。最も

よく知られる Avrami-Erofeev の式[57]では、転移量 α と時間 t の関係は次のように表わされる。

$$\ln \frac{1}{1-\alpha} = k t_a{}^m \tag{3-13}$$

ここで、m は機構に依存する反応次数を表わし、k は速度定数である。

　この式を用いた検討は、多くの系でなされている（たとえばアセタゾールアミドでは、A 形から B 形への転移の α として、0.89 という値が得られている）。しかし、この転移に要する活性化エネルギーが小さいか、十分な熱エネルギーが与えられなければ、この転移は容易に進行しない。熱測定では、昇温時の加熱で固相転移が頻繁に観察される。後節（3.3.4）では、筆者らによる固相転移の検討例を示す。

（2）　溶液媒介転移

　医薬など分子構造が複雑な化合物では、固相転移よりも溶液中の物質移動を介する機構（「溶液媒介転移」（Solution-mediated Transformation）[60]と称する）のほうが起こりやすい。図3-3（b）において、S 点から冷却して、U 点において結晶が析出する場合を考える。U 点で結晶の析出により溶液濃度が低下して、ついには X_A に達する。このとき A の成長は停止するが、B については まだ過飽和にあるため B は成長を続ける。このため、準安定形が溶解するとともに、安定形が核発生し成長するという物質移動を繰り返す現象が起こり、転移が進行する。この結果、溶液濃度は X_A から X_B の間の値をとるが、転移の終結とともに X_B に到達する。これを「溶液媒介転移」と称し、この例には後述の炭酸カルシウムや L–グルタミン酸、L–ヒスチジンなどのアミノ酸、インドメタシン、フェノバルビタール[46]、タルチレリン[61]などの医薬など、きわめて多くの例がある。晶析で問題となる転移は、ほとんどがこの溶液媒介転移である。なお、このメカニズムの転移速度を支配するパラメーターには3種あり、第一に安定形の成長速度、次いで準安定形の溶解速度がある。これに加えて、安定形の核発生が起こりにくい場合があり、このときはこの核発生速度が支配因子となる。溶液媒介転移の詳しい具体例は、後の応用編の各章で改めて記述する。

（3）　融液媒介転移とその他のメカニズム

　結晶を加熱していくと、温度上昇により融点の低い準安定形が融解するが、その融液の中から安定形が析出するという現象が起こり、転移が進行する。これを「融液媒介転移」（Melt-mediated transformation）と称する。たとえば、融液からの脂質多形の析出における転移挙動について、佐藤らの報告がある[62,63]。融液媒介転移は、DSC などの熱分析の過程などでも観察される。

　また、溶液媒介転移と同様なメカニズムにより、気相中で転移が起こる場合があり、「気相媒介転移」（Vapor-mediated Transformation）と呼ぶ。またさらに、医薬などでは粉砕、圧縮などの機械的操作の過程で転移が観察されるが、これを「メカノケミカルな転移」（Mechano-chemical transformation）と呼んでいる。このメカニズムは、機械的なエネルギーが熱エネルギーに変換されることなどによるものと思われる[56]。

3.4 溶媒和物と包接結晶多形の熱力学的安定性と転移

図3-1に示すように、分子間化合物に属する溶媒和物（水の場合は水和物）や包接結晶（co-crystal、超分子など）は、結晶を構成する溶質やホストの格子構造に着目すれば、多形現象としての取り扱いが可能であると考えられる。これに関連して、溶媒和物に関しては一般に「擬似多形」と呼ばれている。筆者らは第11章で述べるように、包接結晶についても、以前より多形現象としての取り扱いを行ってきた[8]。ここでは、溶媒和物と包接結晶多形の熱力学的安定性と転移について、基礎的な解説を行う。

（1）溶媒和物結晶多形

溶媒（Sol）中に存在する溶質（C）の無溶媒和物（水の場合は無水物）結晶と、溶媒和物（水の場合は水和物）結晶を考えた場合、それぞれの固液平衡式は次のように表わされる。

$$C(s) \leftrightarrow C \tag{3-14}$$

$$C \cdot mSol(s) \leftrightarrow C + mSol \tag{3-15}$$

ここで、m は溶媒和数（水和数）、s は固相を表わす。

（3-14）式、（3-15）式の平衡定数を K_1、K_2 とし、溶液中の C の活量をそれぞれ a_1、a_2 とすると、次式が得られる。

$$a_1 = K_1 a_c(s) \tag{3-16}$$

$$a_2 = \frac{K_2 a_{c \cdot mSol}(s)}{a_{Sol}^m} \tag{3-17}$$

ここで、純固体の活量を1とすれば、次式のように近似できる。

$$a_1 \approx K_1 \quad ; \quad a_2 \approx \frac{K_2}{a_{Sol}^m} \tag{3-18}$$

各固相の自由エネルギーは（3-2）、（3-3）式で示したように、溶液の活量に対応する。$a_1 > a_2$ では、次式が成立する。

$$K_1 > \frac{K_2}{a_{Sol}^m} \quad ; \quad a_{Sol} > \left(\frac{K_2}{K_1}\right)^{1/m} \tag{3-19}$$

上式は溶媒の活量が、ある一定値以上で溶媒和物のほうが安定で、無溶媒和物から溶媒和物への転移が進行することを示している。逆に $a_1 < a_2$ では、無溶媒和物のほうが安定になる。ここで、活量は、活量係数 γ とモル分率 X の関数として、次式で表わされる。

$$a = \gamma X \tag{3-20}$$

実際の活量係数は溶媒の種類、混合組成さらには溶質濃度によって複雑に変化し、さまざまな推算式が知られている。無溶媒和物と溶媒和物結晶の自由エネルギーの差は、後で示す（3-28）式のように活量の比（a_1/a_2）によって表わされるが、活量係数はほぼ等しいのでその比を1とおけば、溶解度の比（X_1/X_2）で表わされる。したがって、溶解度の小さいほうが自由エネルギーは小さく、熱力学的に安定である。本書では、たとえば第8章8.1や第10章10.2.2などで、水と有機溶媒の混合組成と無溶媒和物や溶媒和物結晶の析出挙動、ならびに安定性の関係について紹介する。

（2） 包接結晶（クラスレート）多形

包接結晶（クラスレート）は、溶液中のホスト分子（H）とゲスト分子（G）とが van der Waals 力や水素結合などにより、分子間化合物を形成し析出したものである。ホスト分子（H）に対してゲスト分子が G_1 と G_2 の2種存在し、それぞれの包接結晶、クラスレート（1）、クラスレート（2）が形成したとすると、それぞれの溶解平衡は次式のように表わされる。

$$クラスレート(1) \leftrightarrow H + G_1 \tag{3-21}$$

$$クラスレート(2) \leftrightarrow H + G_2 \tag{3-22}$$

異なるゲスト分子を包接したクラスレートを形成したホスト格子に着目すると、これらの自由エネルギーは結晶構造によって異なると考えられ、互いに多形の関係にあるとみられる[8, 178]。

それぞれの平衡定数を K_1、K_2 とし、溶液中の各成分の活量 a を用いて表わすと、次式が得られる。

$$K_1 = \frac{a_{H1} a_{G1}}{a_{クラスレート\ (1)}(s)} \tag{3-23}$$

$$K_2 = \frac{a_{H2} a_{G2}}{a_{クラスレート\ (2)}(s)} \tag{3-24}$$

ただし、クラスレート（1）とクラスレート（2）のホストの活量は異なるので、それぞれを a_{H1} および a_{H2} としている。また、(s) は固相を示す。

前節と同様に固相の活量を1とすると、それぞれのホスト格子の活量は次のように表わされる。

$$a_{H1} = \frac{K_1}{a_{G1}} \qquad : \qquad a_{H2} = \frac{K_2}{a_{G2}} \tag{3-25}$$

上式より、ゲスト分子の活量が減少（濃度減少に対応）するほど、ホスト格子の活量が増加することになる。したがって、不安定性が増すことになる。

次に、固液平衡状態では固体と液体のホスト格子の自由エネルギー（ケミカルポテンシャル）は等しいので、各クラスターについて次式が成立する。

$$\mu_1^{S} = \mu_1^{l} = \mu_1^{0} + RT \ln a_{H1} \tag{3-26}$$

$$\mu_2^{S} = \mu_2^{l} = \mu_2^{0} + RT \ln a_{H2} \tag{3-27}$$

上式中、s と l は固体および液体状態を示し、μ^{0} は溶液中ホストの標準状態を表わす。

ここで、溶液中でのクラスレート1と2のホストの標準状態は等しいと考えると、両多形のホスト格子の自由エネルギー差は活量を用いて次式のように表わされる[8,176)]。また、多形間で活量係数（γ）の比はほぼ1に等しいとみられるので、活量を溶解度（X）で置き換えることができる。

$$\Delta\mu^{S} = \mu_1^{S} - \mu_2^{S} = RT \ln \frac{a_{H1}}{a_{H2}}$$

$$\cong RT \ln \frac{X_{H1}}{X_{H2}} \tag{3-28}$$

$\Delta\mu^{S} > 0$ ではクラスレート（2）が安定形で、クラスレート（1）からクラスレート（2）へと転移が進行する。$\Delta\mu^{S} < 0$ ではその逆の現象が起きる。この考え方に基づいて実際の包接結晶多形現象の解析を行った詳細は、第11章 11.1.2 で示される。なお、(3-28) 式は前述の溶媒和物結晶にも同様に適用できるものである。

3.5　固相転移速度の検討

（1）　スルファチアゾールの固相転移[64)]

医薬であるスルファチアゾール（Sulfathiazole：SUT）（**図 3-6**）には、いくつかの多形が知られている[65,66)]。一般に市販で得られるものは I 形であり、**図 3-7** には I 形（東京化成特級試薬）の XRD パターンを示している。また、この I 形を昇温法により DSC を測定すると、**図 3-8** が得られる。図のように、441.0 K および 473.3 K 付近に2つのピークがみられる。高温側のピークは SUT の融解によるが、低温側のピークは転移によることが考えられる。そこで、 I 形結晶を 425 K に保持し、固相の XRD パターン変化を測定した。この結果を、**図 3-9** に示す。

図 3-9（a）は、425 K で 2400 秒保持した後の結晶であり、5400 秒後には図 3-9（b）のパターンが得られた。図 3-9（b）の XRD パターンは、Ⅱ形であることを示しており、図 3-9（a）は I 形とⅡ形の混合物であると思われる。したがって、図 3-8 の低温側の DSC ピークは、 I 形からⅡ形

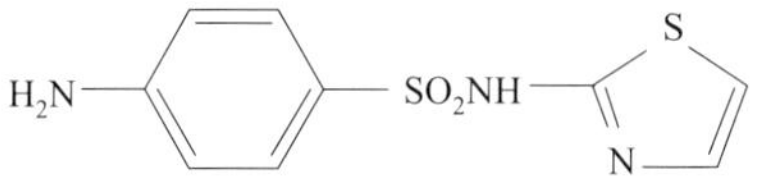

図 3-6　スルファチアゾール（SUT）

48

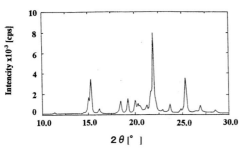
図3-7 スルファチアゾールI形のXRDパターン

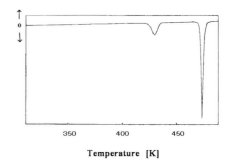
図3-8 スルファチアゾールI形のDSC曲線

への固相転移によるものであると考えられる。また、図3-10は、図3-9(b)のⅡ形の結晶のDSC曲線である。図3-8に比べて、低温側の転移によるピークが消え、Ⅱ形の融解熱のピークのみになっている。このことから、図3-8の高温側のピークは、固相転移で生成したⅡ形の融解によるものであることがわかる。

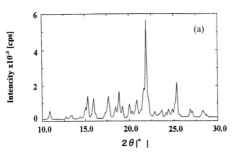
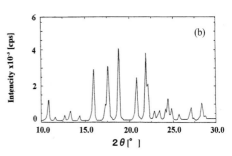
図3-9 425 Kで保持した結晶のXRDパターン変化

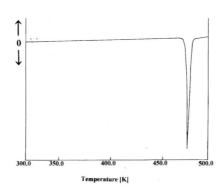
図3-10 スルファチアゾールⅡ形のDSC曲線

(2) 転移開始時間と転移時間を用いた速度解析

Ⅰ形からⅡ形への、転移過程の速度解析を行った結果を示す[64]。実験は、恒温槽中419〜430 Kの各温度で結晶を保持し、結晶構造の経時変化をXRDにより測定した。図3-11は、419〜

423 Kの範囲での測定結果を示している。横軸が保持時間、縦軸が結晶中Ⅰ形の組成 Y_1 (モル分率) である。423 K～430 Kでも同様な結果が得られている。Ⅰ形は、時間とともにS字形曲線を描いて徐々に減少して、ついにはⅡ形のみになることが認められる。ただし、初期には転移の進行がみられず、待ち時間の存在を示唆している。この結果から、転移に要する時間（すなわち転移速度）は、転移開始までの時間と、転移を開始してから終了するまでの時間からなることがわかる。そこで、各温度での待ち時間（転移開始時間）を t_i、転移終了時間を t_f として、各温度で待ち時間 (t_i) と転移時間 (t_i-t_f) の比較を行うと、どちらも温度の上昇とともに指数関数的に短くなり、転移速度が温度に敏感であることが認められる。

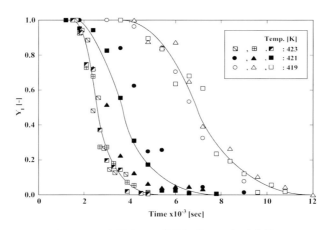

図3-11　各温度での結晶組成 Y_1 の経時変化

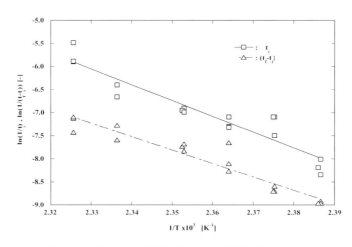

図3-12　転移開始時間 (t_i) と転移時間 (t_i-t_f) の逆数のアレニウスプロット

　そこで、これら時間の逆数が速度定数に比例していると仮定して、アレニウス式を適用し活性化エネルギーを求めた。

$$\frac{1}{t_i} = A_1 \exp\left(-\frac{\Delta E_1}{RT}\right) \tag{3-29}$$

$$\frac{1}{t_f - t_i} = A_2 \exp\left(-\frac{\Delta E_2}{RT}\right) \tag{3-30}$$

図 3-12 にこの結果を示す。縦軸はこれら時間の逆数の対数、横軸は絶対温度の逆数をとっている。直線の勾配より、活性化エネルギーが転移開始時間では約 200 kJ/mol (ΔE_1)、転移時間では約 260 kJ/mol (ΔE_2) と見積もられ、同程度の値であることがわかった[64]。

(3) Avrami の式による転移速度解析

さらに、従来から知られている Avrami-Erofeev の式[57]((3-31) 式) を用いた解析を行った。α は反応率（＝1-Y_I）、k は反応速度定数、m は反応次数を示す。式中の t に関しては転移が進行する時間（t-t$_i$）を用いた。

$$\ln(-\ln(1-\alpha)) = \ln k + m \ln t_a \tag{3-31}$$

図 3-13 に、428 K と 430 K での結果を例として示す。いずれの温度でも、ほぼ良好な直線関係が認められ、直線の傾きと切片より、m と k の値を算出した。この結果、k はばらつきが大きく一定の傾向は得られなかったが、反応次数 m については 1.5～2.0 の範囲でほぼ近い値をとることが認められた。したがって、Avrami の式によれば、成長は 1 次元または 2 次元的に進行するものと推測される。

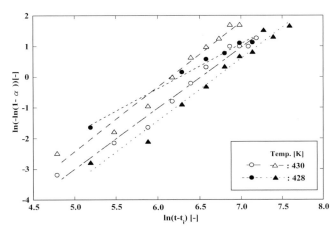

図 3-13　Avrami-Erofeev の式を用いたプロット

(4) DSC 測定による転移活性化エネルギーの評価

DSC は、固相反応の速度解析にも応用される。Kissinger[67] らは、固相転移における転移速度とピークの関係について次式を示した。

固体から固体および気体が生成するような反応は、多くの場合次式で表わすことができる。

$$\frac{dx}{dt} = A(1-x)^n e^{-\frac{E}{RT}} \tag{3-32}$$

ここで、x は反応率、dx/dt は反応速度、n は反応次数、T は絶対温度である。

反応の過程で温度が上昇すると、反応速度 (dx/dt) は増加するが、反応物質を消費するため最大値を経てやがて0に戻る。最大のときは $d(dx/dt)/dt=0$ が成立する。このため、一定速度 ϕ で温度が上昇するならば、次式が成立する。

$$\frac{d}{dt}\left(\frac{dx}{dt}\right) = \frac{dx}{dt}\left[\frac{E\phi}{RT^2} - An(1-x)^{n-1}e^{-\frac{E}{RT}}\right] = 0 \tag{3-33}$$

このときの温度を T_p とすれば、次式が得られる。

$$\frac{E\phi}{RT_p^2} = An(1-x)^{n-1}e^{-\frac{E}{RT_p}} \tag{3-34}$$

T_p は DSC 測定における転移のピーク温度に対応する。

ここで、対数をとり、$n(1-x)^{n-1}$ の項は近似的に定数として微分すれば、次式が得られる。

$$\frac{d\left(\ln\frac{\phi}{T_p^2}\right)}{d\left(\frac{1}{T_p}\right)} = -\frac{E}{R} \tag{3-35}$$

上式を用いれば、昇温速度 ϕ を変化させ DSC の測定を行うことにより、活性化エネルギー E を決定することができる。そこで、これらの関係を本系にも適用して解析を行った結果を、図 3-14

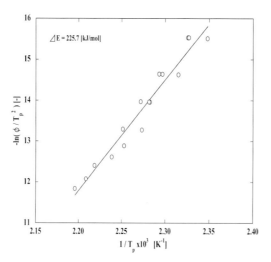

図 3-14　Kissinger の式による解析結果

に示している。ほぼ良好な直線関係が得られ、勾配よりⅠ形からⅡ形への転移の活性化エネルギーとして、約 230 kJ/mol という値が得られた。この値は、アレニウス式から求めた値とほぼ近いことが認められる[64]。

(5) 固相転移における種晶効果

さらに、Ⅱ型を微量添加することによる転移促進効果の検討を行った。図 3-15 には、添加したⅡ形の種晶の分率（$Y_{Ⅱ}$）と、そのときの固相転移の様子を示している。種晶添加により、転移開始時間、転移時間が短縮されることが認められた。このことから、種晶の添加が、準安定形固相中の格子欠陥の伝播速度や、安定相境界面の前進速度を促進するものと推測される[64]。ただし、この効果には限界があることも認められた。

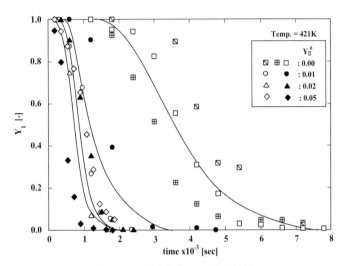

図 3-15　固相転移への種晶効果

応 用 編

第4章　多形制御因子とメカニズム

第5章　アミノ酸の多形現象と多形制御

第6章　多形現象における添加物効果

第7章　反応晶析における多形現象と制御因子

第8章　貧溶媒晶析における多形現象と制御因子

第9章　分子構造（置換基）と結晶構造ならびに多形現象の相関

第10章　多形現象における溶媒効果ならびに分子構造との相関

第11章　包接結晶の多形現象と制御因子

第12章　多形制御における種晶効果および界面、超音波の影響

第13章　超臨界流体を用いる晶析による粒径ならびに多形制御

応用編

第4章　多形制御因子とメカニズム

4.1 多形制御因子の種類

　前章までは多形現象の考え方の基礎について述べた。本章以降では実際の多形制御について解説する。多形制御とは、晶析操作条件などマクロな環境条件を変化させて析出する、固体中のミクロな分子配列をコントロールするものである。最近では、多形制御に関してレビュー論文[68]などもみられるようになってきた。その系において分子配列に影響を与える晶析操作条件を、「多形制御因子」(Controlling factor) と称する。筆者らはこれまでのさまざまな系での実験結果から、さまざまな制御因子の存在を認め、これらを図 4-1 のように整理した[69,70]。過飽和度や温度など、基本的な制御因子は一次制御因子とし、種晶や撹拌速度、反応晶析における混合速度などもこれに含めた。これに対して、添加物や溶媒などの外部物質とみられる要因を含む制御因子を、二次制御因子として分類した。これにはpHや界面なども含まれる。また、各多形の溶解度は、熱力学的平衡物性であるが、操作の過飽和度を決める基準であるばかりでなく、転移の方向や速度を決定する要因でもあるので、これも制御因子とみなすこととした。この他、超臨界流体や超音波なども、制御因子の1つと考えられる。

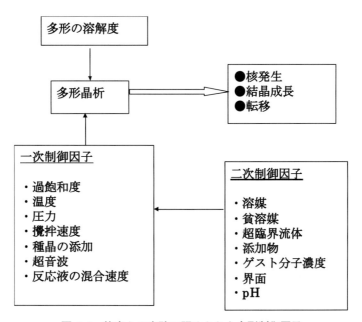

図 4-1　筆者らの実験で認められた多形制御因子

4.2 晶析法と多形制御因子

　多形を含む晶析では、図4-1に示すようにさまざまな操作因子があるが、それらはその晶析法に依存して特徴がある。図4-2は、これらの制御因子を各晶析法ごとにまとめたものである。一般的によく用いられる回分冷却晶析では、冷却速度や初期濃度が操作因子として用いられる場合が多い。一方、貧溶媒晶析法では、貧溶媒の種類のほかに、貧溶媒添加速度や初期濃度などが多形の析出挙動において重要な制御因子であることが、筆者らの検討で認められている（第11章）。また、反応晶析では、反応液濃度やpHの他に、反応液混合速度や撹拌速度などが重要な制御因子であることが認められた（第7章）。包接結晶の晶析（アダクト晶析）では、ホストとゲスト分子の組成、濃度が結晶構造や組成、さらには分子認識性能を制御する要因であることなどが明らかになっている（第8章）。また、多形の析出に超音波の利用などもある。超音波では印加電圧、印加時間あるいは出力電力（W）などがその操作因子となる（第12章）。さらに、超臨界流体を貧溶媒として用いた晶析では、温度、最大圧力、加圧方法、初期濃度、ならびに溶液供給速度などが制御因子として考えられる（第13章）。ここで注目すべきは、いずれの晶析法においても、温度、過飽和度（初期濃度）、溶媒は共通した重要な制御因子である。その一方で、各晶析法に特徴的な制御因子がある。これらは過飽和の生成法に関係するものである。

```
　晶析法　　　　　　制御因子

a. 冷却晶析：　　　　冷却速度
b. 蒸発晶析：　　　　溶媒の蒸発速度
c. 貧溶媒晶析：　　　貧溶媒の添加速度、
d. 反応晶析：　　　　反応液の混合速度
e. アダクト晶析：　　ホスト、ゲスト濃度、混合速度
f. 超臨界流体：　　　最大圧力、加圧方法

　*温度、溶媒、初期濃度は共通の制御因子
```

図4-2　晶析法と制御因子

4.3 多形析出における制御因子の役割とメカニズム

　以上、それぞれの晶析法に対して制御因子に特徴があるが、それらのうち実際の制御においては、どの因子が鍵（key factor）となっているかを見極めることが肝心である。また、その制御因子が決定的な影響を与える原因、すなわちメカニズムを知ることが重要である[69]。第3章では多形の析出過程が核発生、成長、転移よりなることを示した。ここで、各物質の分子構造と多形構造の関係、多形の固液平衡物性（溶解度）から多形の析出過程までを含めて、さらに高所から制御因子の役割とメカニズムを考察した結果を、図4-3に示している[70,71]。まず、分子構造と多形構造には相関性があることが知られ、多形構造予測のソフトウエアがすでに市販されている。ま

た、第9、10章で示されるように、多形の溶解度や溶質分子のコンフォーメーション、溶媒和構造など熱力学的平衡物性は多形構造と相関があり、これが析出挙動を決定づける場合がある。筆者はこれらを「熱力学的平衡因子」と呼ぶことにする。一方、晶析は非平衡下の過飽和で行われるものであり、先述の図4-2のように、各晶析法に特徴的な制御因子は過飽和の生成に関係し析出速度過程に直接影響を与えるため、これらを「速度因子」と呼ぶこととする。図4-1に示したさまざまな多形制御因子は、これらの熱力学的平衡因子あるいは速度因子として、多形の析出挙動を変化させるものである。そして、多形の析出挙動には、熱力学的平衡因子が支配する場合と、速度因子が支配する場合に分けられる。前者は、溶媒や温度など環境条件が決まれば、溶液中で熱力学的平衡にある溶質分子の溶存状態（溶媒和やコンフォーマーなど）が変化して、多形の核発生や成長が支配される場合に対応する[70,71]。また後者は、反応液の混合や貧溶媒の添加によって過飽和の形成速度などが変化し、多形の析出挙動が決定づけられる場合である。これは溶質の凝集やクラスター形成過速度が、過飽和度によって影響を受け、多形の核発生速度や成長速度が変化するためと考えられる。筆者は、図4-3に示すように、熱力学的平衡因子と速度因子は直列に繋がったもので、多形の析出挙動は、最終的には速度過程で決まると考えている。しかし、熱力学的平衡因子が支配的な場合があり、このときの多形の析出挙動は、速度因子によってほとんど影響を受けないと考えられる。

以下の章では、このような観点からさまざまな系、晶析法における多形現象を紹介し、多形制御因子とメカニズムについて解説する。

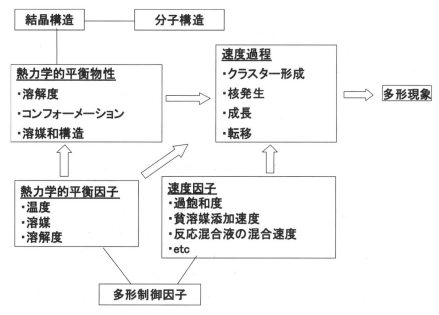

図4-3　多形析出における制御因子の役割とメカニズム

4.4 多形制御因子の分離（例：冷却晶析における温度と過飽和度）

　多形の析出を伴う晶析では、通常図4-1の異なる制御因子が重なり合って影響することが多い。その場合、いずれの因子の影響が支配的か見極めることが重要であり、それを明らかにするために、それらを分離して検討することが必要となる。以下の章では、さまざまな晶析法において制御因子を分離検討した例を示す。

　ここでは、最も一般的に用いられる冷却晶析における、制御因子の分離検討例を述べる。冷却晶析では、一般に初期濃度や冷却速度などが操作因子として用いられる[72]。通常、冷却速度が大きいほど、核発生の温度は低く、過飽和度は大きくなる。この現象は粒径制御にも応用され、一般に冷却速度が大きいほど小粒径のものが得られる。図4-4は、冷却速度を変えることによって、結晶が析出する温度と過飽和度が同時に変化することを表わしている。温度T_0のS点より冷却晶析を行う場合、冷却速度（P）をP_2からP_1へ大きくすると（図4-4左図）、一般に核発生は温度T_{n2}からT_{n1}へとより低温で起こるようになる（図4-4右図）。すなわち、核発生の起こる過飽和度は大きくなり、このため粒径は小さくなる傾向にある。このことは、冷却速度により核発生の温度と過飽和度が同時に変化することを示している。

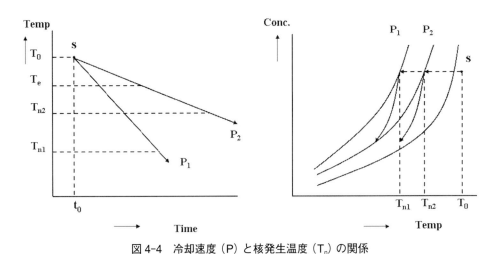

図4-4　冷却速度（P）と核発生温度（T_n）の関係

　このような性質を多形制御に応用するとすれば、次のようなことが考えられる。ただし、ここでは単変転移系と考え、多形の析出においてはオストワルドの段階則が成り立ち、多形の析出が温度による影響を受けないものと仮定する。そうすると、低速冷却の場合には図4-5に示すように、低過飽和度において安定形（B）が、高速冷却の場合には高過飽和度で準安定形（A）が、優先的に核発生することが期待できる。ここで、図中A、Bの実線は準安定形と安定形の溶解度曲線、A'とB'の破線は安定形と準安定形の準安定領域を示す曲線であり、それぞれ溶解度曲線に平行にあると仮定している。低速冷却では、安定形が核発生した後も、時間さえかければ引き続き安定形のみを析出させることも可能であろう（この場合の典型的な濃度減少過程を階段状に示している）。一方、高速冷却では、準安定形のみが核発生した後も溶液は安定形の過飽和にあ

るため、安定形が析出する可能性があり、準安定形のみを得ることは難しい。先に、多形の準安定領域が平行して存在すると仮定したが、実際にはこれら両者の準安定領域は、さまざまな因子の影響を受け複雑に変化すると考えられる。たとえば、後章で明らかにするように、多形の核発生においては、温度がきわめて重要な制御因子となる場合が多い。このため、単変転移系であっても、冷却速度により多形制御を行うことは一般に難しい。まして、互変転移系ではさらに難しい。これに関連した報告例として、単変転移系の回分冷却晶析において、目的多形の種晶を添加して、濃度を収束ビーム反射測定法（Focus Beam Reflectance Masurement：FBRM）を用い *in-situ* で測定しながら、他の多形の2次核発生を避けながら冷却を行い、種晶を準安定領域内で成長させる試みもみられる[73]。

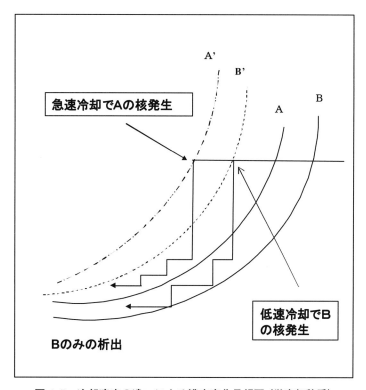

図4-5　冷却速度の違いによる濃度変化予想図（単変転移系）

ただ、先述のように冷却速度を変えると、温度と過飽和度の両制御因子が同時に変化するため、多形の析出挙動を正確に把握することは難しい。そこで、筆者らはこれら両因子を分離し検討することを目的として、急速冷却法（微分晶析法）の応用を提唱してきた。これは未飽和溶液を急冷することにより、一定温度、一定過飽和度で核発生を起こさせるものである。また、溶液濃度、晶析温度をそれぞれ独立に変化させて実験を行うことにより、過飽和度と温度の効果を分離してみることができる。この方法については、早速次の章のL-グルタミン酸（L-Glu）多形の析出挙動についての検討で示す。

応用編

第5章 アミノ酸の多形現象と多形制御

　アミノ酸は、アミノ基（-NH₂）とカルボキシル基（-COOH）を有する化合物であるが、一般にアミノ酸という場合、両基がα炭素に結合したαアミノ酸を指す（図5-1）。この共通の基本骨格を中心として、置換基の種類によりさまざまな性質の異なるアミノ酸が存在する。さらに基本骨格のα炭素は不斉であるため、グリシン以外のアミノ酸には対掌体（光学活性体）が存在する。またアミノ酸は、同一分子内に正と負のイオンを有する両性物質であり、等電点付近の溶液中では双極イオンとして存在する。結晶中でも同様な状態で存在することが知られており、イオン化したアミノ基とカルボキシル基が、強い水素結合のネットワークを形成している。さらに、アミノ酸分子は水素結合を介して種々の立体配座（コンフォーメーション）を取りうるため、アミノ酸結晶には多くの結晶多形や結晶水の異なるものが存在する。このため筆者は、一連の分子構造の違いとアミノ酸の多形現象との関連に着目し、多形現象が一般に知られていない頃から検討を行ってきた。多形の例としては、グリシン（α、β、γ形）[74]、L-グルタミン酸（α、β形）[75-76]、DL-γ-アミノ酪酸（A、B形）[77]、DL-ノルロイシン（α、β、γ形）[75]などがある。また、これに準ずる結晶水の異なるものでは、DL-グルタミン酸（無水和物、1水和物）、L-グルタミン酸・Na塩（1水和物、5水和物）、L-アルギニン（無水和物、2水和物）、L-フェニルアラニン（無水和物、1水和物）などがある[78]。筆者はこれらのうち、酸性アミノ酸であるL-グルタミン酸（L-Glu）と塩基性アミノ酸であるL-ヒスチジン（L-His）を主として用いた検討を行ってきた。L-グルタミン酸多形制御に関連したものは、その後も多くの論文がさまざまな雑誌に報告されている[68,73,79]。本章では、L-グルタミン酸多形の析出挙動と転移メカニズム、結晶各面の成長メカニズムとモルフォロジー変化、ならびにL-ヒスチジン多形の析出挙動と転移速度解析などに関する筆者らの報告を中心に紹介する。

5.1 L-グルタミン酸の多形現象と制御因子

5.1.1　多形の溶解度と析出メカニズム[80]
(1)　L-グルタミン酸結晶多形の構造

　L-グルタミン酸（図5-1）は自然界に存在する必須アミノ酸の1つであり、調味料であるL-グルタミン酸ナトリウム（水和物）の原料として知られている。この光学異性体には、D-グルタミン酸がある。このL-グルタミン酸（L-Glu）には2種の多形（αおよびβ形）があり、いずれも斜方晶系に属するが、表5-1に示すように格子定数が異なる[75-76]。また、これら結晶中の分子のコンフォーメーションは、図5-2に示すとおりであり、α形はC_2-C_3とC_3-C_4の炭素がゴーシュ－ゴーシュの配座をとり、β形はトランス－ゴーシュの配座をとる。このため、β形は分子

第5章　アミノ酸の多形現象と多形制御

表 5-1　L-グルタミン酸多形の結晶構造データ

（α-type）	（β-type）
Orthorhombic	Orthorhombic
p2₁2₁2₁	p2₁2₁2₁
a=7.068 Å	a=5.17 Å
b=10.277 Å	b=17.34 Å
c=8.775 Å	c=6.95 Å
z=4	z=4
v=637.4 Å³	v=623.1 Å³
d=1.533 g/cm³	d=1.57 g/cm³

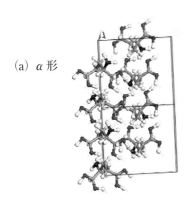

図 5-1　L-グルタミン酸分子

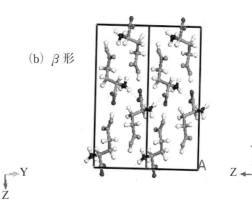

(a) α形　　(b) β形

図 5-2　L-グルタミン酸多形の分子のパッキングとコンフォーメーション

がc軸方向に最も伸長した配向性をとっている。

アミノ酸の結晶多形の中で、これまで最も多くの検討がなされているのはL-グルタミン酸であり、その結果は他のアミノ酸を取り扱う場合の基本となりうると考えられる。しかし、晶析操作条件が十分に規定されていなかったために、析出挙動に関する従来の報告には、違いが多くみられた。そこで筆者らは以下に述べるように、L-グルタミン酸の未飽和溶液をステップ状に急冷し、一定温度で結晶を析出させる方法（急冷法）により検討を行った[80]。

(2)　L-グルタミン酸結晶多形の溶解度

まず、L-グルタミン酸のαおよびβ形の溶解度の測定結果を示す[80]。溶解度の測定は、過剰量のそれぞれの結晶を水溶媒に添加し、各温度で一定に保った後、スラリーをサンプリングし、固液分離した後、その溶液濃度を高速液体クロマトグラフィー（High performance liquid chromatography：HPLC）を用いて決定した。図 5-3 には、こうして得られた2種の多形の、等電点での溶解度を示す。60℃以上の高温になると、準安定形であるα形は、β形に容易に転移するため、溶解度の測定が困難となる。このため、高温領域でのα形の溶解度は示していない。図 5-3 の結果から、水溶液中で少なくとも 10～60℃ の温度範囲では、β形の溶解度のほうが低

く、これが安定形であることを示している（単変転移）。

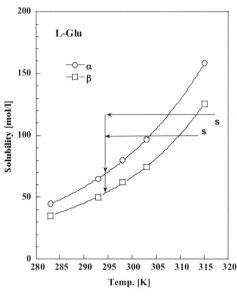

図5-3　L-グルタミン酸α形とβ形の溶解度

(3) L-グルタミン酸多形の析出ならびに転移のメカニズム

　先述のように、通常の冷却晶析では冷却速度を変数にとった場合、過飽和度と温度が同時に変化する。たとえば、冷却速度が大きいほど一般に核発生は低温で起り、その時の過飽和度は大きくなる。そこで我々は、析出挙動の検討に急速冷却法を採用してきた。すなわち、図5-3の溶液をsの位置から急冷し、一定の温度および過飽和度で結晶を析出させることにより、温度と過飽和度の効果を分離して検討することができる。この結果、45℃で温度を一定として過飽和度を変化させL-グルタミン酸を析出させると、きわめて低過飽和比（1.1以下）では、安定形のみが析出するが、通常の晶析を行う過飽和度付近では両多形が析出することが観察された。また、このとき両者の析出割合には、ほとんど過飽和度の影響はみられない。図5-4は、L-グルタミン酸結晶多形の45℃（48 g/L）における晶析開始後の結晶中α形組成の経時変化を、XRD測定により追跡したものである。初期にはα形が約63%の多形混合物が析出するが、やがてα形からβ形への転移が進行し、純粋なβ形のみが得られることがわかる。また、晶析開始後の溶液濃度変化を図5-5に示し、これに対応した析出結晶の顕微鏡写真を図5-6に示す。

　晶析開始後の濃度変化は、図5-5に示すI〜IVの4つの領域からなることが認められる。最初の急激な濃度減少（I）は、結晶の核発生と成長によるもので、図5-6の顕微鏡写真よりα形とβ形の両者が核発生し、40分後まで競合的に成長している様子がわかる。このときのα形組成は、先述のとおり約63%であると思われる。また、IIの領域では、溶液濃度は一定値を示すが、図5-4よりこの間のα形組成が大きく変化し、転移が進行していることがわかる。図5-6の80〜100分後では、時間経過とともにα形が溶解してβ形が優勢になることから、IIの転移のメカニ

第5章 アミノ酸の多形現象と多形制御

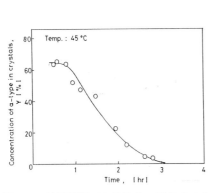

図 5-4 晶析過程での結晶中 α 形組成の経時変化（45℃）

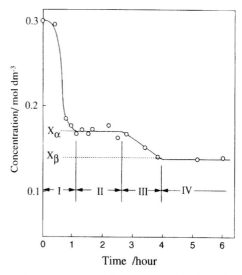

図 5-5 晶析過程での溶液濃度変化（45℃）

ズムは、α形の溶解とβ形の成長の物質移動を伴う溶液媒介転移であることがわかる。IIIの領域では、ほぼβ形のみが存在するので、β形の成長による濃度減少であり、ついにはIVのβ形の平衡状態に到達する。図5-6の160分後では、長軸方向に発達した針状のβ形が観察される。なお、溶液濃度変化のIIの転移過程では、濃度がα形の飽和濃度（Xα）にほぼ一致することか

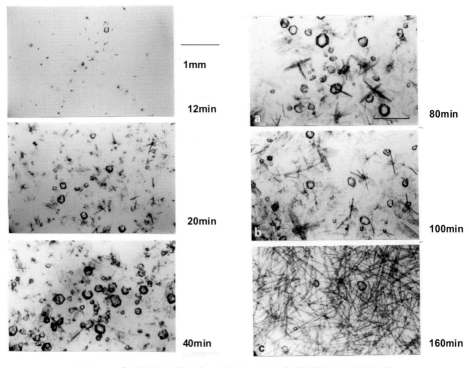

図 5-6 多形結晶の核発生、成長ならびに転移過程の顕微鏡写真

ら、転移速度が安定形のβ形の析出速度支配であることを示している。しかし、ここで注意すべきは、安定形の析出速度には、安定形の核発生速度と成長速度の両者が含まれていることである。このことについては次節で例を示す。

(4) 過飽和度、温度効果と溶液中コンフォーマーの寄与

多形の析出挙動に及ぼす過飽和度と温度の影響について、25℃と45℃で検討を行ったところ、多形の析出挙動が晶析温度により大きく変化することが認められた。25℃ではα形溶解度に対する過飽和比($S_α$)を1.3～3.5の範囲で、45℃では$S_α$を1.1～2.5の範囲で変化させた。25℃の場合、いずれの過飽和度でもα形のみが析出する。低過飽和度($S_α$<1.6)側では粒状の結晶が得られ、また高過飽和度側ではプリズム状の結晶が得られ、過飽和による結晶形状の変化が観察される。45℃ではすでに述べたとおり、$S_α$が1.1以下の低過飽和度ではβのみの析出がみられるが、それ以上の過飽和度では多形の相対的割合にはほとんど変化はみられない。このような実験を15℃から50℃の範囲で行ったところ、**図5-7**のような結果が得られている。図より、温度の効果は極めて顕著で、25℃以下ではα形のみが得られるが、温度が上昇するとαとβ形の混合物が析出するようになり、温度とともにβ形の割合が増加する傾向がみられる。**図5-8**には、25℃で得られたα形結晶の顕微鏡写真を示す。この結果から、この場合の析出挙動を支配するのは過飽和度ではなく、温度であることがわかる。また、図5-5と同様に、25℃での晶析過程の濃度変化を測定すると、**図5-9**の結果が得られた。すなわち、この場合はα形のみが析出し、溶液濃度はα形の溶解度で一定となり、長時間(24時間以上)濃度変化が認められなかった。したがって転移速度は、やはりβ形の析出速度が支配していると考えられる。しかしこの場合、β形の核発生速度が支配するものではないことが確かめられた。すなわち、25℃のα形のみが析出した溶液中に、α形と同量のβ形を添加しても、転移は容易に進行しなかった。このことは、β形の核発生速度が転移を支配するのではなく、成長速度が支配することを示している。

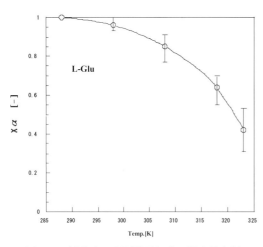
図5-7 析出する多形結晶組成の温度依存性

図5-8 25℃で得られたα形結晶（撹拌条件下）

第5章　アミノ酸の多形現象と多形制御

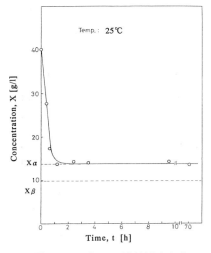

図 5-9　25℃での溶液濃度変化

　以上に示したように、溶液媒介転移においては溶液濃度変化を追跡することが、そのメカニズムの検討においてきわめて有効である。なお、溶液媒介転移の速度論的取り扱いは、次節のL-ヒスチジン多形の析出について改めて示す。さらにこの場合、オストワルドの段階則により、これらの析出挙動を説明することは困難と考えられる。多形の競争的な核発生速度において、過飽和度と界面エネルギーが重要なファクターであることはすでに述べた。L-グルタミン酸の系では、上述のように過飽和度の影響はかなり小さいといえる。また、界面エネルギーの温度依存性は、一般にきわめて小さい。そこで筆者は、L-グルタミン酸多形の析出挙動に及ぼす温度効果の原因として、溶液中のL-グルタミン酸のコンフォーメーションの影響を考えた[80]。L-グルタミン酸多形の結晶構造に着目すれば、図5-2に示すように、いずれもOH…O、NH…Oの水素結合によって分子鎖と3次元ネットワークが形成されているが、多形間でコンフォーメーションが大きく異なっていることがわかる。この水素結合は溶液中でも存在すると考えられ、実際にL-グルタミン酸塩には、溶液中で6種のコンフォーマーが存在することが知られている[81]。析

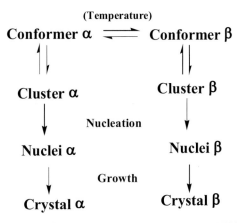

図 5-10　多形の核発生とコンフォーマーの関係

67

出挙動においては、これらのコンフォーマーの濃度が関係すると考えられる。たとえば、**図 5-10**で低温側においては、α 形に類似のコンフォメーションをもつコンフォーマーの濃度が高く、このため α 形の核発生が優勢となることが考えられる。第 3 章 3.3.1. で示した核発生速度式についてみれば、このような溶液中コンフォーマーの寄与は、頻度因子である A に含まれると考えることができる[80]。すなわち、温度上昇により β 形の頻度因子のほうが、α 形のそれよりも増加する度合いが大きいと考えられる。

5.1.2　多形単一結晶の成長メカニズムとモルフォロジー変化

　結晶のモルフォロジーや粒径は、固液分離特性、溶解速度、充填率、輸送効率、ハンドリングなど、製品結晶の性能に大きく影響する。モルフォロジーや粒径は多形によっても異なることが頻繁にみられるが、さらに晶析操作条件によって変化するため、これらが関与する現象は複雑になっている。これらの現象を明らかにするためには、多形の成長速度や成長機構、ならびにモルフォロジーとの関係について検討を行うことが必要である。各結晶多形のモルフォロジーは、それぞれの結晶構造に関連すると考えられる。Bravais と Friedel[82]、Donnay と Harker[83]らは、結晶のモルフォロジーを決定する要因として格子間距離を提示し、格子間距離が最も大きくなるようなモルフォロジーが現れるとした。また、Hartman–Perrdok[84]は、いわゆる "Periodic chains of strong bond（PBC）" を少なくとも 2 本含む面（hkl：結晶面の方位を表わすミラー指数）の成長速度が遅く、これがモルフォロジーを決定づけるとした。また、その面（hkl）の成長速度は、厚さ d_{hkl} の成長単位ブロックが結晶表面に付着するときの 1 分子当たりに放出されるアタッチメントエネルギー（E_{att}）に比例する。さらに Berkovitch–Yellin ら[85]は、添加物系に拡張して、添加物分子との相互作用によるバインディングエネルギー（E_b）を考慮したモルフォロジーを、計算により求めている。しかし、実際の結晶のモルフォロジーは、結晶各面の相対的な成長速度によって決まる上に、その成長速度は操作条件に依存する。これに関しては、たとえば Li と Rodriguez-Hornedo[86]は、グリシン α 形の単一結晶を用い、(011) および (010) 面の成長速度の測定を行い、両面が表面反応支配であること、成長機構は BCF モデルによることなどを報告している。しかし、多形の成長速度、成長機構、ならびにモルフォロジーについて操作条件との関連で検討し、多形間で比較検討した例はほとんどみられない。そこで、本章では L-グルタミン酸結晶多形に関して、単一結晶を用いて成長速度や成長機構、ならびにモルフォロジー変化について検討を行ったので、紹介する[87]。

（1）　実験方法

　L-グルタミン酸の α 形と β 形、それぞれの種結晶の単一結晶を用い、298 K において溶液を流通させ、各結晶面の移動距離から成長速度を求めた。測定装置を**図 5-11** に示す。成長速度の測定は単一結晶を用い、まず 1 の溶解槽で所定の濃度の溶液を仕込み、ポンプで循環し、3 の冷却管で所定の温度（298 K）に冷却した後、4 の成長セル内に流通させる。4 の成長セル内に結晶を固定し、ビデオカメラを取り付けた顕微鏡とメジャリングゲージにより結晶面移動距離を測定し、結晶の成長速度を求めた。

　α 形と β 形の各々の種結晶を、**図 5-12** に示す。これらは、0.2 mol/L の L-Glu 水溶液から回

第5章 アミノ酸の多形現象と多形制御

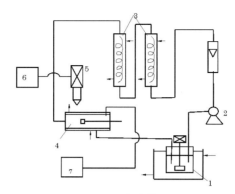

図 5-11　実験装置
1.溶解槽　2.ポンプ　3.熱交換器　4.成長セル　5.顕微鏡　6.ビデオカメラ　7.測温抵抗体

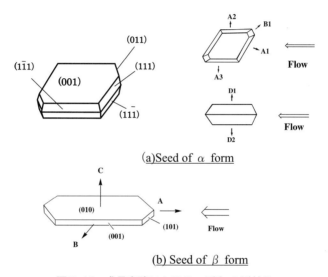

図 5-12　成長実験における α 形と β 形結晶

分晶析で得られたものである。α形結晶については、(001)面に平行なA₁、A₂、A₃方向の成長速度 (G(A)) およびコーナー部のB方向の成長速度 (G(B))、ならびに(001)面に垂直なD₁、D₂方向の成長速度 (G(D)) について測定を行っている。β形結晶についてはB、C方向の成長速度は小さく測定が困難であるため、A方向のみの成長速度 (G(A)) を測定した。図中矢印は溶液の流れ方向を示し、流速は 0.05-0.25 m/s の範囲で変化させている。さらにL-Glu濃度はα形で 0.085 mol/L～0.130 mol/L、またβ形で 0.073 mol/L～0.120 mol/L で変化させた。各方向の成長速度は各結晶面の成長速度に対応づけられる。すなわち、α形結晶の (111) 面ならびに (011) 面の成長速度 (G(111)、G(011)) は次式により求められる[87]。

$$G(111) = G(A) \cos 34° \tag{5-1}$$

$$G(011) = G(B) \cos 50° \tag{5-2}$$

また、β形のG(A)は次式により、(101)面の成長速度に関係づけられる。

$$G(101) = G(A) \cos 35°\tag{5-3}$$

(2) α形結晶の成長速度

図5-13および**図5-14**は、A、B方向の結晶粒径の、時間変化の測定結果を示したものである。図5-13は濃度cが0.091 mol/L、流速vが0.148 m/sでの結果を、また、図5-14は濃度cが0.101 mol/L、流速vが0.148 m/sでの結果を示している。縦軸のΔLは成長量、横軸のtは時間を示す。いずれの条件でも、結晶成長量と時間との間には、ほぼ良好な直線関係が得られることがわかる。

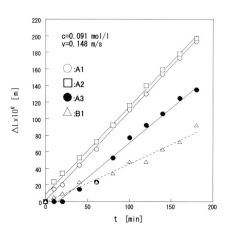
図5-13 α形結晶の成長量ΔLと時間tの関係（A, B方向）

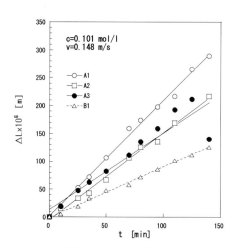
図5-14 α形結晶の結晶成長量ΔLと時間tの関係（A, B方向）

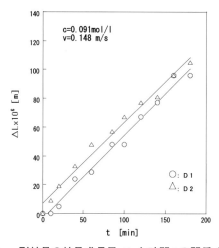
図5-15 α形結晶の結晶成長量ΔLと時間tの関係（D方向）

第 5 章　アミノ酸の多形現象と多形制御

この直線の勾配から、成長速度が求められる。このような直線関係はいずれの方向でも成立するが、種結晶の違いによりその勾配にはある程度のばらつきがある。測定の結果、A_1、A_2、A_3 方向の成長速度はほぼ等しいが、B 方向の成長速度よりも大きい傾向にあることが認められた。図 5-15 には、濃度 0.091 mol/L、流速 0.148 m/s での厚さ方向（D）の成長量の、時間変化の測定結果を示している。平面方向と同様に、良好な直線関係が認められる。しかし、D_1、D_2 の方向で成長速度の違いは認められない。厚さ方向と平面方向の成長速度を比較すると、厚さ方向の成長速度は、平面方向の成長速度の約 2/3 になっていることがわかる。

(3)　α 形と β 形結晶の成長速度への拡散過程の影響

結晶の成長過程は、溶質の結晶表面上への拡散（物質移動）過程と、溶質分子の表面への吸着、表面拡散ならびにキンクへの組み込みなどが含まれる表面反応過程よりなっていると考えられる。層流を仮定すると、物質移動係数は、一般に溶液流速の 0.5 乗（$v^{0.5}$）に比例する（第 1 章 (1-24) 式参照）。そこで、この物質移動過程の寄与の程度を検討するため、α 形結晶の各方向の成長速度（G (A)、G (B)）を溶液流速（v）に対してプロットしたのが、図 5-16 である。図より、本実験での流速範囲内で、どの方向の成長速度でも流速の影響はみられないことがわかる。この結果は、これらいずれの成長過程も表面反応過程が支配的であり、拡散過程は無視できる程度に小さいことを示している。このことから、A_1、A_2、A_3 いずれの方向の成長も、表面反応支配であることがわかる。また、これら各方向の表面反応速度が類似の値であることは、結晶が $P2_12_12_1$ の空間群[75]をとることに対応したものであると考えられる。図 5-17 は、同条件下での G (D) を溶液流速（v）に対してプロットしたものである。やはり、D 方向の成長速度でも流速の影響はみられず、その成長は、表面反応過程が支配的であることを示している。

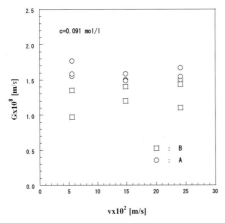

図 5-16　α 形結晶の A, B 方向の成長速度 G と溶液流速 v の関係

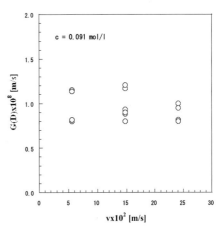

図 5-17　α 形結晶の D 方向の成長速度 G と溶液流速 v の関係

図 5-18 は、c = 0.093 mol/L、v = 0.148 m/s での、β 形結晶の平面方向（A、B）の結晶成長量、ΔL の時間変化の測定結果を示したものである。B 方向の成長速度は測定されないが、A 方向で

はα形結晶と同様に、結晶粒径ΔLと時間tとの間にはほぼ良好な直線関係が得られることがわかる。この直線の勾配より成長速度を求めると、種結晶の違いにより、その勾配にはある程度のばらつきが認められた。また、β形結晶の成長速度についても溶液流速vの影響をみるため、溶液流速に対してプロットしたのが図5-19である。図より、本実験での流速範囲内で、β形の成長速度でも流速の影響はみられず、β形の結晶成長でもα形と同様に成長過程は表面反応過程支配であり、拡散過程が無視できることが明らかとなった。

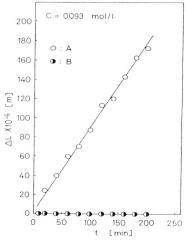

図5-18　β形結晶の成長量ΔLと時間tの関係　　　図5-19　成長速度と過飽和度の関係

（4）α形とβ形結晶の成長速度と過飽和度の関係

α形結晶のA、B、D方向についての成長速度を、次式で示される過飽和度（σ）に対してプロットすると、図5-20が得られる。

$$\sigma = \frac{c - c^e}{c^e} \tag{5-4}$$

ここで、cとc^eはL-Gluの溶液濃度と溶解度を示す。

先述のように、純粋系での成長速度の過飽和度依存性は、A方向ではほぼ等しい値をとる。これらの成長速度を、一般によく用いられる過飽和度のべき法則であらわすと、次式のようになる。

$$G(A) = 1.67 \times 10^7 \sigma^{1.2} \tag{5-5}$$

$$G(B) = 3.17 \times 10^7 \sigma^{2.1} \tag{5-6}$$

$$G(D) = 0.57 \times 10^7 \sigma^{0.89} \tag{5-7}$$

D方向の成長速度（G(001)）は、A方向（G(111)）の約50〜70%であり、結晶が板状であることに対応している。成長速度の比から、結晶形状は過飽和度の増大とともに薄い板状となる傾

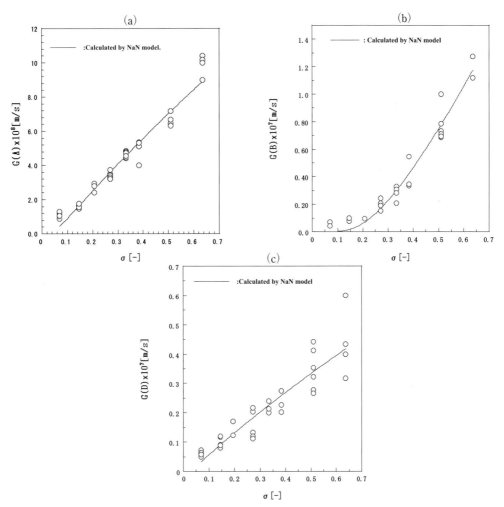

図 5-20　α形結晶の A、B、D 方向の成長速度
（G(A)（a）、G(B)（b）、G(D)（c））と過飽和度 σ の関係

向にあることがわかる。

また、β形結晶の A 方向について、成長速度と過飽和度の関係をプロットすると、**図 5-21** が得られる。β形の（101）の成長速度は次式で表わされる。

$$G(A) = 3.14 \times 10^8 \sigma^{1.4} \tag{5-8}$$

α形と β形の各面の成長速度のうち、最も早い成長速度を比較すると、析出挙動との対応ができると考えられる。同一過飽和度では、β形結晶の G（101）は α形結晶の G（111）の約 15％ほどでしかなく、このことは 298 K では α形が優先的に析出することに対応している。

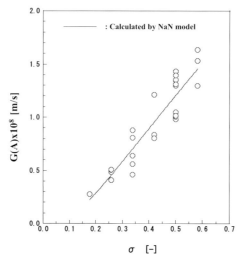

図 5-21　β 形の成長速度（G（A））と過飽和度 σ の関係

(5)　α 形の成長速度解析と成長メカニズム

以上より、α 形と β 形の成長過程は表面支配と考えられる。そこで、さらに次式で示される成長速度と相対過飽和度との関係から、成長メカニズムについて検討を行った[87]。表面反応過程については、第 1 章 1.4 で示したように螺旋転位（スパイラル欠陥）に起点をもつ BCF モデル[17]と 2 次元核発生による NaN モデル（Birth and spread モデルとも呼ばれる）[16]が最もよく知られている。
BCF モデル：

$$G = C\left(\sigma^2/\sigma_c\right)\tanh\left(\sigma_c/\sigma\right) \quad (5\text{-}9)$$

ここで、C と σ_c は系に依存する定数である。
NaN モデル：

$$G = A\sigma^{5/6}\exp(-B/\sigma) \quad (5\text{-}10)$$

ここで、A と B は系に依存する係数である。

α 形結晶の成長速度と過飽和度 σ の関係を図 5-20(a)、(b)、(c) に示す。なお、σ の値は 0.07 〜 0.64 の範囲で変化させている。(5-5) 式を適用して最小二乗法により BCF モデルのパラメーターを求めた結果を、表 5-2 に示す。いずれの方向の成長速度においても、この表から σ_c の値が負になっていることがわかる。しかし σ_c の値は、次式で表わされるように、エッジエネルギー（γ）、格子間隔（a）、ボルツマン係数（k）、絶対温度（T）、ステップ間距離（λs）の積で表わされ、本来正の値でなければならない。

$$\sigma_c = 9.5\gamma a/kT\lambda_S \quad (5\text{-}11)$$

このため、BCF モデルは適用不可能であると考えられる。

表 5-2　α形結晶の各面の成長速度の BCF モデルパラメーター

	C [m/s]	σ_c [−]
G(A)：(111) face	4.48×10^{-7}	− 0.15
G(B)：(011) face	1.88×10^{-6}	− 6.44
G(C)：(001) face	6.63×10^{-8}	− 3.83×10^{-4}

　一方、NaN モデルにより、各方向の成長速度パラメーターを求めると、成長速度式は次のように表わされる。

$$G(A)=1.50 \text{x} 10^{-7} \sigma^{5/6} \exp(-0.09/\sigma) \tag{5-12}$$

$$G(B)=4.27 \text{x} 10^{-7} \sigma^{5/6} \exp(-0.58/\sigma) \tag{5-13}$$

$$G(D)=6.46 \text{x} 10^{-8} \sigma^{5/6} \exp(-0.05/\sigma) \tag{5-14}$$

　図 5-20(a)～(c) の実線は、これらの式を適応して計算した値を示したものであるが、測定値をほぼ良好に表現していることがわかる。以上の結果から、α形結晶成長は BCF モデルによるのではなく二次元核生成に基づく NaN モデル（複数核発生（polynuclear mechanism））によると考えられる。このことは、後述の原子間力顕微鏡（Atomatic Force Microscope：AMF）による表面観察からも裏づけられている。

　さらに、NaN モデルの B 値は次式で表わされる。

$$B = (\pi / 3)(\gamma / kT)^2 \tag{5-15}$$

　そこで、この式より (111)、(011)、(001) 面のエッジ自由エネルギー γ を計算すると、それぞれ 0.29 kT（＝0.73 kJ/mol）、0.57 kT（＝1.4 kJ/mol）、0.21 kT（＝0.53 kJ/mol）という値が得られた。すなわち、(011) 面のエッジ自由エネルギーは (111) と (001) 面の値よりも大きいことがわかる。ここで、結晶データから各結晶面での分子配列をみると、**図 5-22** に示すように (001) 面 (a) では、分子は表面に沿って配列し、カルボキシル基の酸素密度が高くなっている。このため、(001) 面では、結晶中のカルボキシル基と溶液中の溶質間で反発が起こり、(001) 面の成長速度は遅くなることが推測される。一方、(111) 面 (b) の分子配列は、(001) 面のそれとは異なり (011) 面 (c) に類似している。

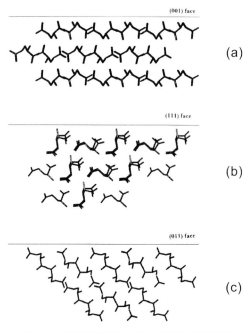

図 5-22　各結晶面の L-Glu 分子の分子配列

(6)　β形の成長速度解析と成長メカニズム

β形結晶の成長速度 G (A) と過飽和度 σ の関係を、図 5-21 に示す。β形では、σ の値は 0.18 ～ 0.60 の範囲で変化させている。α形と同様に BCF モデルと NaN モデル式を適用し、最小二乗法により各パラメーターを求めた。BCF モデルを適用した結果、E = 2.85×10^{-8}、F = -0.377 の値が得られ、α形と同様に β形でも F の値が負になっている。一方、NaN では速度パラメーターが計算でき、以下の式が得られた。

$$G(A) = 3.37 \times 10^{-8} \sigma^{5/6} \exp(-0.23/\sigma) \tag{5-16}$$

図 5-21 の実線は (5-16) 式の計算値を示している。

これらの結果から、β形でもその成長メカニズムは、α形と同様にらせん転位に基づくもの(BCF モデル)ではなく、二次元核生成(NaN メカニズム)によるものと考えられる。β形結晶の (101) 面のエッジ自由エネルギーに関して (5-11) 式から計算すると 0.47 kT (= 1.16 kJ/mol) が得られた。この値は、α形の (111) 面および (001) 面のエッジ自由エネルギーより大きい。このことは溶解度が α形よりも低いことに対応していると思われる。すなわち、低溶解度である安定形の β形のエッジ自由エネルギーは、高溶解度を有する α形のそれよりも大きい。

(7)　析出挙動と多形の相対的成長速度の対応

次に、α形と β形の競争的析出傾向について検討を行った。多形の析出量は、それぞれの多形の最も早く成長する面の成長速度に対応することが考えられる。α形結晶の (111) 面の成長速度 G (111) と、β形結晶の (101) 面の成長速度 G (101) を、同一過飽和度において比較を行うと、

α形のG(111)のほうが数倍大きい。このことは、前節で述べた298 Kにおいては、α形が優先的に析出する事実に合っている。また、α形のほうが成長速度が大きいことは、(5-6)式で表わされるNaNモデルからすると、α形の大きい速度パラメーター(X)と小さいエッジエネルギーによると考えられる。しかし、β形のα形に対する成長速度の比は、(5-17)式で示すように過飽和度の増加とともに増える傾向にある。このことは、過飽和度の増大はむしろ安定形であるβ形の成長に有利であることを示している。

$$G(101)_\beta/G(111)_\alpha = 0.22\exp(-0.14/\sigma) \tag{5-17}$$

(8) 成長過程でのモルフォロジー変化

α形結晶について低過飽和の条件下で成長実験を行うと、図5-23に示すように菱形から六角形へとモルフォロジー変化が観察される。これは、図5-12のB方向の(011)面が発達したことによると考えられる。一方、β形結晶について低過飽和の条件下で成長実験を行うと、β形では形状変化は小さく、ただ図5-12のA方向(長軸方向)に発達することがみられるのみである。

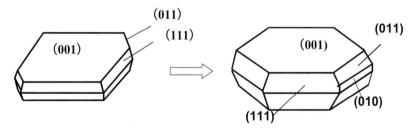

図5-23 α形結晶の成長過程におけるモルフォロジー変化

そこで、α形の(111)面の成長速度G(111)と、(001)面の成長速度G(001)を、過飽和度に対してプロットすると、図5-24(a)のようになる。結晶の厚さの変化と各結晶面の成長速度の相関性をみるため、これら両者の比をとると次式が得られる。これよりα形のモルフォロジーは板状であり、過飽和度の増加とともに、より薄くなることがわかる。

$$G(111)/G(001) = 1.87\exp(-0.04/\sigma) \tag{5-18}$$

また、(011)面が成長過程で発達して六角板状にモルフォロジー変化が起こることについて、成長速度との関係を検討した。図5-24(b)は、(011)面の成長速度と(111)面の成長速度と比較したものである。低過飽和度では、G(011)はG(111)よりも小さいが、過飽和度の増加とともにG(111)とG(011)が逆転することがわかる。図5-23で示したモルフォロジー変化は、このことが原因と考えられる[87]。

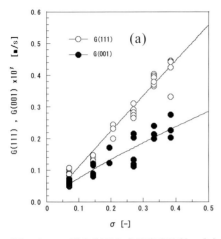
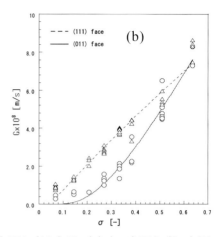

図5-24　α形の各面の成長速度比較；(a)　(111)面と(001)面、(b) (111)面と(011)面

5.1.3　結晶成長表面のAFM観察[88]

　一般にAFMは、バイオミネラル[88,89]、たんぱく質[90]、無機化合物[91]などの、比較的遅い成長速度過程の観察などに用いられている。これらの結晶では、成長面の観察のみならず、ステップの前進速度や成長速度の測定に用いられている。一方、溶解性の無機塩や化合物のような成長速度の大きいものはAFMは追跡できないため、その場観察では用いられていない。前章では、L-グルタミン酸（L-Glu）多形の各結晶面の成長速度の測定から、成長モデルを用いて速度解析を行い、成長メカニズムの議論を行った。一方、表面観察を行うことができれば、直接的にその成長様式を知ることが可能になり、速度論的な検討結果と比較することができる。そこで、以下では原子間力顕微鏡（AFM）を用いてL-グルタミン酸α形結晶の(111)、(001)面の成長過程について検討を行った[88]。

(1)　L-グルタミン酸α形結晶の(111)成長表面のin-situ観察

　AFMの測定は、Nanoscope III-a AFM（Digital Instruments, U.S.A.）を用いて溶液セル中、接触モードで行った（Oxide-sharpened silicon nitride cantilevers（100 μm scanning range））。成長実験と同等の溶液（0.091 M）を用い、室温298 Kの静止溶液中で測定を行った。図5-25(a)に10 μm走査幅の表面イメージ図を示す。全面にわたってステップがみられるが、スパイラル成長のような規則正しいステップは観察されない。

　また、矢印で示すようなステップの中心がいくつか見られステップの前面が波打っている様子が観察される。図5-25(b)はさらに倍率を上げたものであるが、多くの円形の島が観察され、これらのステップが合体して波状の前面（前縁）を形成している。マクロな表面モルフォロジーは、ステップの束が積み重なったものであり、NaNモデルの典型的な様相を呈している。実際、(111)面ではスパイラル成長は全く認められず、この結果は先に示した成長速度解析を支持するものである。さらに、各島からのステップの高さは0.47±0.02 nmであり、これは［111］方向の最小格子間距離0.485 nmに対応している。

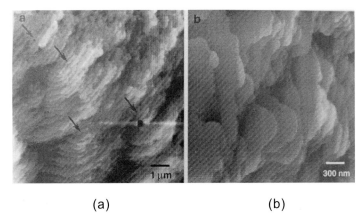

(a) (b)

図 5-25　純粋系での成長 (111) 面のモルフォロジー

(2) (001) 成長表面の AFM 観察結果

図 5-26 は、(001) 面の AFM 図を示している。(001) 面も (111) 面と同様に、2 次元核発生の NaN モデルによる成長であることを示している。すなわち、(001) 面は α 形結晶で最も発達した面ではあるが、スパイラル成長は本条件下では認められない。このことも成長速度解析結果と一致している。しかし、2 次元核発生の様子が (111) 面と少し異なっているようにみえる。すなわち、(111) 面では 2 次元核の島が、全面にわたりランダムに発生し展開しているが、(001) 面では核発生の起点が非常に少ないと考えられる。図 5-26(a)〜(c) に示すように、結晶表面上の特定点に核が発生し、ステップが繰り返し形成され互いに重なり合っている。ステップ形状は均一的ではなく、結晶学的な対称性は認め難い。各ステップの高さは 0.43±0.02 nm であり、これは (001) 面の高さの最小値に対応している。

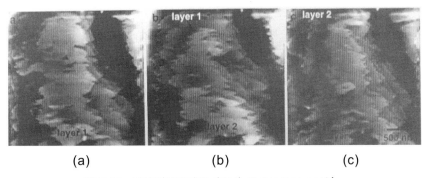

(a) (b) (c)

図 5-26　純粋系での成長 (001) 面のモルフォロジー

(3) L-フェニルアラニン存在下での (111) 成長表面の観察

L-Glu の成長に及ぼす添加物としての L-フェニルアラニン (L-Phe) の影響については、後の第 6 章で詳しく解説するが、α 形結晶の [110] 方向の成長速度は L-Phe により抑制され、(110) 面が新たに出現することが認められている。このことから (111) 面の成長速度も L-Phe により抑

制されると考えられる。このため、L-Phe を添加した系でも AFM 観察を行った。図 5-27(a) は L-Phe を含む溶液を加えたときの (111) 面のモルフォロジーを示している（走査レンジ = 4 μm）。ステップの前面が図の左辺に張り出し、表面のモルフォロジーがイレギュラーになっている。図 5-27(b) は低倍率のイメージ図で、走査レンジ 10 μm のものである。このイメージ図と図 5-25(a) を比較すると、添加物存在下での成長表面が非常に粗くなり、ステップ形状が不明瞭になっていることがわかる。図 5-27(b) で、矢印で示すようにいくつかの黒い穴が認められる。このような穴は図 5-25(a) の純粋溶液中での成長の場合でもみられたが、添加物存在下ではその数が時間とともに増加し、表面のモルフォロジーが大きく変化することがわかる。図 5-27(c) は、図 5-27(b) の 20 分後の表面イメージ図である。表面は多くの穴を有する房状の集合（クラスター）よりなっており、ステップパターンは完全に消えている。穴の拡大図を図 5-27(d) に示すが、穴は六角形状をしており、その深さは 10〜20 nm であることがわかった。(111) 表面上の多くの小さな曲線状ステップは、後章で述べる添加物効果のメカニズムを支持するものと考えられる。

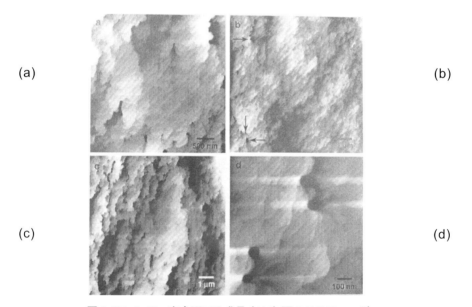

図 5-27　L-Phe 存在下での成長 (111) 面のモルフォロジー

5.2　L-ヒスチジンの多形現象と制御因子[93]

5.2.1　多形の析出と転移挙動

(1)　L-ヒスチジン (L-His) 多形の溶解度と析出挙動

L-ヒスチジン (L-His) には、2 種類の多形 (A（斜方晶系）[94] および B（単斜晶系）[95]) がある。これらの格子定数を表 5-3 に示す。また、これら多形の X 線回折パターン (XRD) は図 5-28 に示すとおりで、両者は似ているが矢印で示す特性ピーク (A 形：$2\theta = 17.6°$、B 形：17.2°) を用いて判別は可能である。これらの結晶は後述のように、A 形は水溶液中 B 形の転移によって得られ、B 形はエタノール体積分率約 0.4 の水溶液からの晶析により、直接得られる。

第 5 章 アミノ酸の多形現象と多形制御

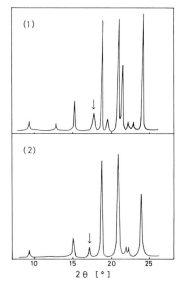

図 5-28 L-ヒスチジン多形の XRD パターン
　　　　図（(1) A 形、(2) B 形）

表 5-3　L-ヒスチジン多形の結晶データ

	A-type	B-type
	Orthorhombic	Monoclinic
	$P2_12_12_1$	$P2_1$
	a = 5.177(5)	a = 5.172(5)
	b = 7.322(7)	b = 7.384(7)
	c = 18.87(2)	c = 9.474(1)
		β = 97.162(5)
	V = 637.4Å^3	V = 359.0Å^3
	Z = 4	Z = 2

　これらのL-ヒスチジン結晶多形の析出挙動について、前述のL-グルタミン酸の場合と同様に、急速冷却法により晶析を行い、検討を行った[93]。図 5-29 には、293 K で得られた溶液濃度（過飽和度）と多形の析出挙動の関係を示す。縦軸は、結晶中 A 形の組成（X_A^i）を示している。図 5-29 より、X_A^i の値は過飽和度によらず 0.4〜0.6 の間にあり、両多形はほぼ同様の確率で析出することがわかる。すなわち、L-ヒスチジンについても、L-グルタミン酸と同様に過飽和度の影響は小さく、オストワルドの段階則は認め難いことがわかる。また微分晶析法により、析出挙動の温度依存性について 283〜313 K の温度範囲で検討を行った結果、図 5-30 に示すように、わずかに温度とともに増加傾向にはあるが、いずれの温度でも A、B 形の両者ともほぼ 0.4〜0.6 の相対量で析出し、その影響は L-グルタミン酸に比較してきわめて小さいことが明らかになった。

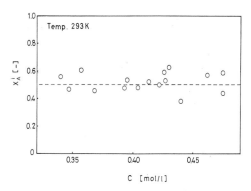

図 5-29　析出結晶中 A 形組成（X_A^i）と溶液濃度（c）の関係

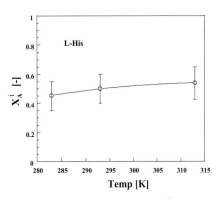

図 5-30　析出結晶中 A 形組成（X_A^i）と温度の関係

（2） 多形の溶解度

両多形の溶解度の測定結果を、**図 5-31** に示す。いずれの温度でも A 形の溶解度の方が 4～8％低く、これが安定形であることを示している。ここで、L-グルタミン酸と L-ヒスチジンの多形間の溶解度差を比較すると、L-ヒスチジンでは 4～8％程度と小さく、L-グルタミン酸多形間の差に比べて約 1/5 であることが認められる。

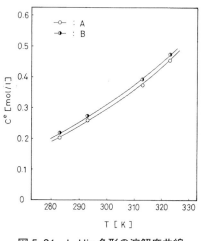
図 5-31　L-His 多形の溶解度曲線

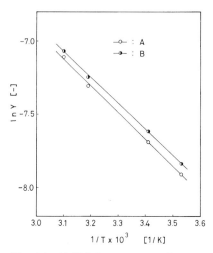
図 5-32　溶解度の Van't Hoff プロット

この違いが、両アミノ酸の多形の析出や転移挙動の違いに関係することが考えられる。また、Van't Hoff プロット（**図 5-32**）より各多形の溶解のエンタルピーを求めると、A、B 形について、それぞれ 15.2 と 14.7 kJ/mol が得られた。これらの値は、L-グルタミン酸の α、β 形（28.5 および 29.1 kJ/mol）に比較して小さく、約 1/2 であることがわかった。

（3） 転移挙動

析出した結晶の組成を各晶析温度で追跡すると、**図 5-33** に示すような経時変化が認められる。すなわち、時間とともに A 形の割合が増加する。しかもその速度は、温度が 283 K から 313 K に増加するとともに、大きくなっている。この転移メカニズムを検討するために、撹拌速度の効果を見たのが**図 5-34** である。転移速度は、撹拌により大きく増加することがわかる。このことは、本系でも L-グルタミン酸の場合と同様に、溶液中の物質移動過程（すなわち、溶液媒介転移メカニズム）が転移を支配していることを示している。実際に、顕微鏡観察により B 形結晶の溶解と A 形結晶の成長が確認されている。

ここで、図 5-33 でこの転移終了までに要する時間（τ_t）の逆数は、近似的に転移速度に対応すると考えると、$1/\tau_t$ の対数と絶対温度（T）の逆数をとれば、アルヘニウスプロットより転移の活性化エネルギーが求められる。**図 5-35** はこの結果をプロットしたもので、直線の勾配より、活性化エネルギーとして 38 kJ/mol が得られた。また、この転移速度を L-グルタミン酸と比較すると、はるかに小さいことがわかる。

第5章 アミノ酸の多形現象と多形制御

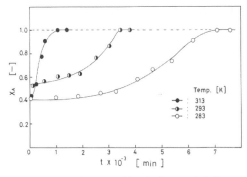

図5-33 析出した結晶組成の経時変化

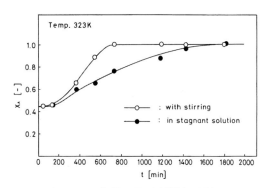

図5-34 転移に及ぼす撹拌の影響

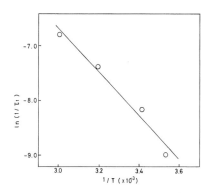

図5-35 転移の活性化エネルギー

また、図5-36および図5-37には、293Kおよび323Kでの転移過程における粒径分布変化の測定結果を示す。293Kでは、1つのピークしか認められないが、転移により粒径が小さく移動していることがみられる。これは、発生したB形の溶解が影響したものと考えられる。また、323Kでは最初1つのピークしかみられなかったが、転移の進行により2つのピークが観察されている。小粒径側にピークが現れたのは、安定なA形結晶の核が発生したためと思われる。これに伴い、B形のものと思われる大粒径側のピークは、溶解により減少している。その後の更なる転移の進行で、A形の粒径が増大していることが観察される。

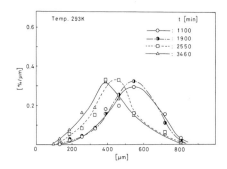

図5-36 転移による粒径分布の変化（293K）

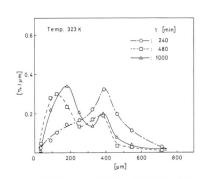

図5-37 転移による粒径分布の変化（323K）

5.2.2 転移過程の速度解析[93]

溶液媒介転移の転移速度は、安定形の成長速度と準安定形の溶解速度によって決まる。A形の成長速度は過飽和度 ΔC_A の p 乗に比例するとし、B形の溶解速度は未飽和度 ΔC_B に比例するものとすると、両多形の溶解度の中間濃度にある溶液中でのAの成長速度 R_A とBの溶解速度 R_B は、それぞれ次式で表わされる。

$$R_A = k_G z_A n_A^{1/3} M_A^{2/3} \Delta C_A^p \tag{5-19}$$

$$R_B = -k_D z_B n_B^{1/3} M_B^{2/3} \Delta C_B \tag{5-20}$$

ただし、

$$M_A = n_A \rho_A f_A^v L_A^3 \tag{5-21}$$

$$z_A = f_A^s / (\rho_A f_A^v)^{2/3} \tag{5-22}$$

$$M_B = n_B \rho_B f_B^v L_B^3 \tag{5-23}$$

$$z_B = f_B^s / (\rho_B f_B^v)^{2/3} \tag{5-24}$$

$$\Delta C_A = C - C_A^e \tag{5-25}$$

$$\Delta C_B = C_B^e - C \tag{5-26}$$

k_G は A の成長速度定数、k_D は B の溶解速度定数、z は結晶形状係数よりなる定数、n は結晶個数、M は結晶量、ρ は結晶密度、ΔC は過飽和度、L は平均粒径、f^v は体積形状係数、f^s は表面積形状係数、p は成長速度のべき定数である。また、C_A^e、C_B^e は各多形の平衡濃度を示す。

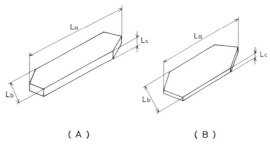

図 5-38 L-His 多形の形状

また各多形結晶の形状係数については、図 5-38 に示す長軸、短軸、厚さ方向の長さ、L_a、L_b、L_c を顕微鏡により測定し求めた。L_b を代表長さとした場合、以下の形状係数が得られた。

第5章　アミノ酸の多形現象と多形制御

（A 結晶）

$$v = f_A^{\ v} L_b^{\ 3} = 2.78 L_b^{\ 3} \tag{5-27}$$

$$s = f_A^{\ s} L_b^{\ 2} = 22.47 L_b^{\ 2} \tag{5-28}$$

（B 結晶）

$$v = f_B^{\ v} L_b^{\ 3} = 0.32 L_b^{\ 3} \tag{5-29}$$

$$s = f_B^{\ s} L_b^{\ 2} = 8.62 L_b^{\ 2} \tag{5-30}$$

等量の A、B 形結晶約 800 mg を溶液 50 ml に添加した後、転移過程の溶液濃度（C(t)）ならびに結晶中の A 形組成（X_A(t)）変化の測定を行った。ここで、各多形の結晶量、M_A, M_B は物質収支により次式で与えられる。

$$M_T = C(0) - C(t) + M_T(0) \tag{5-31}$$

$$M_A(t) = M_T(t) X_A(t) \tag{5-32}$$

$$M_B(t) = M_T(t)(1 - X_A(t)) \tag{5-33}$$

上式中、M_T は結晶全量を表わす。

　溶液濃度（C(t)）ならびに結晶中 A 形組成（X_A(t)）の測定結果を、**図 5-39**(a) および（b）に示す。C(t) は B 形の溶解により初期に増加する（$R_B > R_A$）が、A 形の成長とともに減少して（$R_A > R_B$）、一定値に落ち着く。これに伴い、A 形の結晶量が増加し、B 形の結晶量が減少する様子がわかる。これらの結果を用いて数値計算を行うと、各定数が求まる。次式に示すように、P の平均値としてほぼ 1.0 が得られ、k_G は k_D よりもほぼ 1 けた小さい値であることが認められた[93]。

$$k_G = 3.4 \times 10^{-8}\ \text{m/s:} \quad k_D = 2.1 \times 10^{-7}\ \text{m/s:} \quad p = 1.0 \tag{5-34}$$

　このことは、転移速度が成長過程律速であることを示している。また、Overall の転移活性化エネルギーの値は、ほぼこれに対応したものと考えられる。さらに、これらの定数を用いることによって、逆に転移過程での溶液濃度変化プロフィルを、多形の組成に関係なく計算によって求めることができる。もし、転移過程が安定形の成長のみで支配されると仮定した場合は、転移速度は単純に（5-19）式だけで近似できる。転移過程で、溶液濃度 C は準安定形の溶解度 C_B^e に等しく、（5-19）式の右辺は一定となるため簡略化されて、安定形のモル分率 X_A を用いれば、次式で表すこともできる。

$$X_A^{1/3}(t) - X_A^{1/3}(0) = k't \tag{5-35}$$

ただし、k' は転移の速度定数である。

85

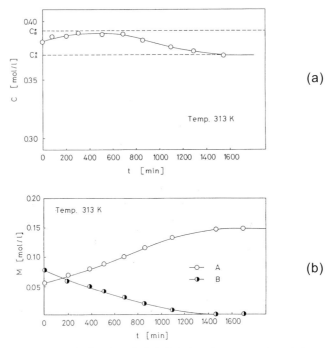

図 5-39 転移過程の濃度変化 (a) と多形組成の変化 (b)

応用編

第6章 多形現象における添加物効果

　多形を含まない一般の晶析における添加物（不純物）効果に対する考え方は、すでに第2章で述べた。添加物は、多形の析出挙動にも大きな影響を与えることが知られている[25,68,69]。多形では、その結晶構造の違いが現れる結晶面の構造の違いに反映され、不純物が一方の多形のクラスターや結晶の表面に優先的に吸着することにより、核発生や結晶成長を選択的に阻害すると考えられる。このため、添加物効果は多形に依存して、モルフォロジー変化や結晶中への不純物混入問題を伴うことが多い。また多形の場合においても、溶質と類似の分子構造をもつ添加物は、"Tailored-made additive"としての観点から、置換基の種類により影響の異なることが予測される。Weissbuchら[96]、Liら[97]、またV. Torbeevら[98]は、分子構造の異なる添加物を用いてグリシンなど多形の核発生、各面の成長、モルフォロジーの関係などについて詳細な検討を行っている。

　これら多形の析出における添加物効果は、無機化合物でも観察される。この例としては第7章で、炭酸カルシウム多形の析出におけるマグネシウムイオンの影響について解説する（7.1.2）。マグネシウムイオンは、カルシウムイオンとイオン半径、電荷が類似しており、効果が現れやすいと考えられる。第7章では、多形の析出速度、転移速度とマグネシウムイオン濃度の関係を示すとともに、炭酸カルシウム結晶中へのマグネシウムイオンの混入メカニズムについて詳細に説明する。

　本章では、L-グルタミン酸多形の析出における"Tailored-made additive"の1つであるアミノ酸添加物効果について紹介する。第5章では、純粋系でのL-グルタミン酸の晶析について紹介したが、他のアミノ酸が添加物として存在すると、析出速度や多形の析出挙動が影響を受ける[99-102]。アミノ酸の場合、光学異性体が一般に存在するため、添加物効果には立体選択性も関与する。さらに、本章において明らかとなるが、添加物効果は、添加物の分子構造と結晶面の構造のみにより決まるものではなく、操作条件によっても大きく変化する。従来、多形の析出速度や成長速度に及ぼす添加物効果に関しては、定量的な検討例はあまりみられなかった。この点において、筆者らはまず回分晶析（多結晶系）[103]により、L-グルタミン酸多形の成長速度や転移速度に及ぼすL-フェニルアラニン（L-Phen）の効果と、L-グルタミン酸濃度変化の関係について検討を行った。次いで流通系で単一結晶の成長速度測定を行い、成長速度を添加物濃度の関数として表現するとともに、新たに吸着密度を採用するモデルを提案した。また、多形の各結晶面の成長速度を測定することにより、モルフォロジー変化のメカニズムを明らかにした[104]。さらに本章において、添加物は必ずしも一方の多形にのみ影響を与えるのではなく、他の多形にも影響することも明らかとなった。したがって、多形制御の観点からは、その影響の相対的な大きさが問題となる。これに関連しては、最近DhanasekaranとSrinivasan[101]が、L-チロシンを添加した溶液中でL-グルタミン酸の晶析を行い、類似の現象を認めL-チロシンが限界濃度以上ではい

ずれの多形も得られず、限界濃度以下で純粋なα形が得られることを報告している。筆者らはさらに、異種アミノ酸の添加物効果についても検討を行い、添加物分子構造と成長抑制効果の関係ならびに結晶中への混入のメカニズムについても明らかにしてきた[110]。本章では、これら一連の検討結果についての考察を、さらに進めて解説を行う。

6.1 L-グルタミン酸 (L-Glu) 多形の回分晶析における添加物効果[103]

(1) 多形の析出ならびに転移挙動に及ぼすフェニルアラニン (Phe) の影響

L-Glu 濃度 ([L-Glu]) を 0.3 mol/L として、L-Phe 濃度 ([L-Phe]) を変化させて、318 k で微分晶析を行った。このとき析出した結晶中のα形組成 Y を、時間 t に対してプロットしたのが図 6-1 である。横軸の時間 t の 0 は、急冷により温度が 318 K に到達した時刻を示している。図より、純粋系ではα形組成の値は時間とともに急速に減少して、約 5 時間後には Y = 0、すなわち転移の進行によりβ形のみになるが、α形組成の減少速度は L-Phe 濃度とともに急激に減少することがわかる。このことは、L-Phe の存在が転移を阻害していることを示している。また、同時に t = 0 での Y の値から、L-Phe 濃度とともにα形の析出割合が増加している。したがって L-Phe の存在は、β形結晶の析出を抑制すると考えられる。

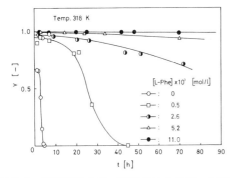

図 6-1　析出結晶中のα形組成 Y と時間 t の関係

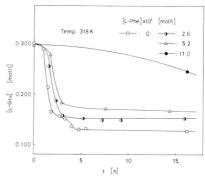

図 6-2　図 7-1 に対応する L-Glu 溶液濃度の経時変化

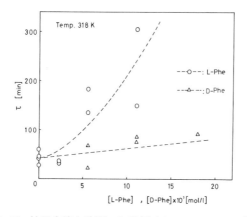

図 6-3　L-Glu 核発生待ち時間 τ に及ぼす L-Phe、D-Phe 濃度の影響

さらに、晶析過程の濃度変化を図6-2に示す。純粋系では約0.15 mol/L付近に濃度が一定となる領域（α形の溶解度付近の値）が現れており、その後再び減少してβ形の溶解度に達している。このことは、転移メカニズムが、β形の成長を律速過程とする溶液媒介転移であることを示している。しかし、L-Pheの濃度が上昇すると、L-Glu濃度は減少してもβ形の溶解度までは減少せず、α形の溶解度付近に到達している。これはL-Pheの存在によりα形が優先的に析出すると同時に転移速度が抑制されるために、L-Glu濃度がα形の溶解度で長時間留まるものと考えられる。けれども、L-Phe濃度がもっと高濃度となると、α形の溶解度にも到達しないことが観察される。この事実は、L-PheがL-Gluのβ形の成長速度のみならず、α形の成長速度をも抑制することを示唆している。さらに、この晶析での核発生の待ち時間を測定した結果を、図6-3に示す。L-Phen濃度とともに、待ち時間が連続的に増加することがみられる。このことから、L-Pheはβ形の核発生速度だけでなく、α形の核発生速度も抑制すると考えられる。またこのとき、L-Phen濃度が高くなると、粒径やモルフォロジーが変化することが観察された。すなわち、L-グルタミン酸濃度が5.2×10^{-3} mol/Lにおいてはモルフォロジーが変化し、さらに濃度が11.0×10^{-3} mol/Lになると微小な粒径の結晶が得られた（図6-4）。これらの結果は、L-Phenがα形の結晶面に特異的に吸着し、特に成長速度を低下させることを示している。この添加物効果のメカニズムに関しては、次節で単一結晶を用い、各面の成長速度に着目した詳細な検討を行っている。

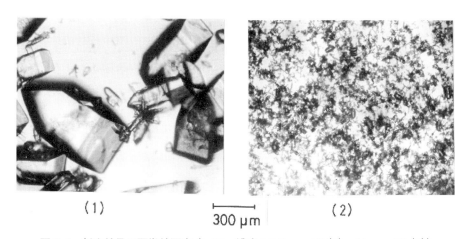

図6-4　析出結晶の顕微鏡写真（L-Phe濃度：5.2 mmol/L(1)、11 mmol/L(2)）

(2)　光学異性体添加物（D-Phe）の影響

次に、L-Gluの成長過程における不純物としてのアミノ酸の影響の、立体的選択性について検討するため、光学異性体であるD-Phenを用いた検討を行った。D-Phenを添加した場合は、L-Pheの場合と異なり図6-5に示すように、L-Glu多形の析出割合、転移速度いずれにおいても、純粋系とほとんど変わらず影響が認められない。また、図6-3に示すように待ち時間の変化についても、L-Pheでは濃度とともに待ち時間が急激に増加するのに対して、D-Pheではほとんど増加がみられない。このことから、成長速度、核発生速度いずれにおいても、D-Pheの影

響はないことがわかる。したがって、L-Glu に対するこれら添加物の効果は、きわめて立体選択的であることがわかる。このようなアミノ酸の光学異性体添加物と結晶構造の関係については、イスラエルの Waizmann Institute のグループ[105]が、優れた研究を行っている。

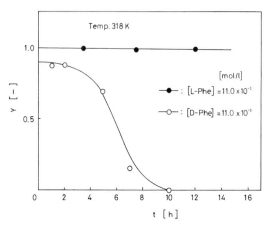

図 6-5 L-Glu 多形の析出、転移挙動への L-Phe、D-Phe の影響比較

6.2 L-グルタミン酸多形の結晶成長における添加物効果のメカニズム[104]

　前節で、L-Glu の回分晶析を行い、添加物としての L-Phe の存在が L-グルタミン酸 (L-Glu) 多形の析出、転移挙動やモルフォロジーに影響を与えることを認めた。一般に、多形の析出挙動やモルフォロジー変化と操作条件との関係は複雑である。多形制御と同時にモルフォロジー制御を行うためには、過飽和度や添加物濃度などの操作条件と、多形の各結晶面の成長速度やモルフォロジーとの関係を、詳細に検討する必要がある。一方、第 5 章 5.1.2 では、純粋系での L-Glu 結晶多形の成長機構、ならびにモルフォロジー変化のメカニズムなどについて、検討を行った結果を示した。L-Glu のモルフォロジー[106,107]は、添加物の存在によっても影響を受けるが[99-102]、この過程について速度論的な観点から検討された例は少ない。そこで、本章では純粋系と同様の方法により、添加物存在下での各結晶面の成長速度の測定を行い、添加物濃度や過飽和度と多形の成長速度との定量的な関係、さらにはモルフォロジー変化との相関を検討し、L-Glu 結晶成長における添加物効果のメカニズムを解明した結果を解説する[104]。

　実験には、第 5 章の純粋系で使用したものと同じ成長速度測定装置 (図 5-11) を用い、純粋系の回分晶析で得られた単一結晶の各結晶面 (図 5-12) に着目し、成長速度を測定した。各 L-Glu 濃度で、L-Phe は α 形が $0.26 \sim 5.23 \times 10^{-3}$ mol/L、β 形が $0.26 \sim 2.57 \times 10^{-3}$ mol/L の濃度範囲で変化させた。また、セル中の溶液流速は 0.148 m/s で一定とし、前章で示したように α 形結晶の結晶面の移動距離 (成長量)、ΔL について A1、A2 および A3 ならびに D1、D2 方向について測定を行った (図 5-12(a))。また、β 形でも、純粋系と同様に長軸方向である A 方向の測定を行った (図 5-12(b))。

6.2.1 α形結晶成長速度への L-Phe の影響

α形結晶では、L-Phe が低濃度の場合、図 6-6 に示すように、A_1、A_2、A_3、B いずれの方向でも、成長量と時間の関係には直線関係が認められる。また、L-Phe 濃度ともに A、B いずれの方向でも、成長量には減少がみられることから、これらの方向では成長速度が抑制されることがわかる。A、B いずれの方向でも、成長量の時間依存性は、L-Phe 濃度が 7.7×10^{-4} mol/L 以下では、図 6-6 のような直線関係が得られる。しかし、L-Phe 濃度が高くなるとともに、図 6-7 のように直線から外れるようになる。この事実は、不純物の吸着により、A、B いずれの方向でも成長速度が不安定になることを示している。また、この結果は、先に示した回分晶析結果から得られた L-Phe が、α形の成長速度にも影響するという予測を裏づけるものである。一方、D 方向（(001) 面）の成長速度では、たとえば L-Glu 濃度 C が 0.091 mol/L（α に対する過飽和度 $\sigma = 0.145$）の場合、L-Phe 濃度を 5.2×10^{-3} mol/L まで上昇させても、成長速度への影響はほとんどみられなかった（図 6-8）。

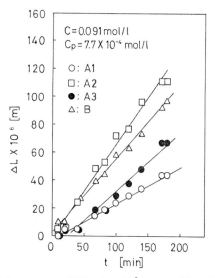

図 6-6 L-Phe 濃度 1.3×10^{-3} mol/L での L-Glu 結晶の成長

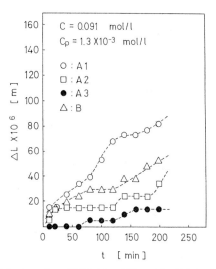

図 6-7 L-Phe 濃度 7.7×10^{-4} mol/L での L-Glu 結晶の成長

このように、各結晶面で添加物による成長速度の抑制効果が異なるため、α形結晶の形状は厚みを増すことになるが、この場合、さらに図 6-9 に示すようなモルフォロジー変化が認められる。すなわち、α形結晶に (110) 面が新たに現れ、その一方で B 方向である (011) 面が消失するという現象が観察される。(011) 面の消失は、L-Phe による成長速度の減少が、B 方向では A 方向に比べて小さいためと思われる。また、図 6-9 から、A 方向の成長速度は (110) 面そのものの成長速度を示すと考えられる。さらに、このような α 形結晶の成長実験は、D-Phe 存在下でも行ったが、どの方向でも成長速度の影響はみられず、前章の回分晶析で予測されたように、添加物効果がきわめて立体選択的で、α 形結晶の成長速度は D-Phe の影響を受けないことを示している。図 6-6、図 6-7 の各 L-Phe 濃度 Cp における成長量 ΔL と時間の関係を示す直線の勾配から、α 形 (110) 面の平均成長速度を求めた。

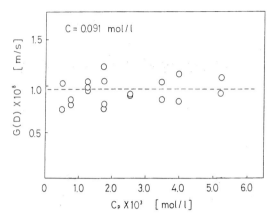

図 6-8　L-Glu α 形結晶の D 方向の成長速度、G(D) と L-Phe 濃度、Cp との関係

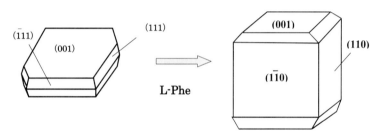

図 6-9　α 形結晶の L-Phe 存在下でのモルフォロジー変化

　L-Glu 濃度 C が 0.091 mol/L と 0.106 mol/L のそれぞれの場合についてこれらの関係をプロットすると、図 6-10 および図 6-11 が得られた。成長速度は L-Phe 濃度とともに急激に減少するが、ついには成長が静止する。この静止点に対応する濃度を臨界濃度 Cp^* と呼ぶことにするが、この値は添加物効果のパラメーターとみることができる。Cp^* の値は、L-Glu 濃度が 0.091 mol/L の場合は 1.8×10^{-3} mol/L、0.106 mol/L の場合は 3.3×10^{-3} mol/L となり、L-Glu 濃度とともに増加することがわかる。L-Phe による α 形のモルフォロジー変化（図 6-9）より、L-Phe は α 形結晶の (110) 面との分子間相互作用が強いことを示しており、この面での選択的吸着がその成長を抑制したものと考えられる。第 5 章図 5-23 には、結晶工学データより得られた各結晶面の分子配列を示している。(110) 面の分子配列は、(001) 面に比べて (111) 面に類似している。(001) 面のカルボキシル基の密度は他の面に比べて高く、このため L-Phe のカルボキシル基との反発により、L-Phe の吸着が困難と考えられる。このことが、(001) 面の成長速度が L-Phe により影響を受けない原因であると思われる。

　これに比べて (110)、(111)、(011) 面では、L-Phe との分子間相互作用は比較的大きいと思われるが、それらの面間での違いについての詳細は、現時点では明確ではない。これに関連して、Black ら[108]は、α 形のモルフォロジー変化に関し、結晶面と 1,5 ジカルボン酸化合物の分子間相互作用についての検討を行っている。この結果、glutaric acid では (111) 面が、transglutaconic と trimesic acids では (110) 面が、主面になることを報告している。しかし我々の、先に示した回分晶析実験（図 6-4）では、L-Phe 存在下でも (111) 面とみられる面が現れている。すなわち、

第6章　多形現象における添加物効果

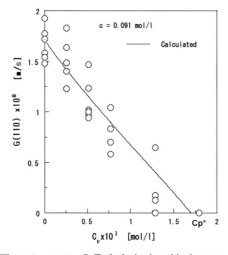
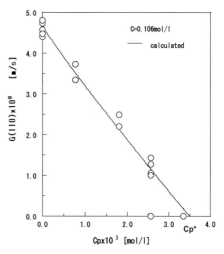

図 6-10　L-Glu 成長速度（G(110)）と L-Phe 濃度、Cp の関係（C=0.091 mol/L）

図 6-11　L-Glu 成長速度（G(110)）と L-Phe 濃度（Cp）の関係（C=0.106 mol/L）

同じ不純物（L-Phe）でも、条件に依存して(110)が主面となる場合と、(111)面が主面になる場合が、我々の実験で認められている。このことは、モルフォロジー変化が添加物の種類によって一義的に決まるのではなく、操作条件により変化することを示している。一方、L-Phe 濃度一定の場合には、L-Glu の成長速度は過飽和度、すなわち L-Glu 濃度に大きく依存する。図 6-12 は、L-Phe 濃度3種類のそれぞれの場合について、(110)面の成長速度（G(110)）と過飽和度（σ）の関係をプロットしたものである。L-Phe 濃度が高いほど成長速度は小さくなるが、過飽和度の増加とともに成長速度は増加して、破線で示す純粋系のそれに近づく傾向にあることがわかる。一方で過飽和度が減少すると、成長速度も減少してついには停止する。そこで、このときの過飽和度を臨界過飽和度 σ^* とすると、σ^* は L-Phe 濃度とともに増加することがわかる。このよう

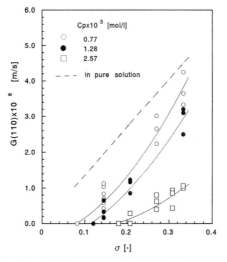

図 6-12　L-Glu α 形結晶（110）面の成長速度と過飽和度の関係

に、σ^* は不純物存在下での成長挙動を表すもう1つの有用なパラメーターとなる。

6.2.2 β形結晶成長速度への L-Phe の影響

β形結晶の成長速度は L-Phe の存在で、α形のそれよりも大きく抑制されることが認められる。このことは、L-Phe は α形、β形の両多形の成長を抑制するが、L-Phe 存在下の晶析では β形が選択的に得られることに対応している。L-Glu 濃度 0.093 mol/L で L-Phe 濃度を $3.9×10^{-4}$ mol/L とし、A方向の成長量と時間との関係の測定を行うと、図 6-13 に示すように直線関係が認められる（2本の直線はそれぞれ各種晶に対応している）。この直線の勾配から成長速度を求めると、明らかに純粋系に比べて小さくなっていることがわかる。さらに、L-Phe の濃度を $3.9×10^{-4}$ mol/L 以上に高くすると、α形の場合同様に成長が不安定となる。図 6-14 は、L-Phe 濃度が $5.1×10^{-4}$ mol/L の場合の結果を示したものであるが、成長が突然止まったり、急に成長を開始したりする様子がわかる。このような現象は、先に示したように α形でも認められた。このような不安定さの大きな原因として、L-Glu の成長と L-Phe の吸着が結晶表面で競争的に起こり、そのため表面が不均一になることが考えられる。第2章 2.2.3 で示した、クロムイオン存在下での硫酸アンモニウムの成長では、時間経過とともに成長速度の低下がみられたが、本系ではそのような傾向はみられない。これは、L-Glu 系では硫酸アンモニウムに比べて、添加物の吸着速度が大きく、速やかに平衡に達するためと考えられる。また、成長量と時間の直線性が得られる L-Phe 濃度限界は、α形のほうが β形よりも2倍程度大きい。このことは、α形への影響が β形よりも小さいことを示唆している。β形の結晶構造は、L-Glu 分子が2種の配列をとり、ほぼ (101) 面に沿って並んでいるが、L-Phe 分子は、この面に L-Glu との共通部分を通じて吸着（アンカー効果）するものと考えられる。

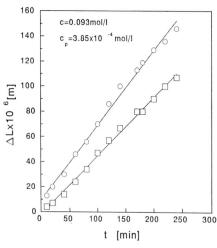

図 6-13 β形結晶 A 方向の成長量と時間の関係（$C_p=3.85×10^{-4}$ mol/L）

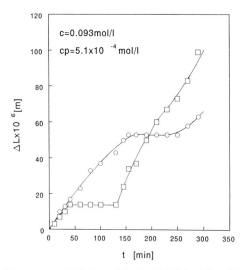

図 6-14 β形結晶 A 方向の成長量と時間の関係（$C_p=5.1×10^{-4}$ mol/L）

また、L-Phe存在下で成長する β 形結晶のモルフォロジーについて観察すると、成長する(101)面が分離する傾向がみられた(**図6-15**)。この原因として、成長面上のある点で吸着が集中的に起こり、その点の成長が抑制されるためではないかと考えられる。また、成長前面の鋭角化も、時として認められた。これは、L-Phe の吸着による高指数面の出現の可能性を示すものと考えられる。次に、(101)面の成長速度 G(101) と L-Phe 濃度との関係をプロットすると、**図6-16** が得られる。α 形と同様に、成長速度は L-Phe 濃度とともに減少してついには停止するが、そのときの L-Phe の臨界濃度 Cp^* は 7.7×10^{-4} mol/L である(C=0.093 mol/L)。L-Glu 濃度がほぼ一定で臨界濃度を比較すると、α 形の値(L-Glu 濃度が 0.091 mol/L で $Cp^* = 1.8 \times 10^{-3}$ mol/L)に比べて、2分の1以下と小さいことがわかる。すなわち β 形の成長停止は、α 形に比べて L-Phe 濃度が 50% 以下の低い濃度で起こることを示している。また、L-Phe 濃度が 5.1×10^{-4} mol/L のときの G(101) と過飽和度の関係を、**図6-17** に示した。破線は純粋系での成長速度であるが、過飽和度の増加とともに、純系での成長速度に近づくことがわかる。また過飽

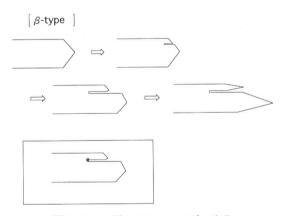

図6-15　β 形のモルフォロジー変化

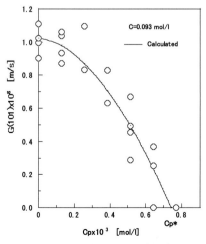

図6-16　L-Glu β 形成長速度 G(110) と L-Phe 濃度 Cp の関係(C=0.093mol/L)

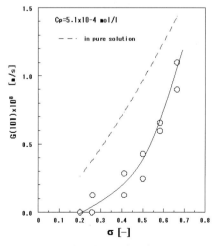

図6-17　β 形成長速度 G(101) と過飽和度 σ の関係

和度が減少すると、ある一定値、すなわち臨界過飽和度 σ^* が 0.20 で成長が停止することを示している。α形の σ^* の値は、Cp = 7.7×10^{-4} mol/L で 0.08 である。このことから、β形では臨界過飽和度は、α形の2分の1以下であることが分かる。これらの結果はα形の(110)面におけるL-Phe の吸着よりも β 形の(101)面への吸着のほうが強く、吸着が選択的に起こることを示している。また、多形に及ぼす添加物効果について、臨界濃度と臨界過飽和度の両者が、定量的な指標となりうることを示している。

6.2.3 添加物効果のメカニズムと速度解析

L-Phe が L-Glu 多形の結晶成長速度に影響を及ぼす原因として、L-Phe 分子が結晶表面上に吸着し、ステップの前進を阻害することによって、成長が抑制されることが考えられる。成長速度と添加物濃度の関係に、一般によく用いられる2章2.1の(2-2)～(2-4)式を適用すれば、成長速度は不純物濃度に対して凹の曲線となる。しかしすでに述べたように、本実験結果はこれとは逆の傾向を示し、これらのモデルでは説明できない。そこで、添加物が結晶表面に吸着すると、成長面で前進するステップは、添加物分子にピン止めされたような形で、添加物分子の間に円弧状に張り出して前進するとする、Cabrera と Vermilya のモデル[43]の適用を考えた。しかし、このモデルでは、直線状ステップと曲線状ステップの幾何平均をとっている。筆者は、L-Phe の吸着の速度は大きく、L-Glu 結晶表面は L-Phe によって均一的に吸着されており、図 6-18 に示すように、ステップは常に連続的に張り出さなければならず、線形ステップとの平均値をとったモデルでは、成長速度を大きく見積もりすぎると考えた。

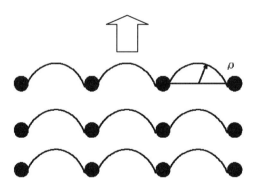

図 6-18 添加物吸着面でのステップの前進（矢印は前進方向を示す）

そこで、円弧状ステップの前進速度こそが支配的と考え、円弧状ステップの成長速度だけで全体の成長速度は表わされるものとした。すなわち、結晶の成長速度 G を単純化して、取り扱いの容易な次式で表わした。

$$G = G_0(1 - \rho_c / \rho) \tag{6-1}$$

ここで G_0 は純系での結晶成長速度である。

またこのモデルでは、ステップの曲率半径 ρ は、表面に吸着した添加物分子間距離 l の2分の

1と考える。

$$2\rho = l \tag{6-2}$$

したがって、成長速度は次式のようになる。

$$G = G_0(1 - 2\rho_c / l) \tag{6-3}$$

成長が停止したとき、すなわち G＝0 では次式が成立する。

$$l = 2\rho_c = 2\frac{\gamma a}{kT\sigma} \tag{6-4}$$

ここで、γ はエッジ自由エネルギー、a は格子定数、k は Boltzmann 定数、T は絶対温度である。

　これらの式は、ステップが ρ_c よりも曲率 ρ（$= l/2$）が大きいときに、はじめて前進できることを示している。(6-4) 式の a として格子定数の平均値をとると、α 形では 8.6×10^{-10} m、β 形では 8.5×10^{-10} m となる。エッジ自由エネルギーについては、298 K での α 形結晶の核発生待ち時間から表面エネルギーを求め、これから次式が得られた。

$$\frac{\gamma}{kT} = 1.14 \tag{6-5}$$

　この値は、L-グルタミン酸（添加物）/L-アスパラギン酸 1 水和物系で Black ら[144]が得た値 1.15 と非常に近いことから、ほぼ妥当なものであろうと思われる。 ここで、結晶成長速度は、添加物濃度と過飽和度の両者によって影響される。添加物濃度は吸着分子間距離 l を決定する。そこで、(6-4) 式より l を求めると、以下のようになる。

β（(101) 面 :

　[C=0.093 mol/L (σ=0.500);　Cp*=0.78×10^{-3} mol/L], $l = 2\rho_c$ =6×a =49×10^{-10} m

α（(110) 面 :

　[C=0.091 mol/L (σ=0.145);　Cp*=1.80×10^{-3} mol/L], $l = 2\rho_c$ =17×a =150×10^{-10} m;
　[C=0.106 mol/L (σ=0.333);　Cp*=3.33×10^{-3} mol/L], $l = 2\rho_c$ =8×a =69×10^{-10} m

　L-グルタミン酸（添加物）/L-アスパラギン酸 1 水和物の系では、l 値として $13 \times a$ が報告されており、我々の値と近い値となっている。この値について、α と β 形で比較するとほぼ等しい濃度（0.093 mol/L（β 形）と 0.091 mol/L（α 形））において、l は β 形の方が α 形よりも小さく、このため β 形では強い吸着が起こっていることがわかる。

　一般に、成長速度はほとんどの場合、Langmuir 吸着等温式で表わされる表面被覆率と関係づけられているが[109]、他の吸着等温式との関係についても検討する必要がある。成長する結晶面の状態は、前進するステップ（新たな結晶面の出現）と添加物の吸着が競争的に起こり、複雑で

あると考えられる。このため、表面被覆率の最大値は、一般に未知の場合が多く、したがってこの適用には限界がある。そこで我々は、吸着密度 d を用いて、添加物濃度と成長速度の関係を表現した。吸着密度を用いれば、種々の吸着等温式の適用が可能となる。まず、吸着密度 d（単位表面積当たりの吸着分子数）は、次式で表わされる。

$$d = \frac{1}{l^2} \tag{6-6}$$

この関係を（6-3）式に代入すれば、成長速度 G は次式で表わされる。

$$G = G_0(1 - 2\rho_c d^{1/2}) \tag{6-7}$$

先に述べたように、d に次の Langmuir 式を代入しても、本系の成長速度と添加物濃度の関係を表わすことはできない。

$$d = \frac{pqCp}{1 + qCp} \tag{6-8}$$

ここで、p は最大吸着密度 q は平衡定数である。

次に吸着密度に Frumkin-Temkin 吸着等温式を適用した。Frumkin-Temkin 式は、次のように表わされる。

$$d = u \ln vCp \tag{6-9}$$

ここで、u と v は定数である。

しかし、この式でも図 6-10，図 6-11，図 6-16 のデータは、良好に表現できないことがわかった。そこで、特に溶液中での吸着平衡に適用できることで知られる、Freundlich 型吸着等温式を用いた。Freundlich 型吸着等温式は、次のように表わされる。

$$d = KCp^n \tag{6-10}$$

ここで、K と n は定数である。

このとき、成長速度 G と添加物濃度 Cp の関係は次式で与えられる。

$$G = G_0\left[1 - 2\rho_c(KCp^n)^{1/2}\right] \tag{6-11}$$

これより、本式の適用により実験結果が良好に表現できることがわかった。最小二乗法による計算結果を、図 6-10、図 6-11、図 6-16 の実線で示している。また、計算から得られた K および n 値を用いて、各多形の L-Phe の吸着密度（d）を表わすと、次式のようになる。

β((101)face): $d = 5.3 \times 10^{27} Cp^{3.6}$ （C=0.093 mol/L、Cp*=0.78×10⁻³ mol/L）

α((110)face): $d = 5.8 \times 10^{20} Cp^{1.9}$ （C=0.091 mol/L、Cp*=1.80×10⁻³ mol/L）;

$d = 7.4 \times 10^{20} Cp^{1.9}$ （C=0.106 mol/L、Cp*=3.33×10⁻³ mol/L）.

α結晶についてみると、L-Glu 濃度が違っても n の値は等しく、K 値も近い値をとることが認められる。このことは、この式が過飽和度によらず、適用できることを示唆している。β形の n 値は α 形の 2 倍で、K 値もはるかに大きい。これは、β 形での L-Phe の影響が大きいことに対応したものである。

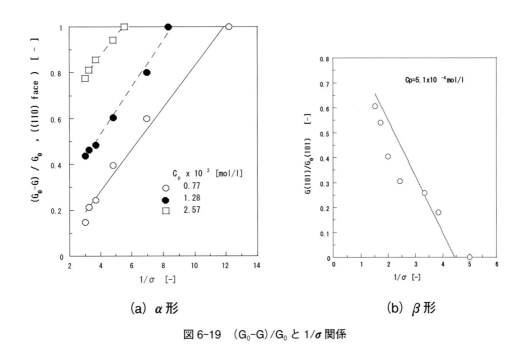

(a) α形　　　　　　　　　　(b) β形

図 6-19　$(G_0-G)/G_0$ と $1/\sigma$ 関係

成長速度の過飽和度依存性については、(6-4)、(6-7) 式から次式が得られる。

$$\frac{(G_0-G)}{G_0} = \frac{B}{\sigma}\sqrt{d} \tag{6-12}$$

ここで、B は次式で表わされる。

$$B = 2a\left(\frac{\gamma}{kT}\right) \tag{6-13}$$

そこで、$(G_0-G)/G_0$ と $1/\sigma$ 関係をプロットしたのが、図 6-19(a) α形、(b) β形である。ほぼ、直線関係が得られていることがわかる。この直線の勾配から $B\sqrt{d}$ ($=\sigma^*$) が求まる。また、良好な直線性は、吸着密度 d が過飽和度によりあまり変化しないことを示唆していると考えられる。B 値を (6-4) 式の a と γ の値から計算し、臨界過飽和度の σ^* の値を用いると、l が次式から計算できる。

$$l = \frac{B}{\sigma^*} \tag{6-14}$$

また、l 値は Cp から次式によっても計算できる。

$$l = \frac{1}{\sqrt{d}} = \frac{1}{\sqrt{KCp^n}} \tag{6-15}$$

α形とβ形について、それぞれの式を適用し、以下の値が得られている。

[α形(110)面]

　Cp = 7.7×10^{-4} mol/L、σ* = 0.08 の場合：
　l = 300×10^{-10} m ((6-14)式)、300×10^{-10} m ((6-15)式)；
　Cp = 13×10^{-4} mol/L、σ* = 0.12 の場合：
　l = 160×10^{-10} m ((6-14)式)；180×10^{-10} m ((6-15)式)；
　Cp = 26×10^{-4} mol/L、σ* = 0.18 の場合：
　l = 110×10^{-10} m ((6-14)式)、95×10^{-10} m ((6-15)式).

[β形(101)面]

　Cp = 5.1×10^{-4} mol/L、σ* = 0.20 の場合、
　l = 100×10^{-10} m ((6-14)式)、l = 120×10^{-10} m ((6-15)式)

以上から、(6-14)式、(6-15)式いずれで計算しても、ほぼ等しい値が得られることが確かめられた。また、α形のl値はβ形の5〜20倍であり、α形ではまばらな吸着が起こっていることを示している。吸着密度から計算された、吸着分子間距離と添加物濃度の関係((6-15)式)を示したのが、図6-20である。この図からβ形の吸着密度が高く、α形よりも分子間距離が小さいこと（約1/5-1/10）がわかる。また、これによりL-Pheはα形の(110)面よりもβ形の(101)面に強く吸着し、β形の成長速度を相対的に減少させることがわかる。

本研究結果から、添加物の多形制御への応用に際しては、添加物濃度と同時に過飽和度の制御

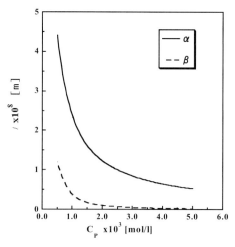

図6-20　α形とβ形の吸着分子間距離 $l (=1/\sqrt{d})$ と添加物濃度 Cp の関係

が重要なポイントであることが明らかとなった。これらの結果は、多形制御に応用できる。もし、安定な β 形のみの成長速度を完全に抑制し、準安定形である α 形のみを得ようとすれば、$2\rho_c$ の値は各多形の吸着添加物間距離 l_α と l_β の間でなければならず、次式が成立する。

$$l_\beta < 2\rho_c < l_\alpha \tag{6-16}$$

$$\frac{B}{l_\alpha} < \sigma < \frac{B}{l_\beta} \tag{6-17}$$

$$B\sqrt{K_\alpha Cp^{n_\alpha}} < B\sqrt{K_\beta Cp^{n_\beta}} \tag{6-18}$$

こうして、操作に必要な過飽和度 σ は、添加物濃度 Cp に対応して決定することができる。以上に示したように、添加物効果は晶析条件に依存して、多形の析出割合のみならず、モルフォロジー、成長速度（生産速度）を変化させるため、添加物の利用においては、これらの総合的な考慮が必要である。

6.3 種々のアミノ酸添加物によるL-グルタミン酸 α 形成長阻害と混入メカニズム

先の図 6-18 で、添加物の吸着速度は大きく、L-グルタミン酸の成長過程であっても結晶表面で添加物は吸着平衡にあると考えて、成長速度が (6-1) 式で近似できることを提案した。そして、吸着密度を用いることにより、最終的に成長速度は (6-11) 式で表わされることを示した。しかし、吸着した添加物分子間にステップが張り出した後は、どうなるであろうか？特に、添加物の分子構造と多形の析出挙動や成長抑制効果との関係、そして混入との相関性および混入のメカニズムについては、まだ不明な点が多い。そこで、筆者は、添加物の多形の成長阻害と結晶中への混入という問題を同時にとらえて、その関連性についての検討を行った。特に、添加物分子構造に着目し、回分晶析を用いて成長過程への添加物効果との相関性について系統的な検討を行ったので、以下に紹介する[110]。

第 5 章で述べたように、L-グルタミン酸多形の回分晶析における析出挙動は温度に依存するが、298 K では α 形のみが優先的に析出する。そこで本節では、298 K の回分晶析において L-グルタミン酸 α 形種晶を成長させ、他種アミノ酸を添加物として加え、これらの分子構造に着目した検討を行った。ここでは、添加物分子として、2 つの系列で変化させている。第 1 系列は、アルキル基サイズの大きさならびに構造異性体の影響をみるため、L-グルタミン酸（L-Glu）よりもアルキル基の短い L-バリン（L-Val）、L-バリンよりもメチル基の 1 つ多い L-イソロイシン（L-Ile）、そして L-イソロイシンの構造異性体である L-ロイシン（L-Leu）、L-ノルロイシン（L-Nle）を用いた。さらに第 2 系列として、環状基の影響を検討した。すなわち、ヘテロ環をもつ L-ヒスチジン（L-His）および芳香環を有する L-フェニルアラニン（L-Phe）を用い、L-バリンを標準物質として比較を行った。以下では、本章の 6.3.1 で第 1 系列の結果を[110]、また 6.3.2 で第 2 系列の結果を紹介する。

6.3.1 アミノ酸添加物のアルキル置換基の大きさの影響（第1系列）

アルキル基サイズの大きさならびに構造異性体の影響をみるため、**表**6-1に示すように、L−グルタミン酸よりもアルキル基の短いL−バリン、L−バリンよりもメチル基の1つ多いL−イソロイシン、そしてL−イソロイシンの構造異性体であるL−ロイシン、L−ノルロイシンを用いた（第1系列）[110]。

表6-1　実験に用いたアミノ酸の物性表（第1系列）

	Moleclar structure of amino acid	Mw	pK$_a$	pK$_b$	pK$_x$	pI
L–Glutamic acid（L–Glu）	**COOH** NH$_2$ –CH –CH$_2$ –CH$_2$ – **COOH**	147.13	2.19	9.67	4.25	3.22
L–Valine（L–Val）	**COOH** NH$_2$ –CH – CH– CH$_3$ CH$_3$	117.15	2.32	9.62	–	5.96
L–Isoleucine（L–Ile）	**COOH** NH$_2$ –CH – CH –CH$_2$ – CH$_3$ CH$_3$	131.17	2.36	9.60	–	6.02
L–Leucine（L–Leu）	**COOH**　　CH$_3$ NH$_2$ –CH – CH$_2$ –CH – CH$_3$	131.17	2.36	9.60	–	5.98
L–Norleucine（L–Nle）	**COOH** NH$_2$ –CH – CH$_2$ – CH$_2$–CH$_2$– CH$_3$	131.17	2.34	9.83	–	6.08

pK$_a$, pK$_b$, pK$_x$：Negative of the logarithm of the dissociation constant of α–COOH group, α–NH$_3{}^+$ group and the other group

pI：pH at the isoelectronic point

L–Glu の析出速度に及ぼすこれらアミノ酸添加物効果、ならびに L–Glu 結晶中へのアミノ酸添加物の取り込み量に関する検討を、以下の方法により行った。

（I）　L–グルタミン酸の成長速度への添加物の影響

0.125 mol/L の L–グルタミン酸水溶液に所定量のアミノ酸を添加し、溶液を完全に溶解した後、298 K まで冷却して、L–グルタミン酸 α 形種品 0.030 g を添加し、溶液の濃度変化を高速液体クロマトグラフィー（High Performance Liquid Chromatography：HPLC）によって測定した。添加物濃度範囲は、0.0050〜0.040 mol/L である。

（II）　L–グルタミン酸結晶中への添加物の取り込み

取り込み量の測定では、溶液中から発生する微結晶についても検討するため、高過飽和度（0.204 mol/L）とし、298 K で測定を行った。この測定では、添加物濃度は 0.020〜0.110 mol/L で変化させている。溶液中で発生した微結晶（Fine crystal）と種品が成長した結晶（Seed crystal）に分け、それぞれについて HPLC により結晶組成の分析を行っている。なお、（I）、（II）の実験とも添加物濃度は一定とみなす。

さらに、添加物濃度を一定（0.040 mol/L）とし、L–グルタミン酸初期濃度を 0.136〜0.231 mol/L で変化させて晶析を行い、L–グルタミン酸初期濃度（過飽和度）の添加物取り込み量への影響を検討した。なお、添加物によっては、β 形の L–グルタミン酸が α 形とともに析出することが認め

られた。このため、取り込み量の測定では、微量の種晶を添加することで、β形 L-グルタミン酸の析出を抑制した。

(III) 添加物の混入メカニズムの検討（洗浄実験）

添加物の混入メカニズムの検討では、付着母液による影響を調べるため、L-ロイシンの系でサンプリングした結晶を、メタノール：水の体積割合＝1：1の洗浄液で、1回につき 10 cc ずつ洗浄し、HPLC により結晶組成の変化を追跡する実験も行っている。

(1) L-Glu 濃度変化における添加物効果

あらかじめ、純粋系での晶析過程で種晶添加後の、L-グルタミン酸（L-Glu）の濃度の経時変化を測定した結果を、図 6-21 に示す[110]。図中の C^* は、298 K における L-グルタミン酸の溶解度であり、溶液濃度は種晶添加後から減少して、約200分で飽和濃度（溶解度）に達することがわかる。これに対して、添加物として L-バリン（L-Val）および L-イソロイシン（Ile）を用いたときの、L-グルタミン酸濃度 C の経時変化を、図 6-22 の (a) および (b) に示す。

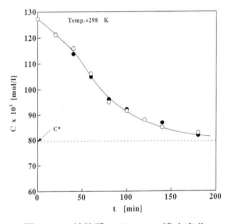

図 6-21　純粋系での L-Glu 濃度変化

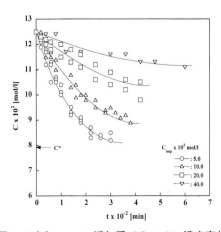

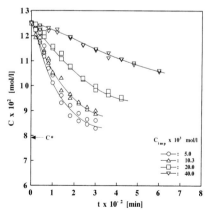

図 6-22(a)　L-Val 添加系での L-Glu 濃度変化　　図 6-22(b)　L-Ile 添加系での L-Glu 濃度変化

これらの図より、添加物である L-バリン (L-Val)、L-イソロイシン (L-Ile) 濃度が高くなるにつれて、L-グルタミン酸濃度の減少速度が小さくなることがわかる。このことは、両添加物が L-グルタミン酸の成長速度を抑制することを示している。L-バリン、L-ロイシン (L-Leu)、L-ノルロイシン (L-Nle) を用いた場合も同様な傾向が認められ、いずれもその濃度とともに、L-グルタミン酸の成長速度を減少させることが認められた。次に添加物間で、L-グルタミン酸濃度経時変化の比較を行うため、**図 6-23** に、添加物濃度 5-40 mmol/L 一定における L-グルタミン酸濃度経時変化を示す。添加物濃度 5 mmol/L（図 6-23(a)）では、約 300 分でいずれの場合も溶解度付近まで減少するが、L-Nle の場合が最も早く、他の添加物間ではあまり差異は大きくないことがわかる。図 6-23(b) は添加物濃度 20.0 mmol/L の場合であるが、添加物間で差は明らかとなり、L-バリン (L-Val) の析出速度への影響が最も大きく、次いで L-イソロイシン (L-Ile)、L-ロイシン (L-Leu)、L-ノルロイシン (L-Nle) の順になることがわかる (L-Val＞L-Ile＞L-Leu＞L-Nle)。図 6-23(c) は、さらに添加物濃度を 40 mmol/L に上げたときの結果である。結晶成

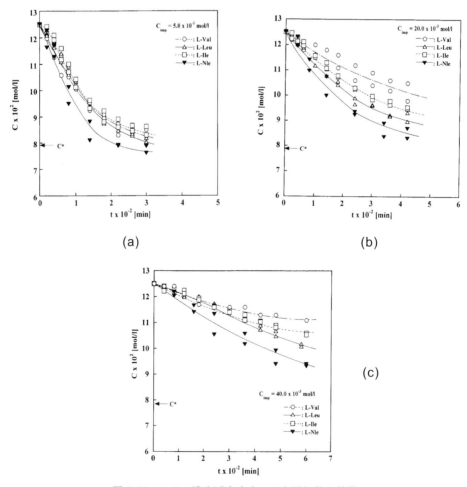

図 6-23　L-Glu 濃度減少速度への各添加物の効果
((a) 5.0 mmol/L、(b) 20 mmol/L、(c) 40 mmol/L)

長への抑制効果の順番は変わらないが、その差は小さくなっている。このように濃度が高くなると、いずれの効果も大きくなり、添加物間の差異が小さくなる。したがって、添加物間での効果の違いはその濃度によるが、その違いが最も大きく現れる濃度が存在することがわかる。

(2) L-Glu 成長速度に及ぼす添加物効果

上記 L-グルタミン酸濃度の経時変化から、以下の方法により相対的成長速度を求め比較検討を行った。ここで、結晶表面単位面積当たりの溶質の析出速度 P [mol/(cm²·s)] は、次式で表わされる。

$$P = \frac{v}{n^{1/3}\left(f_s/f_v^{2/3}\right)\rho^{-2/3}M^{2/3}}\left(\frac{dC}{dt}\right) \quad (6\text{-}19)$$

上式中、v は溶液体積 [cm³]、n は結晶の個数 [-]、f_s は表面形状係数 [-]、f_v は体積形状係数 [-]、ρ は固体密度 [mol/cm³]、M はその時点での結晶量 [mol]、dC/dt [mol/(cm³·s)] はL-グルタミン濃度経時変化のプロットにおける接線の傾きである。本実験では、均一な種晶を一定量使用していることから、結晶の個数と形状係数を一定とみなすことができ、次式が得られる。

$$P = k\frac{v}{\rho^{-2/3}M^{2/3}}\left(\frac{dC}{dt}\right) = k \cdot P' \quad (6\text{-}20)$$

$$P' = \frac{v}{\rho^{-2/3}M^{2/3}}\left(\frac{dC}{dt}\right) \quad (6\text{-}21)$$

相対的成長速度 P' [mol/(cm²·s)]（以下では「成長」あるいは「析出速度」と呼ぶ）を式 (6-21)

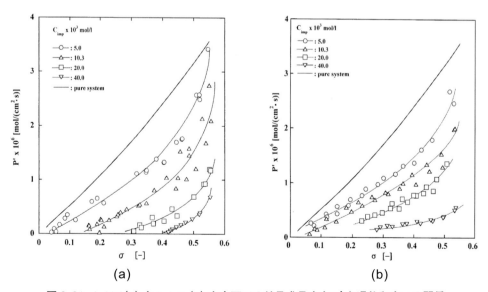

図 6-24　L-Val(a) と L-Leu(b) 存在下での結晶成長速度 P' と過飽和度 σ の関係

より算出した。また、Mは次式で表わされる。

$$M = M_0 + v\Delta C \tag{6-22}$$

ΔC は L-グルタミンの濃度減少量 [mol/cm³]、M_0 は種晶量 [mol] を表わしている。

図 6-24 は、L-Val(a) と L-Leu(b) の場合を例に、(6-21) 式より算出した析出速度 P' と過飽和度 σ の関係を示している。実線は純粋系での P' の値を示したものであり、添加物の濃度とともにいずれの場合も、同一過飽和度において、成長速度が大きく減少していることがわかる。また、図 6-25 は、アミノ酸添加物濃度が 20 mmol/L の場合の、L-Glu 成長速度を添加物間で比較したものである。先の図 6-23(b) に対応して、L-Val、L-Ile、L-Leu、L-Nle の順に減少速度は小さくなっている。これに対して、過飽和度一定で添加物濃度を変化させた場合の、析出速度と添加物濃度 C_{imp} の関係の例 (L-Val の場合) を、図 6-26 に示す。過飽和度の増加によって析出

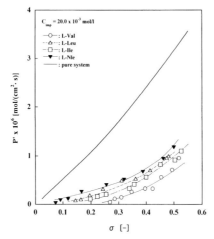

図 6-25　アミノ酸添加物濃度が 20 mmol/L の場合の L-Glu 成長速度抑制効果の比較

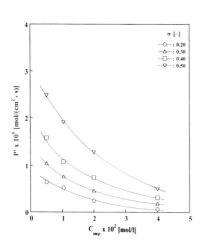 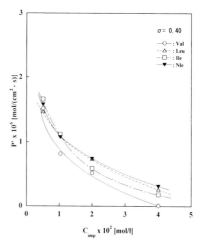

図 6-26　過飽和度一定条件下での成長速度 P' と添加物濃度 C_{imp} の関係 (L-Val)　　図 6-27　成長速度 P' と添加物濃度 C_{imp} 関係の添加物間比較

速度は大きくなるが、添加物濃度とともに析出速度は小さくなり、右下がりの曲線になることがわかる。さらに図6-27は、各添加物間で成長速度と添加物濃度の比較を、$\sigma = 0.40$ 一定で行ったものである。析出速度の違いは添加物濃度が高くなると顕著になるが、添加物濃度が低いところでは添加物間でのP'の違いは小さい。

(3) 成長速度に及ぼす添加物効果とメカニズム（第1系列）

上記のように、成長速度の抑制効果は、以下の順序にあることが明らかとなった。

L-Val＞L-Ile＞L-Leu＞L-Nle

このように析出速度に影響を及ぼすのは、添加物分子が結晶表面上に吸着し、ステップの前進を阻害することによると考えられる。前節で示した筆者らのモデルからも、吸着密度が高いほどステップの曲率半径は小さくなり、成長速度は抑制されることになる。しかし、添加物分子間で効果の比較を行う場合、添加物分子の大きさや形状（立体障害）を考慮する必要がある。すなわち、同じ吸着密度であっても、立体障害が大きいほど、分子間相互作用による反発やステップの前進への抵抗が大きく、成長速度は減少することが考えられる。図6-28にはこのモデル図を示し、結晶表面に吸着した添加物の置換基R'基による成長阻害を示している。なお、前章で用いた成長速度と添加物分子の吸着密度の関係式の中では、このような立体効果の項は表示されていない。

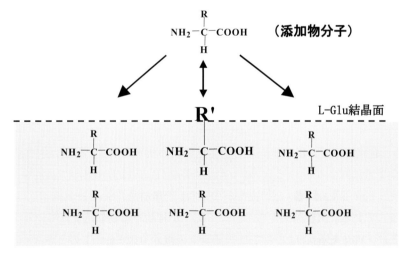

図6-28 結晶表面に吸着した添加物（R'基を有する）による成長阻害のモデル図

ここで、先の結果について、添加物の分子半径に着目すると、ロイシン異性体に対してL-Valのそれは小さい。したがって、立体障害はL-ロイシン異性体の方が大きいはずである。しかし、先述のように実際の成長抑制効果はL-Valの方が大きい。筆者はこの結果から、この場合の成長を抑制するメカニズムは、立体効果よりはむしろ吸着密度が大きいと考えている。さらに、もし吸着密度が大きければ、ステップの前進による添加物の結晶中への埋没量（混入量）も増大することが考えられる。そこで、次に結晶中への各添加物混入量の検討を行った。

(4) L-Glu 結晶中への添加物取り込み量と取り込みメカニズム

吸着した添加物は成長速度を抑制しても、結晶中に取り込まれるかどうかは不明である。また、混入するとすれば析出抑制効果と関係するのか、さらに、分子構造とどのような関係にあるのかなどの問題については、Vermyilia らのモデル[35]をはじめ、一般にはあまり触れられていない。そこで本実験では、これらの検討を行った。まず、取り込み量 R については次式で表わすこととする。

$$R = \frac{結晶中添加物モル数}{(L-Glu+添加物)モル数} \approx \frac{結晶中添加物モル数}{L-Gluモル数} \qquad (6\text{-}23)$$

また、添加物の取り込みに関する実験では、バルク溶液中で 2 次核発生した微結晶中 (Fine crystal) への取り込みについても測定し、種晶中 (Seed crystal) への取り込みと比較を行った。

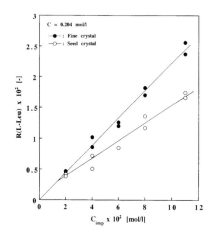

図 6-29　L-Leu の種晶 (○) と微結晶 (●) への取り込み量比較

図 6-29 に、添加物として L-ロイシンを用いた場合の結果を示す。縦軸は取り込み量 R として L-グルタミン酸に対する L-ロイシンのモル比、横軸 (C_{imp}) は L-ロイシン濃度を示している。ここで、図中の Fine crystal (●) は溶液中から発生した微結晶、Seed crystal (○) は種晶が成長した結晶を示している。実験結果から、L-ロイシンが結晶中に取り込まれていることが認められる。たとえば、Fine crystal において L-ロイシン濃度が 0.020 mol/L のとき R = 0.0050 のモル比が認められる。また、Fine crystal の方が Seed crystal よりも R の値が大きく、さらに L-ロイシン濃度が高くなるとともに、その差が大きくなる傾向にある。ここで添加物の結晶中への取り込みの原因としては、第 2 章で示したように、大きく分けて構造的に取り込まれる場合と、母液による混入の場合が考えられる。そこで、この母液付着による取り込み量 R への影響を調べるため、洗浄実験を行った。

洗浄実験では、L-ロイシン濃度 0.080 mol/L と 0.040 mol/L の系でサンプリングした結晶をメタノール：水の体積割合＝1：1 の洗浄液を用いて、1 回につき 10 cc ずつ洗浄を行いその結晶組成の変化を測定した。図 6-30 より、種晶 (Seed crystal)、微結晶 (Fine crystal) の両者とも、洗

浄回数2回（20 cc）までは取り込み量Rの値が多少は減少するが、それ以降はほぼ一定になることが認められる。また、全体的にRの値の大きな変化は認められないことから、添加物であるアミノ酸分子は結晶中に構造的に取り込まれたものであり、母液付着による取り込み量への重大な影響はないものと考えられる。アミノ酸2成分系は一般に固溶体系ではなく、共晶系と認識されているが、予想に反してこの結果に示すように、アミノ酸添加物がL-Glu結晶中に取り込まれていることが明らかになった。すなわち、すでに述べたように円弧状に張り出したステップが通過した後、添加物は結晶中に埋没すると考えられる。さらに、L-Glu中にアミノ酸分子が定常的に、それもかなりの量が取り込まれていることから、L-Gluの成長表面ではL-Glu分子の表面への拡散フラックス（J_{L-Glu}）とともに、添加物分子の流れ（J_{Add}）も定常的に存在すると考えられる。図6-31は、その様子をモデル図で示したものである。

図6-32（a）～（c）は、L-Val、L-Ile、L-Nle添加系における種晶と、微結晶中への添加物混入量を示したものである。L-Leu添加系と同様に、微結晶中への取り込み量のほうが大きく、また

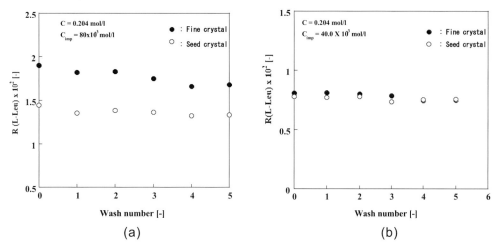

図6-30 L-Leu添加物系での洗浄効果
（(a) 添加物濃度 80 mmol/L、(b) 添加物濃度 40 mmol/L）

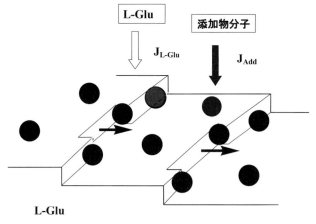

図6-31 添加物の取り込みを行いながら成長する結晶面

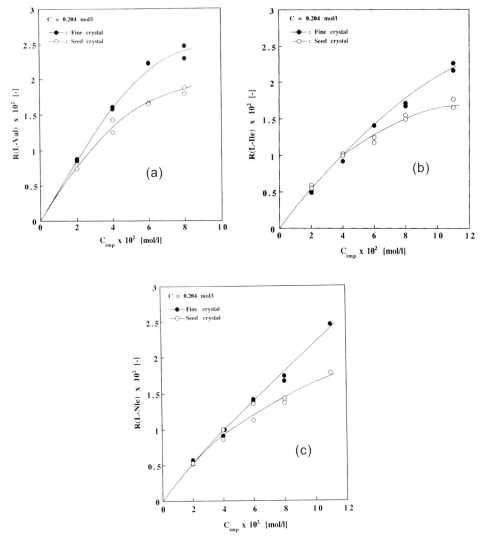

図6-32 種晶(○)と微結晶(●)への取り込み量比較
((a) L-Val、(b) L-Ile、(c) L-Nle 添加系)

溶液中の添加物濃度 C_{imp} が高くなるとともに、微結晶と種晶中に取り込まれた添加物量の差は大きくなる傾向が認められる。このように微結晶の取り込みのほうが大きい理由として、種晶では表面層のみへの取り込みが行われるが、微結晶では核の成長時点から添加物が取り込まれるためと考えられる。

(5) 混入量と添加物分子構造の相関、成長抑制効果のメカニズム

取り込み量と添加物分子構造の相関性について、種晶(Seed crystal)と微結晶(Fine crystal)のそれぞれに関し、添加物で比較した結果を図6-33(a)および(b)に示す。種晶の場合、取り込み量 R の値は L-Val が最も大きく、L-Ile、L-Nle、L-Leu の差は明確でない。微結晶の場合の取り込み量 R の値は、L-Val が最も大きく、次に L-Ile と L-Nle、そして L-Leu が最も小さな値

となっている（図6-34）。このことは、L-Valの吸着量が大きいことを示しているが、同時に分子半径の小さなL-Valのほうが、L-Glu結晶中に取り込まれやすいことにも対応している。また、図6-33より、添加物混入量は濃度の上昇とともに増加し、接近する傾向にある。これは溶液濃度とともに吸着密度が増すことに対応しているが、濃度が高くなると吸着密度が飽和に接近するためであると考えられる。さらに、ロイシン異性体の間でR値の大きさの比較を行うと、成長抑制効果、取り込み量いずれもロイシン異性体のなかでは、L-Ileが最も大きくなっている（図6-34）。分子構造についてみると、β炭素にメチル基が結合するL-Valも成長抑制効果、取り込み量がいずれも最も大きいことから、β炭素のメチル基の存在の影響が考えられる。このため、L-Ileでも吸着密度が上がり、取り込まれやすくなることが推測される[110]。

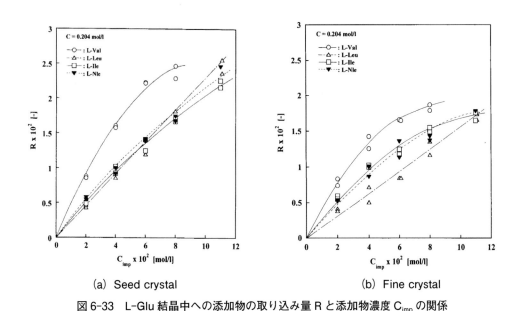

(a) Seed crystal (b) Fine crystal

図6-33 L-Glu結晶中への添加物の取り込み量Rと添加物濃度C_{imp}の関係

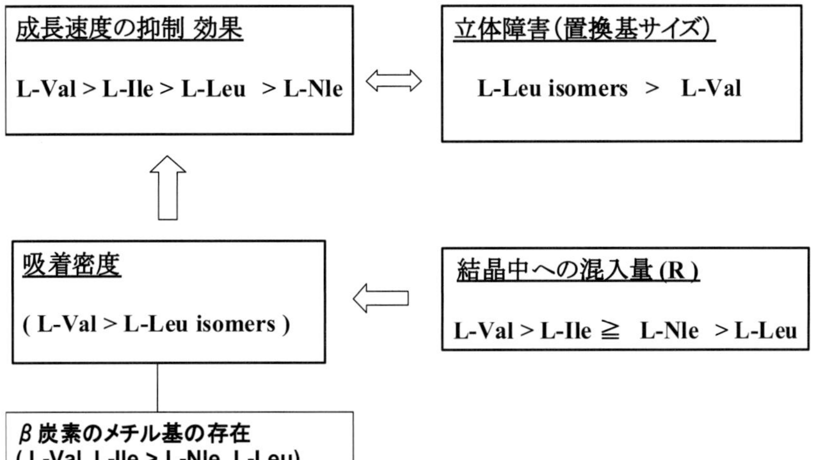

図6-34 添加物効果のメカニズム（第1系列分子構造との相関）

（6） 微結晶中への添加物の取り込みとモルフォロジー変化

先に示したように、溶液中の添加物濃度が高くなるとともに、微結晶と種晶中に取り込まれる添加物量の差は、大きくなる傾向が認められた。このような傾向の原因として、1つには種晶では表面層のみで添加物の取り込みが行われるが、微結晶では核の成長時点から取り込まれ、このとき大きなモルフォロジー変化を伴うことが考えられる。図6-35(a)は、純粋系から得られる微結晶の形状であり、種晶も同様な形状を呈している。しかし、添加物の濃度が増すとともにモルフォロジーに変化が起こり、たとえばL-Leuでは、図6-35(b)に示す微結晶が得られる。このようなモルフォロジー変化は添加物によっても異なり、たとえばL-Ileでは、図6-35(c)のモルフォロジーを有する微結晶が得られる。モルフォロジーが変化すれば、結晶面の相対的な面積が変化し、各結晶面での添加物の取り込み効率は異なるため、結果的に全体的な取り込み量が変化するものと考えられる。具体的には、種晶のモルフォロジーに比べて微結晶のモルフォロジーは、各々の添加物を取り込みやすい形状をしていると言えよう。ただし、添加物間で比較すれば図6-35(b)、(c)でわかるように、必ずしも取り込まれやすい添加物系での形状変化が大きいとは限らない。

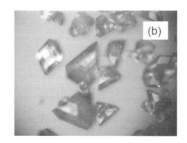

図6-35　微結晶の顕微鏡写真
(a) 純粋溶液、
(b) L-Leu添加系（L-Glu：0.204 mol/L, L-Leu：60 mmol/L）、
(c) L-Ile添加系（L-Glu：0.204 mol/L, L-Leu：60 mmol/L）

（7） 取り込み量に対するL-Glu成長速度の影響

以上の結果より、結晶表面ではL-Gluの成長とともに添加物の取り込みが競争的に起こっており、図6-31で示したように、結晶表面はダイナミックな状態にあると考えられる。L-Gluの溶液中からの流束を$J_{L\text{-}Glu}$、添加物の吸着による流束をJ_{Add}とすると、混入量Rは次式のように表現できる。

$$R = \frac{J_{Add}}{J_{L-Glu}} \tag{6-24}$$

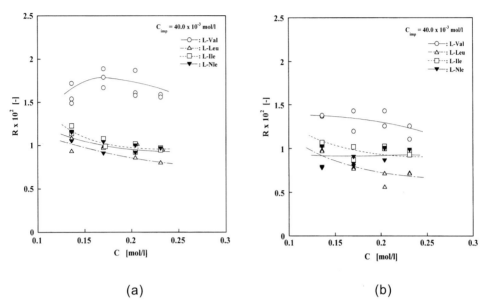

(a)　　　　　　　　　　　　(b)

図6-36　微結晶中への添加物の取り込み量（R）に及ぼすL-Glu濃度（C）の影響
（(a) 種晶（Seed crystal）、(b) 微結晶（Fine crystal））

上式によれば、L-グルタミン酸初期濃度（過飽和度）が大きくなれば、相対的に添加物の取り込み量が減少することが考えられる。そこで、この影響についての検討を行うため、添加物濃度（0.040 mol/L）一定で過飽和度を変化させた取り込み量の測定を行った。図6-36(a)と図6-36(b)に、それぞれSeed crystal、Fine crystalについての検討結果を示す。図中、縦軸は取り込み量Rを、横軸はL-グルタミン酸濃度Cを示している。これらの図から、Rの値はL-グルタミン酸濃度の増加とともに多少は減少するか、あるいはほぼ一定になることが認められた。このことは、過飽和度の違いによる取り込み量への影響は、あまりないことを示している。また、これにより成長過程において吸着速度が大きく、吸着平衡が瞬時に成り立つという仮定は、妥当であると思われる。

6.3.2　アミノ酸添加物の環状置換基の大きさの影響（第2系列）

前節では、鎖状置換基を有するアミノ酸添加物（第1系列）について、L-グルタミン酸α形の成長速度や混入挙動に及ぼす影響に関する検討を行った。ここでは、さらに環状置換体を有するアミノ酸添加物（第二系列）を用いて、同様な検討を行った。

環状置換基をもつアミノ酸添加物としては、塩基性のイミダゾール環を有するL-ヒスチジン（L-His）と、中性の芳香環を有するL-フェニルアラニン（L-Phe）を用いた。また、先の結果と比較するため、L-バリン（L-Val）を加えた検討を行っている。研究で使用したアミノ酸の構造

式および物性値を、**表6-2**に示す。

表6-2 実験に用いたアミノ酸の物性表（第2系列）

	Moleclar structure of amino acid	Mw	pK$_a$	pK$_b$	pK$_x$	pI
L-Glutamic acid （L-Glu）	COOH NH$_2$－CH－CH$_2$－CH$_2$－CH$_2$－COOH	143.13	2.19	9.67	4.25	3.22
L-Valine （L-Val）	COOH NH$_2$－CH－CH－CH$_3$ CH$_3$	117.15	2.32	9.62	－	5.96
L-Histidine （L-His）	COOH NH$_2$－CH－CH$_2$ N NH	155.15	1.78	5.97	8.97	7.59
L-Phenylalanine （L-Phe）	COOH NH$_2$－CH－CH$_2$	165.19	1.83	9.13	－	5.48

pK$_a$, pK$_b$, pK$_x$：Negative of the logarithm of the dissociation constant of α-COOH group, α-NH$_3^+$ group and the other group

（1） 環状置換基を有するアミノ酸添加物のL-グルタミン酸 α 形の成長速度に及ぼす抑制効果

L-Phe や L-His では、環状の置換基（フェニル基とイミダゾール基）を有し、バルキーで分子半径が大きく、この立体効果が成長速度を抑制することが予想される。そこで、前節と同様に、0.125 mol/L の L-グルタミン酸（L-Glu）水溶液に所定量のアミノ酸を添加し、溶液を完全に溶解した後、298 K まで冷却して、L-グルタミン酸（L-Glu）α 形種晶 0.030 g を添加し、溶液の濃度変化を測定した。L-Phe と L-His を添加した系で晶析を行い、L-Glu 濃度の変化を測定すると、いずれの場合も添加物濃度とともに L-Glu 濃度の減少速度は、顕著に低下することが認められた。**図6-37** には、L-His の場合の結果を例として示している。また、添加物である L-Phe と L-His 濃度（C$_{imp}$）、5 mmol/L、20 mmol/L 一定における L-Glu 濃度の濃度経時変化を、L-Val を基準として比較したものを**図6-38**(a)、(b) に示す。添加物濃度 5 mmol/L では、L-Phe の析出速度抑制効果が最も大きく、次いで、L-His、L-Val の順になっている。また、添加物濃度 20 mmol/L では、いずれの場合も、5 mmol/L より L-Glu 濃度の減少速度は小さくなっているが、L-Phe の抑制効果が明らかに大きい。しかし、L-Val と L-His については、交差することが認められた。すなわち、初期の段階では L-Val の方が抑制効果は大きいようにみえるが、後半では L-His の場合のほうが L-Glu 濃度の減少速度は小さい。

これらの結果を、前節の L-Leu 異性体系と比較すると、L-Phe、L-His の場合の方が濃度減少速度は小さくなり、成長抑制効果が大きいことがわかる。さらに、L-His 各濃度における析出速度 P' と過飽和度 σ の関係を求めると、**図6-39** が得られる。

ここで、添加物濃度 C$_{imp}$ が 5 mmol/L と 20 mmol/L 一定での析出速度 P' と過飽和度 σ の関係について、各添加物間で比較すると、それぞれ**図6-40**(a)、(b) のようになる。いずれの添加物濃度、過飽和度でも、L-Phe の L-Glu 成長速度抑制効果が最も大きいことがわかる。また、添加物濃度が 5 mmol/L では、L-Phe に続いて L-His の効果が大きく、L-Val の効果が最も小さ

第 6 章　多形現象における添加物効果

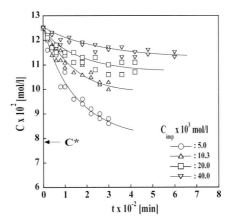

図 6-37　L-His 添加系での L-Glu 濃度の減少

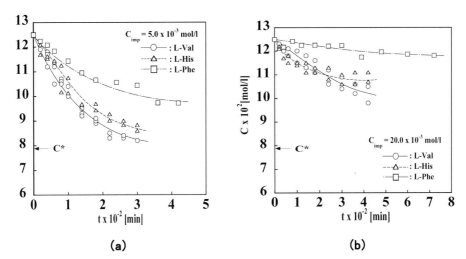

図 6-38　成長速度に及ぼす添加物効果の比較
（添加物濃度 C_{imp}：5 mmol/L（a）、10 mmol/L（b））

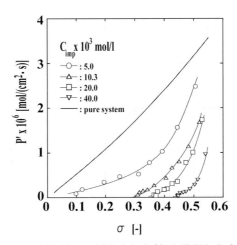

図 6-39　L-His 添加系での析出速度（P'）と過飽和度（σ）の関係

い。しかし、添加物濃度 20 mmol/L では、濃度経時変化で認められたように、L-Val と L-His の場合で L-Glu 成長速度が交差する。その交差点が過飽和度 0.45 付近にあることから、L-His の成長抑制効果は、σ が 0.45 よりも低過飽和度で L-Val よりも顕著になると思われる。さらに、これらの結果を L-Leu 異性体系での結果と比較すると、特に L-Phe では、高過飽和度でも、急激に成長速度が減少して停止することがわかる。このことは、成長抑制効果が L-Val や L-Leu 異性体系に比べて大きいことを示すものと考えられる。

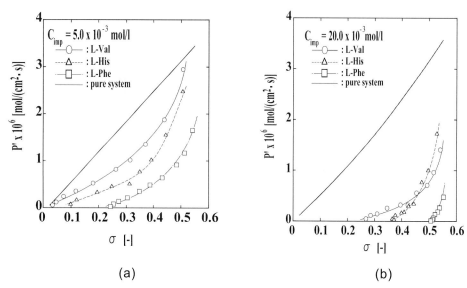

図 6-40　添加物濃度 C_{imp} 一定での析出速度（P'）と過飽和度（σ）の各添加物間での比較
（C_{imp}=5 mmol/L（a）、20 mmol/L（b））

(2)　環状置換体を有するアミノ酸添加物の L-Glu への取り込み

吸着した環状置換体を有するアミノ酸添加物分子が、L-Glu 結晶中に取り込まれるかどうか、そして混入の挙動が添加物分子構造にどのように依存するか、検討を行った。図 6-41(a) および (b) は、前節の第 1 系列と同様に、添加物として L-Phe と L-His を用いたときの、種晶（Seed crystal）と微結晶（Fine crystal）中への添加物分子の取り込み量（R）の比較を行っている。この場合も、添加物濃度とともに結晶中に取り込まれる添加物量は増加し、やがて一定値（飽和濃度）に近づく傾向がみられる。また、Fine crystals 中の取り込み量のほうが Seed crystals よりも大きく、その差は添加物濃度とともに増加する。ここで、母液付着による取り込み量の値への影響については、前節の検討同様、洗浄処理を行っているので、Seed crystals と Fine crystals ともにほぼないものと思われる。これらの結果から、環状置換体を有するアミノ酸添加物でも、L-Glu 結晶中に数%のオーダーで取り込まれることが明らかになった。

さらに図 6-42(a)、(b) は、種晶（Seed crystal）と微結晶（Fine crystal）中への、それぞれのアミノ酸添加物分子の取り込み量 R を比較したものである。取り込み量は、Seed crystals では L-Val で最も大きく、次いで L-Phe、L-His となることが認められた。結晶の成長過程で吸着した添加物分子が、結晶中に取り込まれたものと考えると、この取り込み量は吸着密度に対応して

第6章 多形現象における添加物効果

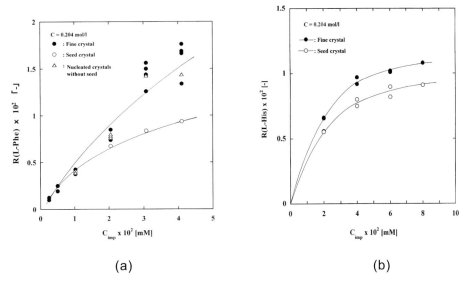

図6-41 種晶(○)と微結晶(●)中への添加物分子の取り込み量Rと添加物濃度C_{imp}の関係
((a) L-Phe、(b) L-His)

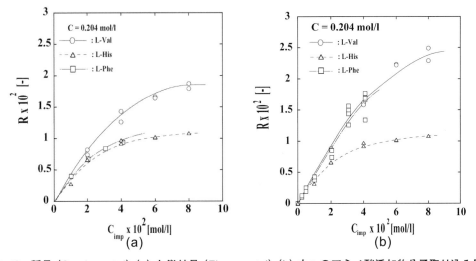

図6-42 種晶(Seed crystal)(a)と微結晶(Fine crystal)(b)中へのアミノ酸添加物分子取り込み量Rの比較

いると考えられる。したがってこの結果から、吸着密度はL-Val＞L-Phe≒L-Hisと考えられる。一方、Fine crystalsの場合の結果から、取り込み量はL-Val≒L-Phe＞L-Hisの順となっており、L-Pheの取り込み量がSeed crystalsに比べてさらに大きく、L-Valと同程度であることがわかる。この原因として、特に微結晶(Fine crystals)のモルフォロジー変化が考えられる。**図6-43**に、L-Phe各濃度で得られた微結晶の顕微鏡写真を示しているが、モルフォロジー変化が顕著であることがわかる。このようなモルフォロジー変化により、L-Pheが取り込まれやすい結晶面が現れることが考えられ、その面積の増加により取り込み量Rが増加したものと思われる。先の単一結晶系での結果と比較すると、L-Glu濃度, L-Phe濃度などの条件の違いによって、このよ

117

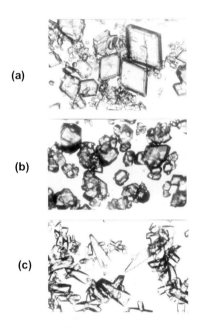

図6-43 L-Phe 存在下で得られる微結晶の形状変化
(L-Phe 濃度：(a) 3 mmol/L、(b) 10 mmol/L、(c) 30 mmol/L)

うなモルフォロジー変化の他にも、L-Glu の成長速度と L-Phe 濃度の関係などにも違いが表われている。これは、添加物効果が複雑であることを示している。

また、L-Glu 初期濃度（過飽和度）によって成長速度が変化するために、添加物の取り込み量が異なることが考えられる。そこで第1系列と同様に、この影響についても検討を行うため、L-Phe と L-His 添加物濃度一定で過飽和度を変化させたときの、取り込み量の測定を行った。その結果、Seed crystal、Fine crystal の両方が、第1系列と同様、R の値は L-グルタミン酸濃度の増加とともに、多少のばらつきはあるものの、ほぼ一定となることが認められた。したがって、成長過程においても、添加物は吸着平衡にあることが推測される。

(3) 環状置換体を有するアミノ酸添加物の成長抑制効果と混入のメカニズム

先の L-valine (L-Val)、L-Leu の結果から、筆者は、添加物効果には、添加物分子の構造を反映した立体障害による効果と、添加物分子の結晶表面への吸着力（吸着密度）による効果の、2つのファクターがあると考える（図6-44）。L-Val が L-Leu よりも分子半径が小さいにもかかわらず、その効果が大きく混入量も多いということは、L-Val の添加物効果は強い吸着力（高い吸着密度）によることを示すと考えられる。ここで、L-His、L-Phe、L-Val 間で比較を行うと、全ての L-Glu 濃度、全ての添加物濃度で、L-Phe の成長抑制効果は最大である。一方、混入量の比較では L-Val が最大であったので、吸着密度は L-Val が最大であると考えられる。したがって、L-Val の吸着密度による抑制効果よりも、環状置換基をもつ L-Phe 分子の立体障害による抑制効果のほうが大きいと考えられる。図6-44 は、これらの結果をまとめたものである。次に、L-His と L-Val を比較すると、図6-42 の混入量から Seed crystal、fine crystal いずれの場合も、

吸着密度は L-His のほうが低いと考えられる。また、成長抑制効果は、添加物濃度で変化することが観測された。添加物濃度 5 mM で比較すると、L-His のほうが L-Val より大きい。このことは添加物濃度が低い領域では、大きな環状グループを有する L-His の成長速度抑制効果が大きいことを示している。したがって、添加物濃度が低く吸着密度が低い領域では、L-His の立体障害の効果が大きいと思われる。しかし、添加物濃度が 20 mM と高く吸着密度が高くなると、抑制効果に変化がみられ、晶析後期の低過飽和度ではやはり L-His の効果のほうが大きいが、晶析初期の高過飽和度（$\sigma > 0.45$）では L-Val の効果がむしろ大きい傾向がみられる。この理由として、低過飽和度では図 6-18 の L-Glu のステップの臨界半径が大きく、L-His の置換基の立体障害の影響が大きく現れるが、高過飽和になるとステップの臨界半径が小さくなり、L-Val の吸着密度の影響のほうが大きくなるのではないかと考えている。これに対して L-Phe では、混入量も大きく、したがって、L-Phe では立体障害、吸着密度がともに大きく、このため成長抑制効果は最大になると考えられる。このような立体障害の効果は、添加物効果を示す成長速度式には含まれていないが、式そのものと矛盾するものではなく、この式のなかに立体障害の因子を導入すれば、吸着密度と立体障害の両者を考慮した式が得られる。ただし、これについては後続の研究に期待したい。なお、最近の研究の一例として、Dhanasekaran ら[101]は晶析実験の他に、L-チロシン存在下で一辺 1 cm ほどの α 形 L-Glu 単結晶を用いた成長実験も行い、L-チロシンが L-Glu の成長を抑制することを認める一方で、結晶中には混入しないことを報告している。L-チロシンは L-Phe よりも大きな置換基（フェノール基）を有しており、このため立体障害は L-Phe よりもさらに大きいと考えられ、そのために混入が困難になったと予想される。

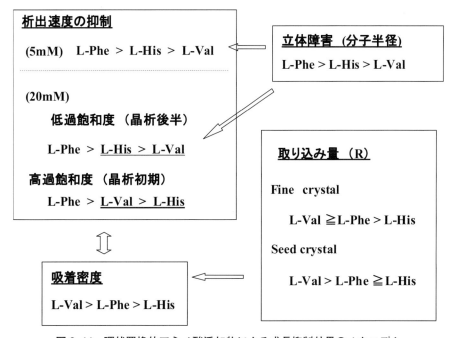

図 6-44　環状置換体アミノ酸添加物による成長抑制効果のメカニズム

応用編

第7章 反応晶析における多形現象と制御因子

　反応晶析は、一般に2種の反応原料溶液を混合し、反応槽（晶析器）内で難溶性の固体（結晶）を析出させるものである。また、溶液反応は通常迅速なので、結晶の析出過程が律速である場合が多い。しかし、反応速度が遅く、結晶の析出速度が大きいものでは、反応速度が支配的な場合もある。反応速度の大きい反応晶析では、反応する溶液の混合状態により過飽和度が決まるため、混合速度は結晶の析出に重要な影響を与える。特に、粘度の高い場合などでは、反応液の混合速度や拡散速度が支配的になる。反応晶析における反応過程と晶析過程を、分離できる場合もある。上田ら[147]は、医薬リシノプリルの原料である N-トリフロロアセチル-L-リシンの合成を、塩基性アミノ酸であるリシンとトリフロロ酢酸エステルの反応晶析により行ったところ、スラリー状の生成物が析出した。そこで検討を行った結果、この反応晶析では反応過程と晶析過程を分離して、それぞれの異なる最適条件下で操作を行うことにより、目的に合った性状の結晶を得ることができた。

　本章では多形現象を伴う反応晶析の例として、反応速度は迅速で難溶性塩が析出する、炭酸カルシウムの系を中心に解説する。炭酸カルシウムは、自然界では海水中に溶解した二酸化炭素が、カルシウムとともに貝類や珊瑚礁などの生体内に取り込まれること（バイオミネラリゼーション）によって、合成が行われる[111,112]。この炭酸ガスの固定化のプロセスは地球上のグローバルな循環系においてきわめて重要な役割を担っていることは言うまでもない。炭酸カルシウムには、構造の異なる多形（カルサイト、アラゴナイト、バテライト）が存在する。カルサイトは菱面体晶系（$R\bar{3}c-D_{3d}^6$）、アラゴナイトは斜方晶系（$P_{mcn}-D_{2h}^{16}$）、バテライトは六方晶系（$P6_322-D_6^6$）に属する[113]。XRD パターンとともにこれらの結晶構造を、図7-1 に示している。さらに、これらの熱力学的安定性は、カルサイトが最も安定で、次いでアラゴナイト、バテライトの順にある。これら多形の精緻な制御が、自然界では種々の物質の介在によりなされているが、そのメカニズムが近年知られるようになった。Mann ら[114]は、オクタデシルアミンおよびステアリン酸単分子膜上で、炭酸カルシウムを適当な過飽和度で析出させると、通常の晶析ではカルサイトが優先的に得られるのに対して、準安定形であるバテライトが析出することを報告している。この結果は、電荷を帯びた有機面が、バテライトの核発生の活性化エネルギーを減少させることを示唆している。また真珠は、人工的には真似のできない強度、光沢、平滑度などを有しているが、ある種の酸性タンパク質がその成長に作用しており、真珠層はたんぱく質の薄膜を間に挟んだ、多角板状のアラゴナイト結晶の積み重ねからなる複合体であることなどが知られている。このとき、図7-2 に示すように、酸性タンパク質がマトリックス上に β-シート構造を形成して、多形の核形成の制御に働いていることなども明らかにされている[112]。

　このように析出過程をバイオミメティックな観点から検討し、メカニズムを明らかにすること

第7章　反応晶析における多形現象と制御因子

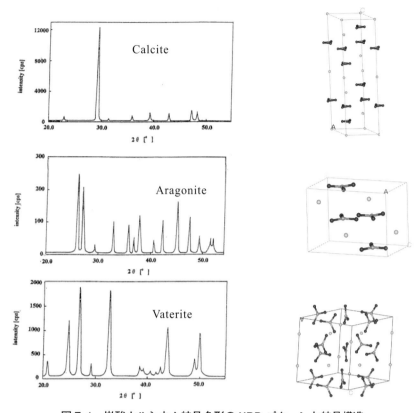

図7-1　炭酸カルシウム結晶多形のXRDパターンと結晶構造

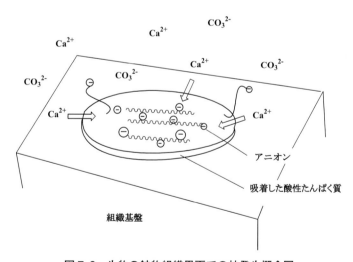

図7-2　生物の鉱物組織界面での核発生概念図

は、将来に向けた新しい材料開発への1つの可能性を示すと考えられる。このため最近では、Chevalierら[115]の酸性ペプチド単分子層上への炭酸カルシウム多形の析出に関する in-situ 観察による実験的研究、Lendrumら[116]のオクタデカン酸とオクタデカノールの混合Langmuir単分子膜上へのカルサイトの選択的核発生など、極めて多くのバイオミメティックな観点からの研究が

行われている。

　一方、炭酸カルシウムは、工業的には医薬品、食品、紙、プラスチック、印刷インキ、塗料等への添加物など、工業材料として広く使用されている。また、冷暖房の循環水や工業排水のスケール形成で、問題となる主成分の1つでもある。これまでの炭酸カルシウム結晶の合成法についてみると、以下のようなものがある[117~127]。

　①石灰炉その他から得られる炭酸ガスを $Ca(OH)_2$ 懸濁液に吹き込むことによる反応
　②アンモニアソーダ法における炭酸アンモニウムと塩化カルシウムとの反応
　③カルシウム塩（$CaCl_2$, $Ca(NO_3)_2$）と炭酸イオンを含む（Na_2CO_3）溶液の混合による反応
　④上記塩類の溶液をゲル中相互拡散させることにより反応させる方法
　⑤カルシウム塩と尿素の均一反応
　⑥ $Ca(OH)_2$ 懸濁液と Na_2CO_3 溶液の不均一反応による方法

　工業的には①の方法が主となっているが、これまでの研究報告が最も多いのは、③の可溶性のカルシウム塩と炭酸イオンを含む均一溶液を混合することにより、難溶性の炭酸カルシウムを析出させる方法である。この他、ゲル中の2重拡散を用いる④の方法[124]や、⑤の方法についても報告がなされている。この場合、イオンの拡散速度が結晶の析出を支配する。また、⑥の方法についての報告はきわめて少ないが、次節で筆者らの検討結果を紹介する。このなかでは、$Ca(OH)_2$ の溶解速度が炭酸カルシウムの析出に影響を与えることなどが示される。ここで、③の方法のなかでも、最も多くの研究がなされてきたのは次式で示される系である。

$$CaCl_2 + Na_2CO_3 \rightarrow CaCO_3 + 2NaCl \tag{7-1}$$

　この系での比較的高温（70℃）では、アラゴナイトが、また室温付近の低温では、カルサイト、アラゴナイトが析出する傾向にあることなどが知られている。また、室温付近でも条件によっては、バテライトが析出することも報告されている[118, 120, 122~126]。カルシウム塩と炭酸塩の溶液の反応で、高過飽和溶液中高温（70℃）では、アラゴナイトとカルサイトが、また低温（30℃）では、バテライトあるいはカルサイトが、析出する傾向にあることなどが報告されている。炭酸カルシウムの析出における添加物の影響についても報告は多く、特に無機金属イオンの影響は、古くから知られている。たとえば、和田ら[127]は、寒天ゲル中での2重拡散法を用いて、$CaCl_2$-Na_2CO_3、$CaCl_2$-$Ca(NO_3)_2$ 系で、Sr、Ba、Pb イオンの影響について検討を行っている。Katoら[128]は、硝酸カルシウムと尿素を用いた均一沈殿法による炭酸カルシウムの析出過程における、Mg^{2+} や Ba^{2+} などの金属イオンの影響について検討を行い、Mg^{2+} がアラゴナイトからカルサイトへの転移を抑制することなどを報告している。また、鵜飼と豊倉[126]は、塩化カルシウム水溶液と炭酸ナトリウムとの反応において生成する炭酸カルシウム中間体懸濁液中に、塩化ナトリウム結晶を固体のまま添加することにより、カルサイトが選択的に生成することを報告している。ここで、特にマグネシウムの影響について着目すると、一般的に、マグネシウムはアラゴナイトの析出を優勢にすることなどが知られている。たとえば Kitano[121]は、重炭酸（炭酸水素）水溶液（bicarbonate solution）に炭酸ガスを吹き込むことによって炭酸カルシウムを析出させ、種々の無機イオンの影響を検討し、通常はカルサイトが析出するが、塩化マグネシウムの存在がアラゴ

ナイトの析出を促進することを報告している。Reddy と Nancollas[122]は、0.01 mol/L の塩化カルシウムと炭酸ナトリウムの水溶液 25℃において、攪拌下で急速混合した後、静置する方法により、マグネシウムイオンが 0.01 mol/L 以上の濃度になると、カルサイトとアラゴナイトの混合物が析出することを認めている。また、マグネシウムイオンが低濃度では、カルサイトの成長を抑制し、アラゴナイトの析出が起こることを認めている。カルサイトのモルフォロジーと凝集へのマグネシウムイオン[129]、あるいはエタノールやエチレングリコールなど、有機物の影響[130]などの検討も活発になされている。

このように、いずれの方法においても、炭酸カルシウム結晶多形の実際の析出挙動は複雑であり、操作条件により多形組成、モルフォロジー、粒径などが複雑に変化する。また先述のように、(7-1) 式においても反応液の混合方法は多形の析出挙動に大きな影響を与えると考えられる。しかし、その析出過程のメカニズムはまだ十分に明らかではなく、実際の製造工程での炭酸カルシウム結晶多形の析出制御を、困難なものにしている。このことに関して、たとえば Tai ら[125]は、酸やアルカリを添加し、PH や Ca^{2+} 濃度を一定に保ちながら検討を行っている。しかし、この方法では濃度は 10^{-4} mol/L と低い。これに対し筆者らは、$CaCl_2 + NaCO_3$ 系と $Ca(OH)_2 + NaCO_3$ 系に関して、実操作に近い高濃度で反応晶析を行っている。また多形制御因子として、温度、反応液供給速度（滴下速度）、反応液初期濃度、攪拌速度、さらに添加物効果などについて定量的な検討を行い、モルフォロジー、粒径などを含む多形の析出挙動、ならびにそのメカニズムを明らかにしてきた[118,131]。以下にはこれらの結果について紹介する。

7.1 $CaCl_2 + NaCO_3$ 系における炭酸カルシウム結晶多形の析出

ガラス製円筒型攪拌槽に、0.05 または 0.2 mol/L（原液濃度（C_0））に調整した塩化カルシウム水溶液 150 ml を仕込み、インペラーで攪拌した状態（300 rpm）で、同一濃度の炭酸ナトリウム水溶液 150 ml をポンプを用いて送液し、滴下して 298 K において晶析を行った。このときの滴下速度（F）は、0.05 ml/s～5.0 ml/s で変化させた。また、温度効果をみるため、323 K においても同様の晶析を行い、多形組成やモルフォロジーの変化について検討を行った。さらに、マグネシウムイオンの影響をみるため、塩化カルシウム水溶液に、あらかじめ添加物として塩化マグネシウム六水和物を溶解させ、この溶液に炭酸ナトリウム水溶液を滴下することにより晶析を行った。このとき、塩化マグネシウムの濃度は、塩化カルシウム溶液添加後、5 mmol/L と 10 mmol/L になるよう調整した。溶液中のカルシウムイオン濃度は、イオン選択性電極 と ICP（Inductively Coupled Plasma：高周波誘導結合型プラズマ）発光分析法を併用して測定した。また、結晶中のマグネシウム濃度についても、ICP により測定を行った。析出した結晶は、光学顕微鏡ならびに電子顕微鏡による観察を行い、多形組成の分析は粉末X線法により行った。カルサイトとバテライト混合系の多形組成決定には、Rao[133]の式（(7-2) 式）を用い、カルサイトには $2\theta = 29.24°$ のピークを、バテライトについては $2\theta = 24.85°$ (1)、$32.66°$ (2) および、$48.90°$ (3) のピークを用いた。

$$X_C = \frac{I_C}{I_C + I_V(1) + I_V(2) + I_V(3)} \tag{7-2}$$

ただし、I_C はカルサイトのピーク強度、I_V は各 2θ のバテライトのピーク強度である。

なお、323 K ではアラゴナイトも析出するが、この系ではアラゴナイトを含む検量線を作成して、多形組成の分析に用いた[118]。

7.1.1 純粋系からの析出挙動

(1) 操作因子と多形の析出メカニズム

図7-3 は、298 K において、濃度 C_0 0.05 mol/L の塩化カルシウム水溶液に、等濃度の炭酸ナトリウム水溶液を、0.05 ml/s の添加速度で滴下混合させた場合の、析出過程の経時変化を、光学顕微鏡により検討したものである。反応開始直後2分には、図7-3(a) のようなゲル状の球状微粒子群(前駆体(precursor))が認められる。これは XRD 測定よりピークがブロードであることから、非晶質(アモルファス)とみられるが、このような前駆体の析出は他にも報告されている[122,134]。一方、Inoue と Kanaji[135] は、数種の $CaCO_3 \cdot Na_2CO_3 \cdot nH_2O$ で表わされる組成の前駆体が、高濃度の反応で生成することを報告している。さらに、17分後には、粒径の大きい結晶の析出が認められた(図7-3(b))。これはカルサイトとバテライトの混合物であることが、XRD 測定により確認された。図中の菱面体晶はカルサイト、球状晶はバテライトである。図7-3(c) は60分後の写真で、前駆体微粒子群が消滅するとともに、両多形の結晶が増加していることがわかる。さらに、図7-3(d) は 1200 分後の写真で、バテライトがカルサイトに転移してほぼ消滅し、カルサイトのみとなる。この転移メカニズムは"溶液媒介転移"と考えられるが、前駆体が

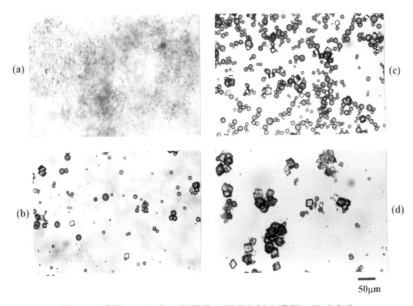

図7-3 炭酸カルシウム前駆体の形成と析出過程の経時変化
(C_0=0.05 mol/L、F=5.0 ml/s):(a) 2分、(b) 17分、(c) 60分、(d) 1200分後

消滅し結晶が析出する過程も、この転移の一種とみることができる。以上から、本系の析出過程は、アモルファスである前駆体の析出、アモルファスからカルサイトまたはバテライトへの転移によるカルサイトとバテライトの析出、そしてバテライトからカルサイトへの転移の、3段階からなることがわかる（図7-4）。このような微細な前駆体の出現は、炭酸カルシウム結晶の析出挙動を複雑にさせていると同時に、モルフォロジーまでも複雑に変化させる原因の1つであると考えられる。

　また、これら前駆体ならびに多形結晶の析出挙動は、操作条件の影響を敏感に反映することが観察される。たとえば濃度によっても、前回の析出挙動ならびに多形結晶の析出挙動が複雑に変化する。同様な実験を 0.2 mol/L で行うと、やはり前駆体が析出するが、そのモルフォロジーは 0.05 mol/L の場合と異なり、微細な繊維状あるいは網目状であることが観察されている。また、カルサイトとバテライトの析出に伴い、前駆体は消滅するが、前駆体の存続期間が 0.05 mol/L の場合に比べて短いことが観測された。すなわち、0.05 mol/L においては、特に遅い添加速度（F = 0.05 ml/s）では、前駆体が長時間存在する（全ての炭酸ナトリウム添加後およそ 40 分（添加スタート後 1.5 時間））。他方、0.2 mol/L の場合は、0.05 ml/s の添加速度でさえ、添加開始後 25 分以内に前駆体は完全に消滅した。これは、多形結晶の核発生速度、および前駆体のモルフォロジーの違いが関与することが推測される。0.05 mol/L と比較して、より高い過飽和度の 0.2 mol/L では、核発生速度は非常に大きく、核発生の後、繊維状前駆体の消滅が、結晶成長によって促進されると考えられる。さらに 0.2 mol/L では、Na_2CO_3 溶液の添加一定時間の後は、前駆体の形成はみられない。このことは、結晶核発生後は Ca^{2+} と CO_3^{2-} イオンが、ほとんど結晶成長のみのために消費されることを意味している。

図7-4　炭酸カルシウム多形の析出過程

（2）　操作条件による結晶のモルフォロジー変化

　図7-5 は、298 K において、原液濃度 0.05 mol/L での析出した結晶中の、カルサイト組成（Xc）の経時変化をプロットしたものである。アラゴナイトの析出は認められず、安定形のカルサイトと準安定形のバテライトの 2 種のみが析出することが認められる。カルサイト量が時間と共に増加することから、先の顕微鏡観察で示したように、バテライトからカルサイトへの転移が進行することがわかる。また本実験では、図からもわかるように、両多形の析出割合は炭酸ナトリウム溶液の添加速度 F に依存することが認められる。すなわち、添加速度の大きい 5 ml/s では、ほとんどカルサイトのみが析出するが、添加速度の小さい 0.05 ml/s では、バテライトがカルサイトとともに析出する傾向がみられる。

　$CaCl_2$-Na_2CO_3 系での析出挙動について、カルサイトが析出するといった報告がみられる[120, 122]。しかし、これらの報告では、いずれも反応液を"急速混合"しており、我々の実験の添

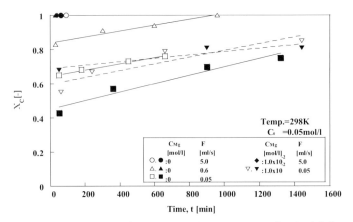

図7-5　0.05 mol/L で析出した結晶中カルサイト組成の経時変化

加速度の大きい場合（5 ml/s）に対応したものと考えられる。また、炭酸カルシウム結晶は、複雑なモルフォロジー変化を示すことが知られている[124,125]が、操作条件との関連性がまだ十分に明らかではない。図7-6(a, b) は、本実験で得られた結晶のSEM写真を示している（0.05 mol/L）。

図7-6　炭酸カルシウム結晶のモルフォロジー
(0.05 mol/L (5 ml/s(a), 0.05 ml/s(b)), 0.2 mol/L (5 ml/s(c), 0.05 ml/s(d))

プリズム状の結晶はカルサイト、球状の凝集晶はバテライトである。図7-6(a) は、5 ml/s の添加速度の場合で、プリズム状のカルサイトが優先的に析出していることがわかる。これに対し、図7-6(b) の 0.05 ml/s の場合には、凝集晶のバテライトが増加していることがわかる。このことから、炭酸ナトリウムの添加速度が多形の析出割合に大きな影響を及ぼすことがわかる。さらに、球状のバテライトは、細かな針状微結晶よりなる一次凝集体が、さらに球状に凝集した

もの（2次凝集体）であることが観察される。図7-7 は、これをさらに拡大して観察したものであるが、1次凝集体の表面には、数十～数百ナノメーターの層状の微細構造がみられる。筆者らは、このような凝集体の複雑なモルフォロジーや微細構造は、前駆体からの転移-析出過程で形成されると考えている。環境条件はこの転移-析出過程を複雑に変化させ、この結果、複雑なモルフォロジーや微細構造が形成されるものと思われる。また、0.2 mol/Lの場合に得られた結晶の多形組成変化を、図7-8 に示す。0.05 mol/Lに比較して、バテライトの析出割合が大きく増加することが認められる。これは、高濃度、すなわち高過飽和度になるほど、準安定形であるバテライトが生成しやすいことを示している。球状のバテライトならびにカルサイトの析出機構に関しては、その後 Beck と Andreassen らの報告[136]がある。

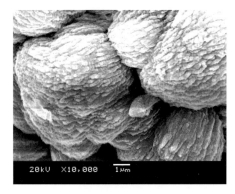

図 7-7 バテライト結晶表面（0.05 mol/L、0.05 ml/s）

0.2 mol/Lでは、生成する前駆体濃度が高くなるが、同時に準安定形であるバテライトが析出しやすくなる傾向にあることを示している。このことは、一般に知られる Ostwald の段階則[53]と傾向が一致するようにみえる。しかし、添加速度の影響についてみると、特に 0.2 mol/Lの場合に、炭酸ナトリウムの添加速度が遅い 0.05 ml/s ほうが、5 ml/s よりもバテライトが優勢的に析出する傾向が観察される。液混合により発生する局所過飽和度は、添加速度の遅いほうが小さい

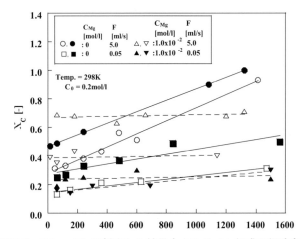

図 7-8 0.2 mol/L で析出した結晶中カルサイト組成の経時変化

と考えると、これはバテライトの析出が高過飽和度で起こりやすいという、先の結果に矛盾するようにみえる。このことは、析出過程が単純に過飽和だけにはよらないことを示していると思われる。ここで、SEMによる検討を行った結果を、図7-6(c、d)に示す。0.2 mol/Lでは、粒状のバテライト結晶の割合が、0.05 mol/Lの場合より増加しているとともに、粒径が小さくなっていることがわかる。0.2 mol/Lの場合のほうが粒径が小さいのは、高過飽和度のため0.05 mol/Lの場合に比べて、急激な両多形の核発生が起こったためと考えられる。さらに、添加速度で比較すると、0.05 mol/Lでは大きな差はみられないが、0.2 mol/Lでは粒径とバテライトのモルフォロジーに大きな違いがみられ、添加速度の早い5 ml/sの場合はきれいな球状を呈しているが、0.05 ml/sの場合は球状が変形した不規則な形状の凝集体となり、粒径も小さくなっている。図7-9は、5 ml/sの場合に得られたバテライト結晶表面を示しているが、実際の表面には細かな凹凸があることがわかる。

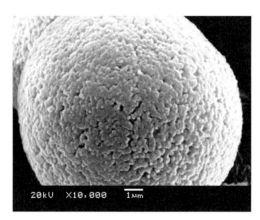

図7-9　バテライト結晶表面（0.2 mol/L、5 ml/s）

（3）　溶液濃度変化と転移メカニズム

バテライトからカルサイトの転移は、固相のみではその進行は認められず、溶液媒介転移メカニズムによると考えられる。図7-10は、0.05 mol/Lと0.2 mol/Lにおける晶析過程での、カルシウムイオン濃度（C_{Ca}^{2+}）の反応開始点からの経時変化を示す[118]。C_c^eおよびC_v^eは、それぞれカルサイトとバテライトの文献値から求めた溶解度を示している。0.05 mol/Lの場合、いずれの添加速度でも、カルシウムイオン濃度は反応開始とともに、初期濃度から急激に下がった後、ほぼ一定値を示す傾向にあり、濃度が一定値となる時間では前駆体はすでに消滅している。また、このときの濃度の値には、多少のばらつきはあるが、ほぼカルサイトとバテライトの溶解度の間にあることが認められる。

原液濃度0.2 mol/Lでのカルシウムイオン濃度の経時変化（図7-10）をみると、原液濃度0.05 mol/Lの場合と同様に、反応開始後急激に減少しほぼ一定値となるが、その値は0.05 mol/Lの時よりも明らかに高いことが認められる。しかし、ここで注目すべきは、一定となる濃度がバテライトの溶解度（C_v^e）よりも大きいことである。さらに、その濃度は添加速度の影響が認められ、添加速度が遅い0.05 mol/Lのほうが濃度は高くなる傾向にあることがわかった。このよう

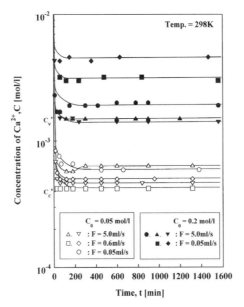

図7-10　反応液混合後のカルシウムイオン濃度の経時変化（純粋系）

に、晶析後の溶液濃度はほぼ一定値を示すが、この間、溶液中でバテライトはカルサイトに、長時間かけて転移している。溶液媒介転移過程での溶液濃度（C_m）は、(7-3) 式で表わされるカルサイトの成長速度 dMc/dt と、(7-4) 式で表わされるバテライトの溶解速度 dMv/dt の相対的な大きさで決まる。

$$dM_c/dt = K_G M_c^{2/3}(C_m - C_c^e) \tag{7-3}$$

$$dM_v/dt = -K_D M_v^{2/3}(C_v^e - C_m) \tag{7-4}$$

ただし、M_c と M_v はそれぞれカルサイトとバテライトの結晶量を表わし、C_c^e、C_v^e は、それぞれカルサイとバテライトの溶解度を示している。また、K_G と K_D は、それぞれカルサイトの成長速度定数、バテライトの溶解速度定数に対応する速度パラメーターである。

ここで、溶液媒介転移の機構として、安定形の成長支配の場合と、準安定形の溶解支配の場合が考えられる。前者のカルサイトの成長支配では、転移過程の濃度 C_m は $C_m = C_v^e$ とおくことができ、やがて溶液濃度はカルサイトの溶解度まで減少するはずである。しかし、実験結果からは、転移の進行にかかわらず溶液濃度は一定値を示している。このことから、転移速度はバテライトの溶解律速であると考えられる。このことは、最近の $Ca(NO_3)_2$-$NaHCO_3$ 系における、Spanos と Koutsoukos ら[137]の検討結果とも一致する。そこで、転移速度を (7-4) 式で近似すると、(7-5) 式のバテライトのモル分率 Xv を用いて、(7-6) 式が得られる。ただし、結晶の総量（$M_c + M_v$）は一定と仮定する。

$$X_V = M_V/(M_c + M_v) \tag{7-5}$$

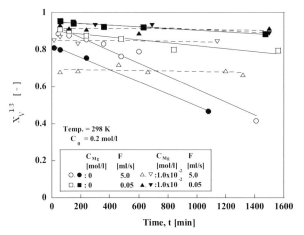

図 7-11　$X_V^{1/3}$ 対時間のプロット

$$X_V^{1/3}(t) - X_V^{1/3}(0) = -k't \tag{7-6}$$

ここで、t は時間、k' は転移速度定数である。

　図 7-11 は、0.2 mol/L の場合の結果について、このプロットを行ったものであるが、ほぼ直線関係が成立することが認められる。ここで、図 7-10 より、晶析後の溶液濃度は、0.2 mol/L の場合の方が 0.05 mol/L よりも高くなる傾向にある。0.05 mol/L の場合は、バテライトとカルサイトの溶解度の間にあり、これは (7-3)、(7-4) 式の競争の結果と考えられる。しかし、注目すべきは、0.2 mol/L の場合、溶液濃度がバテライトの溶解度を超えていることである。さらに、添加速度によっても異なり、0.05 ml/s の場合の方が 5 ml/s よりも高くなる傾向にある。この現象の原因として、筆者は結晶粒径の違いを考えている。

　溶解度と粒径の関係については、一般に Gibbs-Kelvin (Gibbs-Thomson) の式[6] が知られている。

$$\ln c(r)/C^* = 2M\gamma/(RT\rho r) \tag{7-7}$$

ここで、$c(r)$ は半径 r の粒子の溶解度、C^* は溶解度、T は絶対温度、M は分子量、γ は界面エネルギー、ρ は結晶密度である。

　先の顕微鏡写真結果と溶液濃度を比較すると、0.2 mol/L では 0.05 mol/L よりも粒径は小さく、溶液濃度が 0.2 mol/L の方が高いことに対応している。さらに、添加速度の影響についてみると、0.05 mol/L では溶液濃度はあまり影響を受けていない。これは 0.05 mol/L では、粒径の添加速度による変化が小さいためであると考えられる。これに対して、0.2 mol/L においては、添加速度の遅い 0.05 ml/s のほうが明らかに濃度が高くなっているが、これは粒径が小さいことに対応している。さらに 0.05 ml/s の場合では、5 ml/s の場合と比較してモルフォロジーの変化が観察される。0.2 mol/L において添加速度の遅いほうが濃度が高くなるのは、粒径が小さいことに加えて、不規則なモルフォロジーに変化することも関係することが考えられる。ここで、Nielsen と Sohnel の溶解度と界面エネルギーの相関性[21] から、炭酸カルシウム結晶の界面エネル

ギーを見積もると、約 100 mJ/m² が得られる。そこで、この値を用いて、(7-7)式から溶解度（C*）の推算を行った。0.05 mol/L でのバテライトの粒径を 15 μm と仮定すると、C/C* として、1.24 が得られる。一方、このσの値を用いて、0.2 mol/L の場合の粒径を 3 μm として、C/C* の計算をすると 2.88 が得られた。これらの値を用いてバテライトの溶解度（C*）を求めると、0.05 mol/L では、4.9×10⁻⁴ mol/L、また 0.2 mol/L の場合は 1.14×10⁻³ mol/L となる。これらの値は、実験で測定された濃度に近い値であることが認められる。

7.1.2　マグネシウムイオンの添加物効果と結晶中への混入メカニズム
(1)　操作因子と多形の析出挙動へのマグネシウムイオンの影響

筆者らは、塩化カルシウム水溶液にマグネシウムイオンをあらかじめ溶解しておき、炭酸ナトリウムを添加することにより晶析を行い、マグネシウムイオンの影響について検討を行った[118]。原液濃度 C_0 が 0.05 mol/L と 0.2 mol/L のいずれの場合についても、Mg^{2+} を 0.01 mol/L の濃度まで添加して、析出する結晶のカルサイト組成 Xc の測定を行い、その結果を図 7-5 および図 7-8 の破線で示している。これまでの報告例からの予想に反して、本条件下では、0.05 mol/L、0.2 mol/L いずれの場合も、マグネシウムによる析出挙動への影響はほとんどみられず、カルサイトとバテライトが析出することが認められる。この原因としては、本系では $CaCl_2$ 濃度が高く、逆にマグネシウムイオン濃度が 0.005 mol/L、0.01 mol/L と、比較的低いことが考えられる。しかし、Xc の経時変化の勾配（dXc/dt）から転移速度に着目すると、バテライトからカルサイトへの転移速度が、マグネシウムイオンの存在により抑制されていることがわかる。特に、0.2 mol/L ではその効果が著しい。これはマグネシウムイオンがカルサイトに吸着

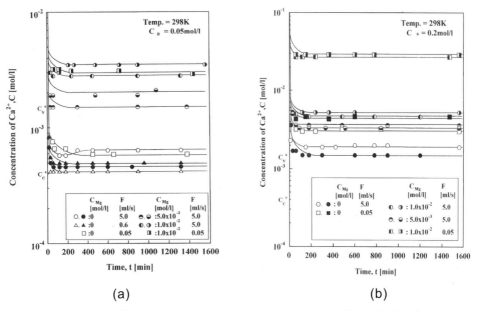

図 7-12　マグネシウムイオン存在下でのカルシウムイオン濃度の経時変化
（0.05 mol/L (a)、0.2 mol/L (b)）

し、その成長を抑制するためと考えられる。0.2 mol/L の場合の転移速度への影響が 0.05 mol/L より大きいのは、0.2 mol/L の場合は粒径が小さいため、結晶表面に吸着したマグネシウムイオン量が相対的に高く、カルサイトの成長の抑制効果が 0.05 mol/L の場合よりも大きいためと考えられる。

また、図 7-12(a) および (b) には、マグネシウムイオン存在下での、0.05 mol/L(a) と 0.2 mol/L(b) のそれぞれの場合について、反応開始後のカルシウムイオン濃度の経時変化を、純粋系と比較して示している。いずれの場合においても、純粋系と同様にカルシウムイオン濃度は急激に下がり、その後は値に多少ばらつきはあるが、ほぼ一定値となった。このことから、析出速度そのものは、マグネシウムイオンによってほとんど影響を受けないものと考えられる。しかし、一定となった濃度の値は純粋系に比べて大きく、塩化マグネシウム濃度が高くなるほど大きくなる傾向にある。また純粋系と同様に、添加速度によりカルシウムイオン濃度は大きく変化しないものと考えられる。塩化マグネシウムを添加した場合の溶液濃度は、添加速度が遅いほど高くなる傾向にある。

(2) 結晶中へのマグネシウムイオンの混入

マグネシウムイオンの存在と溶解度の関係に関連して、Berner[138] および Berner と Morse[139] らが、マグネシウムイオンがある濃度以上混入すると、カルサイトの溶解度が 2 倍程度にまで上昇することを報告している。これはカルサイトの結晶格子中に Mg イオンが Ca イオンとの交換により混入し (low-magnesium calcite を形成する)、格子にひずみを生じさせることが原因としているが、本系でも同様の現象が起こっていることが考えられる。そこで次に、マグネシウムイオンの結晶中への混入量 (炭酸マグネシウムとしてのモル分率 X_{Mg}) について検討を行った結果を、図 7-13 と図 7-14 に示す。図 7-13 は、各溶液添加速度における結晶中マグネシウムイオン組成 X_{Mg} と、溶液中マグネシウムイオン濃度 C_{Mg} の関係を示している。

また図 7-14 は、結晶中マグネシウムイオン組成と原液濃度 C_0 の関係を示したものである。こ

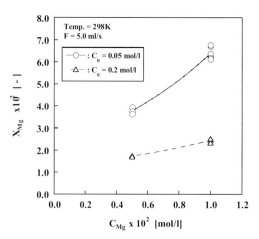

図 7-13 結晶中マグネシウムイオン組成 (X_{Mg}) と溶液中マグネシウムイオン濃度 (C_{Mg}) の関係

れらの結果から、操作条件に依存してモル分率0.01～0.07の範囲で結晶中に混入していることが認められる。また、マグネシウムの混入量は、溶液中マグネシウムイオン濃度と共に増加するが、原液濃度の低い0.05 mol/Lのほうが0.2 mol/Lより大きいことがわかる。さらに、溶液の供給速度にも依存して、供給速度の小さい5.0 ml/sのほうが0.05 mol/Lよりも大きくなっている。これらの結果はマグネシウムの混入量が、結晶組成に依存することを示している。すなわち、マグネシウムの混入量はカルサイトの析出割合（Xc）に対応しており、これよりマグネシウムはバテライトよりもカルサイトに、優先的に混入すると考えられる。こうしてカルサイトに混入したマグネシウムは、カルサイトの成長を阻害し、転移を抑制するとともにモルフォロジーを変化させると考えられる。またマグネシウムの混入により、カルサイトの溶解度が増加したと考えられる。

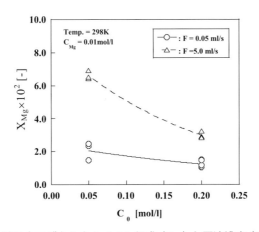

図7-14　結晶中マグネシウムイオン組成（X_{Mg}）と原液濃度（C_o）の関係

(3)　マグネシウムイオン存在下でのモルフォロジー変化

　図7-15は、SEM観察を行った結果であるが、$MgCl_2$存在下でも、純系と同様に、0.2 mol/Lでは0.5 mol/Lよりも粒径は小さく、添加速度は0.05 ml/sのほうが5 ml/sよりも粒径は小さい。ここで、マグネシウム存在下では、カルサイトとバテライトいずれの結晶でも、操作条件に依存してモルフォロジー変化が観察される。0.05 mol/Lと0.2 mol/Lの場合、いずれもモルフォロジー変化がみられるが、特に0.05 mol/Lで添加速度が5 ml/sの場合、カルサイトは球形の合体した形状となる。図7-16は、この拡大SEM図を示したものである。表面には細かなステップが観察され、先に示した球形バテライトの表面とはかなり異なる。さらに、バテライトについては、特に0.2 mol/L、5 ml/sの条件下では、球状から楕円状の微小粒子へと変化することが観察される。これらの結果から、$MgCl_2$存在下で純系に比べて溶液濃度が増大する原因として、バテライト結晶の粒径の減少およびモルフォロジーの変化が考えられる。形状を不規則にし、表面を荒くするようなモルフォロジーの変化は、粒径の減少と同様な効果を生み、溶解度を増大することが考えられる。一方、マグネシウムイオンは少量であっても、バテライトにも混入することが考えられる。このことも、溶解度を増大させる一因となることが考えられる。球状カルサイトの析出へのマグネシウムイオンの影響について、Tracyらの報告[140]がある。

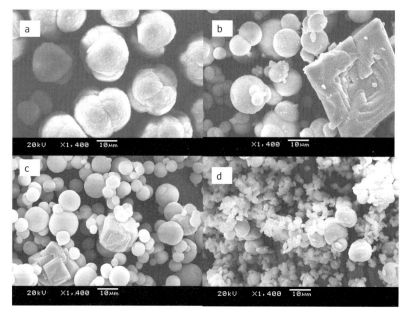

図7-15 マグネシウムイオン存在下で得られた炭酸カルシウム結晶多形のSEM写真
((0.05 mol/L (5 ml/s (a)、0.05 ml/s (b))、0.2 mol/L (5 ml/s (c)、0.05 ml/s (d)))

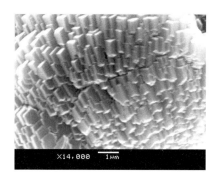

図7-16 マグネシウム存在下 0.05 mol/L、5 ml/s の条件下で得られたカルサイト結晶の表面

7.1.3 多形の析出における温度効果
(1) 323 K、0.05 mol/L での析出挙動

高温でのアラゴナイトの析出については、たとえばWrayとDanielsら[94]によって報告されているが、従来晶析操作条件との対応は十分になされていない。そこで筆者らは、$CaCl_2$-Na_2CO_3系からの炭酸カルシウム多形の析出挙動における温度効果について、定量的な検討を行った[141]。

323 Kで原液濃度を 0.05 mol/L とし、炭酸ナトリウム溶液の添加速度を変えて晶析を行ったとき、得られる結晶の多形組成の経時変化を、図7-17に示している。析出する多形組成は前述の298 Kの場合とは大きく異なり、いずれの添加速度でもカルサイト、バテライトに加えアラゴナイトが析出することが認められる。また、図7-17で添加速度で比較を行うと、添加速度が 0.05 ml/s (アラゴナイト組成、$X_A = 0.5$) と小さいときのほうが、5 ml/s ($X_A = 0.2$) よりも準安定

第7章　反応晶析における多形現象と制御因子

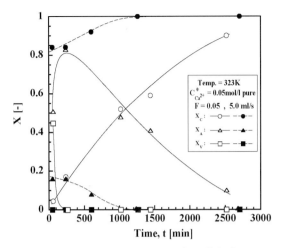

図7-17　323 K での反応晶析における析出挙動（0.05 mol/L）

図7-18　323 K、0.05 mol/L で析出した炭酸カルシウム多形の SEM 写真
（0.05 ml/s（a）、5.0 ml/s（b））

形であるアラゴナイトおよびバテライトの析出量は大きいことがわかる。逆に安定形のカルサイトの量は、5 ml/s のほうがはるかに大きい。このような傾向は、298 K での結果に類似している。

図7-18 は、0.05 mol/L の場合に得られた結晶の SEM 写真である。針状の結晶がアラゴナイト、プリズム状結晶がカルサイトである。0.05 ml/s の場合のほうがアラゴナイトの析出量が多く、また粒径が大きいことがわかる。また、5.0 ml/s の場合では、アラゴナイトの結晶は微細であるのに対して、カルサイトの大きな結晶がみられる。

(2)　323 K、0.2 mol/L での析出挙動

323 K、原液濃度 0.2 mol/L で、同様に添加速度を変えて晶析を行うと、図7-19 に示すように、やはりアラゴナイトの析出がみられる。また、0.05 mol/L の場合と同様に、添加速度が小さい 0.05 ml/s の場合のほうが、バテライトとアラゴナイトの析出量が大きくなっている。SEM 観察の結果を図7-20 に示すが、0.2 mol/L の場合にも添加速度の影響は大きく、0.05 ml/s の場合のほうがアラゴナイトの析出量は多く、粒径も大きくなっている。しかし、0.05 mol/L の場合と 0.2 mol/L の場合の結果を比較すると、5 ml/s ではカルサイトの析出量が大きくあまり違いはな

135

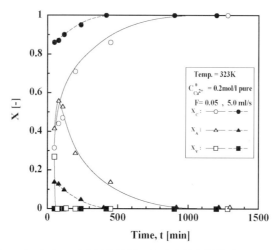

図 7-19　323 K での反応晶析における析出挙動（0.2 mol/L）

図 7-20　323 K、0.2 mol/L で析出した炭酸カルシウム多形の SEM 写真
（0.05 ml/s（a）、5.0 ml/s（b））

いが、0.05 ml/s になると 0.2 mol/L のほうがアラゴナイト量とバテライト量が減少し、カルサイト量が増加する傾向にあるように思われる。

(3)　温度効果のまとめ、ならびに 323 K での転移メカニズム

以上より、323 K においては 298 K とは異なり、アラゴナイト、バテライト、カルサイトの全ての多形が析出し、これらの析出割合は、炭酸ナトリウム溶液の添加速度、ならびに塩化カルシウム溶液と炭酸ナトリウム溶液の初期濃度の影響を、大きく受けることが明らかになった。アラゴナイトとバテライトの析出量は同様な傾向を示し、カルサイトの析出量はこれらに対して逆の傾向を示す。アラゴナイトとバテライトの析出量は、添加速度が小さいほど大きくなり、これは 298 K でのバテライトの析出量の傾向と同様である。しかし、初期濃度の影響については、298 K とは逆に、初期濃度の高い 0.2 mol/L の場合のほうが、カルサイト量が大きくなる傾向にある。特に 0.05 ml/s の添加速度の小さい場合ほど、この傾向は著しくなる。これらの結果は、アラゴナイト析出には、局所過飽和度が小さいほうが有利であることを示すものと考えられる。298 K での析出挙動への、初期濃度の影響との違いの原因として、筆者は、298 K では前駆体の

形成が析出挙動に影響を与えることを前節で考察したが、温度の高い 323 K では、この前駆体の形成の仕方が異なるためではないかと推測している。

また、図 7-17、図 7-19 より、アラゴナイト組成の経時変化は、ピークを経た後減少することがわかる。またこのとき、カルサイトは単調に増加し、バテライトは単調に減少している。これらの結果は、バテライトからカルサイトへの転移過程が 298 K とは異なり、アラゴナイトを経由して進行することを示している（**図 7-21**）。これは 323 K においては、バテライトの飽和溶液中でアラゴナイトが優先的に核発生するためであると考えられる。

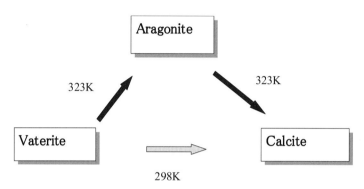

図 7-21　CaCl$_2$-Na$_2$CO$_3$ 系での転移過程

7.2　Ca(OH)$_2$-Na$_2$CO$_3$ 系での多形現象と制御

紙パルプ産業では近年、填料・顔料として、炭酸カルシウムの使用量が増加している。これは、炭酸カルシウムが安価であることと、填料・顔料として用いると、紙の白色度や不透明度を上げることができるためである[142,143]。このため製紙企業では、炭酸カルシウムを製造会社から購入する必要がある。一方、最も一般的な製紙法であるクラフトパルプ化法の NaOH 回収工程においては、炭酸カルシウムを副生する行程が含まれている[144-146]。**図 7-22** に示すように、木材チップをパルプ化する時に白液（NaOH と Na$_2$S の混合水溶液）が用いられるが、濃縮黒液を燃焼することにより緑液（Na$_2$CO$_3$ と Na$_2$S の混合水溶液）が生成される。これに CaO を加えることによって、NaOH を回収するが、この際に、炭酸カルシウムが副生する。この工程は (7-8)、(7-9) 式のように示される。

$$CaO + H_2O \rightarrow Ca(OH)_2 \tag{7-8}$$

$$Ca(OH)_2 + Na_2CO_3 \rightleftharpoons CaCO_3 + 2NaOH \tag{7-9}$$

(7-9) 式は、特に苛性化反応と呼ばれる。この苛性化反応により、炭酸カルシウムが析出するが、通常、生成した炭酸カルシウムはキルンで焼成され、酸化カルシウムとして再利用されている。しかし、この苛性化工程の中で生成した炭酸カルシウムを、直接製紙用の填料・顔料として利用することができれば、非常に有利である。これまでの苛性化反応に関する研究は、水酸化ナ

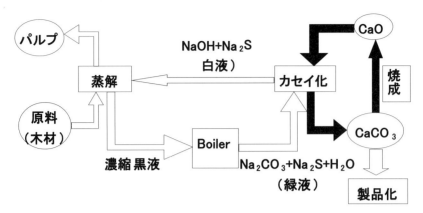

図7-22 クラフトパルプ化製紙法のフローシート

トリウムを効率的に生成させる目的では行われているが、炭酸カルシウムの晶析という視点からの報告は、ほとんど見当たらない。これは、苛性化反応の晶析が不均一系高アルカリであり、苛性化反応が進行するに従って、母液中の水酸化ナトリウム濃度がますます増加することなどが原因であると思われる。一方、製紙用の填料・顔料としては、炭酸カルシウムの形状が重要であり、アラゴナイトが好適であることなどが知られている[142,143]。このため筆者らは、苛性化反応((7-9)式)の過程について、特にアラゴナイトの生成に着目し、多形の析出挙動と制御因子の関係、ならびに析出のメカニズムに関して検討を行った[131,132,141]。

晶析実験としては、水酸化カルシウムと水のスラリーに炭酸カルシウム溶液を添加反応させる方法で行ったが、水酸化カルシウムを水に溶解させた均一系に炭酸カルシウム溶液を添加する方法でも実験を行い、両者を比較した。前者を「不均一系」、後者を「均一系」と呼び、以下では、まず均一系での結果を示し、その後で不均一系について記述する。

7.2.1 反応晶析の実験装置および方法

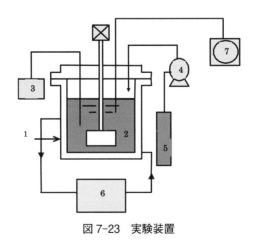

図7-23 実験装置

均一系も、不均一系も同一の実験装置（図7-23）を用い、1の晶析器内に所定濃度に調整した

水酸化カルシウムの溶液（均一系）、またはスラリー（不均一系）を仕込み、2のインペラーにより攪拌した状態で、5の容器に仕込んだ所定濃度の炭酸ナトリウム水溶液を、4のポンプにより一定の速度を保って所定の添加速度で滴下混合し、炭酸カルシウムの晶析を各温度にて行った。溶液温度は、6の恒温層からの循環水により、一定に保持した。炭酸ナトリウム水溶液の添加開始時間を0時間とし、サンプリングを行った。析出した結晶は、メタノールで洗浄した後、すぐに吸引ろ過した。反応溶液中からサンプリングした結晶は、X線回折装置（Rigaku RINT2200V）で測定し、多形成分を決定した。図7-24は、水酸化カルシウム（a）、カルサイト（b）、バテライト（c）、アラゴナイト（d）の、X線回折パターンを示している。あらかじめ作成した検量線を用い、X線回折で得られた特性ピークの強度比から各組成比を求め、全結晶量に対するカルサイト、アラゴナイト、バテライト、水酸化カルシウム、のモル分率 X_C、X_A、X_V、X_O を決定した。さらに、結晶の走査電子顕微鏡（JEOL JSM-5600）により観察を行った。また、サンプリングした溶液のpHを測定するために、ガラス電極pHメータ（東亜電波工業製　HM-30S）を用いて測定を行った。カルシウムイオン濃度の決定は、EDTA試薬を用いた滴定法と、ICP-AES（Inductively Coupled Plasma Atomic Emission Spectrometer）装置を用いた分析により行った。また、FBRM（Mettler Toledo）を用い、晶析過程における粒径分布（正確にはコード長分布）の変化を追跡した。

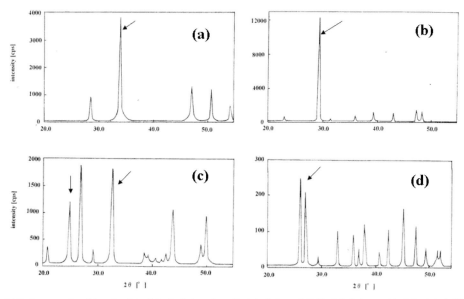

図7-24　XRDパターン（Ca(OH)$_2$(a)，カルサイト(b)，バテライト(c)，アラゴナイト(d)）

7.2.2　均一系での多形の析出挙動
（1）　実験方法

本実験には、片山化学工業株式会社試薬特級の、水酸化カルシウムと炭酸ナトリウム（無水・粒状）を使用した。水酸化カルシウムは、水に難溶で逆溶解性のため、約15時間7℃の冷蔵庫で冷却溶解させ、ろ過してこの溶液を調整した。水酸化カルシウム水溶液濃度は、0.003〜

0.023 mol/L、炭酸ナトリウム水溶液濃度は、0.011～1.6 mol/L の範囲で変化させ、298 および 323 K で晶析を行った。水酸化カルシウム溶液量、炭酸ナトリウム溶液量はともに 30～200 ml とし、水酸化カルシウムに対して炭酸ナトリウムは過剰とし、その混合モル比は 1～53 で変化させた。また、炭酸ナトリウム水溶液の添加速度 F を 3.0～300 ml/min の範囲で変化させ、晶析を行っている。さらに水酸化ナトリウムの影響についても、0～0.1 mol/L の濃度で実験を行っている。さらに、反応溶液中への、大気中の炭酸ガスの溶解の影響をみるため、窒素ガスをバブリングした実験も一部行った。

(2) 多形の析出挙動

　この結果、均一系では水酸化カルシウム濃度を変化させても、炭酸カルシウム溶液濃度を変化させても、カルサイトのみが析出し、アラゴナイトとバテライトの析出は認められなかった。また、水酸化カルシウムに対する炭酸カルシウムのモル比を変化させても、やはり同様の結果が得られた。炭酸ナトリウム水溶液の添加速度 F を変化させても、カルサイトの析出しか認められず、さらに窒素ガス雰囲気下でも同様の結果であった。また水酸化ナトリウムを添加した場合でも、やはりカルサイトの析出しか認められない。このように、水酸化カルシウムの均一溶液からは、本実験条件下ではカルサイトのみが析出し、アラゴナイト、バテライトは析出しないという結果が得られた。

7.2.3　不均一系での多形の析出挙動

(1)　不均一系での実験条件

　不均一系での実験条件を**表 7-1** に示す。温度は 298 K, 323 K（標準）を中心としているが、温度効果をみるため 348 K でも一部実験を行っている。水酸化カルシウムと炭酸ナトリウムの混合モル比は、炭酸ナトリウムをわずかに過剰に添加して、1:1.2 とした。また、操作条件として、炭酸ナトリウム溶液の添加速度 F を 0.009～0.07 ml/s、撹拌速度を 74～255 rpm に変化させ、晶析装置のスケールの効果を検討するため、容積が 150 ml, 300 ml（標準）と 900 ml の 3 種類の晶析装

表 7-1　不均一系の実験条件

		条件		
Temp.　　　　　　　　　　[K]		298 K, 323 K, 348 K		
Ca(OH)$_2$：Na$_2$CO$_3$ の混合モル比　[−]		1:1.2		
装置容積 V　　　　　　　　[ml]		150	300	900
仕込み Ca(OH)$_2$ 量　　　[g/ml-H$_2$O]		6.25/41.1	3.13/82.1 12.5/82.1 18.75/82.1	37.5/246.3
Ca(OH)$_2$ 初期濃度 C$_0$　[mol/L-H$_2$O]		2.05	0.51, 2.05, 3.08	2.05
Na$_2$CO$_3$	溶液濃度　　[mol/L]	1.61	0.40, 1.61, 2.42	1.61
	添加量　　　　[ml]	63	126	378
	添加速度　　[ml/s]	0.0175	0.0088, 0.0175, 0.070	0.0525
撹拌速度 s　　　　　　　　[rpm]		139		74, 139, 255

置(反応器)を用いた。さらに、苛性化反応生成物である水酸化ナトリウムの影響や、モル比一定での水酸化カルシウムと炭酸ナトリウムの初期濃度の影響、炭酸ナトリウム濃度の影響についても検討を行っている。最後に、アラゴナイト生成に及ぼす温度効果についても検討を行った。

(2) 炭酸ナトリウム溶液の添加速度の影響

容積 300 ml の晶析器を用い、撹拌速度一定で、水酸化カルシウムの初期濃度 C_0 を 2.05 mol/L-H_2O とし、炭酸ナトリウム溶液の添加速度 F を 3 種類変化させ、323 K で反応晶析を行った。この結果、いずれの場合においてもカルサイトとアラゴナイトが析出し、バテライトの析出はみられなかった。すなわち、不均一系では均一系にはみられなかったアラゴナイトが析出する。図 7-25 は、添加速度 0.070 ml/s における炭酸ナトリウム水溶液の添加終了時である 0.5 時間までの、結晶組成の経時変化を示したものである。図中の X_O、X_A、X_C は、それぞれ水酸化カルシウム、アラゴナイト、カルサイトのモル分率を表わしている。炭酸ナトリウムの添加とともに水酸化カルシウムが減少するのに対応して、カルサイトは実験開始直後から析出し増加する。一方、アラゴナイトは、しばらく時間が経過した後に析出がみられる。そして、炭酸ナトリウム水溶液の添加終了時に、カルサイトのモル分率 X_C は 0.66、アラゴナイトのモル分率 X_A は 0.24 に達することが認められた。一方、炭酸ナトリウム水溶液添加終了時の、水酸化カルシウムのモル分率 X_O は 0.10 であり、反応終了時点でも残留が認められる。これは炭酸ナトリウム水溶液を急激に添加したため反応時間が短くなり、水酸化カルシウムが残留したためと考えられる。また、図 7-26 に炭酸ナトリウム水溶液添加開始時から終了以降までの、長時間にわたる結晶組成の経時変化を示す。X_A は、炭酸ナトリウム水溶液添加終了時点でピークをとり、その後ゆっくりと減少していくことが認められる。X_C は、添加終了時以降も増加を続け、最終的に X_C のみとなることがわかる。これは、添加終了後にアラゴナイトがカルサイトに転移するためである。図より、約 25 時間後に、カルサイトへの転移が完結したことがわかる。また、大気中では転移が進行しないことからも、このときの転移メカニズムは、$CaCl_2$-Na_2CO_3 系でのバテライトからカルサイトへの転移と同様に、溶液媒介転移であると考えられる。次に、炭酸ナトリウム水溶液の添加速度 F を 0.0175 ml/s とした場合の、添加終了時 (2.0 時間) までの結晶組成の経時変

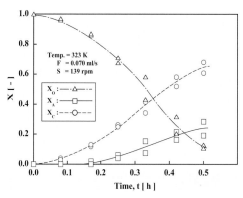

図 7-25 反応晶析過程における結晶組成 (X) 変化 (F=0.070 ml/s)

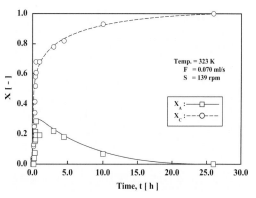

図 7-26 炭酸ナトリウム水溶液添加終了後の結晶組成変化 (F=0.070 ml/s)

化を、図 7-27 に示す。

　また、図 7-28 に炭酸ナトリウム水溶液添加終了以降まで含めた、結晶組成の経時変化を示す。図 7-25 と同様の傾向を示し、アラゴナイトは 30 分後から析出することが認められる。そして、炭酸ナトリウム水溶液添加終了時点では、水酸化カルシウムの組成 X_O は 0 となり、全て消滅する。最終的に得られた炭酸カルシウム多形組成は、X_C が 0.45、X_A が 0.55 である。先の添加速度 0.070 ml/s での結果と比較すると、炭酸ナトリウム水溶液添加終了時での X_C は小さく、X_A が大きくなる傾向にある。さらに、図 7-28 より添加速度 0.070 ml/s の場合と同様に、X_A は炭酸ナトリウム水溶液添加終了時点でピークをとるが、その後、長時間かけてアラゴナイトからカルサイトへの転移が進行し、約 116 時間で転移が終了する（$X_A=0$）。先述のようにこの転移は溶液媒介転移と考えられるが、前章で示した、塩化カルシウム－炭酸ナトリウム系でのバテライトからカルサイトへの転移も、やはり同じメカニズムによるものであった。添加速度が 0.0175 ml/s の場合の転移に要する時間は、0.070 ml/s の場合の約 4 倍である。これは、析出する結晶中のカルサイト組成が 0.070 ml/s の場合の方が大きいことに起因する。

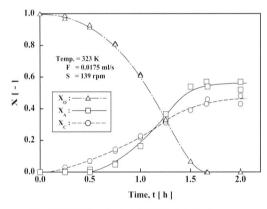

図 7-27　反応晶析過程における結晶組成変化（F＝0.0175 ml/s）

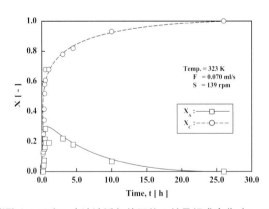

図 7-28　炭酸ナトリウム水溶液添加終了後の結晶組成変化（F＝0.0175 ml/s）

さらに、添加速度 0.0088 ml/s における結果を、**図 7-29** に示す（炭酸ナトリウム水溶液の添加終了時間は 4.0 時間）。炭酸ナトリウム水溶液添加終了時には、X_O はやはり 0 となり、X_C は 0.35、X_A は 0.65 の値に達することが認められる。また**図 7-30** より、添加速度の減少に伴い、アラゴナイトからカルサイトへの転移に要する時間が、さらに長くなることがわかる。

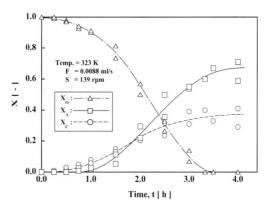

図 7-29　反応晶析過程における結晶組成（X）変化（F＝0.0088 ml/s）

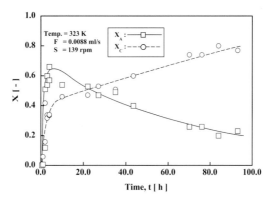

図 7-30　炭酸ナトリウム水溶液添加終了後の結晶組成変化（F＝0.0088 ml/s）

以上、多形の析出挙動と時間の関係をみたが、炭酸カルシウムの添加速度 F により、添加量（あるいは溶液組成）に対する時間軸が異なる。そこで時間軸を、水酸化カルシウムに対する炭酸ナトリウム水溶液の添加量のモル比 R で表わせば、添加速度の多形の析出挙動への影響をより定量的に比較することができる。**図 7-31**(a)～(c) は、上記 R に対する X_O、X_A、X_C の値を、異なる添加速度 F 間で比較したものである。ここで、水酸化カルシウムに対し、炭酸ナトリウムは 1.2 倍のモル量を加えているので、どの添加速度条件においても添加終了時点で R＝1.2 である。図 7-31(a) で F＝0.0175 ml/s、0.0088 ml/s における X_O は、R＝1.0 において 0 となることがわかる。このことは添加速度が 0.0175 ml/s 以下では、水酸化カルシウムと炭酸ナトリウムの反応が、ほぼ化学量論比 (1:1) で進行することを示している。しかし、F＝0.070 ml/s になると、水酸化カルシウムが残留することが認められる。これは、炭酸ナトリウム水溶液を急激に添加すると、反応が完全に進行し得ないことを示している。

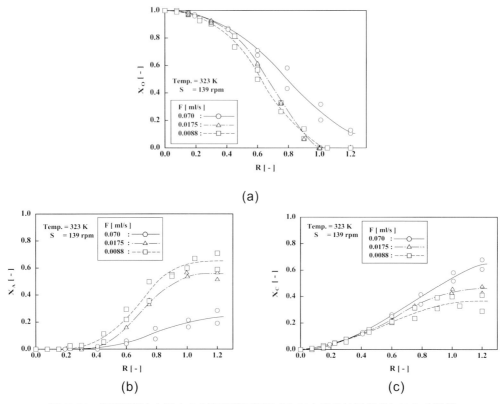

図7-31 各種炭酸ナトリウム水溶液添加速度（F）における結晶組成とRとの関係
（X_o：R（a）、X_A：R（b）、X_c：R（c））

　また、図7-31（b）より、どの添加速度条件においても、アラゴナイトの析出はRが約0.3以上で認められ、その後X_AはRとともに増加し、0.6～0.8付近で急激に増加し、最終的に落ち着く傾向にある。またX_Aの値は、添加速度が小さいほど大きな値をとり、Fが0.070 ml/sでは、全体を通してアラゴナイトの生成量は非常に低くなることがわかる。添加速度が小さいほど、局所的な過飽和度は低いと考えられるので、この結果は、準安定形であるアラゴナイトの析出が、過飽和度の低いほうが有利であることを示すものと考えられる。このことは、前章で示した塩化カルシウム－炭酸ナトリウム系で、炭酸ナトリウム添加速度が小さいほど準安定なバテライトが析出する傾向があることに似ている。一方、カルサイトは反応の開始直後から析出し、Rとともに増加する（図7-31（c））。また、アラゴナイトとは逆に添加速度の大きいほど、生成量が大きくなっている。添加速度Fと炭酸ナトリウム水溶液添加終了時のX_A、X_cの対数をとり、プロットすると**図7-32**が得られる。X_A、X_cそれぞれの回帰直線の傾きから、X_cはFの0.3乗に比例し、X_AはFの−0.5乗に比例することがみられる。また以上から、添加速度が大きくなると、水酸化カルシウムの反応率が低下し、添加終了後にも残留することがみられるが、このことがアラゴナイトの生成量の低下と関連することも考えられる。

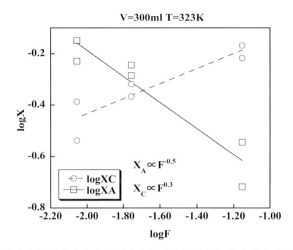

図7-32　結晶の多形組成（X）と炭酸ナトリウム溶液添加速度（F）の関係（300 ml）

（3）　晶析過程での結晶モルフォロジーの変化

図7-33には、原料の水酸化カルシウム結晶（a）と、それぞれの添加速度Fで得られた炭酸カルシウム結晶の電子顕微鏡写真を示す（(b) F＝0.070 ml/s、(c) F＝0.0175 ml/s、(d) F＝0.0088 ml/s）。図7-33の(b)、(c)、(d)は、アラゴナイトとカルサイトの混合物であり、アラゴナイトが針状、カルサイトがプリズム状である。添加速度が遅くなるにつれて、針状結晶が増加することが認められる。また同時に、アラゴナイトの粒径が大きくなる傾向もみられる。これは添加速度の減少で、局所過飽和度が減少し、アラゴナイトの核発生が相対的に促進されるが、同時にアラゴナイトの成長が進んだためと思われる。

図7-33　水酸化カルシウム結晶（a）と323 Kで得られた炭酸カルシウム結晶のSEM写真
　　　　（NaCO₃添加速度：F＝0.070 ml/s (b)，0.0175 ml/s (c)，0.0088 ml/s (d)）

（4） 晶析過程での粒径分布変化

懸濁溶液中の晶析過程の粒径分布（コード長分布）を、FBRM 装置を用いて測定を行った。図 7-34 は、その規格化された粒径分布の一例を示している。

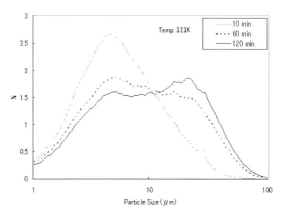

図 7-34　晶析過程での粒径分布（コード長分布）の変化（F＝0.0175 ml/s）

微粒子（1～10 μm）が初期に存在しているが、60 分後には減少している。また、10 μm 以上の粒径をもつ粒子群が、時間と共に増加することが認められる。これらの粒径分布の変化は、さまざまな現象が重なり合っているために断定することは難しいが、初期の微粒子の増加には、カルサイトの核発生および水酸化カルシウムの溶解による微粒子化が関与しているものと思われる。また、時間経過とともに微粒子群が減少する原因として、カルサイトの成長のほか、水酸化カルシウムの溶解による消失が考えられる。さらに、粒子径の大きい粒子群の増加には、カルサイトの成長に加えてアラゴナイトの成長も寄与するものと思われる。

（5） 溶液体積による影響（スケールアップの効果）

添加速度の効果は、局所過飽和度がアラゴナイトの析出に影響することを示している。このことに関連して、次にスケールアップの影響を検討するために、晶析装置が 300 ml の場合と同一の晶析条件下で、容量の異なる晶析装置を用いて実験を行った。図 7-35 には、溶液量を 2 分の 1 の 150 ml にし、晶析装置を用いて実験を行ったときの結果を示す（温度 323 K、添加速度 F＝0.0175 ml/s）。攪拌は同一のインペラーを用いて、139 rpm で行っている。アラゴナイトの析出量 X_A は 300 ml の場合の結果と比較すると、50％以下に減少することが認められた（図 7-35(a)）。また、水酸化カルシウムの減少曲線は類似しているようにみえるが、300 ml では化学量論比（R＝1.0）で反応が完結しているのに対して、150 ml では、R＝1.0 ではまだ水酸化カルシウムが残留し、R＝1.2 で反応が完結する（X_0＝0）ことがみられる（図 7-35(b)）。

添加速度 0.0088 ml/s の場合でも、300 ml と比較すると、やはり 150 ml ではアラゴナイト量（X_A）が減少することがみられる（図 7-36(a)）。また、R＝1.0 では水酸化カルシウムはまだ残留し、R＝1.2 ではじめて X_0＝0 になる（図 7-36(b)）。これらの結果から、溶液体積の大きいほうが、反応効率がよく、同時にアラゴナイトの生成にも有利であると考えられる。これは、溶液体

第7章　反応晶析における多形現象と制御因子

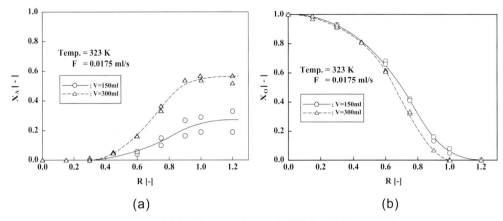

図7-35　析出挙動へのスケールの影響（F＝0.0175 ml/s）

積の大きいほうが、核発生領域での局所過飽和度が小さくなるためと考えられ、添加速度が小さいほどアラゴナイトが析出しやすい傾向と一致している。

次に、150 ml の晶析装置での添加速度が、0.0175 ml/s、0.0088 ml/s で得られた結晶の SEM 写真を、それぞれ図7-37(a)、(b) に示す。300 ml の場合の図7-33(c)、(d) と比較すると、カ

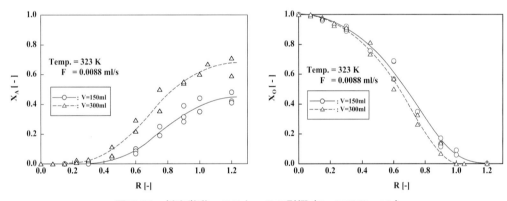

図7-36　析出挙動へのスケールの影響（F＝0.0088 ml/s）

図7-37　150 ml 晶析装置で得られた結晶の SEM 写真
（0.0175 ml/s（a）and 0.0088 ml/s（b））

147

ルサイトの凝集粒子量がはるかに多くなっていることがわかる。また、添加速度の減少により、やはりアラゴナイト量が増加することもわかる。さらに、150 ml における添加速度 F と炭酸ナトリウム水溶液添加終了時の、X_A、X_C との関係をプロットすると、それぞれの回帰直線の傾きから、X_C は F の 0.3 乗に、また X_A は F の -0.5 乗に比例しており、V = 300 ml の場合と類似の結果が得られた。

(6) 撹拌速度による影響

アラゴナイトの析出には、局所過飽和度が関係していると考えられるが、撹拌速度も局所過飽和度に影響を与える重要なファクターである。そこで、撹拌速度による影響についても検討を行った。この実験では、撹拌の影響が観察しやすいと考えられることから、容積 900 ml の晶析装置を用い、温度 323 K で炭酸ナトリウム添加速度の大きい 0.0525 ml/s において、撹拌速度 (s) を 74〜255 rpm で変化させて実験を行った。図 7-38 に、撹拌速度 s = 74 rpm、139 rpm、255 rpm での、アラゴナイト組成 X_A の経時変化を比較したものを示す。

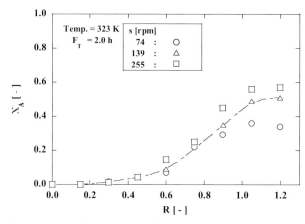

図 7-38 アラゴナイトの析出挙動と撹拌速度の関係 (900 ml)

図中の曲線は、139 rpm の場合を示している。撹拌速度の大きい場合のほうが、アラゴナイト量は増加する傾向にあることが認められる。なお、X_O はどの撹拌速度条件においても、R = 1.0 において、ほぼ 0 となり、水酸化カルシウムの残留は認められなかった。図 7-39 に、各撹拌速度で得られた結晶の SEM 写真を示している。低撹拌速度では、カルサイトの凝集粒子量が多く (図 7-39(a))、撹拌速度の増加とともに針状結晶のアラゴナイト量が増加する様子がわかる (図 7-39(b)、(c))。炭酸ナトリウム添加速度が 0.0525 ml/s のときの結果を、300 ml の場合の同一撹拌速度で添加速度が 0.0175 ml/s のときの結果と比較すると、添加速度が大きい (0.052 ml/s) にもかかわらず、900 ml の場合のアラゴナイト結晶量が明らかに多い。このことは先述のとおり溶液体積の増加(スケールアップ)が、アラゴナイトの析出に有利であることを示している。さらに、撹拌速度と炭酸ナトリウム添加終了時の、X_A、X_C の log 値との関係をプロットすると、図 7-40 が得られる。X_A、X_C それぞれの近似曲線の傾きから、X_C は s の -0.3 乗に、また X_A は s の 0.4 乗に比例する。

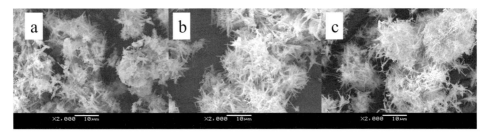

図7-39 撹拌速度の影響（74(a)、139(b)、255 rpm(c)：900 ml）

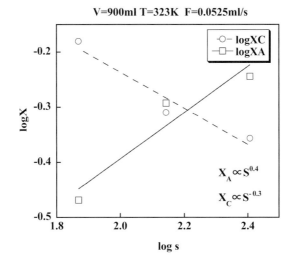

図7-40 結晶の多形組成（X）と撹拌速度（s）の関係

(7) 炭酸カルシウム多形の析出メカニズムと析出に及ぼす過飽和度の影響

以上から、炭酸ナトリウム溶液の添加速度が小さいほど、撹拌速度が大きいほど、また溶液体積が大きいほど、アラゴナイトの析出に有利であることがわかった。これらの結果は、炭酸カルシウム多形の析出が、カルシウムイオンや炭酸イオンの、溶液中での拡散や濃度場によって影響を受けることを示している。またこのことから、炭酸カルシウム結晶の析出メカニズムは、水酸化カルシウム結晶と吸着した炭酸イオンとの表面反応によるものではなく、水酸化カルシウム結晶から溶出したカルシウムイオンと、添加された炭酸イオンの溶液中拡散場での反応晶析によることを示唆している。核発生の推進力である過飽和比（過飽和度U）は、次式で表わされる。

$$U = \frac{[Ca^{2+}][CO_3^{2+}]}{[s.p.]} \quad (7\text{-}10)$$

ここで$[Ca^{2+}]$と$[CO_3^{2-}]$は、カルシウムイオンと炭酸イオン濃度を表わし、$[s.p.]$は炭酸カルシウムの溶解度積を表わす。

カルシウムイオンは、水酸化カルシウムの溶解により供給され、炭酸イオンは、炭酸ナトリウム溶液の滴下により供給される。炭酸ナトリウムの液滴は、撹拌により細分化され、同時に炭酸

イオンは溶液中に拡散していく。液滴の周囲に形成された拡散相中を拡散する炭酸イオンは、水酸化カルシウム結晶の溶解により拡散してきたカルシウムイオンと反応し、炭酸カルシウム結晶の核発生が起こる。この領域を「核発生領域」と呼ぶことにする。炭酸ナトリウム溶液の添加速度が大きくなければ、カルシウムイオン濃度は、水酸化カルシウムの溶解度に近い値（低い過飽和度）をとると考えられる。このことは、実際に晶析過程でのカルシウムイオンの濃度測定から確認されている。一方、液滴周辺の拡散相中の炭酸イオン濃度は、添加速度が大きいほど高いと考えられる。しかし、添加速度があまり速くなると（0.70 ml/s）、水酸化カルシウムの溶解速度がその消費速度に追いつかず、その結果、水酸化カルシウム結晶が、添加終了時においても残留すると考えられる。先の結果は、拡散相中の局所過飽和度が低いほど、アラゴナイトの析出に有利であることを示している。溶液体積が大きいほど、また撹拌速度が大きいほど、アラゴナイトの析出が優勢になったことは、このモデルを支持するものである。溶液体積が大きいほど過飽和溶液が効率的に希釈され、局所過飽和度が低減される。また撹拌速度が大きいほど炭酸ナトリウム溶液の細分化と希釈が促進され、局所過飽和度が低くなると考えられる。このように、局所過飽和度は、本系でのアラゴナイトの析出挙動に、重要な影響を与えるものと考えられる。

さらに、アラゴナイト結晶の大きさは、300 ml、150 ml 晶析装置のいずれの場合も、添加速度が 0.0088 ml/s のとき、長軸方向が 5 μmin 程度であり、0.0175 ml/s のときよりも明らかに大きい（図 7-33、図 7-37）。このことから、炭酸ナトリウム溶液の添加速度が遅い（即ち低過飽和度）場合には、初期の添加による核発生の後は、添加される炭酸ナトリウムは、アラゴナイトとカルサイト両者の結晶の成長に消費されると考えられる。しかし、高添加速度では、添加される炭酸ナトリウムは、主にカルサイトの核発生に費やされると思われる。

（8）　アラゴナイトの析出過程に及ぼす水酸化ナトリウム生成の影響

図 7-31（b）より、いずれの添加速度においてもアラゴナイトの析出は、R が約 0.3 以上で認められた。このことは、(7-9) 式により、生成する水酸化カルシウムがある一定濃度以上になると、アラゴナイトの核発生速度が大きくなることを示唆している。そこで、晶析過程におけるpH の変化を測定し、**図 7-41** に、炭酸ナトリウム添加速度 F が 0.0175 ml/s、0.0088 ml/s の条件での結果を示している。両添加速度において、pH はいずれも同様の傾向を示し、初期は急激に増加し、その後は徐々に増加し、ほぼ一定値に落ち着くことが認められる。図 7-31（b）との比較から、アラゴナイトは、pH が約 13.5 以上で優勢になることが考えられ、高アルカリ性溶液であることがアラゴナイトの核発生に有利であることが推測される。

そこで、次に水酸化カルシウムの懸濁液に、あらかじめ水酸化ナトリウムを 1 mol/L の濃度になるように加えて、図 7-27 と同一条件下で晶析を行った。この結果、**図 7-42** に示すように、アラゴナイトは晶析初期の段階から析出し、またその析出量も著しく増加（$X_A = 0.9$）することが認められた。前節の均一系では、アラゴナイトの析出はみられなかったが、水酸化濃度が低いことも（0.01 mol/L 以下）原因の 1 つとして考えられる。

水酸化カルシウムは R = 1.0 で消滅するので、化学量論比で反応することがわかる。さらに、**図 7-43** の SEM 写真で明らかなように、NaOH 存在下のものは、アラゴナイトの粒径が大きく

第7章 反応晶析における多形現象と制御因子

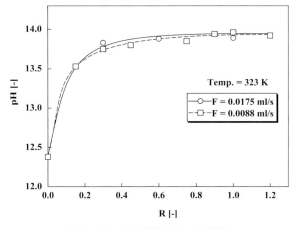

図7-41 晶析過程でのpH変化

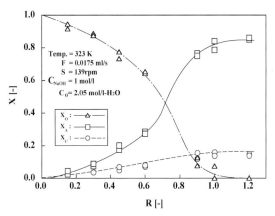

図7-42 水酸化ナトリウム存在下での炭酸カルシウム結晶多形の析出挙動

図7-43 水酸化ナトリウム存在下で得られた結晶のSEM写真（無添加(a)、NaOH 1 mol/L(b)）

なっている。このことはOH^-イオンがアラゴナイトの核発生と成長を促進することを示している。さらに、カルサイトの溶解度と水酸化ナトリウム溶液濃度の関係を、CO_3^{2-}イオン（0.12 mol/L）存在下で測定すると、図7-44に示すように、溶解度は水酸化ナトリウム濃度とともに増加する傾向にある。一方、OH^-濃度（pH）が増加すると、水酸化カルシウム溶解度は減少

151

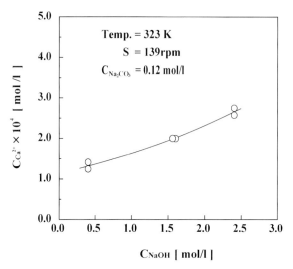

図 7-44　カルサイトの溶解度に及ぼす NaOH 濃度の影響

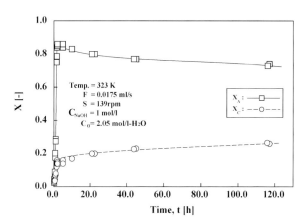

図 7-45　水酸化ナトリウム（1 mol/L）存在下での転移挙動

する。したがって、晶析過程で時間とともに水酸化カルシウムの溶解度は、減少するものと考えられる。このことは、(7-10) 式で表わされる核発生の推進力である、過飽和比が減少することを示す。このことも晶析過程での R = 0.3 以降で、アラゴナイトの核発生が優勢になる原因の 1 つとして考えられる。

水酸化ナトリウム存在下での転移挙動を、図 7-45 に示している。図 7-28 と比較すると、アラゴナイトの転移速度が水酸化ナトリウムによって大きく減少し、したがってアラゴナイトが安定化していることがわかる。これは安定形であるカルサイトの溶解度が増加し、転移の推進力が減少したためであると考えられる。また、カルサイトの不安定化がアラゴナイトの析出を増加させたことも、その一因として考えられる。

(9) 水酸化カルシウムと炭酸ナトリウム溶液初期濃度の影響

仕込みの水酸化カルシウムと炭酸ナトリウム水溶液濃度の、炭酸カルシウム多形析出挙動への影響をみるため、水酸化カルシウム量に対する炭酸ナトリウム全添加量のモル比を 1.2 に固定し、炭酸ナリウム添加速度一定条件下（F＝0.0175 ml/s）で、水酸化カルシウム初期濃度（C_0）を 0.51-3.08 mol/L-H_2O に変化させ、晶析を行った。図 7-46 に、初期濃度の違いによる X_A とモル比 R の関係を示す。C_0 の増加とともに、X_A の割合が増加することわかる。また、水酸化カルシウムはいずれの場合も、R＝1.0 で消滅した。カルシウムイオン濃度は、水酸化カルシウムの溶解度に近い値をとると思われるので、過飽和度は、炭酸ナトリウムの溶液濃度とともに増加する。このためこの初期濃度に関する結果は、これまで述べた低過飽和がアラゴナイトの析出に有利であるという傾向とは、矛盾しているように思われる。この理由として、初期濃度 C_0 が高いほど水酸化ナトリウムの生成量が増加することが考えられる。そこで、晶析過程の pH 変化を測定したのが図 7-47 である。

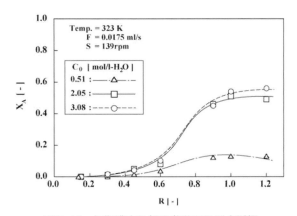

図 7-46　初期濃度の析出挙動に及ぼす影響

C_0 の増加とともに、pH 値が大きくなっていることがわかる。ここで、図 7-46 の X_A に着目すると、C_0 が 0.51 から 2.05 mol/L-H_2O に増加するに伴い、X_A は大きく増加するが、C_0 の 2.05 から 3.08 mol/L-H_2O への増加では、X_A の増加は比較的小さい。この結果は、図 7-47 の pH の違いに対応していると思われる。すなわち、C_0 が 0.51 mol/L-H_2O では、全体を通して pH 値は低いが、2.05 mol/L-H_2O 以上に増加すると、pH は 13.5 以上に増加する。このことから、初期濃度の増加は、炭酸ナトリウム濃度の増加を介して過飽和度を増加させるが、一方で反応生成物である水酸化ナトリウム濃度も増加させる。このように、初期濃度の増加には、アラゴナイトの析出に促進と抑制の両効果があると思われる。

各初期濃度で得られた結晶の SEM 写真を、図 7-48 に示す。アラゴナイト量が初期濃度とともに増加しており、XRD の結果と一致する。また、アラゴナイトの結晶粒径も初期濃度とともに増加しており、アラゴナイトの核発生が初期濃度の増加で促進されるとともに、晶析の後半では炭酸ナトリウムの添加が成長に消費されることを示唆している。さらに、図 7-49 の転移挙動の測定結果から、転移速度は初期濃度とともに増加し、0.51 mol/L-H_2O ではおよそ 5 時間以内

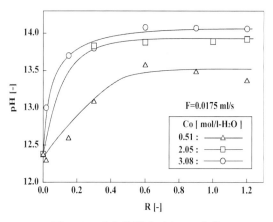

図 7-47　各初期濃度での pH 変化

図 7-48　SEM 写真（C_0=0.51 (a)、2.05 (b)、3.08 mol/L-H_2O (c)）

にアラゴナイトが消滅するのに対し、2.05 mol/L-H_2O と 3.08 mol/L-H_2O では、X_A の値が近いにもかかわらず、それぞれ 100 時間、120 時間以上と、転移時間がきわめて長くなっている。

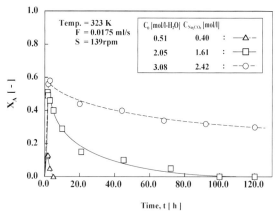

図 7-49　各初期濃度での転移挙動

前節で、OH^- イオン濃度の増加が転移速度を減少させたが、この結果も類似の効果によると考えられる。以上から、初期濃度の増加は、OH^- イオン濃度を増加させ、アラゴナイトの析出を促進する。しかし一方で、先述のように初期濃度の増加は CO^{-3} 濃度も増加させ、したがって

局所過飽和度を増加させる。このように、初期濃度の増加には、相反する効果が含まれるため、その効果には限界が存在すると考えられる。図7-46で、2.05から3.08 mol/L-H$_2$Oの増加に対しては、X$_A$の値に大きな増加がみられないのは、このためであろうと思われる。

(10) CO$_3^{2-}$イオン濃度の影響

初期濃度の変化により、OH$^-$イオン濃度とCO$_3^{2-}$イオン濃度の両者が変化する。そこで、次にCO$_3^{2-}$イオン濃度単独の影響を検討するため、水酸化カルシウムの濃度（C$_0$）を固定して、炭酸ナトリウム溶液濃度（C$_{Na2CO3}$ = 1.61、2.42 mol/L）のみを変化させて晶析を行った。この実験では、Ca(OH)$_2$に対する添加Na$_2$CO$_3$総量のモル比を1.2に固定しているため、Na$_2$CO$_3$溶液の総量が濃度により異なり、2.42 mol/Lの場合には添加時間を80分としている（1.61 mol/Lの場合には120分）。図7-50の結果より、炭酸ナトリウム溶液濃度（C$_{Na2CO3}$）の増加とともに、アラゴナイトの析出量（X$_A$）は減少する傾向があることがわかった。また、水酸化カルシウムの減少速度は、図7-51に示すようにC$_{Na2CO3}$の増加とともに小さくなる。この結果は、高炭酸ナトリウム溶液では、均一な撹拌が難しく、反応が効率よく進行しないためと考えられる。転移速度に関しては、先の初期濃度を変化させた場合とは大きく異なり、Na$_2$CO$_3$溶液濃度の影響はほとんどみられなかった。このことから、Na$_2$CO$_3$溶液濃度の変化では、カルサイトの安定性はそれほど変化しないことが示唆される。

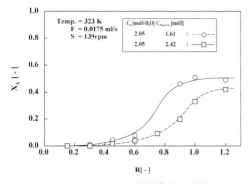
図7-50 Na$_2$CO$_3$溶液濃度の影響
（C$_0$=2.05 mol/L-H$_2$O）

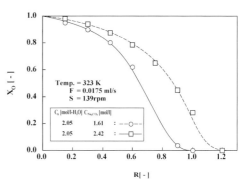
図7-51 各炭酸ナトリウム溶液濃度における水酸化カルシウム組成 Xo 変化

7.2.4 Ca(OH)$_2$-Na$_2$CO$_3$系での温度効果とメカニズム

(1) 多形の析出挙動に及ぼす温度効果

前章で示したように、CaCl$_2$-Na$_2$CO$_3$系では炭酸カルシウム多形の析出挙動が、温度によって大きく変化することが示された。本系でも温度効果をみるため、323 Kに加えて298 Kと348 Kで晶析を行った[141]。この結果、本系ではいずれの温度でもカルサイトとアラゴナイトが析出し、バテライトの析出はみられなかった。アラゴナイトの析出量（X$_A$）に及ぼす各温度での実験結果を、図7-52に示す。ただし、晶析は標準条件で行ったものである。この結果から、X$_A$の値は、323 Kの場合に298 K、348 Kよりも高く、アラゴナイトの析出量（X$_A$）の温度特性には、極大が存

在することが認められた。一方、水酸化カルシウム量（Xo）の減少速度は、図7-53に示すように、いずれの温度においても類似しており、ほぼR=1.0で完全に消滅する。このため、温度によらず反応は化学量論比で進行すると考えられる。さらに、図7-54は、各温度で炭酸ナトリウム溶液添加終了時（R=1.2）に得られた結晶のモルフォロジーを示している。323 K、で針状のアラゴナイト量が最も多いが、このことは先のXRDの結果と一致する。

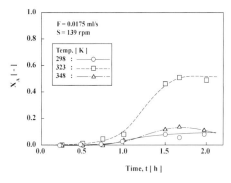
図7-52 アラゴナイトの析出量におよぼす温度効果

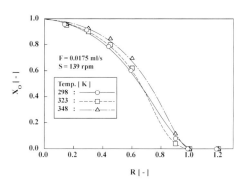
図7-53 各温度での水酸化カルシウム組成（Xo）変化

(2) 温度効果のメカニズム

図7-54において、アラゴナイトとカルサイトの結晶粒径は、温度とともに増加することが観察される。このことから、核発生速度は温度とともに減少すると考えられる。一方、水酸化カルシウムの溶解度は、温度とともに減少する傾向にある。また、炭酸カルシウムの溶解度も、わずかながら温度とともに減少することが知られている。炭酸ナトリウム溶液を添加したときの核発生領域における炭酸イオン濃度は、同一添加速度であるので、温度が違ってもそれほどの変化はないと考えられる。

図7-54 各温度で得られた結晶のSEM写真

したがって、核発生領域における炭酸カルシウムの過飽和度は、水酸化カルシウムの溶解度を反映して、温度とともに減少するものと考えられる。この過飽和度の減少は、アラゴナイトの析出に有利に働くと考えられ、実際に278 Kから298 Kまでの温度上昇により、アラゴナイトの析出量は増加している。しかし、348 Kでは、アラゴナイトよりもカルサイトの析出量が増加する

第7章　反応晶析における多形現象と制御因子

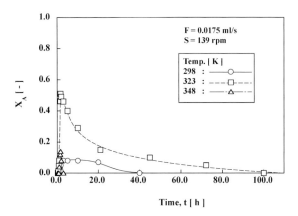

図7-55　各温度での晶析後の転移挙動

ことが観察された。これには、過飽和以外の理由が関係することが考えられる。一方、図7-55は、各温度での晶析後の転移速度を比較したものである。図より、323 Kで転移速度が最も小さく、348 Kで最も大きくなることがわかる。323 Kでは、アラゴナイトの析出量が最も多いために、転移完了までに最も時間を要したことが考えられる。しかし、アラゴナイト量がそれほど変わらないにもかかわらず、348 Kでは298 Kよりもはるかに転移速度は大きい。ここで、溶液媒介転移のメカニズムにより、転移速度は、カルサイトの成長速度とアラゴナイトの溶解速度によって決まると考えられる。この場合、転移速度が348 Kで最も大きいのは、カルサイトの析出（成長）速度が温度とともに増加し348 Kで最大になったためと考えられる。このことから、図7-52で、323 Kに比べ348 Kでアラゴナイトの析出量が減少し、カルサイトの析出量が増加したのは、相対的にカルサイトの析出（成長）速度が348 Kで大きく増加したためと考えられる。このため、アラゴナイトの析出量の温度依存性において、極大が現れたものと考えられる。

応用編

第8章 貧溶媒晶析における多形現象と制御因子

　医薬の晶析操作においては、溶質の収率の改善をはかるために、貧溶媒晶析がよく用いられる。これは未飽和溶液に貧溶媒を添加することにより、溶質の溶解度を減少させ、結晶を析出させるものである（第4章4.2参照）。これにより過飽和度を急激に増加させるため、核発生や析出速度を速めることもできる。このとき、溶媒と貧溶媒の種類は、結晶の析出挙動を変化させる1つの操作因子である。また、貧溶媒晶析においても、前章の反応晶析に類似して、溶液と貧溶媒の混合方法は過飽和度を変化させ、結晶の析出挙動に大きな影響を与える。過飽和度を急激に変化させることを目的として、逆に貧溶媒に溶液を添加する場合も考えられる。医薬などでは、貧溶媒晶析過程においても、多形現象が頻繁に観察される[148-151]。Weissbuch ら[152]は、貧溶媒を添加した溶液からの多形の析出と、溶媒-結晶面、溶質-溶媒など分子間相互作用との関連について、解析を行っている。Howard ら[153]は、イソプロパノール＋水混合溶液からの、安息香酸ナトリウムの貧溶媒晶析の過程における多形転移について、FBRM、DSC、固体-NMR、液体-NMR などを組み合わせた検討を行っている。貧溶媒晶析は、貧溶媒が連続的に溶質を溶解した溶液に添加されるため、半回分操作である。したがって、時間とともに溶媒組成が変化するために、多形の熱力学的安定性も変化し、析出のみならず転移挙動も複雑になる[154-157]。しかし、これらに関する定量的な検討例は、従来ほとんどみられず、貧溶媒晶析における多形現象のメカニズムも明らかでなかった。このため、筆者らは、酵素阻害剤であるチアゾール誘導体（2-(3-cyano-4-isobutyloxyphenyl)-4-methyl-5-thiazolecarboxylic acid（以下 BPT と略す）（図8-1）を用いて、貧溶媒晶析に関する一連の検討を行っている[154-156]。BPT を、水を貧溶媒としてメタノール溶液から析出させた場合、析出する結晶には多形（無溶媒和物）である A、C 形の他に、メタノール和物 D と水和物 BH（擬多形）などが存在する。B 形は BH 形を乾燥することにより得られる。C 形が最も安定で、A 形は準安定形である。メタノール和物と水和物は、それぞれメタノールと水に対するモル比が1:1の結晶である。これらの相対的な熱力学的安定性は、水とメタノールの混合溶媒組成や温度によって変化する。このため、メタノール-水系で、まず BPT 多形の溶解度や、転移挙動に及ぼす溶媒組成や温度の影響について検討を行った[152,153]。また先に述べたように、この貧溶媒晶析においても、溶液と貧溶媒の混合方法が、多形の析出挙動に大きな影響を与えることが予想される。そこで、晶析実験の前に貧溶媒を溶液中に供給する場合と液面上から滴下する場合の、貧溶媒供給方法の比較実験を行った。その後、多形制御因子として温度、初期濃度、さらに貧溶媒添加速度など、各種制御因子の影響ならびにそのメカニズムについて検討を行った[156,158]。本章では、これらの結果を紹介する。なお、BPT に関しては、冷却晶析における多形現象の溶媒効果についての検討も行っているが、この結果は第10章で紹介する。

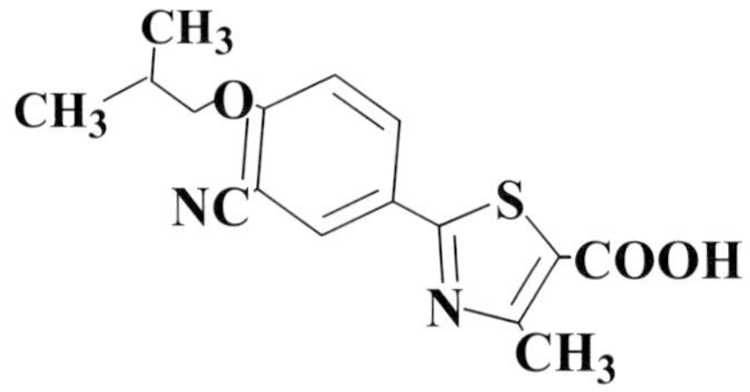

図 8-1　BPT（2-(3-cyano-4-isobutyloxyphenyl)-4-methyl-5-thiazole carboxylic acid）

8.1　BPT 多形の溶解度、転移挙動に及ぼす溶媒組成ならびに温度の影響

（1）　BPT 多形のスペクトルと熱物性

　結晶多形 A、BH、C、D の X 線回析パターンは、図 8-2 に示すとおりである[154]。図のそれぞれの矢印は、特性ピークを示している。また、各多形の FTIR スペクトルを図 8-3 に示している。BPT のカルボン酸の、カルボニルの振動に由来する 1680〜1750 cm^{-1} のピークが、多形間で異なっていることが認められる。A 形では 1678 cm^{-1} にピークがあるが、C 形では 1720 cm^{-1} にピークが移動している。それらの結晶構造解析は、現時点では成功していないが、これらの結果から、A 形ではカルボン酸が 2 量体を形成し、一方 C 形ではモノマーであることが示唆される。さらに、BH と D 形では、カルボニルによるピークが分裂しており、これらメタノールおよび水和物では、モノマーとダイマーが混ざり合って存在しているものと推測される[154]。

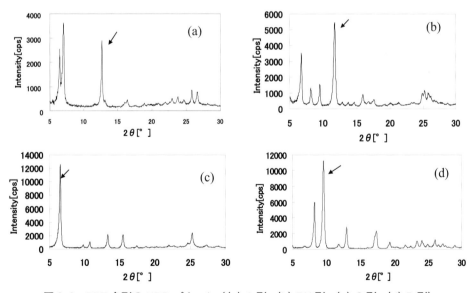

図 8-2　BPT 多形の XRD パターン（(a) A 形、(b) BH 形、(c) C 形、(d) D 形）

　また、各多形の熱測定を行った結果を図 8-4 および図 8-5 に示す[158]。図 8-4 の熱天秤（Thermo Gravimetry Analyzer：TGA）の測定結果より、A 形と C 形の重量変化は、480 K 付近ではじまる熱分解に至るまでほとんど観測されず、無溶媒物であることを示している。これに対して、BH 形では 325 K で水の脱離とみられる重量減少が起こり、約 5.3% の減少が認められる。このこと

は、BPT に対して水分子が 1：1 のモル比で結合していたことを示している。一方、D 形では 368 K でメタノールの脱離による重量減少が認められ、その減少量はほぼ 9.2% である。このことも、BPT とメタノールのモル比が 1：1 であることを示すものと解釈できる。

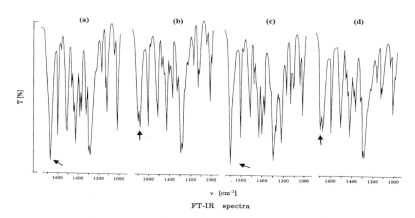

図 8-3　BPT 多形の FTIR スペクトル（(a) A 形、(b) BH 形、(c) C 形、(d) D 形）

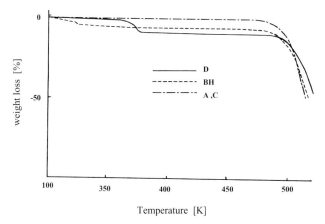

図 8-4　各 BPT 多形の TGA 曲線

図 8-5 には、示差走査熱量計（DSC）の測定結果を示す。BH と D 形では、吸熱ピークが 328 K と 370 K に観測される。これらのピークは、TGA 曲線の水とメタノールの脱離による重量減少にそれぞれ対応している。しかし、さらに昇温すると融解によるとみられる吸熱ピークとともに、その前に吸熱と小さな発熱とみられるピークが観察される。これらに対して、C 形の DSC 曲線では溶媒の脱離によるピークはなく、480 K 付近に吸熱ピークが現れるとともに、その前に吸熱と小さな発熱が認められる。これらのピークは、BH ならびに D 形で認められたものと、ピーク位置、形状がほとんど一致している。このことから BH と D 形では、溶媒分子が脱離した後、C 形になったものと考えられる。さらに A 形の DSC 曲線をみると、A 形では融解による単一のピークが、480 K 付近に観測されるのみである。これらの結果から、C 形の融解によるピークの前に観察された、吸熱と小さな発熱のピークは、C 形から A 形への融液を媒介する転

移によると考えられる（図8-6）。すなわち、C形では温度上昇に伴い480 K付近で融解するが（吸熱）、その融液中でA形の核発生が起こり発熱する。このため、融解熱と結晶化熱（凝固熱）が重なり合う形となり、複雑な形状のピークとなっている。A形が析出した後は、A形の融解による吸熱ピークが現れ、これはA形のDSC曲線と一致する[158]。

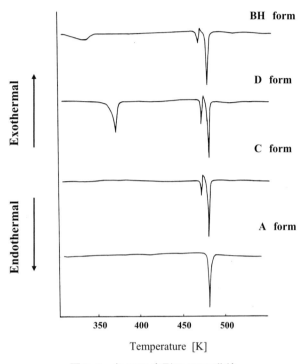

図8-5 各BPT多形のDSC曲線

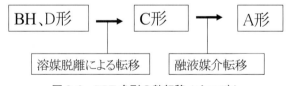

図8-6 BPT多形の熱転移メカニズム

(2) BPT多形の溶解度と転移挙動の溶媒組成依存性

貧溶媒晶析では溶媒組成が連続的に変化するため、結晶の熱力学的安定性も、これに対応して変化する。この点を把握するために、メタノール-水混合溶液中で、メタノール組成（V_{MeOH}）を0.5〜0.9の範囲で変化させ、各多形の溶解度の測定を行った。方法は、一定温度でA、BH、C、Dのそれぞれの結晶を過剰量加え、マグネチックスターラーによる撹拌条件下で、濃度の経時変化をUV吸光光度法（317 nm）により測定した。また、同時に結晶をサンプリングし、XRDによる多形組成を測定することにより、転移挙動の検討を行った[154-155]。図8-7には、実験で得られた各多形の、典型的なモルフォロジーを示す。いずれも針状を呈しているが、D形では幅が広いな

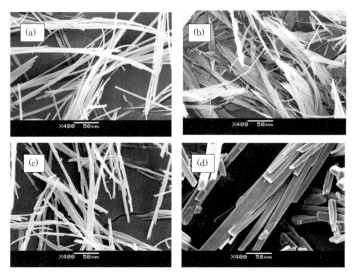

図 8-7　各多形のモルフォロジー（(a) A 形、(b) BH 形、(c) C 形、(d) D 形）

どわずかに違いもみられる。

　まず、メタノール組成を 0.8（V_{MeOH}）とし A、D、C 形の結晶を添加した場合の溶液濃度変化を図 8-8(a) に示す。いずれの多形でも、溶液濃度は増加して一定濃度に達する。しかし、BH 形では約 6 時間経過後には減少をはじめ、A、D 形でも長時間経過（50 時間以上）後には減少し、ついには C 形の溶解度に達して一定となることが認められる。XRD の測定結果から、A、BH、D 形は、いずれも C 形に転移することが確かめられた（図 8-9）。濃度変化で C 形の溶解度よりも高い平坦部が観察されることから、準安定形が溶解し安定な C 形が析出する溶液媒介転移であると考えられる。また、BH 形では、濃度が比較的短時間で減少することから、BH 形の転移速度が A、D 形に比べて早いことを示している。さらに、BH 形では直接 C 形に転移する場合のほかに、D 形を経由して C 形に転移することが観察された（図 8-9）。

　次に転移挙動と熱力学的安定性についての考察を、以下に示す[152, 153]。

　D 形と BH 形の固液平衡は、次式で表わされる。

$$BPT \cdot nSol(s) \leftrightarrow BPT + nSol \tag{8-1}$$

ここで、Sol は溶媒分子（メタノールか水）、n は BPT1 分子に対する溶媒分子数、s は固相状態を示す。
ここで、平衡定数 K は次式のようになる。

$$K = \frac{[BPT][Sol]^n}{[BPT \cdot nSol(s)]} \tag{8-2}$$

平衡定数 K の温度依存性は、次のように書ける。

第8章　貧溶媒晶析における多形現象と制御因子

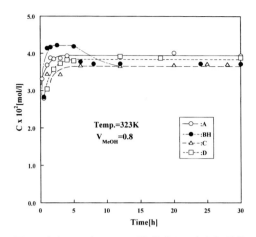

図8-8(a)　メタノール組成(V_{MeOH}) 0.8での種晶添加後の溶液濃度変化

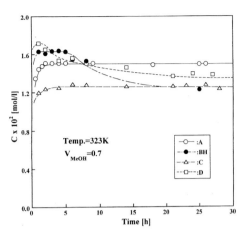

図8-8(b)　メタノール組成(V_{MeOH}) 0.7での種晶添加後の溶液濃度変化

$$\frac{d\ln K}{d(1/T)} = \frac{-\Delta H^o}{R} \tag{8-3}$$

ここで、Rは気体定数、ΔH^oは結晶の標準融解熱である。

　溶解度の増加は、K値の増加に対応し、K値が温度とともに増加することから、この場合ΔH^oは正であり、溶解が吸熱的であることを示している。

　さらに、溶媒和物の骨格を形成するBPTの安定性は、無溶媒物の多形と同様にBPTの溶解度Xを用いて、(8-4)式のようにケミカルポテンシャルで表わされると考えられる。

$$\mu_{BPT}(s) = \mu_{BPT}(l) = \mu_{BPT}(l)^0 + RT\ln X \tag{8-4}$$

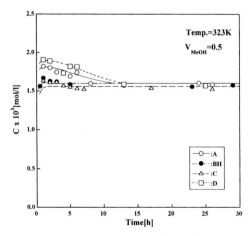

図8-8(c)　メタノール組成(V_{MeOH}) 0.5での種晶添加後の溶液濃度変化

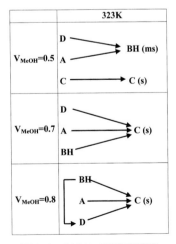

図8-9　323 Kでの転移挙動
（msは準安定形、sは安定形を示す。）

ここで、s、lは固相と液相を、μ^0は標準ケミカルポテンシャルを表わしている。

したがって、溶液媒介転移では、転移の最大推進力はこのケミカルポテンシャルの差 $\Delta\mu_{\mathrm{BPT}}(s)$ と考えられ、次式で表わされる。

$$\Delta\mu_{\mathrm{BPT}}(s) = RT \ln \frac{X_{ms}}{X_s} \tag{8-5}$$

ここで、X_{ms} と X_s は、準安定形と安定形の溶解度（モル分率）を示す。

図8-8の、V_{MeOH} が0.8（323 K）でのA形とD形からC形への各転移では、$\Delta\mu_{\mathrm{BPT}}(s)$ の値は、それぞれ360 J/molと290 J/molとなる。一方、BH形からC形への転移は、550 J/molとなり、比較的大きい値となった。このことから、ケミカルポテンシャル差 $\Delta\mu_{\mathrm{BPT}}(s)$ の大きいBH形からC形への転移の場合、オストワルドの段階則が成立して、直接安定形のC形が核発生するのではなく、まず準安定なD形が析出し、このD形を経由してC形への転移が起こるものと考えられる。

温度323 K、メタノール組成（V_{MeOH}）0.7の場合、図8-8(b) に示すようにA、C形は結晶を添加して、すぐに一定濃度に達したが、BH形とD形はピークを示した後減少しほぼC形に近い値で一定となった。XRDの測定から、A、BH、D形ともにC形に転移していることが認められた（図8-9）。すなわち、メタノール組成0.7の場合とは異なり、BH形も直接C形に転移する。また溶解度から、D形が最も不安定なっていることが明らかとなったが、これはメタノール組成が0.8から0.7に減少したためである。これらの結果から、溶媒組成が多形の熱力学的安定性や析出挙動に大きく影響することがわかる。

さらに、温度323 K、メタノール組成0.5とした場合の溶液濃度変化は、図8-8(c) のようになる。BH形とC形は、濃度が増加して一定濃度（溶解度）に到達するが、A形とD形は、ゆるやかなピークを示し、やがて濃度が減少する。このとき、A形とD形はBH形に転移することが明らかとなった。すなわち、図8-9に示すように、V_{MeOH} が0.5では、V_{MeOH} が0.8および0.7の場合のようにC形に転移するのではなく、BH形への転移が優先的に起こっている。しかし、溶解度の測定結果からは、C形が最も安定形であることを示している。この場合のD形およびA形とBH形の間の $\Delta\mu_{\mathrm{BPT}}(s)$ については、530 J/molと480 J/molという値が得られた。一方、BH形とC形間では34 J/molと小さく、両者が近接していることがわかった。この結果は、BH形とC形のケミカルポテンシャル差が、V_{MeOH} が0.8および0.7の場合に比べて、はるかに小さいことを示している。同時に、A形とD形は、安定形のC形ではなく、準安定形であるBH形に転移することを示している。この現象は、オストワルドの段階則が成立しているようにみえるが、BH形とC形のケミカルポテンシャル差がきわめて接近していることから、むしろBH形の核発生挙動には溶液組成が関与し、この溶液組成と温度が、BH形の析出に有利であるためと考えられる。

以上の323 Kでの溶解度測定結果をまとめると、**図8-10** が得られた。この結果から、いずれの溶液組成でもC形は安定形で、A形は準安定形であることがわかる。また、BH形とD形の安定性は、溶液組成によって逆の傾向を示し、V_{MeOH} とともにBH形は安定性が減少し、D形は逆に安定性が増すことが明らかとなった。

164

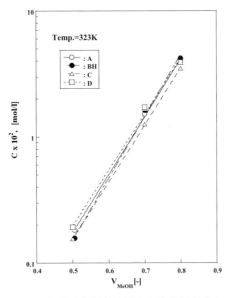

図8-10　323 K における多形の溶解度と溶媒組成（V_{MeOH}）の関係

（3）転移挙動に及ぼす温度効果

さらに、これら転移挙動は、温度によって変化することが考えられるため、以下では、メタノール組成が 0.5 と 0.7 の場合について検討を行った。まず、以下にメタノール組成 0.7 での結果を示す。図 8-11(a) には、メタノール組成 0.7 での、313 K における種結晶添加後の溶液濃度変化を示す。A、BH 形では小さなピークを示した後、濃度は減少するが、この間に C 形に転移していることが確かめられた。また、C、D 形では、濃度は単調に増加し溶解度に落ち着いているが、準安定である D 形ではゆっくりと C 形に転移する。これらの転移挙動は、基本的には 323 K でのものと類似している。しかし、BH 形から C 形への転移の過程で、D 形への転移も観察された。これは BH 形と C 形間の、ケミカルポテンシャル差 $\Delta\mu_{BPT}(s)$ が大きい（480 kJ/mol）ためと考えられる。BH 形と D 形間の $\Delta\mu_{BPT}(s)$ は、310 kJ/mol である。BH 形から D 形への転移は、先述のように 323 K、V_{MeOH} = 0.8 でも認められた。このように BH 形から D 形への転移が起こりやすいのは、水和物である BH 形とメタノール和物である D 形の結晶構造が、FTIR の測定結果が示すように、類似しているためではないかと考えられる。

図 8-11(b) に示すように、303 K では C 形と D 形結晶は単純に増加し、一定値を示すが、A 形と BH 形結晶はピークを示した後減少する。A、BH 形ともに D 形に転移することが明らかになった。C 形の溶解度は D 形よりもわずかに高く、このため 303 K では D 形が最も安定形であると考えられる。A、BH 形のピークから求められた溶解度の再現性は、良好であった。また、313 K、および 323 K での溶解度の測定結果と比較すると、温度とともに D 形の安定性が増加する傾向にあることがわかる。一方、ケミカルポテンシャル差がかなり大きいにもかかわらず（430 J/mol）、C 形から D 形への転移は、少なくとも数週間認められない。このことから、D 形の核発生と成長はこの条件下では起こりにくく、このため転移が進行しないと考えられる。これらの結果から、メタノール組成 0.7 での溶解度の温度依存性を、図 8-12 に示す。すべての温度

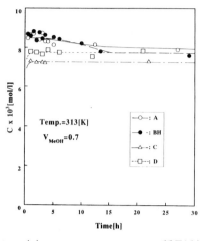
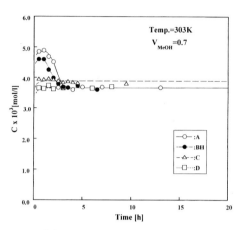

図8-11(a) 313K, V_{MeOH}＝0.7 での種晶添加後の溶液濃度変化

図8-11(b) 303K, V_{MeOH}＝0.7 での種晶添加後の溶液濃度変化

において、AとBH形が準安定形で、C形が安定形であることがわかる。しかし、D形の安定性は温度とともに大きく変化する。303 K では最も安定であるが、323 K では最も不安定になる。また、高温ではA形が相対的に安定であるが、低温になるとBH形がA形よりも安定になる。このように、BH形とD形の熱力学的な安定性は、温度の低下とともに増加する傾向にある。BH形とD形結晶の溶媒の解離が、温度上昇とともに進行することに関連すると思われる（(8-1)式参照）。

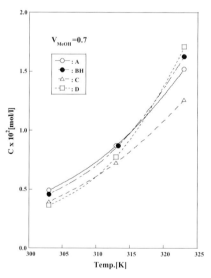

図8-12 メタノール組成 0.7 での各多形の溶解度の温度依存性

さらに、メタノール組成 0.5 においても検討を行った結果を、図8-13(a)、(b) に示す[155]。303 および 313 K では、BH形とC形の溶解度はA形とD形よりも低い（図8-14）。BH形とC形の溶解度の比較から、最も安定なのはC形である。しかし、303 および 313 K においては、A、D

166

第 8 章　貧溶媒晶析における多形現象と制御因子

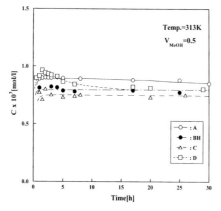

図 8-13(a)　313K、V_{MeOH}＝0.5 での種晶添加後の溶液濃度変化

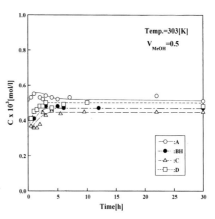

図 8-13(b)　303K、V_{MeOH}＝0.5 での種晶添加後の溶液濃度変化

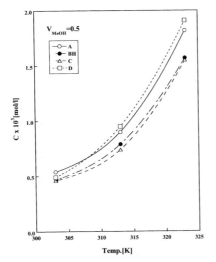

図 8-14　メタノール組成 (V_{MeOH}) 0.5 での多形の溶解度の温度依存性

図 8-15　メタノール組成 (V_{MeOH}) 0.7、0.5 での転移挙動への温度効果
（ms：準安定形、s：安定形）

形は C 形に直接転移せず、準安定である BH 形に転移した（図 8-15）。

　一方で、BH 形から C 形への転移は、少なくとも数週間は認められなかった（この結果は 323 K で得られたものと同様である）。BH 形と C 形のケミカルポテンシャルの差が小さい（313 K では 170 J/mol、303 K では 55 J/mol）ことが、準安定な BH 形を安定化させ、転移が進行しない原因と思われる。また、安定形である C 形よりも BH 形が析出するのは、特異的な溶質溶媒相互作用により、C 形よりも BH 形の核発生と成長が優先的に起こるためと思われる。一方、D 形の安定性は温度上昇とともに減少し、323 K では、D 形は最も不安定になる。温度上昇とともに D 形結晶が相対的に不安定になる原因は、やはり (8-1) 式の解離が、温度により進行するためと考えられる[154,155]。

　以上より、転移挙動は温度の影響を受けるが、その様子は溶液組成により異なる。すなわち、

167

V_{MeOH} が、0.5 ではあまり温度の影響を受けないのに対して、0.7 では影響を受けて変化する。313 K では 323 K と同様に C 形への転移が進行するが、303 K では D 形への転移が進行する（図 8-15）。以上示したように、転移挙動は溶液組成や温度に依存して、きわめて複雑であることが明らかとなった。実操作においては、これらの挙動をあらかじめ知ることが非常に重要になる。

8.2 貧溶媒晶析における多形の析出メカニズムと制御因子

　貧溶媒晶析では、溶媒組成は時間とともに連続的に変化するため、多形の相対的な溶解度、すなわち相対的な熱力学的安定性と過飽和度（溶解度）が、連続的に変化する。そこで筆者らは BPT を用い、貧溶媒晶析の操作因子が多形の析出挙動にどのように影響を与えるか、定量的な検討を行った[154-156]。BPT は前節で述べたように、多形である A、B、C 形が存在し、その他にメタノール和物 D 形、水和物 BH 形が存在する。実験方法として、まず、メタノールの体積分率 V_{MeOH} 0.95 のメタノール−水混合溶液 40 ml に BPT を溶解し、初期濃度 C_0 が 0.04〜0.08 mol/L の溶液を調整した。この溶液に、最終メタノール分率（V_{MeOH}）が 0.7 になるまで、水 14 ml を添加し、初期過飽和度（初期濃度）や貧溶媒添加速度などの操作因子を変化させ、323 K において晶析を行った。

（1）　貧溶媒晶析の操作線
　ここで、水を添加して t 分後の溶液濃度（C(t)）および初期濃度（C(0)）は、それぞれ次のように表わされる。

$$C(t) = \frac{m_0}{\left[H_2O\right]_V + \left[MeOH\right]_{V0}} \tag{8-6}$$

$$C(0) = \frac{m_0}{\left[H_2O\right]_{V0} + \left[MeOH\right]_{V0}} \tag{8-7}$$

ただし、m_0 は最初に添加した BPT モル量、$\left[MeOH\right]_{v0}$ は最初に加えたメタノールの容積、$\left[H_2O\right]_V$ は時間 t での水体積を示す。また、溶液の全体積には加成性が成り立つものとしている。

　図 8-16 には、各多形の溶解度曲線を、メタノール体積分率（V_{MeOH}）に対して示している。また、貧溶媒を加えることによって、同時に起こる溶媒組成変化（V_{MeOH}）と溶質濃度変化（C(t)）（(8-8) 式で表わされる）の関係を、各初期濃度について直線（操作線）で示している。

$$V_{MeOH} = \frac{\left[MeOH\right]_{V0}}{\left[H_2O\right]_V + \left[MeOH\right]_{V0}} \tag{8-8}$$

$$C(t) = \frac{m_0 V_{MeOH}}{\left[MeOH\right]_{V0}} \tag{8-9}$$

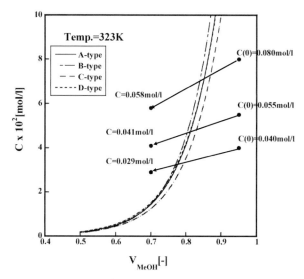

図8-16 BPT多形の貧溶媒晶析における操作線

また、水の添加速度を W としたときの時間と溶液濃度の関係は、次式のようになる。

$$C(t) = \frac{m_0}{(txW) + \left(\dfrac{m_0}{C(0)}\right)} \tag{8-10}$$

このとき、水の添加速度を操作因子として着目し、添加速度(W)は0.2から2.0 ml/minの範囲で変化させて晶析を行った。析出した結晶については、XRDによる多形組成の分析、SEM観察あるいは核発生挙動の観察などを行っている。

(2) 貧溶媒の供給位置

晶析器内のどの位置で貧溶媒を添加するかによって、溶液との混合状態が異なり、多形への析出挙動への影響が考えられる。そこで、この検討を行うため、貧溶媒の供給パイプの位置を変化させて晶析を行った。まず、溶液中に供給パイプを挿入し、溶液内に直接貧溶媒を供給した。この結果、パイプ内部で核発生が起こりフィルム状の析出物がみられ、XRDによりこれはBH形であることがわかった。この方法では、過飽和度が最も大きくなる水との接触面で、核発生が起こると考えられる。また、水との接触面では、水和物であるBH形が優先的に核発生したと考えられる。そこで、以下では水を液面から滴下することにし、供給位置は撹拌翼近傍として実験を行った[156]。

(3) 操作因子と析出メカニズム

初期濃度 C_0 と貧溶媒供給速度 W をパラメーターとして変化させ、323 K において晶析を行ったところ、いずれの条件においても BH 形あるいは D 形が析出し、A 形と C 形はほとんど析出しないことが認められた。しかし、BH 形と D 形の析出挙動は、初期濃度 C_0 と貧溶媒供給速度

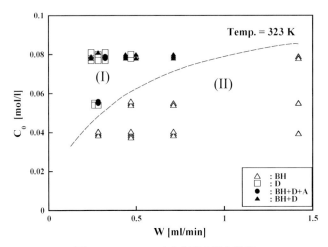

図 8-17　323 K での多形の析出挙動

Wに依存することが認められたので、これら操作因子を両軸にとり、多形の析出領域を2次元的に示した (図 8-17)[156, 158]。

図 8-17 より、初期濃度と貧溶媒の添加速度が重要な操作因子であることがわかる。たとえば、初期濃度が 0.04 mol/L のとき、添加速度によらず BH 形が析出する。しかし、0.05 mol/L では、やはり BH 形が析出するが、添加速度が遅い条件では、D 形も析出するようになる。さらに、0.079 mol/L では、添加速度が大きいと BH 形が析出するが、小さいと D 形が析出するようになり、さらに小さくなると A 形の析出も同時にみられるようになる。図 8-17 で、(II) は BH 形のみが析出する領域を、(I) は純粋な D 形、あるいは BH 形と D 形ならびに BH、D、A 形の混合物が析出する領域を示している。また、各初期濃度において、添加速度の増大とともに BH が優先的に析出するようになる。これは水の添加により、局所的な過飽和域が形成され、この領域の水組成が添加速度とともに増加するためと考えている。以上に示したように、貧溶媒の存在は、結晶多形の核発生や成長に影響を与え、その析出挙動に特定の操作因子が大きな影響を与えることが明らかとなった。また、先に示したように、これら多形や溶媒和結晶の熱力学的安定性は、溶媒組成や温度に依存して複雑に変化するため、その転移挙動を知ることは多形制御において重要である。以上の結果から、D 形の析出挙動は、BH 形のそれの逆の傾向にあり、初期濃度の増加とともに、また添加速度の減少とともに、その析出は促進される。

ここで、このことを考察するために、BH 形と D 形の結晶の溶解による解離平衡を考えると、それぞれ以下のように表される。左辺は固体、右辺は溶液状態を示している。

$$BPT \cdot H_2O \ (BH) \rightleftarrows BPT + H_2O \tag{8-11}$$

$$BPT \cdot CH_3OH \ (D) \rightleftarrows BPT + CH_3OH \tag{8-12}$$

上式の平衡定数 K は、それぞれ次のように表わされる。

$$K_{BH} = \frac{[BPT]_e[H_2O]_e}{[BPT \cdot H_2O(BH)]} \qquad (8\text{-}13)$$

$$K_D = \frac{[BPT]_e[CH_3OH]_e}{[BPT \cdot CH_3OH(D)]} \qquad (8\text{-}14)$$

ここで e は平衡値である。

これにより、過飽和比 (S) は (8-15)、(8-16) 式で表わされる。

$$S_D = \frac{[BPT][CH_3OH]}{K_D[BPT \cdot CH_3OH(D)]} \qquad (8\text{-}15)$$

$$S_{BH} = \frac{[BPT][H_2O]}{K_{BH}[BPT \cdot 0.5H_2O(BH)]} \qquad (8\text{-}16)$$

したがって、初期濃度の減少は、過飽和度 (S_{BH}、S_D) の減少に対応する。さらに添加速度の増加は、水滴の周囲の局所過飽和度の増加に対応する。このことは、初期濃度の効果と添加速度の効果が、BH の析出挙動において逆の効果にあることを示している。この矛盾は、BH 形と D 形の析出挙動が、過飽和比のみでは説明できないことを示している。このため筆者は図 8-18 に示す、貧溶媒液滴周辺での局所溶液組成を考慮した核発生モデルを提案した[69,154]。水滴が溶液中に滴下したとき、水分子が溶液中に拡散するが、同時に BPT およびメタノール (CH$_3$OH) 分子は、溶液中から逆方向に拡散する。このような状況下では、BPT の溶解度は液滴界面に近づくほど拡散層内で減少し (局所過飽和度の発生)、このため、水滴周囲の拡散層内で核発生と結晶成長が起こる。この領域を「核発生領域」(nucleation zone) と呼ぶ。水添加速度の増加とともに、この核発生領域そのものが増加すると考えられるが、この領域では水組成が大きいため、水和物である BH 形が析出しやすいと考えられる。一方、水の添加速度が遅いときは、この拡散層が攪拌により速やかに解消されるため、核発生はむしろバルク溶液中で起こると考えられる。こ

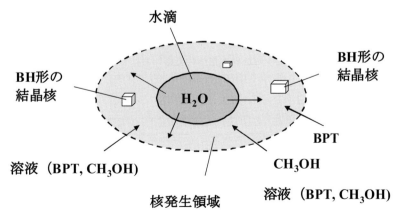

図 8-18　貧溶媒晶析における核発生モデル

の場合、初期濃度が高くなると（C_0 = 0.055、0.079 mol/L）、核発生領域における水組成、あるいはBPT分子に対する水分子の割合が減少する。このことが、BPTの水和を阻害し、BH形の析出を減少させ、D形が析出する結果になると考えられる。また、高初期濃度で、低添加速度（0.28 ml/min）でのみ、A形の析出がみられた。これらの結果は、323 KではA形の析出条件が限定されることを示している。また、熱力学的に最も安定であるにもかかわらず、C形の析出は認められなかったが、これらの結果は、この場合の実験条件が無溶媒和物であるA形や、C形の核発生に不利なことを示している。

(4) 晶析後の転移挙動

先に示したように、初期濃度が0.040 mol/Lの場合、BH形のみが析出する。筆者らは析出したBH形が、水添加後溶液媒介転移によってA形に転移することを認めた。図8-19は、典型的なXRDパターンの変化を示している（W＝2.8 ml/min；C_0＝0.040 mol/L）。水添加後、純粋なBH形が得られるが（図8-19(a)；50分）、A形とBH形の混合物（図8-19(b)；100分、図8-19(c)；200分）を経て、最終的にA形に転移した（図8-19(d)）。このことは、323 Kでの各多形の溶解度に対応している。

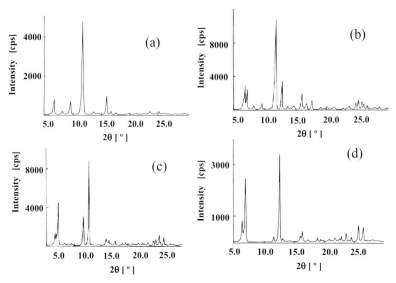

図8-19　323 KでのBH形からA形への転移におけるXRDパターンの変化
（W＝2.8 ml/min；C_0＝0.040 mol/L）

また筆者らは、BH形の転移速度が、晶析条件によって変化することを見出した。図8-20は、図8-17の(II)の領域における、A形のモル分率の時間変化（$X_{A/BH}$）を示している。高添加速度（1.42 ml/min）では、300分後においても転移は認められなかった。添加速度の減少とともに、水添加直後はBH形しか認められないにもかかわらず、時間の経過とともにA形の量が増加することが認められた。転移速度は、明らかに水添加速度とともに増加する。我々はこの原因として、A形のXRD分析精度に限界があるためではないかと考えている。図8-21に示すように、

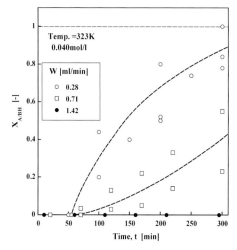

図 8-20　BH 形から A 形への転移過程の A 組成（$X_{A/BH}$）経時変化（0.040 mol/L）

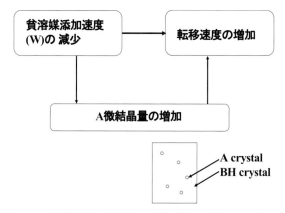

図 8-21　転移速度に及ぼす A 形微結晶の影響（モデル図）

　微量の A 形が BH 形の中に混入したとしても、XRD での検出は通常難しい。BH 形の中に混入した A 形は、転移過程における種晶として作用し、転移速度を促進することが考えられる。このために、水添加速度とともに転移速度は減少するものと思われる。

　一方、0.055 mol/L の場合、BH 形と D 形の両者が析出するが、両者ともに A 形に転移する。これらの転移挙動は、図 8-22 および図 8-23 に示す。添加速度の減少とともに、BH 形から A 形への転移速度は増加する（図 8-22）。さらに、我々は、D 形から A 形への転移速度が、同じ添加速度（W＝0.28 ml/min）での BH 形から A 形へのそれよりも速いことを認めた（図 8-23）。これは、転移の推進力の違いによるものと考えられる（D 形と A 形の溶解度差が BH 形と A 形のそれよりも大きい）。

　0.079 mol/L の場合は、析出した D 形が BH 形に転移することが観察された。この間の XRD パターン変化を図 8-24 に、また転移過程での BH 形組成の時間変化を、図 8-25 に示す。0.055 mol/L の場合には、D 形が A 形に転移するのに対して、明らかに 0.079 mol/L の場合では

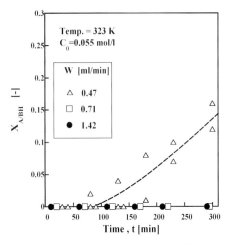

図 8-22 BH 形から A 形への転移過程の A 組成（$X_{A/BH}$）経時変化 (0.055 mol/L)

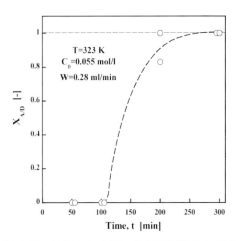

図 8-23 D 形から A 形への転移過程の A 組成（$X_{A/D}$）経時変化 (0.055 mol/L)

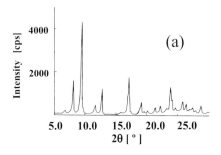

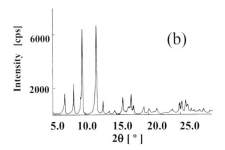

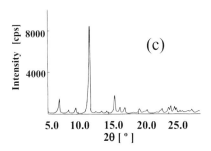

図 8-24 D 形から BH 形への転移過程の XRD パターン変化 (0.079 mol/L)

異なる。この現象は、A 形と BH 形の核発生挙動の違いによると考えられる。前節で示したように、BH 形よりも A 形が安定で溶解度が低い。過飽和度が高い場合（0.079 mol/L）には、オストワルドの段階則により準安定な BH 形が析出し、過飽和度の低い場合（0.055 mol/L）には、安定な A 形が析出すると思われる。このような核発生の挙動は、図 8-17 の核発生の初期濃度依存性とは、矛盾するようにみえる。しかし、図 8-17 は、水添加下での析出挙動であるため、先の図 8-18 に示したように、核発生領域での溶液組成が関係する。このため、晶析後の溶液中の転移挙動とは異なるものと考えられる。また、図 8-25 に示すように、転移速度は晶析条件に依存

第8章　貧溶媒晶析における多形現象と制御因子

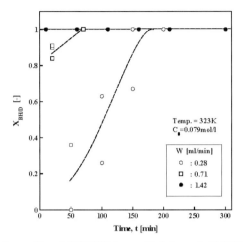

図 8-25　D 形から BH 形への転移過程の BH 組成（$X_{BH/D}$）経時変化（0.055 mol/L）

し、水添加速度が減少し析出する BH 形の割合が減少すると、D 形から BH 形への転移速度が遅くなることがわかる。

(5)　モルフォロジー変化

323 K で得られた各結晶の形状を、図 8-26 の SEM 写真に示している。BH 形は繊維束状で（図 8-26(a)：0.04 mol/L、W = 1.4 ml/min）、D 形は幅広い針状（図 8-26(b)：0.079 mol/L、W = 0.3 ml/min）である。

図 8-26　323 K で得られた多形結晶
((a) BH 形、(b) D 形、(c) A 形、(d) C 形)

また、図 8-26(c) は、BH 形からの転移で得られた A 形のモルフォロジーを示しており、やはり針状である（0.040 mol/L、W = 0.28 ml/min）。図 8-26(d) は、D 形からの転移で得られた C 形のモルフォロジーを示し、A 形に似た針状を示している（0.079 mol/L、W = 0.28 ml/min）。

(6) 貧溶媒晶析における溶液組成変化と核発生挙動の相関

図 8-18 には、水分子がバルク溶液中に拡散し、水滴周囲の拡散層で核発生が起こることを示した。水が添加されると、水滴周辺で核発生が起こるが、初期には、バルク溶液が未飽和なため、結晶は溶液の攪拌に伴い再び溶解する。さらに水を添加することによって、結晶の溶解度が減少するとともに、生成した結晶の溶解速度も減少する。このため、微結晶が溶液中に残留するようになる（$V_{MeOH} = V_i$）。さらに、水の添加により溶液は過飽和になり、やがてある溶液組成（$V_{MeOH} = V_p$）において、バルク溶液中で全面的な核発生が起こることになる。そこで、溶液組成と核発生挙動の関係をみるために、溶液組成 V_i と V_p を測定した。図 8-27 には、初濃度 0.055 mol/L の場合の結果を示している。図より、V_i が水の添加速度 W とともに増加することがわかる。0.055 mol/L では、BH 形が析出するので、このことは BH 形の核発生（V_i）が水の添加速度とともに起りやすいことを示している。逆に溶液組成 V_p は、添加速度とともにあまり変化しない。明らかに全面的な核発生は、水添加速度によらず、ほとんど同一の V_{MeOH}（0.77）で起こっている。これは、冷却晶析での核発生における冷却速度と過飽和度との関係とは異なっている。また、水の添加速度とともに、V_i と V_p の間の差が増加することは、水滴周りで発生した BH 形が、水添加速度が増大するほど安定に存在することを示している。非常に小さな水添加速度において、V_i と V_p が減少し、その差も減少する。このことは、非常にゆっくりした水添加速度において、D 形が析出する挙動に対応したものと考えられる。

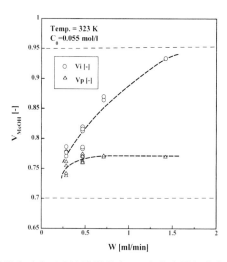

図 8-27 核発生時点での溶液組成（V_{MeOH}）と水添加速度（W）の関係

8.3 BPT多形の貧溶媒晶析における温度効果

多形の析出挙動において、温度はきわめて重要な操作因子である。また、本著でもL-グルタミン酸や炭酸カルシウム多形の析出挙動が、温度により変化することを、すでに5章および7章で示した。BPT多形については、前節で熱力学的安定性や転移挙動が、温度や溶媒組成により変化することを認めている[154,155,158]。さらに、前節で述べた323 Kでの実験結果から、貧溶媒添加速度と初期濃度が、多形の析出挙動に重要な因子であることを見出した。引き続き、ここではBPTの貧溶媒晶析における多形の析出への温度効果について、検討を行ったので、紹介する[156,159]。

ここでは、温度を333 Kおよび313 Kに変化させ晶析を行った。333 Kでは0.5～2 gを、また313 Kでは0.3～0.5 gをメタノール (38.0 ml) と水 (2.0 ml)（$V_{MeOH}=0.95$）の混合溶媒に溶解させ、撹拌条件下で14 mlの水を滴下しながら結晶を析出させた。この場合、初期濃度C_0は0.040～0.158 mol/L (333 K)、および0.020～0.040 mol/L (313 K) に調整されている。また、最終のメタノール組成 (V_{MeOH}) は0.7に設定し、水の添加速度Wは0.2～2.0 ml/minの範囲で変化させた。

(1) 333 Kにおける晶析挙動

333 Kにおける貧溶媒晶析では、図8-28に示すようにA形とBH形のみが析出することが認められた[159]。また、すでに述べたように、303 Kから333 Kの温度範囲では、メタノール組成 (V_{MeOH}) が0.5から0.8の間で、C形が最も安定形である。したがって、333 Kでは、安定形は析出せず準安定形が析出することがわかる。また、323 Kの場合と同様に多形の析出挙動は、BPT初期濃度と水の添加速度に依存することが認められる。初期濃度が低い場合 (0.055 mol/L)、水の添加速度が1.0 ml/min以下では、A形が優先的に析出する。しかし、添加速度が1.3 ml/min以上に増加すると、BH形が析出するようになることがわかる。初期濃度の増加とともに、BH形の析出領域（図8-28の(Ⅲ)）が増加し、A形の析出領域（図8-28の(Ⅰ)）は狭くなる傾向にある。

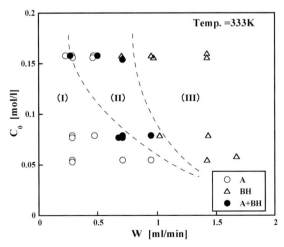

図8-28　333 Kにおける多形の析出挙動

0.079 mol/L の場合には、水の添加速度 (W) が 0.5 ml/min 以下でのみ A 形が析出し、1.0 ml/min 以上では B 形が得られた。その中間領域 (図 8-28 の (Ⅱ)) では、両方の多形が析出した。

濃度が 0.158 mol/L になると、A 形のみの析出領域 (Ⅰ) は非常に狭くなり、一方で (Ⅱ) の領域が広くなる傾向にある。また、水の添加速度とともに BH 形の析出量が増加するが、この傾向は前節での 323 K での結果と一致している。これは、水の添加速度の増加により水滴周辺の核発生領域が増加し、BH 形の核発生を促進したためと考えられる。一方、図 8-28 の結果は、初期濃度の増加とともに BH 形が増加し、A 形が減少することを示している。323 K では、A 形が析出せず BH 形と D 形が優先的に析出し、初期濃度の増加は BH 形よりも D 形の析出を促進した。このような複雑な温度効果には、結晶の解離 (前節の (8-11)、(8-12) 式) や、熱力学的な安定性が関係すると考えられる。熱力学的には、333 K では、A 形は D 形および BH 形よりも安定である。一方、前節で示したモデルからすると、初期濃度の増加とともに、核発生領域での水組成 (水分子の BPT 分子に対するモル比) が減少するので、BH 形よりは A 形、あるいは D 形の核発生が有利になると推測される。しかし、333 K では D 形は析出していない。これは、温度上昇により、特に D 形の解離が進行して、安定性が非常に低くなるためと考えられる (前節の溶解度曲線参照)。

このため、A 形あるいは BH 形が析出するようになると思われるが、333 K の高濃度域では、A 形よりは BH 形が析出する傾向がみられている。この原因として、筆者は、A 形は無溶媒和物であり、このクラスター、あるいは核の形成が高過飽和度では困難になるためではないかと推測している。たとえば、この速度過程には、脱水、脱溶媒過程が含まれると考えられる。ゆっくりした核発生過程 (低過飽和度) では、脱溶媒和した A 形が優先的に析出するが、早い核発生過程では水和した BPT 分子が直接析出し、BH 形が得られると考えられる[159]。

(2) 333 K における転移挙動

図 8-28 の (Ⅱ) および (Ⅲ) の領域で析出した BH 形は、晶析後に溶液媒介転移により、A 形に転移することが認められた。**図 8-29** には、この過程での典型的な XRD パターンの変化を示している ($W = 2.8$ ml/min、$C_0 = 0.055$ mol/L)。図より、BH 形 (図 8-29(a)) が A、BH 形の混合物 (図 8-29(b)) を経て、純粋な A 形 (図 8-29(c)) に転移している様子がわかる。転移が起こる事実は、BH 形のほうが A 形よりも不安定であることを示した溶解度の測定結果と一致している。また、この過程での結晶の変化を SEM で観察した結果を、**図 8-30** に示している。晶析開始 5 分後に得られた BH 形のモルフォロジーは、細かいファイバー状 (図 8-30(a)) であるが、最終的に粒径の大きな柱状結晶 (図 8-30(b)) に変化することがわかる。最終的に得られた結晶は、A 形である。

さらに、BH 形から A 形への転移速度が、晶析条件により変化することが見出された。**図 8-31** には、図 8-29(Ⅲ) の領域での晶析開始後の時間と、結晶中 A 形のモル分率 ($X_{A/BH}$) の関係を示している ($C_0 = 0.055$ mol/L)。晶析における水の添加終了時には、BH 形のみが存在した ($X_A = 0$) が、BH 形が時間ともに減少し、最終的には A 形のみが得られた。図 8-31 より、転移速度は、水の添加速度の増加とともに減少することがわかる。類似の現象が、前節の 323 K でも認められ

第 8 章　貧溶媒晶析における多形現象と制御因子

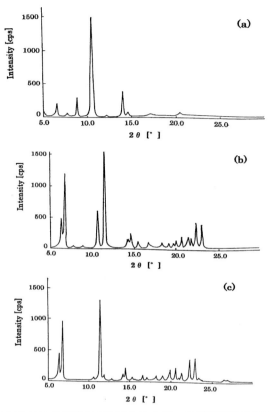

図 8-29　333 K における晶析後の BH 形から A 形への転移過程の XRD パターン変化
（5 分 (a)、100 分 (b)、200 分 (c)）

図 8-30　BH 形から A 形への転移過程の結晶の SEM 写真（333 K）
（5 分後 (a)、200 分後 (b)）（W＝2.8 ml/min、C_0＝0.055 mol/L）

179

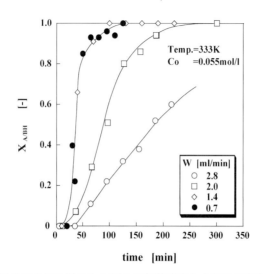

図 8-31　333 K での BH 形から A 形への転移速度と水の添加速度（W）の関係
（C_0＝0.055 mol/L）

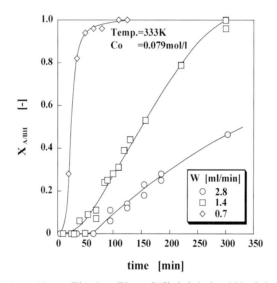

図 8-32　333 K での BH 形から A 形への転移速度と水の添加速度（W）の関係
（C_0＝0.079 mol/L）

ている。XRD 測定によって認められない場合でも、微少量の A 形が BH 形に混入していることが予想され、これが種品となって転移を促進することが考えられる。A 形の量は水の添加速度 W の減少とともに増加し、このため、転移速度は W とともに減少すると考えられる。

　同様な傾向が、図 8-32 に示すように、初期濃度 0.079 mol/L においても観察された。また、初期濃度間で比較すると、転移速度は初期濃度の増加とともに減少するようにみえる。これは、初期濃度の増加とともに A 形が減少することに対応している。

（3） 313 K での晶析挙動と転移挙動

313 K において、初期濃度を 0.040 mol/L および 0.024 mol/L として晶析を行うと、図 8-33 の結果が得られた[159]。すなわち、313 K では、いずれの条件下でも D 形の析出が支配的であることが認められる。ただし、低濃度（C_0 = 0.024 mol/L）では、D 形に加えて BH 形も析出する。晶析温度を 313 K まで下げることによって、D 形の安定性は、A 形および BH 形の安定性に比較して増加するが、このことが、313 K での D 形の優先的な析出を促していると考えられる。なお、析出した BH 形は、晶析後 D 形へ転移した。図 8-34 には、BH 形と D 形の混合物（a）から、純粋な D 形（b）へ転移したときの、XRD パターンの変化を示している。また、転移過程での、結晶の SEM 観察の結果を図 8-35 に示している。針状の BH 形（図 8-35(a)）が転移し、粒径の大きい D 形（図 8-35(b)）に変化することがわかる。

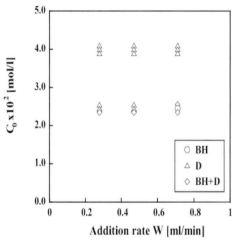

図 8-33　313K での多形の析出挙動

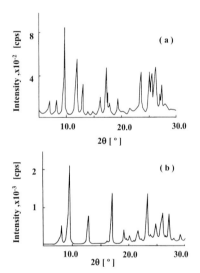

図 8-34　313K における晶析後の XRD パターン変化（50 分（a）、120 分（b））（C_0=0.024 mol/L、W=0.28 ml/min）

図 8-35　313 K における転移過程での結晶の SEM 写真（50 分（a）、120 分（b））（C_0=0.024 mol/L、W=0.28 ml/min）

(4) 晶析過程での濃度変化

晶析過程を検討するため、313 K の各水添加速度での、BPT 濃度変化の測定を行った（図 8-36 (a)、(b)）。水の添加とともに結晶の析出が起こり、濃度が急激に減少する。図中の記号（○□△）は、それぞれの水添加速度での、核発生による溶液の濁り開始点を示す。記号（●■▲）は、水添加の終了点を示す。急激な濃度減少の後、一定濃度に落ち着くが、これは D 形の溶解度である。ここで、0.040 mol/L における溶液の、濁り開始点での溶媒組成は、いずれの水添加速度でも同一であることがわかる（図 8-36(a)）。

また、いずれの水添加速度でも、水添加終了時には、結晶の析出による濃度減少は終了している。図 8-36(b) に示すように、0.024 mol/L でも、溶液の濁り開始点での溶媒組成は一致した。しかし、水添加終了時点においても、まだ濃度減少は引き続き起こっている。このことは、0.024 mol/L では、結晶の核発生ならびに成長速度が遅く、水添加終了後もまだ析出が起こっていることを示している[159]。

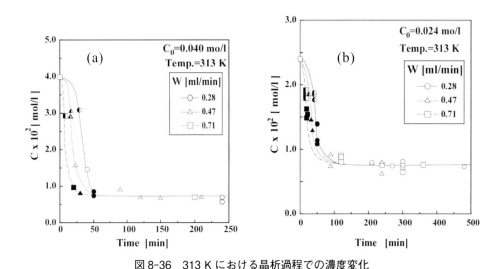

図 8-36　313 K における晶析過程での濃度変化
（C_0 = 0.040 mol/L（a）、C_0 = 0.024 mol/L（b））

応用編

第9章 分子構造（置換基）と結晶構造ならびに多形現象の相関

　類似化合物であってもわずかな分子構造の違い（置換基の種類）などにより、結晶中分子のパッキングや分子間相互作用、そして溶解度など、結晶の物理化学的性質が変化する。このため、分子構造の違いにより、多形現象の変化が起こる。このような分子構造の違いと、多形構造あるいは多形現象との相関性を検討することは、多形制御の将来にとって意味のあることと考えられる（図9-1）。このうち、分子構造と多形構造の関係については、すでに多くの検討がなされており[160-163]、ソフトウエアも開発され、市販されるようになっている。しかし、分子構造から、溶液中からの核発生や転移を伴う多形現象（多形の析出挙動）を予測することは難しく、これを可能にすることは、科学技術進歩の究極的問題の1つのように思われる[69,70]。これは、第4章で述べたように、多形の析出挙動が、さまざまな環境条件や操作因子により変化し、またそのメカニズムが複雑であるためである（図4-3）。しかし、分子構造から多形制御の予測を少しでも可能にするためには、分子構造と多形現象の相関性を、環境条件や操作因子との関連において、明らかにしていく必要がある。

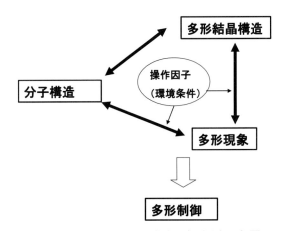

図9-1　分子構造−結晶構造−多形現象の相関

　この相関性を検討するために、筆者らは、置換基の異なる化合物を用いて、それぞれの多形現象を、急速冷却法により比較した。前章では置換基の違いが、比較的大きいアミノ酸であるL-グルタミン酸（L-Glu）とL-ヒスチジン（L-His）の分子構造と、多形の析出挙動の間には相関性があることを認めた[69]。そこで本章では、まずこれら両アミノ酸の多形現象の比較から、分子構造が及ぼす多形現象への影響原因を考察した。次いで、BPT誘導体である種々のエステルを新規に合成し、それらの分子構造と多形現象の相関性を、系統的に検討した結果を紹介する。BPT

183

エステルの分子構造については、エステルのアルキル基分子サイズ、およびシアノ基ならびにカルボキシル基などの官能基グループの影響について、検討を行った。アルキル基分子サイズの違いの影響をみるために、メチル、プロピル、i-ブチルエステルの3種のエステル（BPT-est（CN））を合成し、エタノール溶媒中で、急速冷却法による晶析を行った[164,165]。得られた結晶については、構造解析を行うとともに、モルフォロジーとの関連性などについてもみている。また、これら3種のエステルのベンゼン環のシアノ基を、水素で置換したエステル3種（BPT-est(H)）を合成し、多形現象の比較を行い、シアノ基が及ぼす影響についても検討した[166]。さらに、BPTの多形現象との比較により、カルボキシル基の影響についても明らかにした[167]。

9.1 アミノ酸の分子構造と多形現象の相関

第5章で、アミノ酸であるL-グルタミン酸（α形、β形）とL-ヒスチジン（A形、B形）の多形現象について示した。これらアミノ酸は、それぞれ分子骨格のα炭素に、カルボン酸を含む鎖状炭化水素を置換基とした場合（L-グルタミン酸（L-Glu））（図5-2）と、イミダゾール環を置換基とした場合（L-ヒスチジン（L-His））（**図 9-2**）の違いがある。すでに得られた多形の析出挙動を比較すると、L-ヒスチジンでもL-グルタミン酸と同様に、オストワルドの段階則が認められなかった（第5章5.2参照）。しかし、温度効果についてみると、L-グルタミン酸では、低温側になるほど準安定なα形が優勢となる傾向があるが、L-ヒスチジンでは、温度の影響がみられない。このような温度効果の違いの原因として、溶液中に存在するコンフォーマーの温度依存性の違いが考えられる[69]。先述のように、L-グルタミン酸溶液中では、コンフォーマーの存在確率が温度により変化し、これが析出挙動に関係することが推測される（図5-10）。一方、L-ヒスチジンでは、図9-2に示すようにA形とB形間のコンフォーメーションの違いは、イミダゾール環のねじれ角度の違いのみであって、きわめて小さい。このため、コンフォーメーションの変

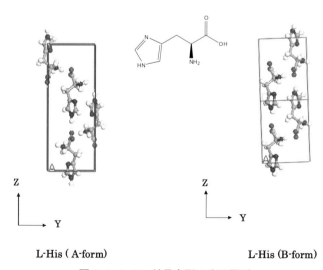

図 9-2　L-His 結晶多形の分子配列

換のための、活性化エネルギー（ΔE）は小さく、したがって両コンフォーマーの存在濃度は、温度が違ってもほぼ等しいと考えられる（図9-3）。このような、分子構造の違いによる多形間のコンフォーメーションの違いは、図9-4に示すように、物性から多形現象までさまざまな形で現れる。たとえば、このコンフォーメーションの類似性は、溶解度にも関連していると思われる。すなわち、L-グルタミン酸では、多形間の溶解度差は25～48％と大きいが、L-ヒスチジンでは、多形間の溶解度の違いは4～8％と小さい。このため、L-グルタミン酸のα形からβ形への転移速度は、L-ヒスチジンのB形からA形への転移速度に比べて、はるかに大きくなっている。多形間のコンフォーメーションの違いは、種結晶の効果にも関係しており、第13章で述べるように、L-グルタミン酸では種晶の効果が認められるが、L-ヒスチジンでは、種結晶の添加量や溶液濃度にかかわりなく、その効果は認められない。

このように、L-グルタミン酸とL-ヒスチジンの多形間のコンフォーメーションの違いは、明らかにL-グルタミン酸の方が大きく、このことが原因となって、析出挙動への温度効果、溶解度差や転移速度の違い、さらには種晶効果の違いが生じるものと考えられる。

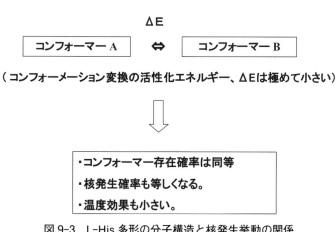

図9-3 L-His多形の分子構造と核発生挙動の関係

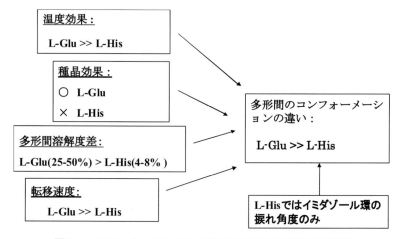

図9-4 L-GluとL-Hisの分子構造の違いと多形現象の相関

9.2 BPTエステル(BPT-est(CN))の結晶構造と多形現象に及ぼすアルキル基サイズの影響

9.2.1 BPT-est(CN)の合成と実験方法

BPT-est(CN)として、BPTのメチル、プロピル、i-ブチルエステルを、それぞれ以下の方法で合成した[165]。BPTメチルエステル(Me-est(CN):methyl-2-(3-cyano-4-(2-metylpropoxy)-phenyl)-4-methyl-thiazole-5-carboxylate)(図9-5(a))の合成はBPTおよび炭酸カリウムにジメチルホルムアミドを加えた懸濁液に、ヨウ化メチルを添加することにより行った。BPT-プロピルエステル(Pr-est(CN):propyl 2-(3-cyano-4-(2-methylpropoxy)-phenyl)-4-methyl-thiazole-5-carboxylate)(図9-5(b))の合成は、BPTおよび炭酸カリウムにジメチルホルムアミドを加えた懸濁液に、臭化プロピルを添加することにより行った。BPT-イソブチルエステル(i-But-est(CN):2-methylpropyl-2-(3-cyano-4-(2-metylpropoxy)-phenyl)-4-methyl-thiazole-5-carboxylate)(図9-5(c))の合成は、BPTおよび炭酸カリウムにジメチルホルムアミドを加えた懸濁液に、臭化イソブチルを添加して行った。これらエステルの分子構造は、^{1}H-NMRにより確認している。^{1}H-NMRは、試料の重クロロホルム溶液を調製し、テトラメチルシランを内部標準として用い、JEOL JNM AL-400(399.65 MHz)にて測定した。

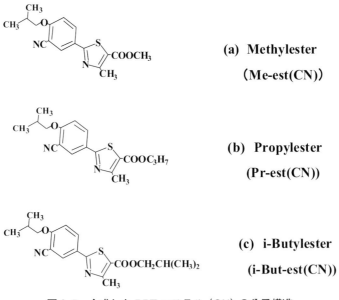

図9-5 合成したBPTエステル(CN)の分子構造

これらのエステルを、エタノール中で急速冷却法により、298 Kにおいて結晶を析出させた。実験では、晶析の前に、各濃度で溶液からの結晶の核発生待ち時間を測定し、あらかじめ晶析に用いる溶液濃度を決定した。また、各初期濃度での、晶析過程の溶液濃度変化の測定を、UV吸光光度法により行った。得られた結晶多形組成の分析にはXRDを用い、FTIRによる測定も行った。さらに、X線結晶構造解析を行ったが、これには、BPTエステルのエタノール溶液からの

蒸発晶析によって得た単結晶を用いた。データは、RIGAKU RAXIS RAPID を使用し、Cu を X 線源として収集した。単結晶の構造は、SIR88 または SIR92 を用いて、直接法によって解いている。また、分子のコンフォーマーの MOPAC 計算は、パラメーターとして PM3 を用い、CAChe により行った[164-165]。

9.2.2 Pr-est(CN) 多形のモルフォロジーと析出挙動

晶析溶媒をエタノールとして、初期濃度が 20～26 mmol/L の条件下で晶析実験を行い、溶液濃度の経時変化をプロットすると、**図 9-6** が得られた[164]。初期濃度が 23 mmol/L 以上では、ある時間の経過後、最初の濃度減少がみられ、さらにその後 2 回目の濃度減少が起こった。そして最終的には、12.5 mmol/L の一定濃度に達した。一方、初期濃度 21 mmol/L 以下では、2 段階の濃度変化は認められず、1 段の濃度減少のみで、最終的に 12.5 mmol/L の値に達している。

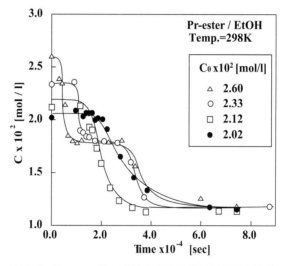

図 9-6　Pr-ester の EtOH 中での晶析過程の濃度変化

初期濃度 26 mmol/L からの晶析実験で、実験開始 180 分後と 1250 分後にサンプリングした結晶について、XRD の測定を行った。この結果（**図 9-7**）、2 つの結晶では明らかに結晶構造が異なり、多形であることがわかった。

また、**図 9-8**(a)(b) に示す FTIR スペクトルでは、180 分後に得られた結晶 (a) では、エステルカルボニル基の吸収が 1710.6 cm^{-1} であるのに対し、1250 分後に得られた結晶 (b) では 1700.9 cm^{-1} である。このことも、2 つの結晶における結晶構造の違いを反映しているものと考えられる。したがって、初期濃度 23 mmol/L 以上の晶析でみられる 2 段階の濃度変化は、溶液媒介転移に対応したものと考えられる。そこで、準安定形を「A 形」、安定形を「B 形」と名づけた。また、転移過程の濃度がほぼ一定値を示していることは、A 形の溶解速度が B 形の析出速度よりも速いことを示唆しており、この濃度が、A 形の平衡濃度に対応していると考えられる。さらに、最終的に得られた濃度 11.6 mmol/L は、安定形である B 形の 298 K における溶解度を示しているものと考えられる。また、初期濃度 21 mmol/L 以下で得られた結晶の XRD および IR

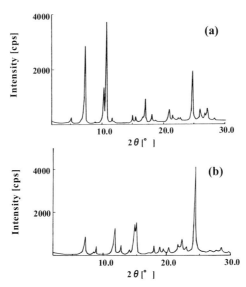

図 9-7 EtOH 中で 180 分 (a)、1250 分 (b) 後に得られた Pr-est 結晶の XRD パターン

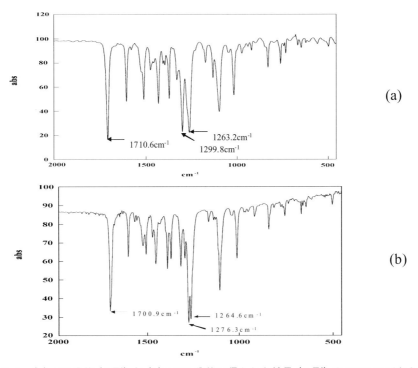

図 9-8 (a) 180 分後 (A 形) と (b) 1250 分後に得られた結晶 (B 形) の FTIR スペクトル

(赤外線分光法 intrared spectroscopy) は、安定形である B 形のものと一致した。初期濃度による析出挙動の違いは、この系での多形の核発生挙動が、オストワルドの段階則に準じていることを示している。図 9-9 には、初期濃度 26 mmol/L の晶析過程で得られた結晶の顕微鏡写真を示している。針状晶が A 形、プリズム晶が B 形であり、溶液媒介転移が進行していることがわかる。

第9章 分子構造（置換基）と結晶構造ならびに多形現象の相関

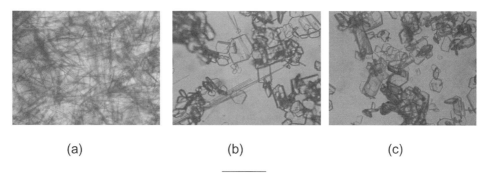

200 μm

図9-9 転移過程での結晶変化：(a) A形結晶、(b) A, B形結晶共存状態、(c) B形結晶

9.2.3 Pr-est（CN）多形の結晶構造
(1) 安定（B形）結晶構造

プロピルエステル（Pr-est（CN））の安定形（B形）結晶の、構造解析を行った。このときの構造データは、**表9-1**に示すように空間群がP2$_1$/a、格子定数がa = 8.1526（9）Å、b = 19.637（3）Å、c = 12.2979（17）Å、β = 100.117（5）Åであった。

表9-1 結晶構造データ

	Methyl ester	Propyl ester A form	Propyl ester B form	Isobutyl ester A form	Isobutyl ester B form
a (Å)	6.959 (14)	7.1146 (8)	8.1526 (9)	15.281 (4)	7.620 (4)
b (Å)	7.253 (12)	33.901 (13)	19.637 (3)	8.039 (2)	14.054 (7)
c (Å)	17.90 (3)	16.253 (3)	12.2979 (17)	33.684 (7)	19.057 (9)
crystal system	triclinic	orthorhombic	monoclinic	orthorhombic	monoclinic
space group	P-1	Cmca	P2$_1$/a	Pbca	P2$_1$/c
α (°)	81.96 (11)	90.0	90.0	90.0	90.0
β (°)	82.81 (7)	90.0	100.117 (5)	90.0	87.11 (3)
γ (°)	72.86 (9)	90.0	90.0	90.0	90.0
R	0.059	0.172	0.066	0.053	0.044
Z	2	8	4	8	4
Density (g/cm^3)	1.289	1.215	1.228	1.196	1.214

　結晶中における分子のコンフォメーションを、**図9-10**(a)に示す。結晶中における分子のベンゼン環、チアゾール環、プロピルエステルは、ほぼ平面に位置するようなコンフォメーションをとっていることが明らかになった。これは、ベンゼン環に結合しているのはチアゾール環であり、ビフェニル環のような水素原子による立体障害がないので、平面構造をとることが可能であると考えられる。また平面構造は、π電子の非局在化のために、エネルギー的に有利と考えられる。さらに、プロピルエステルのカルボニル基は、チアゾール環のメチル基側に向いた構造をとっているが、これはプロピル基とチアゾール環上に位置するメチル基との、立体障害を回避するためと考えられる。MOPAC（Molecular Orbital Package）計算を行ったところ、エステルのプ

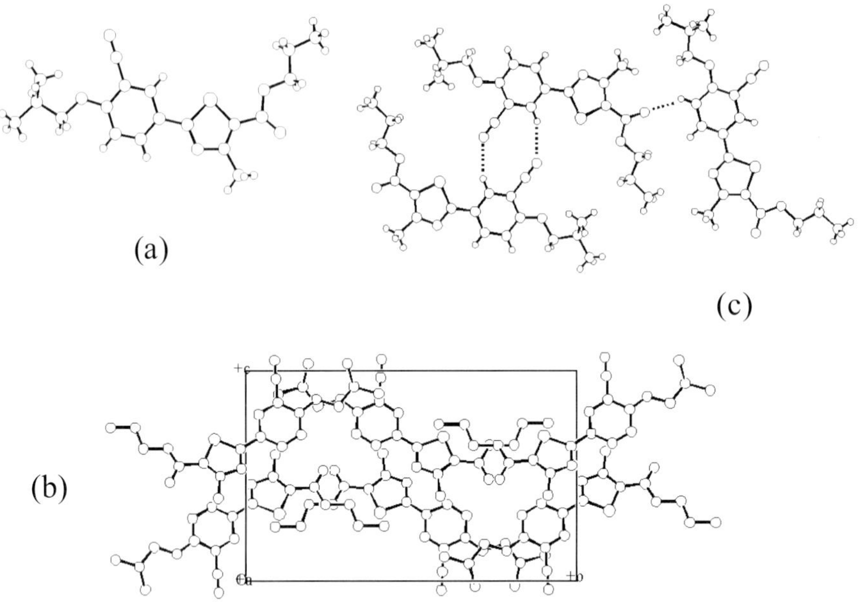

(a)

(c)

(b)

図 9-10　Pr-est（CN）　B 形の結晶構造

　ロピル基とチアゾール環のメチル基が、トランス（trans）配置をとるほうが安定であることがわかった。これは、実際の結晶構造と一致する。また、ベンゼン環上のシアノ基とチアゾール環上のメチル基も、トランスの位置関係になる構造をとっている。

　また、図 9-10（b）に示すように、結晶は、平面状に構成されたシート構造が、層状に積み重なることによって構成されていることがわかる。また、シート構造内で、シアノ基の窒素原子と隣分子のベンゼン環の水素原子との間、エステルカルボニル基の酸素原子と他方の分子のベンゼン環の水素原子との間で、水素結合が形成されている（図 9-10（c））。これらの分子間の水素結合のネットワークにより、シート構造が形成されている。さらに、各シート構造間では、ベンゼン環とチアゾール環のスタッキングがみられ、π-π 相互作用の存在が示唆された。すなわち、この結晶は、シート構造内は水素結合により、シート構造間は π-π 相互作用によって、形成されているものと考えられる。

（2）　準安定（A 形）結晶構造

　プロピルエステルの A 形結晶は、空間群が C_{mca}、格子定数が a = 7.1146（8）Å、b = 33.90（1）Å、c = 16.253（3）Å であった（表 9-1）。A 形結晶中において、プロピルエステルは、ほぼすべての原子が a = 1/2 の鏡面上に存在している。プロピルエステルの、A 形結晶の結晶中における分子は、B 形結晶と同様に、ベンゼン環－チアゾール環－プロピルエステルで平面を構成している（図 9-11（a））。しかし、図 9-12 に示すように、ベンゼン環上のシアノ基とチアゾール環のメチル基、チアゾール環のメチル基とエステルのカルボニル基は、それぞれシスとトランスの位置関係にあり、B 形とは異なっている。また、図 9-11（b）に示すように、平面状に構成された

190

第9章 分子構造（置換基）と結晶構造ならびに多形現象の相関

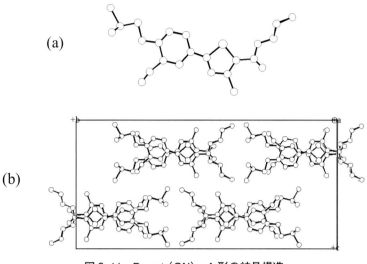

図9-11　Pr-est（CN）　A形の結晶構造

分子のシート構造が、層状に積み重なって結晶を構成しているが、bc平面内では、分子間で水素結合の存在がみられなかった。

また、シート構造間に関しては、ベンゼン環が重なる層構造を構成しており、π-π相互作用の存在が示唆された。さらに、先のIRの測定結果から、A形結晶はB形結晶と比べて、カルボニル基の吸収波数が10 cm^{-1}高く、このことからも、A形結晶におけるカルボニル基の関与する水素結合性が弱いことが示唆される。このことは、A形結晶が、主にシート構造間のスタッキング作用のみで形成されていることを示しており、結晶構造内に3本の水素結合を有するB形結晶と比べて、結晶の不安定性を示しているものと考えられる。

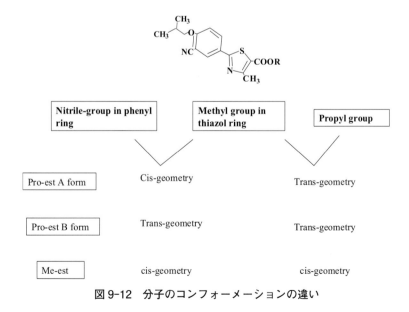

図9-12　分子のコンフォーメーションの違い

9.2.4 Me-est(CN)の析出挙動ならびに結晶構造

メチルエステル（Me-est(CN)）のエタノール中での溶解度は、Pr-est(CN)よりも低く、このため、初期濃度を10～14 mmol/Lの範囲で変化させ、298 Kでの晶析を行った。各初期濃度での、溶液濃度の経時変化を図9-13に示すが、Pr-est(CN)とは異なり、いずれの初期濃度でも、濃度が単調に減少し一定濃度に達する。このとき、いずれの濃度から得られた結晶も、XRDパターン（図9-14）が一致した。すなわち、メチルエステルの晶析実験においては、単一の構造を有する結晶のみが得られ、多形が現れないことを示している。

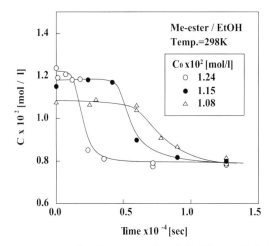

図9-13 Me-est(CN)のEtOH中の晶析過程での濃度変化

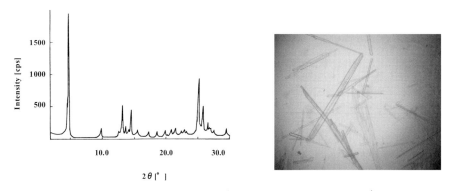

図9-14 Me-est結晶のXRDパターンと結晶のモルフォロジー

このメチルエステル単結晶の、X線構造解析の結果は、空間群が$P\bar{1}$、格子定数は a = 6.959 (14) Å、b = 7.253 (12) Å、c = 17.90 (3) Å、α = 81.96 (11)°、β = 82.81 (7)°、γ = 72.86 (9)°である。この結晶中での分子のコンフォメーションは、図9-15(a)に示すとおりであり、ベンゼン環のシアノ基とチアゾール環のメチル基、およびエステルのメチル基とチアゾール環のメチル基は、シスの位置関係にある。しかし、MOPAC計算によると、Me-est単分子では、エステルのメチル基とチアゾール環のメチル基は、トランスの配置のほうがエネルギー的に安定である。

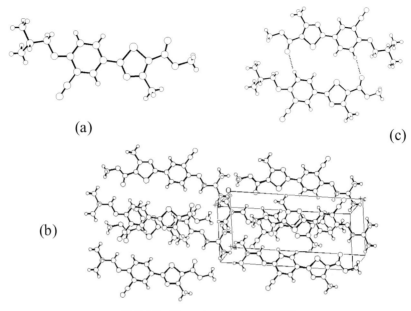

図9-15 Me-est(CN)の結晶構造

結晶構造を図9-15(b)に示すが、この結晶も、平面状に形成されたシート構造が、層状に重なるようにして構成されている。結晶中の2分子について着目すると、図9-15(c)に示したように、2つの分子が、お互いのエステルカルボニル基とベンゼン環の水素間で水素結合を形成し、ペアを形成していることがわかった。すなわち、メチルエステルの場合、これらの水素結合によって形成されたペア単位が、シート構造を形成している。この水素結合形成のために、メチルエステルのメチル基とチアゾール環のメチル基は、シス配置をとるものと考えられる。また、これらシート構造間にはπ-π相互作用が存在すると考えられる。

9.2.5 i-But-est(CN)多形の析出挙動ならびに結晶構造
(1) i-But-est(CN)の多形析出挙動

イソブチルエステルのエタノール中での溶解度はPr-est(CN)に近く、このため、晶析での初期濃度は21〜27 mmol/Lであり、Pr-est(CN)の場合に近い。このときの、溶液濃度の経時変化は、**図9-16**に示すように、初期濃度が24 mmol/L以上の高い場合は、それぞれ2段階の濃度減少が起こり、最終的に13 mmol/Lの一定濃度に達した。

一方、初期濃度が低い場合は、単調な濃度減少のみで、最終的に13 mmol/Lの値に達した。初期濃度26.5 mmol/Lでの晶析実験において、実験開始110分後と600分後にサンプリングした結晶について、XRDの測定を行った結果を**図9-17**に、FTIRの測定を行った結果を**図9-18**に示す。明らかに、結晶構造が異なる結晶が析出していることが分かる。FTIRスペクトルから、110分後に得られた結晶については、エステルカルボニル基に対応する吸収が1704.8 cm^{-1}であるのに対し、600分後に得られた結晶では、1716.3 cm^{-1}と、カルボニル基の吸収位置が、2つの結晶で異なることが認められる。このことも、2つの結晶における結晶構造の違いを示している。

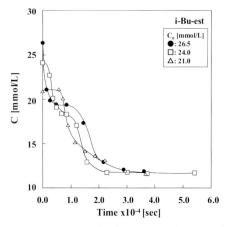

図9-16 i-But-est(CN)のEtOH中での晶析過程の濃度変化

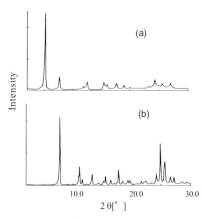

図9-17 110分(a)と600分(b)後に得られたi-Bu-est(CN)結晶のXRDパターン(C_0=26.5 mmol/L)

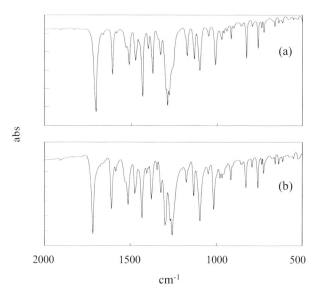

図9-18 110分(a)と600分(b)後に得られたi-Bu-est結晶のFTIRスペクトル(C_0=26.5 mmol/L)

したがって、初期濃度24.2 mmol/L、26.9 mmol/Lからの晶析では、Pr-est（CN）の場合と同様に、溶液媒介転移が起こっているものと考えられる。このため、i-But-est（CN）でも、準安定形を「A形」、安定形を「B形」と名づけた。図9-19は、この晶析過程で得られる結晶の顕微鏡観察結果を示したものである。これからわかるようにPr-est（CN）の場合に類似して、A形は針状で、B形はプリズム状をしている。図9-16において、最初の濃度減少で約19 mmol/Lの濃度に到達しているが、この濃度はA形の平衡濃度に対応すると考えられる。さらに、第2の濃度減少で、濃度13 mmol/Lに到達しているが、これは安定形であるB形結晶の、298 Kにおけるエタノールに対する溶解度を示しているものと考えられる。また、初期濃度21.5 mmol/Lからの晶析実験において、得られた結晶はB形のみであることが明らかとなった。したがって、

第9章 分子構造（置換基）と結晶構造ならびに多形現象の相関

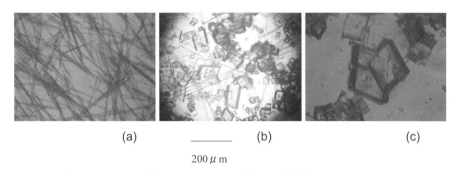

図 9-19　i-Bu-est 結晶の転移過程
(a) A 形の核発生と成長、(b) 溶液媒介転移過程、(c) B 形の成長

i-But-est（CN）でも Pr-est（CN）同様、オストワルドの段階則が成立しているものと考えられる。

(2) i-But-est(CN) 多形の結晶構造と分子のコンフォーメーション

イソブチルエステル（i-But-est(CN)）単結晶の構造解析データを、表9-1に示す。B 形と A 形結晶中におけるイソブチルエステルのコンフォーメーションを、図 9-20(a) および図 9-21(a) に示している。i-But-est(CN) では A 形、B 形結晶中の 2 つの分子は、末端イソブチル基の立体配座を除き、ほぼ同じコンホメーションであることが認められた。また、結晶中におけるイソブチルエステル分子は、Pr-est(CN) や Me-est(CN) の場合と同様に、ベンゼン環－チアゾール環－エステルで、平面を構成している。エステルのカルボニル基とチアゾール環のメチル基は、A, B 形ともにトランスの配置をとっている（図 9-22）。これは、バルキーなエステルの、イソブチル基との立体障害を回避するためと考えられる。

MOPAC による計算を行ったところ、他のエステル同様、トランス配置のほうがエネルギー的

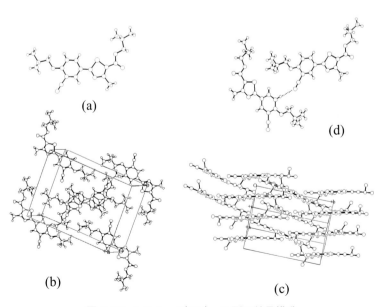

図 9-20　i-But-est(CN)　B 形の結晶構造

195

に安定であることがわかった。これは以下に述べるように、実際の結晶構造と一致する。イソブチルエステルのB形結晶の結晶構造を、図9-20に示す。結晶中における分子のベンゼン環、チアゾール環、プロピルエステルは、ほぼ平面に位置しているが、これらシート構造は互いに入り組んだ形をとり（図9-20(a)）、ベンゼン環とチアゾール環がスタッキングすることによって、結晶が形成されている。また、ベンゼン環上のシアノ基とチアゾール環上のメチル基、およびチアゾール環上のメチル基とエステルのイソブチル基は、それぞれシスとトランスの位置関係になっている（図9-22）。さらにB形結晶においては、シアノ基と隣接分子のベンゼン環水素間で、水素結合が形成されており、この水素結合を含む分子間相互作用によって、シート構造が構成されていると考えられる。

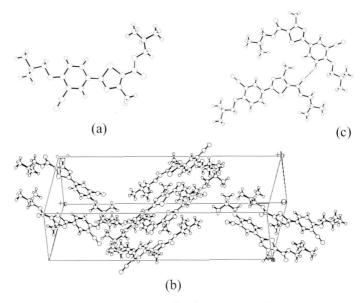

図9-21　i-But-est(CN)　A形の結晶構造

A形結晶中分子の、シアノ基とチアゾール環のメチル基、ならびにエステルのカルボニル基の間の位置関係についてみると、B形と同様である（図9-22）。しかし、図9-21(b)から、この結晶のパッキングの様式がB形とは異なり、ac平面上で波状に形成されたシート構造が、層状に重なるようにして構成されていることがわかる。これには、i-But-est(CN)の末端イソブチル基の立体配座が、多形間で異なることが関係することが考えられる。シート構造間では、π-π相互作用の存在が示唆された。また、シート構造内の2分子について着目すると、図9-21(c)に示したように、エステルカルボニル基と隣接する分子のベンゼン環の水素原子間で、水素結合が認められる。しかし、B形のようなシアノ基の関与した水素結合は、観察されない。このことは、FTIRのカルボニル基に対応する吸収が、B形結晶と比較して、A形結晶では12 cm^{-1}低振動数側にずれていることに関連づけられる。

第9章 分子構造（置換基）と結晶構造ならびに多形現象の相関

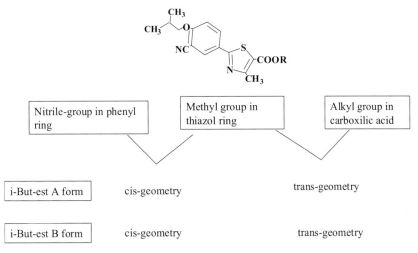

図 9-22　分子のコンフォーメーションの違い

9.2.6　アルキル基サイズ－結晶構造－多形現象の相関

　以上から、BPT エステルのアルキル基サイズにより、エタノール溶液中での多形現象には違いが現れた。すなわち、Pr-est(CN)、i-But-est(CN) では2種の多形の析出が観測されたのに対し、Me-est(CN) については、いずれの条件からでも単一の結晶のみが析出する。このように、Me-est(CN) では多形が観測されず、Pr-est(CN) と i-But-est(CN) で多形が現れる原因として、これらのエステルが、Me-est(CN) に比べて炭素数の増加により、分子のコンフォーメーションのフレキシビリティーが大きいこと、また立体障害が大きいことが考えられる。フレキシビリティーが大きければ、それだけ分子のコンフォーメーションの変化が可能になる。また、立体障害が大きければ、このために単純な安定構造はとり難くなり、分子のパッキングにさまざまな影響が出てくることが考えられる。さらに、メチルエステルでは、2分子間で、カルボニル基とベンゼン環の水素原子による水素結合を形成している。IR のカルボニル基の吸収波数が 1693 cm^{-1} であり、水素結合の観測される Pr-est(CN) や i-But-est(CN) の準安定形結晶と比べて、低振動数側にシフトしている。このことからも、Me-est(CN) では、強力な水素結合によって、分子がペアを組んでいると考えられるが、このペア分子の形成が、分子のフレキシビリティーを阻害し、結晶多形の出現を妨げていることも考えられる。また、Pr-est(CN)、i-But-est(CN) では、高過飽和度でのみ多形が現れることから、オストワルドの段階則が成立している。これら両者の過飽和度を比較すると、類似点が認められた。すなわち、いずれの場合も、初期過飽和比（初期濃度／B 形溶解度 (C_o/C_B^*)）が、約 1.86 以下では安定形のみが析出し、それ以上では準安定が析出する。準安定形の存在期間 (life time : L_t) は、溶液濃度減少の1段目の定常期間（濃度変化の肩の部分）で表わされるとすると、いずれの場合も、初期濃度 C_o とともに増加する。これは、A 晶量 ($C_o - C_A^*$) の増加によるものである。また、この L_t を比較すると、たとえば Pr-est(CN) の初期過飽和比が 2.24 では、L_t が 350 分、i-But-est(CN) の同様な過飽和比 (2.32) では 120 分であり、Pr-est(CN) のほうが長い。このことは、Pr-est(CN) よりも i-But-est(CN) のほうが、安定形の核発生速度が大きいことを示唆している。

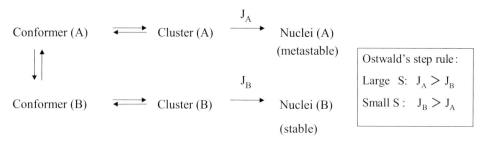

図9-23 溶存状態を考慮したBPT-est(CN)多形の核発生モデル

本系においても、溶液中での溶質のコンフォーメーションを考慮すると、図9-23に示すような核発生モデルが考えられる。このモデルによれば、溶液中A形とB形に対応するコンフォーマーが存在し、これらがクラスターを形成して核発生することにより、多形が析出すると考える。すでに得られた結果より、Pr-est(CN)とi-But-est(CN)の場合、低過飽和度においては、B形のコンフォーマーの存在あるいはB形クラスターの形成が優勢で、B形が核発生し析出する（$J_B > J_A$）。しかし、高濃度（高過飽和度）になると、溶質の分子間相互作用の増加により、A形のコンフォーマーの存在が誘起されるか、あるいはクラスターの形成においてA形構造を取りやすくなり、その結果A形の核発生が起こると考えられる（$J_A > J_B$）。これは、過飽和度（s）に依存して、核発生の速度過程が多形の析出を支配する場合を示している。これに対して、Me-est(CN)では、濃度による溶液中のコンフォーメーションの変化などはないものと考えられる。この観点から、Pr-est(CN)とi-But-est(CN)について、^{1}H-NMRの測定を重エタノール中で行った。過飽和度により分子間相互作用に違いが生じ、NMRスペクトルに変化が生まれることが期待される。しかし、図9-24に示すように、いずれの場合も、濃度によるNMRスペクトル

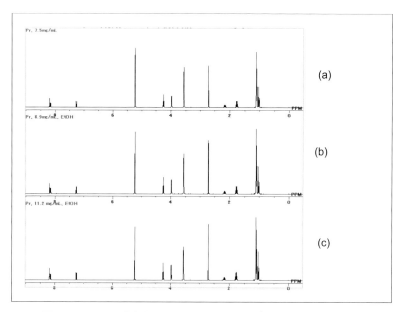

図9-24 EtOH中各過飽和度でのPr-estの^{1}H-NMRスペクトル
（7.5 g/L (a)、8.9 g/L (b)、11.2 g/L (c)）

第9章　分子構造（置換基）と結晶構造ならびに多形現象の相関

変化はほとんど観測することはできなかった。BPTエステルのような線状分子では、NMRを用いてコンフォーメーションの違いを検出することは、困難であることが推測される。

9.3　水素置換体（BPT-est(H)）の結晶構造と多形現象

　前節では、新たに合成したアルキル基サイズの異なるBPTエステル（BPT-est(CN)）を用いて、エタノール溶媒中での多形のモルフォロジー、析出現象、結晶構造などの相関性について検討を行った。ここでは、さらに分子構造中のCN基の多形現象に及ぼす影響を検討するため、先のエステルのシアノ基を水素で置換した3種のBPTエステル（BPT-est(H)）を合成し、同様の実験を行った[166]。これら水素置換体を「メチル」（Me-est(H)）、「プロピル」（Pr-est(H)）、「イソーブチルエステル」（i-But-est(H)）と称し、それぞれの分子構造を図9-25に示す。なお、これらの多形の析出挙動については、エタノール以外の溶媒についても検討を行っている。

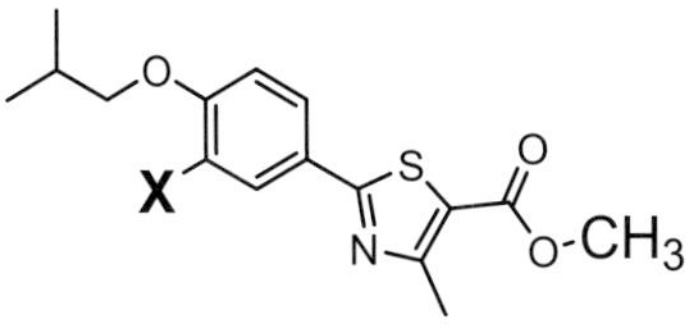

Me-est(H) (X=H)
Me-est(CN) (X=CN)

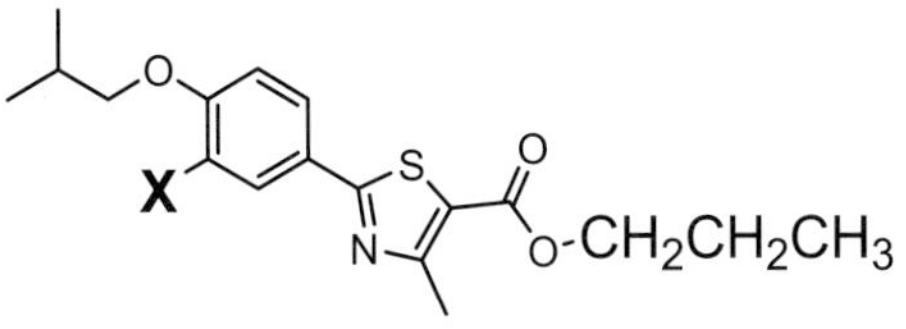

Pr-est(H) (X=H)
Pr-est(CN) (X=CN)

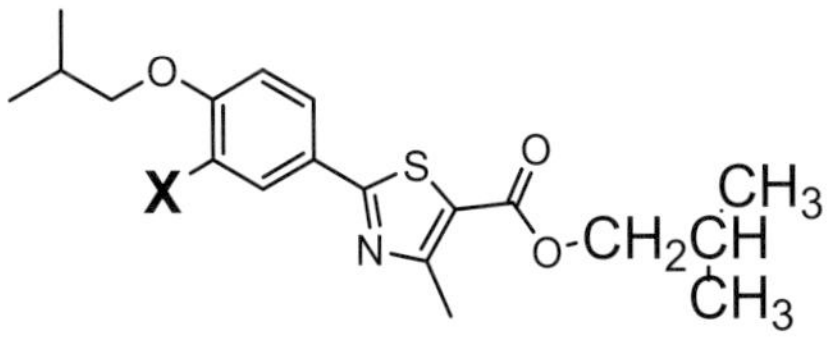

i-But-est(H) (X=H)
i-But-est(CN) (X=CN)

図9-25　BPT-est(CN)（X＝CN）とBPT-est(H)（X＝H）

9.3.1　BPT-est(H) の合成と実験方法

　メチルエステル（Me-est(H)：Methyl 2-(4-(2-metylpropoxy)-phenyl)-4-methyl-thiazole-5-carboxylate）は、2-(4-(2-metylpropoxy)-phenyl)-4-methyl-thiazole-5-carboxylic acidと炭酸カリウムのジメチルホルムアミド懸濁液中に、ヨウ化メチルを滴下して反応させ、得られた粗体を、エタノールから再結晶することによって得られた。プロピルエステル（Pr-est(H)：Propyl 2-(4-(2-metylpropoxy)-phenyl)-4-methyl-thiazole-5-carboxylate）、イソブチルエステル（i-But-est(H)：2-Methyllpropyl 2-(4-(2-metylpropoxy)-phenyl)-4-methyl-thiazole-5-carboxylate）も同様に、ヨウ化メチルの代わりに、臭化プロピル、臭化イソブチルを用いて合成した[166]。

　Me-est(H)、Pr-est(H)、i-But-est(H)の晶析実験は、それぞれのエステルの、メタノール（MeOH）、エタノール（EtOH）、そしてアセトニトリル（MeCN）溶液からの急速冷却法を用い

199

て実施した。シクロヘキサン（c-Hxn）も溶媒として用いたが、これらのエステルは溶解度が高いために使用できなかった。Me-est(H)、Pr-est(H)、i-But-est(H)をジャケット付きの晶析器内で溶解させ、前節と同様に、急速冷却法により冷却し晶析を行ったが、析出温度は、Me-est(H)とPr-est(H)については288 K、i-But-est(H)については298 Kとしている。結晶化が進行した後、スラリーをろ過して、ろ液はUV分析により溶液濃度を決定した。分離した結晶については、乾燥した後に粉末X線回折分析（XRD）（RINT2200（Rigaku））を行って、多形の検討を行った。また、結晶の熱分析をDSCにより行い、融点と融解熱を測定した。さらに、Rigaku R-AXIS（Cu-Kα）を用いて、単結晶の構造解析を行った。それぞれのエステルの溶解度の測定についても、前節同様に行っている。　データ収集にはRAXIS RAPID-S、構造解析にはSIR88を用いた。

9.3.2　Me-est(H)の晶析挙動と結晶構造

Me-est(H)の、EtOH溶液からの冷却晶析を実施した。晶析実験の初期濃度C_0は、0.30～0.37 mol/L（EtOH）としている。

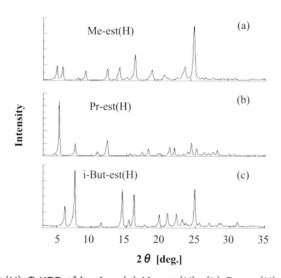

図9-26　BPT-est(H)のXRDパターン：(a) Me-est(H), (b) Pr-est(H), (c) i-But-est(H)

晶析実験で得られた結晶のXRDパターンは、図9-26(a)に示すとおりで、得られた結晶の回折パターンは全て一致し、多形の発現は認められない。そこで、本系では溶媒をメタノール（MeOH）、アセトニトリル（MeCN）に変えて晶析を行った。それぞれの初期濃度は、0.20～0.22 mol/L（MeOH）、0.54～0.57 mol/L（MeCN）である。この結果、いずれの溶媒でも多形は析出しないことがわかった。また、得られた結晶はいずれも針状を呈する（**図9-27**(a)にはエタノールから得られた結晶を示す）。さらに、単一結晶の構造解析を行ったが、全反射数3707に対してR値は0.1111であった。この結晶構造データを、**表9-2**に示す。

図9-28には、Me-est(H)の結晶構造と、結晶中における分子のコンフォーメーションを示す。結晶中の分子は、Me-est(CN)と同様に、ベンゼン環、チアゾール環、エステルが平面状に

第9章 分子構造（置換基）と結晶構造ならびに多形現象の相関

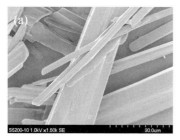

図 9-27 EtOH 中から得られた BPT-est(H) 結晶：(a) Me-est(H)，(b) Pr-est(H)，(c) i-But-est(H)

表 9-2 Me-、Pr-、i-But-est(H) の結晶構造データ

	Me-est(H)	Pr-est(H)	i-But-est(H)
a (Å)	5.7683 (19)	15.483 (7)	5.687 (7)
b (Å)	11.3522 (13)	7.404 (3)	12.733 (14)
c (Å)	13.5733 (9)	31.943 (14)	15.133 (16)
crystal system	triclinic	orthorhombic	triclinic
space group	P-1	Pbca	P-1
α (°)	92.946 (7)	90.0	68.69 (5)
β (°)	100.272 (5)	90.0	85.84 (8)
γ (°)	94.591 (6)	90.0	89.01 (6)
Z	2	8	2
Density (g/cm^3)	1.166	1.210	1.133

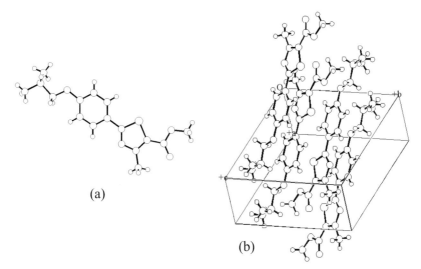

図 9-28 Me-est(H) の結晶構造：(a) 分子のコンフォーメーション、(b) パッキング構造

表 9-3 アルキル基ならびに官能基の位置関係

R	Me	Pr	i-But
A–B	Cis	Trans	Trans
B–C	Trans	Trans	Cis

配置するコンフォーメーションをとっている（図 9-28(a)）。イソブチルエーテル基（A）とチアゾール環上のメチル基（B）は、シスの位置関係にあり、チアゾール環上のメチル基（B）とエステルのメチル基（C）については、トランスの位置関係をとっている。これら置換基の相対的なジオメトリーの関係については、**表 9-3** にまとめた。また、Me-est(H) では、分子間での水素結合は観測されなかった。図 9-28(b) に示すように結晶は、シート状に広がった分子が層状に積み重なるようにして構成され、シート間では、π-π 相互作用によるベンゼン環とチアゾール環のスタッキングがみられた。

9.3.3 Pr-est(H) の晶析挙動と結晶構造

Pr-est(H) についても同様に、EtOH 溶液からの晶析実験を行った。初期濃度は 0.23〜0.33 mol/L（EtOH）である。晶析実験で得られた結晶の XRD 分析を行った結果、回折パターンは全て図 9-26(b) に一致し、多形の析出はみられなかった。これら結晶のモルフォロジーは、いずれも図 9-27(b) に示す針状である。そこで、この場合も溶媒を MeOH、MeCN に変えて晶析実験を行った。初期濃度は、0.13〜0.14 mol/L（MeOH）および 0.32〜0.40 mol/L（MeCN）である。しかし、いずれの溶媒、初期濃度においても、針状の同一の結晶が析出するのみで、多形の析出は観察できなかった。EtOH 溶液から得られた単結晶を用いて構造解析を行った結果を、表 9-2 に、また結晶中の分子のコンフォーメーション、および結晶構造を**図 9-29** に示す。結晶

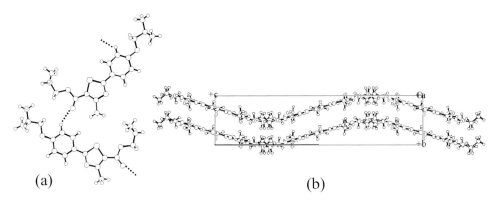

図 9-29 Pr-est(H) の結晶構造：(a) 分子のコンフォーメーション、(b) パッキング構造

中において、分子は Me-est(H) と同様に、ベンゼン環、チアゾール環、エステルが平面状になるようなコンフォーメーションをとっている（図 9-29(a)）。図 9-29(b) に示すように、分子はジグザグ状のシート構造を形成し、これが積み重なって結晶を構成している。シート構造内では、隣接する分子のカルボニル基とベンゼン環上の水素原子との間で、水素結合が存在するものと思われる（2 つの原子間の距離は 2.42 Å（図 9-29(a)））。

また、シート構造間では、π-π 相互作用の存在が示唆される。エステルのプロピル基（C）とチアゾール環のメチル基（B）とは、逆の方向を向いているが（表 9-3）、チアゾール環のメチル基（B）とイソブチルエーテル基（A）はトランスの位置関係になっている（Me-est(H) ではシスの位置関係にある）。また、エステルのプロピル基は、アルキル基が直線状に伸びず、折れ曲がって、巻き込むようなコンフォーメーションをとっている。

9.3.4　i-But-est(H) の晶析挙動と結晶構造

i-But-est(H) についても、MeOH、EtOH、MeCN 溶液からの晶析を行った。初期濃度はそれぞれ、0.10～0.12 mol/L（MeOH）、0.15～18 mol/L（EtOH）、0.16～0.20 mol/L（MeCN）である。得られた結晶の XRD パターンは、いずれも同一であった（図 9-26(c)）。したがって i-But-est(H) においても、Me-est(H)、Pr-est(H) と同様に、多形の析出は認められない。

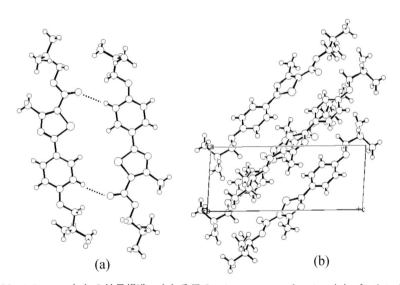

図 9-30　i-But-est(H) の結晶構造：(a) 分子のコンフォーメーション、(b) パッキング構造

結晶のモルフォロジーも、図 9-27(c) に示すように針状である。単結晶 X 線回折分析の結果は、まとめて表 9-2 に示している。図 9-30 に、結晶中の分子のコンフォーメーションと、結晶構造を示す。結晶中では、分子は、Me- および Pr-est (H) と同様に、ベンゼン環、チアゾール環、エステルが平面上にある（図 9-30(a)）。また、チアゾール環上のメチル基（B）は、エーテルのイソブチル基（A）に対してはトランス、エステルのイソブチル基（C）に対してはシスの位置関係をとっている（表 9-3）。図 9-30(b) に、結晶中の分子の配列を示すが、Me-est (H) と同

様に、シート状の分子が積み重なるようにして、結晶を構成していることがわかる。また、図9-30(a) に示したように、結晶中では2つの分子がペアを組み、この2分子間では、カルボニル基とフェニル基の水素との間で、水素結合が形成されている（2原子間の距離は2.62Å）。カルボニル基の極性は i-But-est が最も大きく、次いで Pr-est、Me-est の順と考えられる。分子ペアの形成は、このような強い水素結合によるものと考えられる。またこのことが、チアゾール環上のメチル基とエステルのイソブチル基がシス配置をとる原因と考えられる。

9.4 CN 基とアルキル基サイズが結晶構造と多形現象に及ぼす要因

以上から、Me-est(H)、Pr-est(H)、i-But-est(H) いずれにおいても、MeOH、EtOH、MeCN、すべての溶媒中で多形の析出は観察されなかった。これに対して、シアノ基を有するBPT エステル（CN）では、Me-est(CN) の場合は EtOH 中で多形は析出しなかったが、Pr-est（CN）、i-But-est（CN）では析出した。このことから、アルキル基サイズとともにシアノ基が、多形の形成に大きな役割を果たすことが明らかとなった。**表 9-4** に示すように Pr-est(CN)、i-But-est（CN）の安定形（B）では、シアノ基を介した水素結合が存在する。しかし、BPT エステル（H）ではシアノ基が存在しないため、カルボニル基の水素結合のみで、シアノ基を介する水素結合は存在しない。このシアノ基の水素結合が、多形形成の大きな要因として考えられる。Me-est(CN) では、分子にシアノ基が存在するが、カルボニル基を介した強固な水素結合（分子ペアが形成）があるのみで（表9-4）、シアノ基を介した水素結合は存在しない。分子のフレキシビリティーが低いことに加え、このことが Me-est(CN) で多形が現れない原因として考えられる。シアノ基はその強い水素結合性によって結晶の物性を変化させ、結果的に多形の発現に大きく関与するものと考えられる。

表 9-4　BPT エステル（CN）の水素結合

		Hydrogen bonding
Me-est（CN）		$>C=O$
Pr-est（CN）	A	–
	B	$>C=O, -C\equiv N$
i-But-est（CN）	A	$>C=O$
	B	$-C\equiv N$

9.5 BPT の多形現象における COOH 基の効果

以上、BPT エステル（BPT-est(CN)、BPT-est(H)）を用いて、結晶構造ならびに多形現象に及ぼすエステルアルキル基サイズと、シアノ基の影響に関する検討結果を紹介した。次章第10章では、BPT に関して、BPT エステルと同様の急速冷却法で晶析を行い、溶媒効果の検討を行っている。その中で得られたエタノール溶媒の結果を、BPT エステルの結果と比較することにより、BPT のカルボキシル基の多形現象への影響が明らかになると考えられる。そこで、ここで

はBPTのエタノール (EtOH) 中からの冷却晶析の結果を述べる。詳細は次章で述べるが、BPTエステルと同様に、BPTの溶液から298 Kで急速冷却法で晶析を行ったところ、初期濃度に関係なくエタノールの溶媒和物結晶が得られた。この組成はメタノール和物 (D形) と同様に、BPT・EtOHであるため、これを「D(EtOH)形」と呼ぶ。この結果から、BPTでは溶媒との相互作用がBPTエステルの場合よりも強く、このため溶媒和物が析出すると考えられる。この原因として、カルボキシル基の存在が考えられる。BPTエステルでは、カルボキシル基のエステル化により、溶媒との相互作用が弱まるために無溶媒和物が析出すると考えられる。その一方で、エステルのアルキルグループの存在によりフレキシビリティーが高くなり、Pr-est(CN)、i-But-est(CN)では多形が得られた。また、前節で述べたようにシアノ基の存在しないBPT-est(H)では、多形の析出はみられなかった。このことは多形現象において、シアノ基が大きな役割を果たすことを示している。これらエタノール溶液中からの析出挙動の結果を、図9-31にまとめた。また、これらの結果から、以下の結論が導かれた。

a. エステルのアルキル基がプロピル以上の分子量をもつと、多形が現れる (i-But-est(CN)、Pr-est(CN) > Me-est(CN))。これは、アルキルグループのフレキシビリティーと立体障害の増加によると考えられる。
b. シアノ基は、水素結合を介して安定形の安定性を増加させ、その結果多形の出現を促進する (i-But-est(CN)、Pr-est(CN))。
c. 溶媒との相互作用の強いカルボキシル基を有するBPTでは、エタノールとの溶媒和物は析出するが多形は現れない。すなわち、カルボキシル基は、この場合多形の析出を阻害する。

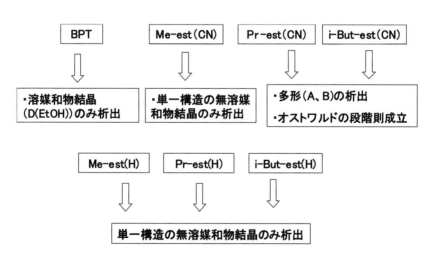

図9-31　BPTとBPTエステル結晶のエタノール溶液からの析出挙動

応用編

第10章 多形現象における溶媒効果ならびに分子構造との相関

　多形現象は、溶媒によって影響を受けることが一般に知られており[68,69,152,153]、この溶媒効果は、多形制御においてきわめて重要な因子の1つである。第4章図4-3に示したように、溶媒は溶質との分子間相互作用により、溶質のコンフォーメーション（コンフォーマー）や溶媒和構造などの溶存状態に大きな影響を与え、溶解度などの熱力学的平衡物性を変化させる。このことが支配的になって、多形の析出挙動を決定づける場合がある（熱力学的平衡因子が支配）。また、晶析は過飽和状態で操作されるが、溶媒により多形のクラスター形成、核発生、結晶成長などの速度過程が変化し、多形の析出挙動が支配される場合がある（速度因子が支配）。前章では、溶質の分子構造と析出する結晶の多形現象が関係していることを示したが、本章では、溶媒効果そのものがその分子構造によって変化し、それらの間には関連性のあることも明らかになった。このため、本章では溶媒効果の解説とともに、分子構造との関連性についても述べる。

　ここで、溶媒効果を取り扱うにあたり、溶媒の種類を変化させる場合と、異種溶媒の混合溶媒でその組成を変化させる場合がある。本章ではまず、L-ヒスチジン多形の析出や、転移挙動に及ぼす水-エタノール混合溶媒組成の影響について示すとともに、この現象が、L-ヒスチジン多形の核発生や成長速度に関連づけられることを、定量的に検討した結果を解説する[168]。先の第8章では、医薬であるBPTの多形ならびに溶媒和物結晶の熱力学的安定性や転移挙動が、溶媒組成により大きく変化することや、貧溶媒晶析での多形の析出挙動や制御因子について述べた。さらに第9章では、BPTのエステルを合成し、急速冷却法により晶析を行い、分子構造と結晶構造ならびに多形現象の間の関係について検討した。本章ではこれらの結果に引き続いて、BPTならびにBPTエステルの多形現象における溶媒効果のメカニズムや、分子構造との相関性について解説する[167,169,170]。たとえば、BPTエステルのアルキル基サイズにより結晶の物性が異なるばかりでなく、多形の析出挙動に及ぼす溶媒効果が変化する[169,170]。また分子構造中、シアノ基やカルボキシル基の存在が、多形の析出挙動や溶媒効果に大きく影響を与えることも認められた[166,167]。さらに、多形現象の溶媒効果のメカニズムを明らかにする目的で、各種溶媒中で転移、成長速度過程の解析を行い、多形析出の速度過程の検討も行った[171]。なお、本章では、晶析法を急速冷却法に統一して、これら溶媒効果の検討を行っている。得られた結果について、貧溶媒晶析法の場合の析出挙動との比較も行った。

10.1 L-ヒスチジン（L-His）多形の析出挙動における溶媒効果とメカニズム

　第5章5.2では、純水系でのL-ヒスチジン（L-His）多形の析出、転移挙動と制御因子につい

第 10 章　多形現象における溶媒効果ならびに分子構造との相関

て示した。一方、L–His 多形において溶媒である水にエタノールを添加すると、その析出挙動に溶媒組成が大きな影響を与えることが筆者らの検討で認められた[168]。これに関連して、Roelands ら[172] は、L–His 水溶液に貧溶媒であるエタノールを添加し、T 型混合器と攪拌槽を直列に連結した装置で、混合速度の影響などの検討を行っている。本節では、水-エタノール混合溶媒からの L–His 多形の析出、転移挙動ならびに成長速度へのエタノール組成の影響について、検討を行った結果を紹介する。

10.1.1　多形の析出および転移挙動における溶媒組成の影響

（1）　実験方法

　L–His 溶液にエタノールを体積分率（VOL）0.7 まで添加し、L–His 多形の析出挙動の検討を、293 K で行った。また、種結晶を用いて各多形の成長速度の測定を行った。これに用いた A 形結晶は 313 K での転移により（第 5 章 5.2）、また B 形結晶は、後で示すように 40％エタノール溶液からの晶析により、それぞれ純粋なものを得た。測定には 350 μm から 420 μm の間のふるい分けした種結晶を用いた。成長速度の測定は、L–His を溶解した溶液を急冷して、293 K に達したところで（所定の過飽和度で）、攪拌速度一定条件下で、所定量の種結晶を添加した。測定は 2 次核発生が起こらない条件下で、一定時間ごとに、懸濁液をサンプリングして結晶をろ過し、溶液については UV 吸光光度法で濃度変化を測定した。しかし、L–His の結晶は柔らかく、インペラーとの衝突などにより破砕されやすいので、破砕による形状変化などの誤差を避けるため、本実験では、ろ過後 100 個以上の結晶を選び重量を測定することによって、成長速度を求めた。

（2）　多形の析出および転移挙動

　エタノール体積分率（VOL）を、0 から 0.7 の範囲で変化させ晶析を行い、得られた結晶中の A 形組成（X_A^i）を測定した結果が、**図 10-1** である。縦軸のバーの長さは A 形組成のばらつきを表わしているが、X_A^i は、VOL が 0.2 以下では純粋系の場合と同様に 0.5 付近の値をとり、ほとんど変化しない。しかし、VOL の値がそれ以上になると X_A^i は急激に減少して、0.4 では純粋な B 形が得られることがわかる。また純粋系では、293 K において転移は約 3 日で終了していたが、エタノールが存在すると、**図 10-2** のように、エタノール分率とともに著しく減少する。**図 10-3** には、溶解度のエタノール分率への依存性を示している。多形の溶解度差は、エタノール分率とともに減少することがわかる。溶液媒介転移の転移過程における、準安定形の溶解速度も安定形の成長速度も、その推進力の最大値は溶解度差と考えられるので、転移速度が減少したのは、この溶解度差の減少によると考えられる。

　また、安定形である A 形の核発生は、エタノール分率とともに抑制されると考えられるので、このことも同時に寄与しているものと思われる。一方、図 10-1 の析出挙動と溶解度変化の間には、相関性はみられない。析出挙動は溶解度を反映したものではなく、エタノールが多形の核発生や成長速度を変化させたためであると考えられる。

207

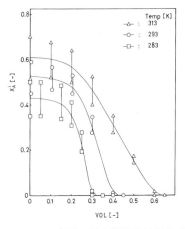

図10-1 L-His多形の析出挙動と溶媒組成（エタノール分率）の関係

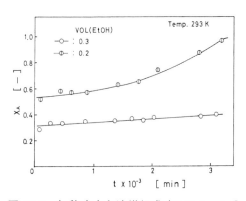

図10-2 転移速度と溶媒組成（エタノール分率）の関係

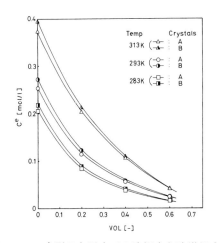

図10-3 L-His多形の各温度での溶解度と溶媒組成の関係

10.1.2 多形析出挙動と成長速度の相関
(1) 多形の成長速度の測定

多形の成長速度と溶媒組成の関係を検討するために、所定のふるい分けした種結晶（350〜420 μm）を50 mlの溶液中に150 mg添加して、293 Kで測定を行った。結晶を添加した後、懸濁液をサンプリングしてろ過し、溶液濃度と結晶重量の測定を行った。B形結晶の測定結果の典型例を、図10-4および図10-5に示している。溶液濃度は種晶添加後減少して、B形の溶解度に到達する（図10-4）。一方、結晶重量は時間とともに増加するが、L-His結晶はきわめて破損しやすく、形状を一定に保った成長は難しい。そこで、100個以上の破損していない結晶を選び、重量を測定した。図10-5には、1個あたりの重量変化を示している。これにより最終的には初期値の2倍以上に増加していることがわかる。この結果、成長過程で結晶の形状変化は小さく、したがってΔL法則（結晶成長が相似形を保ちながら進行する）が成立していると考えられる。またこの間、XRDにより、転移が進行していないことを確認している。

第10章　多形現象における溶媒効果ならびに分子構造との相関

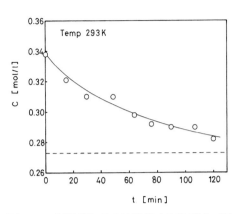 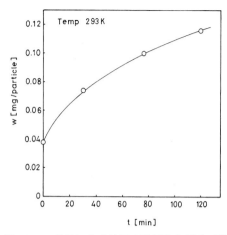

図10-4　種晶添加後の溶液濃度変化例（B形）　　図10-5　成長による結晶の重量変化例（B形）

ここで、体積 v の1個の結晶について着目し、その質量を w、密度を ρ_s とすると、次式の関係にある。

$$w = \rho_s v \tag{10-1}$$

この重量変化を測定することにより、次式から線成長速度（$G(L_b)$）が得られる。

$$G(L_b) = \frac{dL_b}{dt} = \frac{1}{3}\left(\frac{w}{\rho_s f^v}\right)^{-\frac{2}{3}}\left(\frac{dw}{dt}\right) \tag{10-2}$$

ただし、L_b は第5章図5-39で示した各多形の代表粒径、f^v は第5章(5-27)、(5-29)式で示した各多形の体積形状係数である。

ここで、多形の析出割合に対応する成長速度を比較するため、結晶形状は球形と仮定すると、全方位の平均線成長速度（G）は直径（L）の変化速度（dL/dt）として、次式で表わされる。ここでは成長速度（G）を、重量変化から求めた。

$$G = \frac{dL}{dt} = \frac{f_v^{1/3}}{\pi^{1/3}}\left(\frac{dL_b}{dt}\right) \tag{10-3}$$

次に、対応する過飽和度 ΔC および σ（相対過飽和度）は、溶液濃度を用いて次式で表わされる。

$$\Delta C = C - C^e, \quad \sigma = \Delta C/C^e \tag{10-4}$$

C^e は各多形の溶解度である。

(2) 多形の成長速度の過飽和度依存性と溶液濃度の関係

水溶液中で得られた、両多形の成長速度（G）と過飽和度の関係をプロットしたのが、**図10-6** である。同一過飽和度では、B形の成長速度の方がA形のそれよりも大きいことがわかる。また、A形は 0.02 mol/L 以下の低過飽和度では、ほとんど成長できないことがわかる。このこと

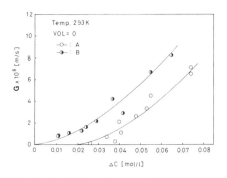

図 10-6　水溶液中での L-His 多形の成長速度と過飽和度（ΔC）の関係

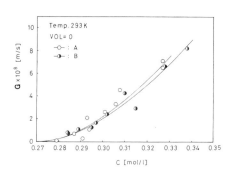

図 10-7　水溶液中での L-His 多形の成長速度と溶液濃度（C）の関係

は、図 10-3 の溶解度より転移の推進力の最大値（約 0.025 mol/L）においても、安定形の成長速度が小さいことを示している。

しかし、多形の成長速度を比較したとき、析出挙動には対応しない。これは、同一溶液中で準安定形の過飽和度が、安定形のそれよりも小さいことを無視したためであると考えられる。そこで、図 10-7 には成長速度を溶液濃度（C）に対してプロットした図を示している。この図より明らかなように、過飽和度を補正して同一溶液中での比較を行うと、A, B 多形の成長速度はきわめて接近した値となり、実際の析出挙動に対応したものとなる。ここで、成長実験での濃度（0.33 mol/L）は溶液中からの核生成を避けるため、図 10-1 の析出挙動の実験（0.4 mol/L）より低濃度域で行われている。しかし、両多形の成長速度の曲線はほぼ平行であるため、析出実験でもほぼ同様な値をとることが予測できる。さらに、この結果は溶液中の核発生速度も、多形間で同様の値を取ることを示唆している[168]。

(3)　多形の成長速度とエタノール組成の相関

図 10-8 および図 10-9 には、エタノール分率（VOL）が 0.2 と 0.4 の場合の、成長速度（G）と

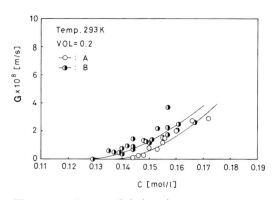

図 10-8　エタノール分率（VOL）0.2 での
　　　　　L-His 多形の成長速度と溶液濃度の関係

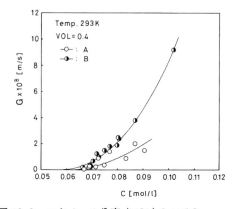

図 10-9　エタノール分率（VOL）0.4 での
　　　　　L-His 多形の成長速度と溶液濃度の関係

溶液濃度（C）の関係を示している。エタノール分率が 0.2 では、各多形の G と C の関係は、純粋系と同様にほぼ平行であるが、B の成長速度が A よりもわずかに大きい。この結果は、VOL が 0.2 の場合の析出挙動に一致している。また、A の成長速度は、転移の最大推進力（0.015 mol/L）においても非常に小さいことを示しており、このことは VOL が 0.2 で転移速度が小さいことの、大きな原因と考えられる。

VOL が 0.4 では、低濃度においては両多形の成長速度は接近しているが、濃度の増大とともに、B の成長速度のほうが A よりも大きくなる傾向がみられる。析出挙動実験の濃度（0.14 mol/L）領域は、成長実験での濃度（約 0.09 mol/L）よりも高い値であるので、析出実験の濃度領域では、B の成長速度がはるかに大きいと考えられる。一方、転移の最大推進力（0.002 mol/L）では、A の成長速度は無視しうるほどに小さく、このことが転移速度をきわめて小さくしている原因と考えられる。これらの結果は、多形の析出挙動や転移速度への溶媒効果が、多形の成長速度によって説明できることを示している。しかしながら、厳密にみれば図 10-9 において、VOL が 0.4 でも安定形である A 形結晶は、非常に遅いながらも成長している。これに対して、図 10-1 の多形の析出挙動においては、VOL が 0.4 では A 形の析出は認められない。このことから、VOL が 0.4 では、A 形の核発生が完全に抑制され、このため A 形の析出が認められないものと考えられる。

（4） 多形の成長速度の過飽和度依存性

以上では析出挙動と成長速度の関係をみるために、溶液濃度を基準として比較を行った。一方、各多形の結晶成長メカニズムを含めた比較を行うには、成長速度と過飽和度の関係をみる必要がある。しかし、エタノール分率（VOL）の溶液中では、溶解度が異なるため、溶解度として ΔC （$= C - C^e$）を用いることは不適切である。そこで、各多形の相対過飽和度（$\sigma = \Delta C / C^e$）を用いて成長速度を比較したのが、図 10-10 と図 10-11 である。VOL が 0 から 0.2 まで増加すると、成長速度は急激に減少するが、VOL の 0.2 から 0.4 の増加に対しては、少ししか成長速度は減少しないことがわかる。

G と σ の関係は、その成長メカニズムに依存する。A 形では、臨界過飽和度以上で成長が起

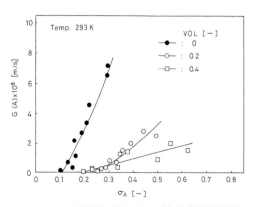

図 10-10　A 形成長速度（G(A)）と相対過飽和度の関係

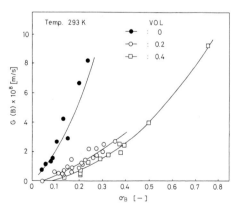

図 10-11　B 形成長速度（G(B)）と相対過飽和度の関係

211

こっており、2次元核生成が成長に関与することが推測される。一方B形では、臨界過飽和度の存在はあまり顕著ではなく、A形に比べて2次元核生成の関与は小さいことが想像され、A形とB形では成長メカニズムが異なることが予想される。

10.1.3 多形析出における溶媒効果のメカニズム

DaveyとMullin[173]は、結晶成長における溶媒効果には、2つのファクターがあることを述べている。すなわち表面エントロピー因子と、結晶表面への溶媒分子の吸着である。前者はα因子とも呼ばれ、表面でのステップ形成のエネルギーによって決まり、α因子の大きいほど成長には不利となる。また後者は、吸着した溶媒分子が溶質分子の表面拡散を阻害したり、キンク点をブロックすることにより成長を抑制するというものである。α因子は次式で表わされ、溶解度の減少（この場合VOL）とともに増加することを示している。

$$\alpha = \xi(\Delta H_f / RT - \ln x_s) \tag{10-5}$$

ここでΔH_fは溶解熱、x_sは溶解度、ξは結晶学的因子である。

この予測は、図10-10、図10-11のA形とB形結晶の成長速度とVOLの関係については、対応しているようにみえる。しかし、VOLとともにA形の成長速度が、B形に比べて急激に減少するような挙動については、α因子からは説明できない。これについては、結晶表面へのエタノールの吸着が関係していることも考えられる。すなわち、A形結晶表面へのエタノールの吸着が強いために、A形結晶の成長が優先的に抑制されたと予想される。しかし、一般的には溶解度が大きいほど吸着は強いことが考えられ、この点からすれば、この結果は矛盾している。L-His多形の各単結晶を用いて、筆者らが結晶軸を決定した結果を、**図10-12**に示す。c軸方向は、成長速度が低く両多形間であまり差はなく、溶媒効果は現われ難いと考えられる。a軸、あるいはb軸方向の成長速度で溶媒効果が現れ、多形間の成長速度に差が生じるものと考えられる。特にa軸方向の成長速度は大きく、L-Hisのカルボキシル基とエタノールの水酸基を介した水素結合強度が、B形では大きく、これがa軸方向の成長を阻害して、溶媒効果の原因となることも考えられる。

先に、エタノールはA形の核発生も抑制することを述べたが、溶液中のコンフォーマーの存

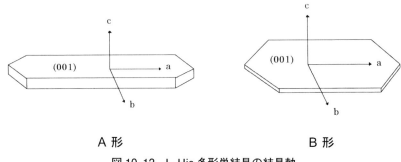

図10-12　L-His多形単結晶の結晶軸

第10章　多形現象における溶媒効果ならびに分子構造との相関

在も原因として考えられる。すなわち、エタノールの存在によって、Ａ形コンフォーマー濃度は
Ｂ形のそれよりも減少し、このため、Ａ形の核発生が減少する。このようなコンフォーマー濃度
の違いは、成長速度にも影響することが考えられるので、Ａ形の成長速度もＢ形に比べて減少
することが予想される。また、一般に成長過程では溶媒和エネルギーが大きく関与することが知
られているが、Ａ形のエタノールとの溶媒和エネルギーが大きく、成長速度を減少させることも
考えられる[69,168]。したがって、L-His多形の核発生挙動における溶媒効果においても、熱力学的
平衡因子が大きな役割を果たすものと考えられる。

10.2　BPT多形の析出における溶媒効果とメカニズム（冷却晶析）

　第8章ではBPTの貧溶媒晶析を行ったが、貧溶媒晶析では時間経過とともに溶媒組成が変化
する。このため、BPTの多形の析出に及ぼす溶媒効果を厳密に検討するには、同一温度で、各
純溶媒中で晶析を行うほうが明確になる。そこで本章では、BPTの溶媒効果について、急速冷
却法で晶析を行った[167]。晶析温度は298 Kとし、溶媒としてメタノール（MeOH）、エタノール
（EtOH）、1-プロパノール（1-PrOH）、2-プロパノール（2-PrOH）、アセトニトリル（MeCN）を
用いた。また、これら純溶媒に種々の組成で水を添加した混合溶媒中でも、同じ晶析を行い検討
を行っている。メタノール-水混合溶媒系に関しては、第8章8.1で、特に溶解度と転移挙動に
及ぼす溶媒組成の影響について述べている。急速冷却法の初期濃度は、各溶媒中で、あらかじめ
核発生の待ち時間測定を行うことにより決定した。すなわち、いずれも自然核発生が起こらない
濃度条件下で、実験を行った。晶析過程での濃度変化は、UV吸光光度法により測定し、最終到
達濃度から溶解度を決定した。析出した結晶については、XRD（RINT2200（Rigaku））、SEM観
察、熱分析、固体FTIRの測定を行った。また、溶液中の分子間相互作用に関して、溶液FTIR
（Spectra BXII（Perkin Elmer））、^{1}H-NMR（JEOL JNM AL-400（399.65 MHz））、内部標準物質：
四メチルシラン）などの測定も行った。

10.2.1　各純溶媒からの析出における溶媒効果
（1）　メタノール、エタノール溶媒中での多形の析出挙動
　実験では、各溶媒中であらかじめ待ち時間を測定し、急速冷却法の濃度範囲を決定した。メタ
ノールを溶媒として用いたときの、各種濃度のBPT溶液の待ち時間 τ を測定した結果を、**図
10-13**に示す（以後の実験の待ち時間測定結果は省略する）。この結果から、初期濃度を0.03～
0.04 mol/Lに設定し、急速冷却法により298 Kで晶析を行ったときの晶析過程の濃度変化を、**図
10-14**に示す。核発生の後、濃度は減少するが、いずれの場合も同一濃度に落ち着くことがわか
る。

　XRD測定より、いずれの場合も**図10-15**の同一のパターンが得られ、多形の析出は認められ
なかった。図10-15のパターンは、第8章で述べた、貧溶媒晶析で得られたメタノール和物であ
るＤ形と一致する。この結晶の熱分析（TGA）による測定結果を、**図10-16**に示しているが、
370 K付近に9.2%の重量減少がみられ、これにより、メタノールはBPTに対して、モル比で1.0

213

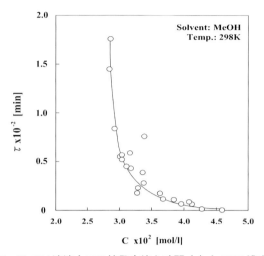

図 10-13　MeOH 溶液中での核発生待ち時間（τ）と BPT 濃度の関係

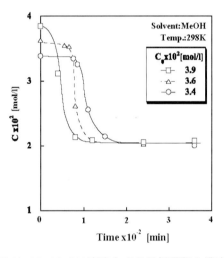

図 10-14　MeOH 溶液中での晶析過程の濃度変化

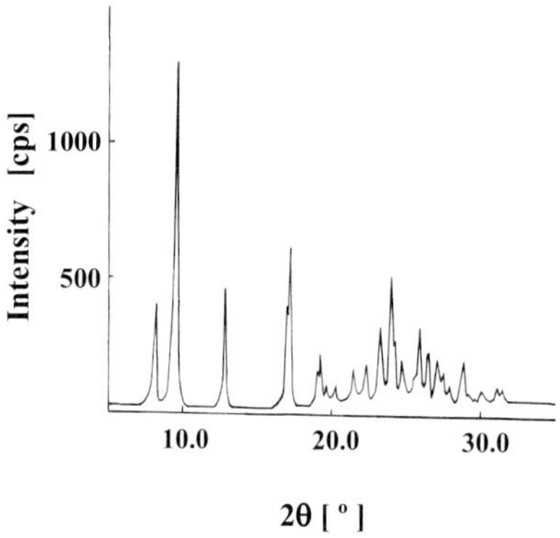

図 10-15　MeOH 溶液中で得られた結晶の XRD パターン（晶析開始後 360 分）

で結合していることがわかる。また、図 10-17 の DSC 曲線において、約 370 K に吸熱ピークがあるが、これは TGA の重量減少に対応しており、メタノールの脱離によるものである。さらに DSC では、474 K と 482 K に 2 つの吸熱ピークが観測されるが、その間に小さな発熱ピークがみられる（これについては後述する）。また、最終的に得られた平衡濃度から、メタノール中の D 形の溶解度（C^*）として 2.03×10^{-2} mol/L が求まった。前章で、水-メタノール混合溶媒（V_{MeOH} = 0.7）で、D 形の安定性は温度低下とともに増加することを示したが、純メタノール溶液中でも転移は起こらず、D 形が最も安定形であることを示している。

次に、エタノール溶液中で、同様の待ち時間の測定ならびに晶析実験を行うと、図 10-18 に示すように、BPT 濃度はメタノールの場合と同様に単調に減少して、初期濃度によらず一定濃度に到達した。晶析開始 250 分後に得られた結晶の XRD パターンは、いずれも図 10-19 に示す

第10章　多形現象における溶媒効果ならびに分子構造との相関

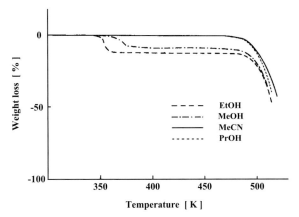

図 10-16　各溶媒中で得られた結晶の TGA 曲線

とおりであり、この場合も、1種類の結晶構造しか析出しないことを示している。この結晶のTGA曲線を測定すると、350 K付近に12.6％の重量減少が認められる（図 10-16）。このことから、この結晶はEtOH和物であり、EtOH分子のBPT分子に対するモル比は1.0と考えられる。この結晶のXRDパターンを、メタノール和物のもの（図 10-15）と比較すると、類似していることがわかる。このことから、結晶構造はメタノール系でのD形（以後「D(MeOH)」と呼ぶ）に類似していると考えられ、この結晶「(D(EtOH))」と称する）は、D(MeOH)のメタノール分子をエタノール分子で置換したものであると推測される。また、図 10-18より、D(EtOH)の溶解

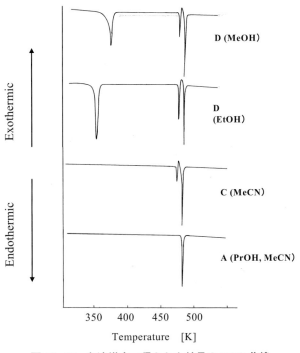

図 10-17　各溶媒中で得られた結晶の DSC 曲線

度は $C^* = 3.40 \times 10^{-2}$ mol/L と考えられ、メタノール溶液中 D(MeOH) の溶解度の、約 1.5 倍であることがわかった。

さらに、TGA と DSC の熱測定から、EtOH 分子の脱離温度は、MeOH 分子よりも 20 K ほど低温であり（図 10-16、図 10-17）、BPT-EtOH 分子間相互作用のほうが、BPT-MeOH 分子間相互作用よりも小さいものと思われる。さらに、D(EtOH) は大気中で、約 60 時間で BH 形に転移し、D(MeOH) の BH 形への転移よりも、はるかに速度が大きいことがみられた。この転移メカニズムはいずれの場合も、大気中でアルコール分子を放出して、代わりに水分子を吸収し（分子交換）、BH 形に転移すると考えられる。転移速度の違いは、結晶中のアルコール分子と BPT 分子の間の、相互作用を反映したものと考えられる。また、融点付近で、D(EtOH) も D(MeOH) とほぼ同一の 2 つの吸熱ピークと小さな発熱ピークが観測されることに着目される。

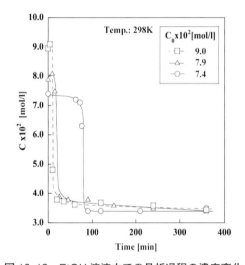
図 10-18 EtOH 溶液中での晶析過程の濃度変化

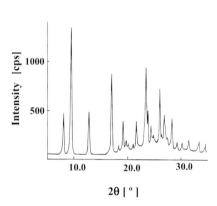
図 10-19 EtOH 溶液中で得られた結晶の XRD パターン

(2) 1-、2-プロパノール溶媒ならびにアセトニトリル溶媒中での析出挙動

1-プロパノール溶媒（1-PrOH）を用いた溶液中の晶析過程での、溶液濃度変化を図 10-20 に示す。溶液濃度はいずれの初期濃度でも、単調に減少して一定濃度に落ち着き、XRD パターンはいずれの場合も、図 10-21 のパターンに一致する。この XRD パターンは、得られた結晶が A 形であることを示している。2-プロパノール（2-PrOH）溶液中でも、同様の実験を行ったが、溶液濃度変化（図 10-22）ならびに XRD パターンは、いずれも 1-プロパノールとほとんど同一の結果が得られている。また、これらの実験結果から、1-、2-プロパノールの溶解度（C^*）を求めると、それぞれ 5.05×10^{-2} および 4.50×10^{-2} mol/L となり、1-プロパノールの溶解度のほうがわずかに高いことが認められた。

また、以上の結果より、1-、2-プロパノール溶媒中では、メタノールやエタノール溶液とは、多形の析出挙動が大きく異なることが見出された。このことは同じアルコールグループであっても、多形の核発生に及ぼす BPT と溶媒分子の相互作用が、前者と後者のグループでは大きく異

第 10 章　多形現象における溶媒効果ならびに分子構造との相関

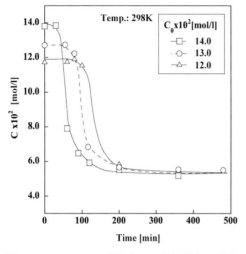

図 10-20　1-PrOH 溶液中での晶析過程の濃度変化

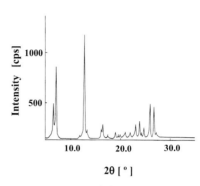

図 10-21　1-PrOH 溶液中で得られた結晶 XRD パターン

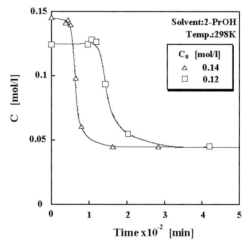

図 10-22　2-PrOH 溶液中での晶析過程の濃度変化

なることを示している。すなわち、前者では、BPT と溶媒の分子間相互作用（水素結合力）は小さく、溶媒和物結晶は析出しない。一方後者では、その分子間相互作用力は大きく、溶媒和物結晶（D 形）が析出すると考えられる。さらに、アセトニトリル溶液中から晶析を行った場合の、溶液濃度変化ならびに得られた結晶の XRD パターンを、図 10-23、図 10-24 に示す。この場合も多形の析出はないが、XRD 測定結果から、析出する結晶は C 形であることが判明した。ただし、時に A 形が析出することがあり、このときは C 形に容易に転移することが認められる。最終的に到達する溶液濃度から、MeCN 中の C 形と A 形の溶解度は、それぞれ 0.80×10^{-2} mol/L、および 1.2×10^{-2} mol/L となり、C 形が安定形であることが確認された。

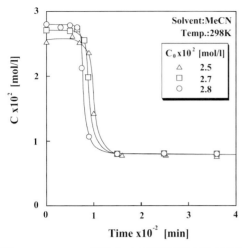
図 10-23 MeCN 溶液中での晶析過程の濃度変化

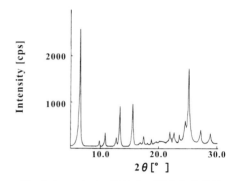
図 10-24 MeCN 溶液中で得られた結晶のXRD パターン

(3) BPT 多形析出挙動と溶媒―溶質分子間相互作用

以上の結果より、1-, 2-PrOH と MeCN 溶液中からの析出挙動は、D 形が析出した MeOH と EtOH 溶液中からの析出挙動とは、大きく異なることが見出された[167]。この事実は、BPT と溶媒分子間相互作用が、多形の核発生挙動を決定することを示している。1-、2-PrOH および MeCN 溶液中では、BPT と溶媒分子間相互作用（水素結合が主と考えられる）はそれほど大きくなく、このため、非溶媒和物である A 形または C 形それぞれが析出する。一方、MeOH と EtOH 溶液中では BPT と溶媒分子間の相互作用が大きく、溶媒和物である D 形が析出すると考えられる（図 10-25）。

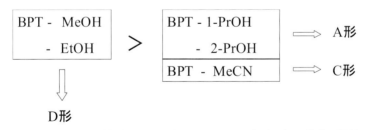
図 10-25 BPT 溶質-溶媒分子間相互作用と結晶多形の析出挙動の関係

298 K での各溶媒の誘電率（極性）についてみると、それぞれ 32.6（MeOH）、24.6（EtOH）、10.3（PrOH）、38.8（MeCN）である。BPT では、極性とともに溶解度は減少する。また、極性の大きい水酸基を有する溶媒ほど、結晶中で水素結合を形成しやすく、溶媒和物が析出する傾向にあると考えられる。

(4) DSC 曲線における固相転移のメカニズム

A 形と C 形の DSC 測定結果は、図 10-17 に示すとおりである。A 形では、482 K に融解によ

る吸熱ピークがあるのみであるが、C 形では、融解と考えられる大きな吸熱ピークの前に、吸熱ピークと小さな発熱ピークが観察される。大きな吸熱ピークは、A 形の融解と一致することから、その前の吸熱と発熱ピークは、C 形から A 形への融液媒介転移によると考えられる。すなわち、まず C 形が融解し、その融液中から A 形が析出し、さらに温度が上昇することにより A 形が融解する。この結果は、A 形が高温安定形であることを示している。さらに、先に示したように、D(MeOH) 形と D(EtOH) 形の融点付近の DSC 曲線は、ほぼ同一である。このことから、いずれの D 形もアルコール分子を放出した後、同じ C 形構造に転移し、さらに融液媒介転移により、A 形に転移して融解するものと考えられる。

(5) 異なる溶媒中での BPT の FTIR スペクトル

すでに、第 8 章 8.1 で、BPT 多形の固体の FTIR スペクトルについて述べた。ここでは、薄層セルを用いて各溶媒中での BPT の FTIR 測定を行い、固体の FTIR スペクトルとの比較を行った。図 10-26(a)、(b) では、MeOH、EtOH、1-PrOH および 2-PrOH の溶媒のみのスペクトルと、BPT を溶解した各溶液のスペクトルの比較を行っている。MeOH の場合は、溶媒の吸収があまりにも大きく、BPT の吸収を見分けることが困難である（図 10-26(b)）。しかし、1-Pr-OH と 2-Pr-OH では、矢印で示すカルボニルの強い吸収が 1683 cm^{-1} 付近に認められる（図 10-26(a)）。これは、固体の FTIR でみられた A 形の吸収に近いことから、1-Pr-OH と 2-Pr-OH 溶液中でも、BPT のカルボニルは、A 形結晶に類似の配座をとっていることが示唆される。一方、EtOH 溶液中では、矢印で示すように 1687 cm^{-1} と 1714 cm^{-1} の 2 つのカルボニルの吸収がみられる（図 10-26(b)）。これは、固体の FTIR で測定された D(MeOH) 形の吸収と同様である。D

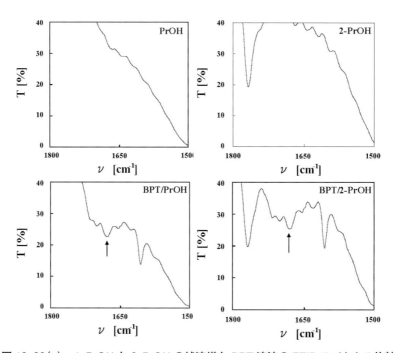

図 10-26(a)　1-PrOH と 2-PrOH の純溶媒と BPT 溶液の FTIR スペクトル比較

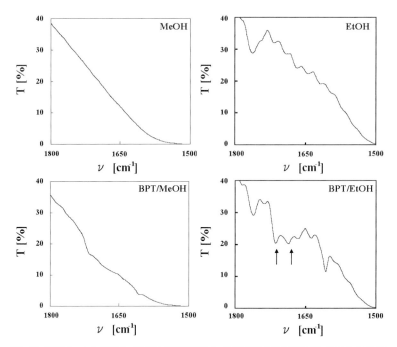

図 10-26(b)　MeOH と EtOH の純溶媒と BPT 溶液の FTIR スペクトル比較

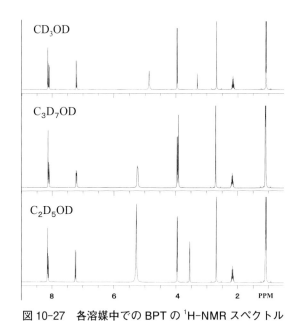

図 10-27　各溶媒中での BPT の ¹H-NMR スペクトル

(EtOH) と D(MeOH) が同様の構造をとっていると考えると、MeOH、EtOH 溶液中では、D 形結晶のカルボニル基の配座に近い構造をとっていることが推測される。これに関連して、重水素化 MeOH, 2-PrOH、EtOH 溶媒中で、¹H-NMR の測定を行った（図 10-27）。しかし、BPT 分子のコンフォーメーションの違いを示す証拠となるような、ケミカルシフトを検知することはできなかった。この結果からも、¹H-NMR の測定によって、溶液中でのコンフォーメーションの違

第10章　多形現象における溶媒効果ならびに分子構造との相関

いを検知することは、困難と思われる。

10.2.2　混合溶媒からの析出における溶媒組成の影響

　前節では、BPTの析出挙動に及ぼす溶媒効果の検討を、純溶媒中で行った。本節は、先の純溶媒に貧溶媒である水を徐々に添加した溶液から、同一温度で同様の方法で晶析を行った場合の、多形の析出挙動についての検討結果を示す。第3章3.4では、溶媒和物結晶の相対的な熱力学的安定性が、溶媒の活量、すなわち溶媒の混合組成が関係することなどを示した。以下には、徐々に貧溶媒の割合を増加させ、溶媒組成と溶媒和物結晶の析出挙動や、安定性の関連についての検討を行ったところ、各溶媒で臨界組成の存在が認められたので、これらの結果を紹介する。

（1）　メタノール－水系からの析出

　BPTのMeOH-H$_2$O系での溶解度と転移挙動が、メタノール組成により変化すること、また1段階で起こる転移と2段階で起こる転移挙動の違いが、その準安定形と安定形のケミカルポテンシャルの差で説明できることなどを、第8章8.1で示した。また、メタノール組成の増加および温度の低下により、溶媒和物のD形の安定性が増し、313 Kでメタノール体積分率0.7では、D形が優先的に析出することなども示した。ここでは、混合溶媒組成の影響をみるため、298 KでMeOHに水を種々の体積分率（V$_w$）の割合で添加し、初期濃度を変化させて、純粋溶媒と同様に晶析を行った。この結果、水組成V$_w$が0.3までは、いずれの水組成、初期濃度においても、純MeOHの場合と同様に、D（MeOH）が析出することが観察された。ただし、まれにBH形がD形とともに析出することもあるが、この場合には、BH形がD形に速やかに転移する。しかし、水組成V$_w$がこの臨界組成以上になると、BH形が優先的に析出する。D形とBH形の水体積分率0.3（V$_w$ = 0.3）での溶解度は、それぞれ1.7×10^{-3}と2.3×10^{-3} mol/Lであり、D形が安定形であることが確かめられた。これらの結果は、第8章の313 Kでの結果と同様であり、メタノール－水溶液の組成（V$_w$）が、少なくとも臨界組成の近辺までは、298～313 Kの温度範囲でD形が安定形であることを示している。

（2）　1-プロパノール－水系からの析出

　1-PrOHを溶媒として、体積分率V$_w$の0.3まで水を添加して、同様に晶析を行った。この結果、初期濃度に依存せず、V$_w$が0.05（臨界組成）までは、純1-PrOHの場合と同じA形が析出することがわかった。しかし、それ以上の水存在下では、BH形が優先的に析出することが認められた。このことは、1-PrOH系では、わずかの水の添加（V$_w$ = 0.05）によっても、多形の核発生挙動に変化が引き起こされることを示している。このような水の影響との関係を検討するため、溶解度を298 Kから318 Kの間で測定した結果を、**図10-28**に示す。縦軸はA形の溶解度、横軸は1-PrOH中水の体積分率V$_w$を示している。V$_w$の増加に伴い、最初はBPTの溶解度が増加することがみられるが、V$_w$が0.05～0.1を境にして、溶解度は減少に転じることがわかる。我々は、このような溶解度の挙動が、BPT分子を囲む溶媒和構造を反映しているものと推測している。V$_w$が約0.05以下では、BPT分子の1-PrOHによる溶媒和が支配的であるが、V$_w$の増加と

221

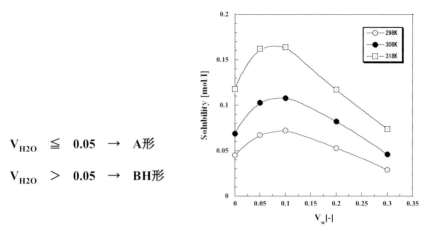

$V_{H2O} \leqq 0.05 \rightarrow$ A形

$V_{H2O} > 0.05 \rightarrow$ BH形

図 10-28　1-PrOH-H$_2$O 混合系での析出挙動および A 形の溶解度と水組成（V$_w$）の関係

ともにその溶媒和構造が壊れ、水分子の溶媒和構造が強くなると推測される。このため、A 形の核発生から BH 形の核発生へと、変化するものと考えられる。

(3)　アセトニトリル-水系からの析出

　MeCN でも、体積分率（V$_w$）0.3 まで水を添加して晶析を行ったところ、初期濃度に依存せず、V$_w$ が 0.10（臨界組成）までは、純 MeCN の場合と同様に C 形が析出することが認められた。また、それ以上水を添加した場合には、BH 形が優先的に析出した。一方、各溶媒組成での C 形の溶解度を測定した結果を、図 10-29 に示す。BPT の溶解度は 1-PrOH の場合と同様に、V$_w$ が 0.10 までは増加することがみられ、その後は減少に転じる。MeCN 中でも、V$_w$ が約 0.1 以下では、BPT 分子の MeCN による溶媒和が支配的であるが、V$_w$ の増加とともに水分子の溶媒和構造が強くなり、このため C 形の析出から BH 形の析出へと、変化すると考えられる。

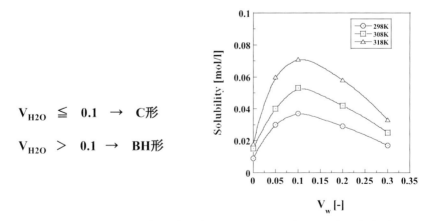

$V_{H2O} \leqq 0.1 \rightarrow$ C形

$V_{H2O} > 0.1 \rightarrow$ BH形

図 10-29　MeCN-H$_2$O 混合系での析出挙動および C 形の溶解度と水組成（V$_w$）の関係

10.2.3 析出挙動に及ぼす溶媒効果のメカニズム

以上に示したように、BPT 多形（溶媒和物を含む）の析出挙動は、溶媒の種類あるいは水との混合組成によって決定的な影響を受ける。過飽和溶液の FTIR の測定結果からも、温度、溶媒によって決まるコンフォーメーション、溶媒和構造などの熱力学的平衡状態が、析出する多形構造を支配していると考えられる（熱力学的平衡因子が支配的）（第 4 章参照）。ただし、これら析出する構造は、必ずしも熱力学的に最も安定な結晶構造とは限らないことに注意すべきであろう。溶液中の溶質の溶存状態と、析出結晶構造に関連しては、たとえば Gracin と Rasmuson[174] は、p-アミノ安息香酸多形の晶析において、準安定な α 形の析出が、溶液中でのカルボン酸の水素結合に伴う 2 量体形成が原因であることを報告している。一方、Vrcelj と Sherwood ら[175] は、シンクロトロン放射光を用いて、2,4,6-トリニトロトルエン多形の結晶下において溶液構造と結晶構造の関連性を調べた結果、直接的な関係は認められず、むしろ析出過程の速度が原因とした推測を行っている。

10.3 BPT エステル多形の析出挙動への溶媒効果と分子構造との相関

第 9 章 9.2 では、新規に合成した 3 種の BPT エステル（Me-est(CN)、Pr-est(CN)、i-But-est(CN)）を用い、分子構造の中でアルキル基分子サイズやシアノ基が、析出する結晶構造や多形現象にどのような影響を与えるか、検討を行った。ここでは、各種溶媒中でこれらエステルの多形現象について実験を行い、溶媒効果を明らかにするとともに、溶媒効果と分子構造との相関性について、検討を行ったので紹介する[169, 170]。溶媒としては、プロトン溶媒であるエタノールに対して、非プロトン極性溶媒であるアセトニトリル（MeCN）、非極性溶媒であるシクロヘキサン（c-Hxn）を用い、急速冷却法により 298 K での晶析を行った。これらの溶媒の物性値を、**表 10-1** に示す。

表 10-1 溶媒の種類と物性

	Formula	Depole moment μ/D^*	Ralative permitivity ε_r (293 K)
Acetonitorile（MeCN）	CH_3CN	3.925	37.5
Ethanol（EtOH）	C_2H_5OH	1.441	24.6 (298K)
Cyclohexane（c-Hxn）	C_6H_{12}	0.332	2.02

10.3.1 アルキル基サイズの異なる BPT エステル多形の各種溶媒中での析出挙動

（1） Pr-est(CN) のアセトニトリルおよびシクロヘキサン中からの多形析出挙動

第 9 章の BPT エステルの晶析では、溶媒をエタノールに限定して実験を行ったが、ここではアセトニトリル（MeCN）、シクロヘキサン（c-Hxn）溶媒を用いて晶析を行い、比較検討した。プロピルエステル（Pr-est(CN)）のアセトニトリルからの晶析実験は、前節同様に核発生待ち時

間の測定を行い、初期濃度 Co の範囲を 45～55 mmol/L とした。323 K から 298 K までの急速冷却で晶析を行ったときの、溶液濃度の経時変化を、図 10-30 に示す。いずれの濃度においても、ある一定時間後に濃度が減少した後に、一定濃度に達した。このとき、すべての条件で、晶析 1000 分後に結晶をサンプリングし、XRD（図 10-31）と FTIR を測定したところ、いずれの濃度からの結晶も XRD、FTIR のピークパターンが B 形のものと一致した。すなわち、アセトニトリルからの晶析実験では、初期濃度 45～55 mmol/L のいずれの初期濃度（過飽和度）でも、安定である B 形結晶しか析出せず、したがって多形は得られないことがわかった。

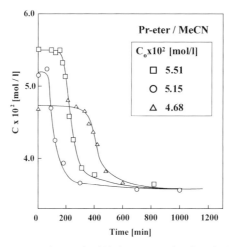

図 10-30 アセトニトリル（MeCN）溶液中、Pr-est(CN) の析出過程での濃度変化

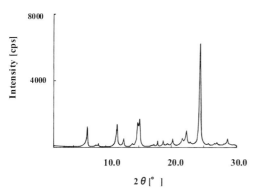

図 10-31 MeCN 中から得られた Pr-est(CN) の B 形結晶

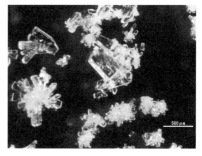

図 10-32 Pr-est(CN) 結晶（B 形）の顕微鏡写真

また、最終到達濃度から、B 形の MeCN 中での溶解度（C_B^*）は 35.4 mmol/L と決定され、晶析における初期過飽和度（$S=C_o/C_B^*$）は 1.32～1.56 の値となる。また、MeCN より得られた Pr-est の B 形結晶は、図 10-32 の顕微鏡写真にみられるようにプリズム状であり、先に EtOH 中より得られた B 形結晶に類似しているが、厳密には多少異なっている。

シクロヘキサンの場合は、MeCN よりも溶解度が低いため初期濃度（Co）も低濃度とし、16～

第10章 多形現象における溶媒効果ならびに分子構造との相関

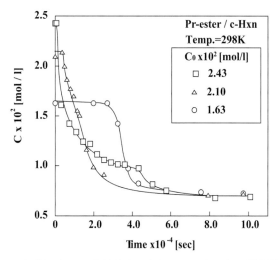

図10-33 シクロヘキサン（c-Hxn）溶液中からのPr-est(CN)の析出過程での濃度変化

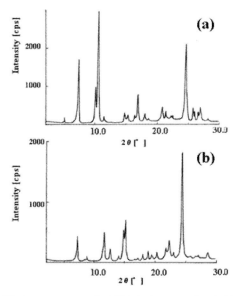

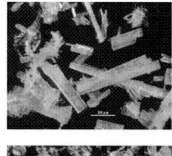

図10-34 c-Hxn中で得られたPr-est(CN)結晶のXRDパターンの経時変化（500分後(a) 1300分後(b)）

図10-35 c-Hxn中から得られたPr-est(CN)の結晶（(a) A形、(b) B形）

25 mmol/Lの範囲で晶析実験を行った。図10-33に示すように、このときの溶液濃度の経時変化は、初期濃度によって異なる。24.3 mmol/Lからの晶析においては、2段階の濃度減少が観測され、まず溶液濃度が減少し、約9.8 mmol/Lに達した後、再び減少し最終的に6.95 mmol/Lの一定濃度に達する。一方、16.3 mmol/L、21.0 mmol/Lからの晶析実験では、1段のみの濃度減少が続き、6.95 mmol/Lの一定濃度に達した。初期濃度が24.3 mmol/Lからの晶析実験において、実験開始500分後と1300分後で結晶をサンプリングし、XRD（図10-34）およびIRの測定

225

を行った。この結果、500分後にサンプリングした結晶はA形であり、また1300分後にサンプリングした結晶はB形であることが明らかとなった。また、初期濃度16.3 mmol/L、21.0 mmol/Lからの晶析実験では、B形のみが得られることがわかった。このことから、c-Hxn溶液中では、エタノール中と同様にオストワルドの段階則が成り立ち、高過飽和度では準安定形のA形が、低過飽和度では安定形のB形が析出することが明らかになった。析出したA形は"溶液媒介転移"メカニズムにより、安定形に転移する。また、B形のc-Hxn溶液中溶解度（C_B^*）は6.95 mmol/Lと考えられるので、MeCN中での溶解度（C_B^* = 35.4 mmol/L）、EtOH溶液中での溶解度（C_B^* = 11.6 mmol/L）に比べても低いことがわかる。c-Hxn溶液中のA形の溶解度については、明確ではないが9.8 mmol/L付近であると思われる。また、晶析における初期過飽和度（$S = C_o/C_B^*$）は、2.34～3.50の値となり、MeCNやEtOHに比べて大きな値となっている。さらに、c-Hxn溶液から得られた多形結晶の顕微鏡写真を図10-35に示すが、EtOHから得られたもの（図9-9）とはモルフォロジーに違いがみられ、A形は針状というよりも柱状の形状で、B形はプリズム状あるいは扁平状である。これは、EtOHとc-Hxnの結晶成長への影響の違いによると考えられる。

(2) Me-est (CN) のMeCNならびにc-Hxn中での多形析出挙動

Me-est (CN)についても、c-HxnとMeCN中で急速冷却法による晶析を行った。c-Hxnでは、初期濃度（Co）を3.6～6.0 mmol/Lの範囲とした。図10-36に溶液濃度変化を示すが、単調に減少して一定濃度に到達する。またXRDパターンを図10-37に示すが、いずれの過飽和度でも前節のエタノール中で得られたものと同一であることが確かめられた。最終的な到達濃度より、このMe-est (CN)結晶のc-Hxn中での溶解度が、2.12 mmol/Lと決定された。また、晶析により得られた結晶は、顕微鏡写真（図10-38）に示すように、針状のモルフォロジーをしている。

アセトニトリル溶液中では、c-Hxnより溶解度がはるかに大きいため、c-Hxnよりも高濃度

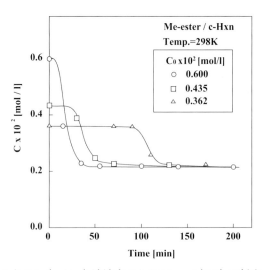

図10-36　シクロヘキサン（c-Hxn）溶液中からのMe-est(CN)の析出過程での濃度変化

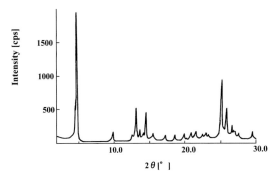

図10-37 シクロヘキサン (c-Hxn) 溶液中からの Me-est(CN) のXRD

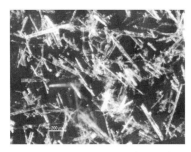

図10-38 シクロヘキサン (c-Hxn) 溶液中からの Me-est(CN) の結晶

の47〜52 mmol/Lで晶析を行った。MeCN中での溶液濃度変化（図10-39）は、c-Hxn中と同様であり、いずれの過飽和度でも単調に減少して、一定濃度に到達した。この結晶についても、XRDの測定を行ったが、EtOHやc-Hxn中で得られたものと同一であることがわかった。また、析出した結晶のモルフォロジーも、図10-40に示すように、c-Hxnの場合と同様に針状である。先述のように、MeCN中での溶解度（C^*）はc-Hxn（2.12 mmol/L）、EtOH（7.87 mmol/L）よりも高い36.6 mmol/Lであった。初期過飽和度（$S=C_0/C_B^*$）についてみると、c-Hxnで1.71〜2.83、MeCNで1.29〜1.42の値となるが、いずれの過飽和度でもEtOHの場合（初期過飽和度（S）= 1.31〜1.65）と同様に、多形の析出はみられない。

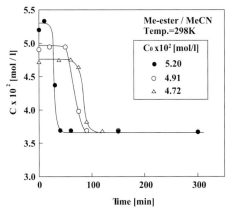

図10-39 MeCN溶液中からのMe-est(CN) の析出過程での濃度変化

図10-40 MeCN溶液中からのMe-est(CN) の結晶

(3) i-But-est(CN) のMeCNおよびc-Hxn中での多形の析出挙動

i-But-est(CN) のMeCN中での晶析は、初期濃度62.4-65.0 mmol/Lの範囲で行っている。晶析過程での溶液濃度変化は、図10-41に示すように単調に減少した。XRDも単一のパターンしか得られず、すべての過飽和度でi-But-estのB形結晶が析出したことを示している。この挙動は、Pr-est(CN) のMeCN中での析出挙動に類似している。得られた結晶のモルフォロジーは、

図10-42に示すように明確なプリズム状を示す。溶液濃度から、B形のMeCN中での溶解度は、31.4 mmol/Lと考えられる。また、この値から計算される初期過飽和度として、1.99〜2.07が得られた。また、B形のMeCN中溶解度は31.4 mmol/Lと考えられる。これより計算すると、MeCN中での晶析の過飽和度（$S = C_0/C_B^*$）は、1.99〜2.07にある。

　c-Hxn中でのi-But-est(CN)の晶析は、初期濃度（Co）21.0〜30.0 mmol/Lで行った。この濃度は、c-HxnでのMe-est(CN)に比べて大きく、Pr-estに近い値である。晶析過程の濃度変化（図10-43）は、初期濃度が高い場合（29.5、26.8 mmol/L）には2段階の変化を示し、低い濃度では1段の変化がみられた。初期濃度Coが29.5 mmol/Lの場合の、晶析開始100分後と900分後に得られた結晶のXRDパターン（図10-44）から、前者はA形（100分後）で、後者はB形（900分後）であることが明らかとなった。

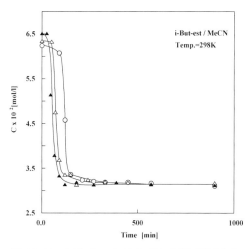

図10-41　アセトニトリル（MeCN）溶液中からのi-But-est(CN)析出過程での濃度変化

図10-42　アセトニトリル（MeCN）溶液中から得られたi-But-est(CN)結晶

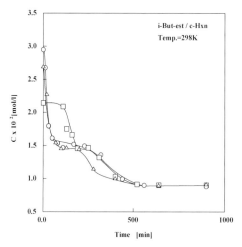

図10-43　シクロヘキサン（c-Hxn）溶液中からのi-But-est-est(CN)の析出過程での濃度変化

これらは、それぞれ EtOH 中で得られた結晶と同一である。図 10-45 は、(a) から (c) へ転移過程での結晶の変化の様子を示している。A 形結晶のモルフォロジーは針状であり、B 形は EtOH 中で得られたものと同様のプリズム状をしている。ただし、このプリズム状のモルフォロジーは、MeCN 中から得られた B 形のものとは異なっており、溶媒の結晶成長への影響の違いを示している。また、A 形の溶解と B 形の成長が観察されることから、溶液濃度の 2 段階の変化は、エタノール中と同様に溶液媒介転移が起こっていると考えられる。この 1 段目の溶液濃度変化から、準安定形の溶解度は 14.8 mmol/L 付近にあり、2 段目の溶液濃度変化から、安定形の溶解度は 9.0 mmol/L と考えられる。

したがって、晶析の過飽和度 ($S = C_0/C_B^*$) は 2.39〜3.28 と計算され、MeCN や EtOH 中よりも高い値となる。低初期濃度 (21.5 mmol/L) では、溶液濃度は単調に減少し安定形 (B) のみが析出した。このことは i-But-est でも、Pr-est の場合と同様に Ostwald's step rule (オストワルドの段階則) が成立することを示している。

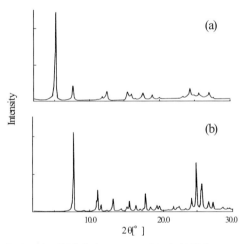

図 10-44　シクロヘキサン中で得られた iBut-est(CN) 結晶の XRD パターンの経時変化
((a) 100 分後、(b) 900 分後)

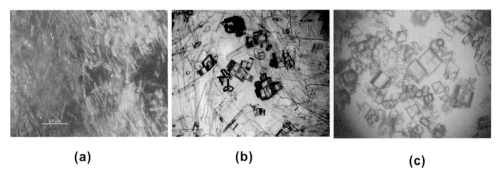

図 10-45　シクロヘキサン (c-Hxn) 中で得られた i-But-est(CN) 多形のモルフォロジー
((a) A 形、(b) A＋B 形、(c) B 形)

10.3.2　各種溶媒中におけるアルキル基サイズとモルフォロジーの関係

以上から、Me-estではいずれの溶媒中でも針状であり、モルフォロジーへの溶媒効果は小さい。これは水素結合により、強固な分子ペアを形成していることが関係することが考えられる。Pr-estでは、EtOH中とc-Hxn中で、A形、B形ともにモルフォロジーに多少の違いがみられた。また、i-But-estでも同様に、EtOH中とc-Hxn中で違いがみられ、これらの傾向はPr-estに類似している。また、MeCN中で得られたB形は、Pr-est、i-But-estともにプリズムあるいは柱状晶である。このようなA形とB形のモルフォロジーの違いは、結晶構造中の水素結合に関連すると考えられる。また、エステルのアルキル基が変化（Pr-estとi-But-est）しても、結晶形状が類似していることは興味深いことである。さらに、これらのモルフォロジーについてみると、Me-estの結晶は針状であることから、むしろPr-est、i-But-estのA形に類似すると思われる。

10.3.3　アルキル基サイズと多形現象の相関ならびに溶媒効果のメカニズム

以上に示した多形の析出挙動と溶媒の関係を、図10-46にまとめた。i-But-est(CN)とPr-est(CN)の多形の析出挙動は類似しており、いずれの場合も、EtOHとc-Hxn溶液中で2種の多形（それぞれA、B形）が析出し、オストワルドの段階則の成立がみられた。また、i-But-est(CN)とPr-est(CN)いずれの晶析においても、MeCN溶液中では安定形のB形のみが析出し、多形は観察されなかった。一方、Me-est(CN)では、先の2種のエステルとは大きく異なり、すべての溶媒で単一の構造をもつ結晶しか析出せず、多形は得られなかった。このようなBPTエステル(CN)間の違いの原因としては、第9章でも述べたように、分子のコンフォーメーションのフレキシビリティーや、立体障害の違いが考えられる。

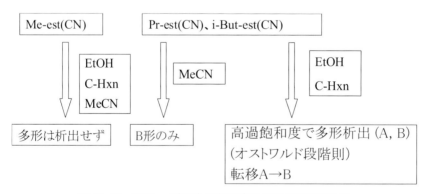

図10-46　BPT-est(CN)の析出挙動に及ぼす溶媒効果

ここで、前章図9-23で示した核発生モデルを用いて、その過程を考える。Pr-est(CN)とi-But-est(CN)では、EtOHとc-Hxn中、低過飽和度ではB形のコンフォーマーが優先的に存在し、B形のクラスター形成と核発生が優位となると考えられる（$J_B > J_A$）。しかし、高濃度（高過飽和度）になると、溶質の分子間相互作用が強くなり、A形のコンフォーマーが増加するか、クラスター形成の際にA形コンフォーメーションを取りやすくなり、A形の核発生が起こると

考えられる（$J_A > J_B$）。しかし一方、MeCN 中では、濃度によらず B 形のコンフォーマーのみが存在し、このためどの過飽和度でも B 形のみが核発生したと考えられる。また、Me-est（CN）では溶媒効果が観察されないが、これは炭素数が少なく、分子そのもののフレキシビリティーが小さいことに加え、前節で述べたように、いずれの溶媒中でも、結晶中と同様な水素結合により 2 分子の対（ペア）が形成され、このためフレキシビリティーがますます低下して、多形構造が取り難いことが推測される。ここで、これら各溶媒中での溶存状態（コンフォーメーション）の違いを調べることを目的として、各重水素化溶媒中で過飽和度を変化させ、Pr-est の ^{1}H-NMR の測定を行った（図 10-47）。しかしこの測定では、コンフォーマーの違いに関する証拠を得ることはできなかった。

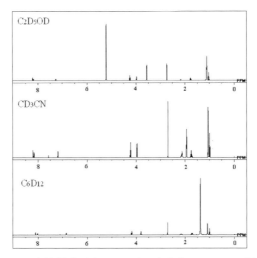

図 10-47　各溶媒中での Pr-est（CN）の ^{1}H-NMR スペクトル

第 4 章で筆者は、多形現象を変化させる要因には、熱力学的因子と速度因子があると述べた（図 4-3 参照）。溶媒効果についても、溶質－溶媒間相互作用に基づく溶媒和構造やコンフォーメーションなど熱力学的因子が支配的な場合と、核発生、結晶成長速度などの速度因子が支配的な役割を果たす場合があると考えられる。さらに、分子構造の変化は溶解度や融解熱、あるいは界面エネルギーなどの物性変化をもたらし、溶質－溶媒間相互作用を変化させ、さらにはクラスターの形成過程や多形の核発生、成長、転移速度を変化させることで、多形現象に変化が起こるものと考えている。

ここで、Pr-est や i-But-est についてみると、MeCN 中で多形が観察されないことから、いずれも A 形がきわめて不安定であることが想像される。ここでいう不安定とは、熱力学的な意味ばかりでなく、速度論的な意味も含んでいる。A 形が析出したとしても、速やかに転移すれば、A 形は観察されない。筆者は、これらの点のうち、まず熱力学的安定性の検討を行うため、晶析では得られなかった、MeCN 中での Pr-est（CN）の A 形の溶解度など、各溶媒中での多形の溶解度曲線の測定を行った。図 10-48 は、各溶媒中での Pr-est（CN）の多形の溶解度曲線を示している。溶解度は、いずれの溶媒でもモノトロピック（単変転移）な性質を示し、少なくとも測定

温度範囲ではB形が安定形である。また、溶解度は、MeCNが他の溶媒に比べてはるかに大きいことがわかる。ここで、各溶媒中での準安定形の熱力学的安定性、あるいは転移の最大推進力は、A、B形間の自由エネルギー差をとり、次式で表わされる。

$$\Delta G_{A \to B} = RT \ln \frac{a_A^*}{a_B^*} \approx RT \ln \frac{C_A^*}{C_B^*} \tag{10-6}$$

これを用いて、298 K における各溶媒中での Pr-est(CN) 多形の自由エネルギー差について計算すると、次のようになる。

Pr-est(CN) (298 K):

$$\Delta G_{A \to B}(c-Hxn) = 1.2 \text{kJ/mol}; \Delta G_{A \to B}(EtOH) = 1.3 \text{kJ/mol};$$
$$\Delta G_{A \to B}(MeCN) = 1.0 \text{kJ/mol} \tag{10-7}$$

この結果から、各溶媒中の多形の自由エネルギー差は、近い値となっていることが認められる。各温度で比較を行っても、0.8〜1.3 kJ/mol のばらつきの範囲内にあり、溶媒間で多形の自由エネルギー差は、ほぼ無視できる程度と考えられる。このことは、いずれの溶媒でも (10-6)

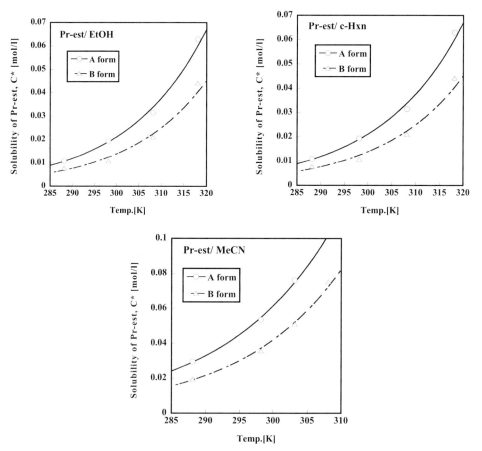

図 10-48　EtOH、c-Hxn、MeCN 中での Pr-est(CN) 多形の溶解度と温度の関係

式の活量比はほぼ濃度比に等しくなり、溶媒間で差は現れないことを示している。したがって、MeCN 中で多形が現れないのは、準安定な A 形の熱力学的安定性ではなく、むしろ速度過程の違いが原因であると考えられる。

一方、i-But-est(CN) についても、298 K における各溶媒中での溶解度の測定を行い、多形間の自由エネルギー差を求めた。

i-But-est(CN)(298K):

$$\Delta G_{A \to B}(EtOH) = 1.3 \text{kJ/mol}, \quad \Delta G_{A \to B}(c-Hxn) = 1.2 \text{kJ/mol} \qquad (10\text{-}8)$$

この結果、上式に示すように、溶媒間でやはり差はほとんど認められない。また Pr-est(CN) と比較すると、同様の値が得られていることから、Pr-est と i-But-est ではエステルのアルキル基が異なっても、多形の析出挙動のみならず、多形間の自由エネルギー差も類似していることが明らかになった。さらに、溶媒の性質との関連をみるため、図 10-49 は、各多形の 298 K での

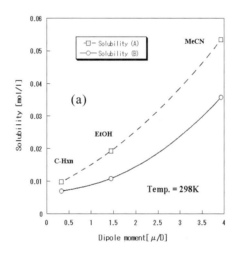

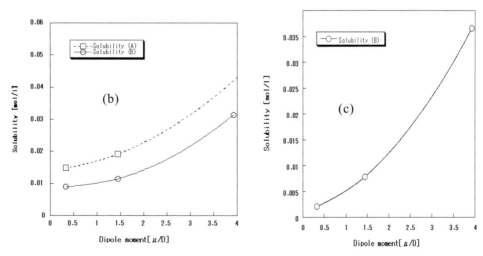

図 10-49　多形の溶解度と溶媒の極性の相関性 (298 K)
(a) Pr-est、(b) i-But-est、(c) Me-est

溶解度を、溶媒の極性（双極子モーメント）に対してプロットしたものである（Pr-est(CN)(a)、i-But-est(CN)(b)、Me-est(CN)(c)）。いずれのエステルでも、溶媒の極性（双極子モーメント）(0.332 (c-Hxn)、1.44 (EtOH)、3.93 (MeCN)) とともに溶解度が増加し、MeCN 中で溶解度は最も高くなることがわかる。

　溶解度が溶質-溶媒間相互作用に対応すると考えると、溶質-溶媒間相互作用は、溶媒の双極子モーメントとともに増加すると考えられる。これらの結果から、分子間相互作用と多形の析出挙動の相関を行ったものが、図 10-50 である。Pr-est(CN) と i-But-est(CN) 多形の晶析挙動から、溶質-溶媒間相互作用の弱い EtOH、c-Hxn 中では、準安定形と安定形が現れ、溶質-溶媒間相互作用の強い MeCN 中では、安定形のみが析出する傾向にあるといえる（図 10-50）。このような傾向は、前章で述べた L-His/(EtOH + H₂O) の系などでも認められており、同一の物質に対してはある程度の一般性が成立することも考えられる。この傾向は、溶解度の高い溶媒中では、晶析操作の過飽和度は一般に低い傾向にあり、過飽和度の低いところでは安定形が析出するとする、オストワルドの段階則にも矛盾しないように思われる。第 4 章の図 4-3 に示したように、溶質-溶媒間相互作用の変化は、溶液中のコンフォーメーションや平衡物性（溶解度や界面エネルギー）を変化させるが、これはさらに速度過程の変化を引き起こし、結果として多形の析出挙動が変化すると筆者は考えている。

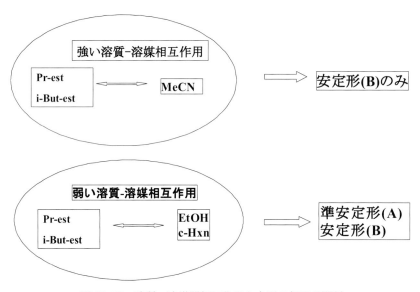

図 10-50　溶質－溶媒間相互作用と多形の析出の関係

10.3.4　各種溶媒中での BPT と BPT エステルの多形現象比較（COOH 基の存在と溶媒効果）

　BPT のカルボキシル（COOH）基をエステル化したのが、BPT-est(CN) である。そこで、これら両者の析出挙動を比較すれば、多形現象に及ぼすカルボキシル基の効果を検討することができる。このために、同一温度（298 K）において、BPT に関しても急速冷却法による晶析を行い、多形の析出挙動を比較した（図 10-51）。両者を比較すると、いずれも溶媒に依存した多形現象

が認められる。BPTでは、本章10.2.1で示したように、MeOH, EtOH溶媒中からは、いずれも溶媒和物であるD形が析出する。しかし、1-PrOH、2-Pr-OHおよびMeCNからは、無溶媒和物であるA形とC形がそれぞれ析出した。さらに、水の存在下では、水和物であるBH形が析出した。これに対して、BPT-est(CN)では、本章10.3.1で示したように、EtOHやc-Hxn溶媒から析出させると、溶媒和物ではない多形（A、B）が析出した。

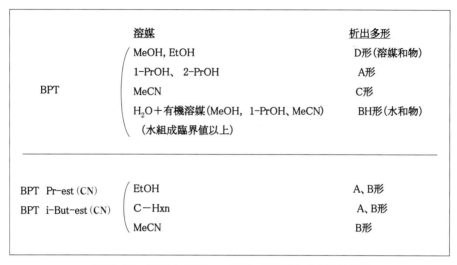

図10-51　BPTとBPT-est(CN)の多形の析出挙動比較

また、MeCNからは、安定形であるB形のみが析出した。カルボキシル基を有するBPTでは、エステルに比べて極性溶媒であるMeOHやEtOHなどのアルコール類、あるいは水との分子間相互作用が強く、このことが、溶媒和物や水和物が優先的に析出する原因であると考えられる。これは、カルボキシル基とアルコールや水分子との水素結合が強いためと思われる。BPTの溶質-溶媒間相互作用と多形の析出挙動の関係については、図10-25に示した。一方、カルボキシル基を失ったBPTエステルでは、EtOHでも溶質-溶媒間相互作用が弱くなり、このために多形が現れたと考えられる（図10-46）。このように、BPTとBPT-est(CN)の多形の析出挙動の違いにおいても、溶質-溶媒間相互作用のあり方が深くかかわっていると考えられる。

10.3.5　CN基の存在と溶媒効果の関係

BPT-est(CN)では、Me-est(CN)では多形は現われないが、Pr-est(CN)、i-But-est(CN)では溶媒により多形現象が観察された。一方、BPT-est(H)では、いずれのエステル（Me-est(H)、Pr-est(H)、i-But-est(H)）でも、すべての溶媒で多形の析出は観察されなかった（第9章図9-31）。このことから、シアノ（CN）基の存在が、BPTエステルの多形析出挙動に大きな影響を与えることが明らかとなった。さらに、BPT-est(CN)とBPT-est(H)では、溶媒効果も異なっている。これは、シアノ基の存在がBPT-estの平衡物性を変化させるためと考えられる。そこで、本節では、これらBPT-estの分子構造の違いと、平衡物性ならびに溶媒効果の関係について検討を行った。

(1) BPT-est(H)の融解熱と溶解度

BPT-est(H)の融解熱と溶解度の測定結果を示す。

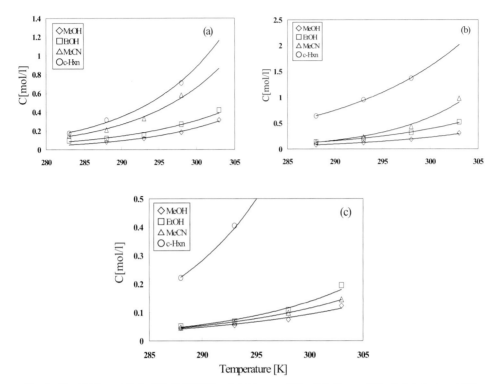

図10-52 BPTエステル(H)の溶解度：(a) Me-est(H), (b) Pr-est(H), (c) i-But-est(H)

Me-est(H)、Pr-est(H)ならびにi-But-est(H)の熱分析（DSC）を行ったところ、Me-est(H)、Pr-est(H)、i-But-est(H)の融点は、それぞれ330 K、332 Kおよび337 Kと、BPT-est(CN)に比べて低い値となり、融解熱も25.9 kJ/mol、27.7 kJ/mol、37.2 kJ/molと相対的に小さいことがわかった。さらに、Me-est(H)、Pr-est(H)、i-But-est(H)のMeOH、EtOH、MeCN、c-Hxnに対する溶解度の測定結果を、図10-52(a)～(c)に示す。溶媒間で比較を行うと、すべてのエステルでMeOHに対する溶解度が一番低く、c-Hxnに対する溶解度が一番高いことがわかる。

(2) BPT-est(H)とBPT-est(CN)における溶媒効果の比較

図10-53には、双極子モーメントに対して288 Kでの各BPT-est(H)の溶解度をプロットしている。BPT-est(CN)の場合とはむしろ逆に、溶媒の極性低下に伴って溶解度が増す傾向にあることがわかる。ただし、この中で、MeCN中の溶解度が相対的に高くなっており、特異的な挙動を示しているようにみえる。この原因として、BPT-est(CN)で認められた、シアノ基を介した水素結合に類似した相互作用が、BPT-est(H)の溶質とMeCN間に存在するためではないかと推測される。また、前節のシアノ基を有するMe-、Pr-、i-But-est(CN)の溶解度と比較すると、Me-、Pr-、i-But-est(H)のほうが、それぞれ明らかに高くなっている。融解熱、融点に

第 10 章　多形現象における溶媒効果ならびに分子構造との相関

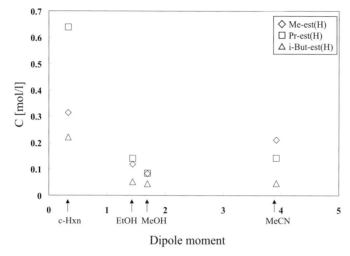

図 10-53　288 K における溶解度と溶媒の双極子モーメントの関係

ついても、BPT-est(CN) の安定形のほうが BPT-est(H) よりもそれぞれ高くなっている。

　これらの結果から、BPT-est(CN) の結晶の安定性は、BPT-est(H) の結晶よりも大きいと思われる。このように、シアノ基の有無は結晶の物性を変化させ、このことが多形の発現に大きく関与していることが考えられる。この原因としてベンゼン環上にシアノ基が存在することにより、ベンゼン環上の電子密度が減少しカルボキシル基が水素結合しやすくなる効果などが考えられる。また、BPT-est(CN) と BPT-est(H) の溶解度では、溶媒の極性に対する傾向が異なる。この理由として、これら両者間で、カルボニル基の極性の強さが異なることが一因として考えられる。カルボニル基の極性は i-But-est＞Pr-est＞Me-est と考えられるので、BPT-est(CN) と BPT-est(H) の各エステルの溶解度の傾向とも矛盾しない。これらの分子構造変化に伴う物性変化（溶解度、融解熱、界面エネルギーなど）は、溶媒効果と密接に関係し、多形の核発生、成長ならびに転移挙動を変化させると考えられる。

10.4　BPT エステルの転移ならびに成長速度解析と溶媒効果メカニズム

10.4.1　転移速度に及ぼす溶媒効果の測定

　以上、溶質-溶媒間相互作用と多形の析出挙動の関連性を示したが、多形の析出挙動を最終的に決定するのは、速度過程と考えられる。Pr-est (CN) と i-But-est (CN) において MeCN 中で多形が現れないのは、この溶媒中では安定形である B 形コンフォーマーの存在が優勢、あるいはクラスター形成で B 形が優勢になるためと考えられる。このような場では、準安定形である A 形が仮に析出しても、すぐに転移により消失することが考えられる。また、c-Hxn および EtOH 溶媒中では、高過飽和度になると、溶質-溶媒間相互作用により A 形コンフォーマーの存在が可能となり、A 形クラスターが形成されるようになるためにオストワルドの段階則が観察されたと考えられる。しかし、これら両溶媒中でも、A 形の安定性や A 形から B 形への転移速度、

またその際のB形の核発生速度などが、異なることが予想される。そこで次には、各溶媒中でのこれらの速度過程の検討を行うため、Pr-est(CN)を用いて、A形からB形への転移速度、ならびにB形の成長速度や核発生挙動などの検討を行った。

転移速度の測定は、298 Kに保った所定濃度のPr-est(CN)のEtOH、c-Hxn、MeCN溶液に、同じA形の種結晶を添加し、溶液濃度の経時変化を測定すると同時に、多形組成変化をXRDで分析した。図 10-54 には、各溶媒中でのA形種品添加後の、溶液濃度経時変化の典型例を示す。初期溶液濃度は、EtOH、c-HxnではB形に対しても未飽和に保っているが、MeCNでは溶解度が大きいため、初期溶液濃度をA形とB形の溶解度の間としている。また、転移に要する時間は結晶量に依存するため、A形が溶解し飽和濃度に達した時点での、結晶量をほぼ同一としている。図 10-54 から、A形結晶の溶解により、溶液濃度は初期には急速に増加し、ほぼA形の溶解度 C_A^* に到達する。その後、B形の核発生、成長が起こり、溶液濃度が減少する。この間に転移が進行しているが、A形結晶の溶解速度はきわめて速いので、転移速度はB形の核発生と成

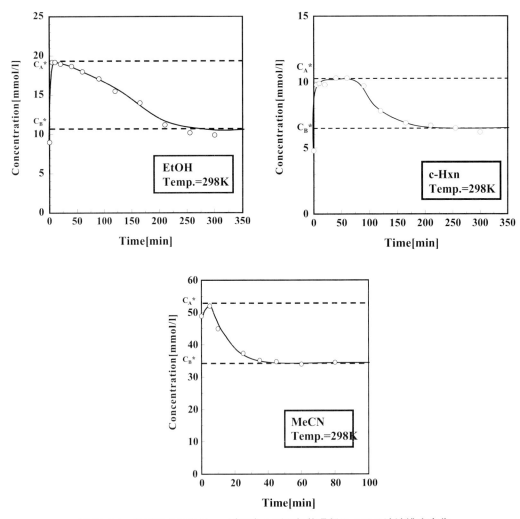

図 10-54　各溶媒中での Pr-est(CN) A 形の転移過程における溶液濃度変化

長速度に支配されると考えられる。転移は、溶液濃度が B 形の溶解度に到達するとともに終了するので、転移速度はこの終結までの時間が短いほど大きい。図 10-54 より、MeCN 中での転移終了時間は約 50 分であるのに対して、EtOH 中や c-Hxn 中では約 250 分と 210 分と、4〜5 倍かかっている。この結果は、A 形の転移速度が MeCN 中では EtOH 中や c-Hxn 中よりも大きく、A 形が MeCN 中で析出したとしても、速やかに転移して消滅することを示している。また、図 10-55 には、A 形種晶添加後の、結晶中 B 形組成（X_B）の経時変化を示している。図 10-54 と比較すると、A 形が消滅し B 形のみになってからも、B 形の成長による濃度減少が続いていることがわかる。特に、MeCN では、EtOH、c-Hxn に比べてきわめて早い段階（10 分以内）で、B 形のみの結晶になっていることがわかる。EtOH と c-Hxn 間で比較すると大きな差はないが、X_B の勾配から、c-Hxn のほうが転移速度が大きい傾向にあることがみられる。

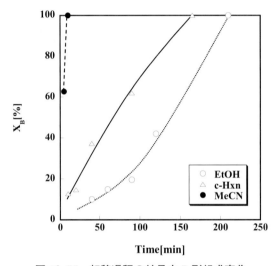

図 10-55　転移過程の結晶中 B 形組成変化

しかし、図 10-54 の濃度変化より、EtOH 中での濃度減少のほうが、c-Hxn よりも早く始まることから、EtOH 中の B 形核発生の開始が c-Hxn 中よりも早く始まると考えられる。このような転移過程の安定形の核発生と成長挙動により、濃度変化のパターンが異なると考えられる。

10.4.2　安定形の成長速度解析と溶媒効果のメカニズム

次に、転移過程の B 形の成長速度を、各溶媒中で測定し検討を行った。実験方法として、所定濃度の溶液を 323 K から 298 K まで冷却し、B 形の種結晶（10 mg）を添加し、溶液の濃度変化から成長速度を求めた。

まず、成長速度は、種晶の単位面積あたりの結晶量変化速度（dM/(Sdt)）から次式のように表わされ、過飽和度 σ の p 乗に比例するものとする。

$$\frac{dM}{Sdt} = k_G \sigma^p \tag{10-9}$$

ただし、Mは結晶量、tは時間、Sは結晶表面積、K_Gは成長速度定数である。
過飽和度σおよび結晶量Mと溶液濃度Cは、次式の関係にある。

$$\sigma = (C - C^*)/C^* \tag{10-10}$$

$$M = M_0 + (C_0 - C) \tag{10-11}$$

ただし、C^*は溶解度、C_0は初期濃度、M_0は初期結晶量である。
表面積Sと結晶量Mは形状係数を含む定数gを用いて次式の関係にある。

$$S = gM^{2/3} \tag{10-12}$$

この関係を用いて(10-13)式が得られ、さらに(10-14)式のように変形できる。

$$\frac{dM^{1/3}}{dt} = gk_G\sigma^p = K_G\sigma^p \tag{10-13}$$

$$ln(\frac{dM^{1/3}}{dt}) = Pln\,\sigma + lnK_G \tag{10-14}$$

上式を用いて、$ln(dM^{1/3}/dt)$と$ln\sigma$をプロットすれば、K_Gとpが得られる。K_Gは形状係数と成長速度定数の積になっているが、B形の形状係数に大きな違いはないと仮定すれば、成長速度の比較を行うことができる。

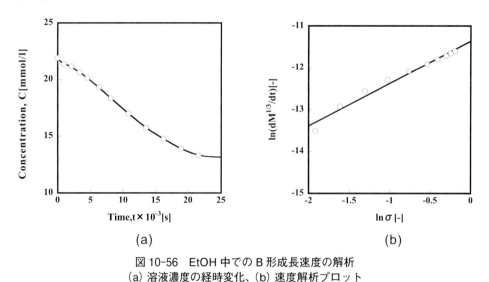

図10-56　EtOH中でのB形成長速度の解析
(a) 溶液濃度の経時変化、(b) 速度解析プロット

そこで、上式に基づき、EtOH中で得られた実験結果についてプロットを行ったのが図10-56(a)、(b)である。図10-56(b)の直線関係より、EtOH中での成長速度定数K_G((10-14)式)が1.17×10^{-5}、また過飽和度との関係として、P=1.0の値が得られた。c-Hxn中での実験結果につ

いても同様な解析を行い、K_G ならびに P 値を求めると、1.02×10^{-5} および 0.94 が得られた。このように、EtOH 中と c-Hxn 中では成長機構は同様であり、成長速度にも大きな違いはないことが明らかになった。

　一方、MeCN 溶液の場合の結果を図 10-57 に示す。同様の解析（図 10-57(b)）により、$K_G = 6.43 \times 10^{-5}$ および P = 1.0 の値が得られた。EtOH、c-Hxn 中と同様に p 値としてほぼ 1.0 が得られており、このことから成長メカニズムは溶媒によって変化はなく、同一とみられる。このため、K_G を比較すれば、相対的な成長速度を比べることができるものと考えられる。この結果、B 形の成長速度定数は、MeCN 中のほうがはるかに大きく、EtOH 中や c-Hxn 中の 5 倍以上であることがわかった。これを転移速度の検討結果と比較すると、B 形の成長速度の差はほぼ転移時間の差に対応しており、転移時間が B 形の成長速度に支配されていることを示している。以上の多形組成および溶液濃度変化の測定結果から、MeCN 中の B 形の核発生と成長は、きわめて早い段階で起こり、その速度が大きいことがわかる。すなわち、MeCN 中では、B 形の核発生と成長速度が、EtOH 中や c-Hxn 中に比べてはるかに大きく、A 形がきわめて不安定である。このことは、MeCN 中では安定形である B 形コンフォーマーの存在が優勢、あるいはクラスター形成で B 形がきわめて優勢になることとも対応している。また、この速度の違いが、MeCN 中では多形が現れず、B 形のみが析出する要因と考えられる。

　以上の結果から、溶媒によって多形が出現したりしなかったりする原因として、準安定形と安定形の核発生、および成長速度の差が考えられる。差が大きく安定形の核発生や成長速度が非常に大きい溶媒の場合には、準安定形が発生したとしても速やかに消滅し、結果的に多形は観察されないと考えられる。逆にその差が小さい溶媒の場合には、構造のエネルギー差も小さく準安定形が発生する可能性があり、多形が現れると思われる。特に溶液濃度が高くなることで、その差がさらに小さくなり、多形現象が現れやすいものと考えられる（オストワルドの段階則に対応）。

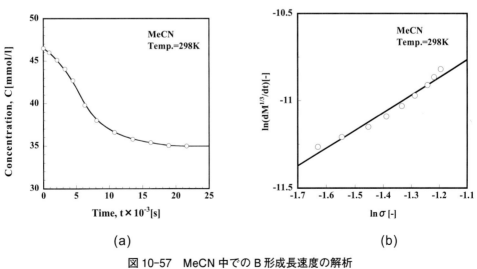

図 10-57　MeCN 中での B 形成長速度の解析
(a) 溶液濃度の経時変化、(b) 速度解析プロット

応用編

第 11 章　包接結晶の多形現象と制御因子

　包接結晶（クラスレート結晶）は、第3章図3-1にあるように、分子間化合物の1つであり、異種分子（ホスト分子とゲスト分子）が特異的な相互作用により、複合3次元構造を構築したものである[8,176,177]。同様の意味をもつ用語として、分子錯体、超分子、inclusion compound（内含化合物）[177-179]、co-crystal などがある。co-crystal は、近年特に、医薬の分野で新しく用いられている用語である[180,181]。分子間化合物でも、ゲストが溶媒分子の場合が溶媒和物結晶に対応する（図3-1）。適当な溶媒を選び溶媒和物結晶を形成させることにより、結晶化が可能になる場合もある。たとえば、上田ら[182]は、リシノプリルエステルの結晶化における溶媒の影響を検討し、溶媒分子との分子間化合物の形成が、その結晶化の大きな要因であることを認めている。また、本書ではすでに第3章3.3.4にて溶媒和物結晶と包接結晶多形の熱力学的安定性について、また第10章10.2などで溶媒和物結晶が関与する多形現象について、解説を行っている。包接結晶については、従来さまざまな応用が期待されてきた。その1つには、ホストによるゲスト分子の分子認識特性を利用した光学分割や異性体分離など、通常の方法では分離が困難な物質の分離への応用がある[183,184]。実例として、古くから尿素アダクト法による n-アルカンの分離プロセスが知られている[185]。もう1つは、ゲスト分子を包接し分子カプセル化することにより、本来ゲスト分子がもっていない特別な性質を付与するもので、新たな機能性結晶の開発への応用である。これには、ゲスト分子の安定化、無臭化、徐放化あるいは非線形性光学材料の開発、液状食品の粉末化などへの応用がある。その他、立体規則性ポリマーの重合など[186,187]（1,3-ブタジエンなどの尿素、デオキシコール酸による包接化重合）や、立体選択的な反応場の提供（ジアセチレンジオール誘導体[179,183]）などが報告されている。ただ、いずれの場合も実用化された例はまだ少ないのが実情である。その中で近年の特徴として、難溶性医薬の溶解度改善などを目的とした研究が盛んに行われている。シクロデキストリンによる医薬品の"bioavailability"の改善[188]などに端を発して、酸-塩基分子間相互作用に基づく co-crystal 関連の報告が盛んにみられるようになっている[180,181,189,190]。また、これに関連して、ホストとゲストのスクリーニング探索なども行われている[191]。

　晶析における包接結晶の生成は、ゲスト分子を包接した3次元ホスト格子の結晶核の発生と成長過程からなる構築過程よりなると考えられる。筆者は、この包接結晶の核発生過程が、ホスト−ゲスト分子間の特異的な相互作用によりなると考え、まず前駆体である液状クラスレートが形成されるとした取り扱いを行ってきた[8,173,175]。また、析出する包接結晶の組成や構造は、ホストやゲスト分子濃度や温度などが、制御因子に大きく依存することを見出し、これらを多形現象としての観点から報告してきた[178-181]。当時はまだ、包接結晶の多形という概念がなかった時代で、機能性結晶の性能や異性体の分離効率が、結晶化の操作条件に依存することなどは認識され

第 11 章　包接結晶の多形現象と制御因子

ていなかった。近年 co-crystal などでは多形という言葉が一般的に使われるようになってきた[189-191]。しかし、包接結晶形成過程のダイナミックなプロセスである析出や分子認識のメカニズムに関する研究は、海外を含めて依然としてほとんどみられない。

　これらの包接結晶の形成は、不均一系での反応（固－液、固－固）による場合もあるが、一般的には、ホストとゲストを溶解した溶液中からの析出（アダクト晶析とも称する）による場合が多い。筆者は包接結晶の研究を始めるに当たり、いくつかのホスト化合物をモデル物質として選び、その包接結晶の溶液中からの析出挙動について検討を行ってきた。溶液中ではホストとゲスト分子が反応し、van der Waals 力や水素結合などにより分子間化合物を形成し、新たな結晶が析出するという点から、一種の反応晶析としてみることもできる。また、包接結晶は、ゲスト分子の包接のあり方により、一般に 2 種の場合に分けて考えられる。1 つは、シクロデキストリンや大環状シクロファン[192]などのように、ホスト分子自体が空孔を有し、溶液中においてすでに単分子レベルで、ゲスト分子と安定な会合体（「液状クラスレート」と呼ぶ）を形成するものである。この場合、溶液中でこれらの液状クラスレートが凝集して、核発生が起こると考えられる。もう 1 つは、後述の Ni 錯体やジアセチレンジオールはじめ、尿素、トリ-o-チモチドなど[8, 183, 186]、分子内に空孔をもたないホスト分子が析出過程で 3 次元格子の隙間にゲスト分子を取り込んだ包接結晶である。

　ここで、Werner 型金属錯体のうち、特に 1 メチルピリジン（γ ピコリン）とイソチオシアン基を配位子とする Ni 錯体が、広範囲のゲスト分子と包接結晶を形成することが、Schaeffer ら[193]によって報告されている。この Ni 錯体は、芳香族化合物を選択的に包接する特徴を有しているが、特に、その構造異性体に対して特異的に選択能があるため、これを用いることにより、異性体の分離を行うことができる。この金属錯体に類似したものに、Hofmann 型金属錯体[194]がある。この典型的なものは $Ni(CN)_2 \cdot NH_3$ であるが、このホスト化合物に包接される分子は、ベンゼンやアニリンなど比較的小さな分子半径のものに限られる。これは、Hofmann 型錯体が 3 次元的架橋構造を取るのに対して、Werner 型金属錯体は分子性ホスト格子を形成し、このため格子のフレキシビリティーが高いためと考えられる[195, 196]。筆者らは、これらのうち、Werner 型金属錯体であるテトラ（4-メチルピリジン）ニッケル（Ⅱ）ジイソチオシアネート（$Ni(C_6H_7N)_4(SCN)_2$）を合成し、これを用いて、通常の蒸留などの方法では分離困難な p-、m-キシレン（p-X、m-X）異性体のアダクト晶析分離に関する研究結果を報告した[197, 198]。また、やはり通常の方法では分離が困難な 1-、2-メチルナフタレン（1-MN、2-MN）芳香族異性体の分離[176, 185]に関しても検討を行い、それぞれ系でのゲスト分子濃度と包接結晶多形の熱力学的安定性の関係、また各ゲスト分子濃度領域において、特徴的な包接結晶の析出や転移を含む多形現象が現れることなどを明らかにした[199-201]。さらに両異性体混合系の検討結果から、異性体ゲスト分子に対する分子認識のメカニズムが、包接結晶多形の析出挙動に基づくことを報告した[202]。一方、有機化合物のジオール系ホストである 1,1-di（p-hyroxyphenyl）cyclohexane（DHC）は、さまざまな有機物化合物の包接能があることが知られている[183, 203]。そこで、これをホストとする香気成分の徐放化や、ジメチルナフタレンの包接化における溶媒効果についての検討も行った[204, 205]。さらに、1,1,2,2-tetrakis（4-hydroxyphenyl）ethane（TEP）[206]は、合成が比較的容易である一方で、

243

溶媒分子のような低分子のものから分子構造の複雑なものまで、幅広く包接をすることができるため、実用化に適するホストとしての応用が考えられる。そこで、これをホストとして用いることにより、殺菌剤であるCMI[206]の包接化と徐放化に関する検討を行った[207-209]。この結果、殺菌剤（CMI）の徐放化のメカニズムには、包接結晶の転移現象が深くかかわっていることなどが明らかになった。以下では、これらの一連の研究結果について紹介する。

11.1 Ni 錯体ホスト包接結晶の多形現象

11.1.1 キシレン異性体の分子認識と包接結晶多形現象

（1） Werner 型 Ni 錯体の合成と性質

　塩化ニッケル 6 水塩 0.5 モル、チオシアン酸カリウム 1 モルを、常温で 1 リットルの蒸留水に溶解し、撹拌しながら 4-メチルピリジン 2 モルを少量ずつ添加して（11-1）式で表わされる反応を行わせ、テトラ（4-メチルピリジン）ニッケル（II）ジイソチオシアネート（$Ni(C_6H_7N)_4(SCN)_2$）（Ni 錯体）（図 11-1）を合成した[210]。

$$NiCl_2 \cdot 6H_2O + 4C_6H_7N + 2KSCN \rightarrow Ni(C_6H_7N)_4(SCN)_2 + 2KCl + 6H_2O \qquad (11\text{-}1)$$

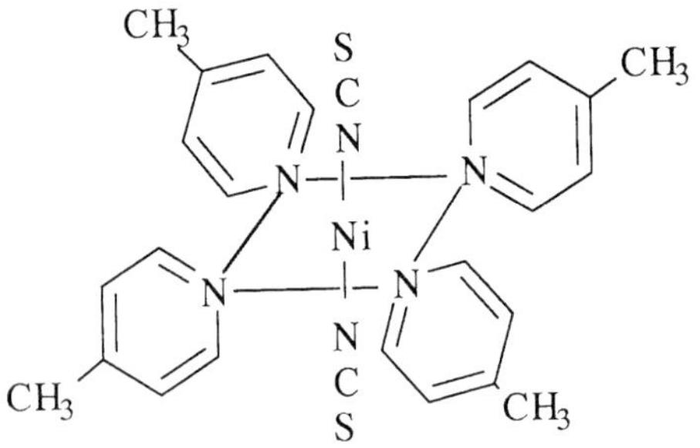

図 11-1　Ni 錯体の分子構造

反応初期の溶液は緑色であるが、反応の進行により白青色の結晶が析出する。この結晶をろ過乾燥した後、クロロホルム溶液より 2 回再結晶したものを実験に用いている。合成された Ni 錯体の XRD パターンを、図 11-2（試料 I）に示す。また、この結晶をクロロホルム溶液中から析出した場合の、XRD パターンを図 11-2（試料 II）に示す。明らかにこれらの構造は異なっており、それぞれ「α 形」（単斜晶系、P2₁/c）および「β 形」（正方晶系）と名づけている。しかし、この β 形結晶をエタノール溶液中から晶析を行うと、微粒子が得られ、この XRD パターンは図 11-2（III）に示すとおりであり、α 形であることがわかった。この α 形結晶形状は、図 11-3（試料 III）に示すとおり針状である。分析の結果、合成された α 形結晶中にはゲスト分子が存在しないが、エタノールから再結晶した α 形結晶（試料 III）は、エタノールを 0.3 のモル比で包接していることがわかった。また、クロロホルムより得られた β 形（試料 II）は、後述のメチルセロソルブ溶液から析出したもの（図 11-3（IV））と同様な多面体形状をしており、結晶中には、クロロホルムが Ni 錯体に対し、0.54 のモル比で包接されている。この包接されたクロロホルムは、乾燥により、容

244

第 11 章 包接結晶の多形現象と制御因子

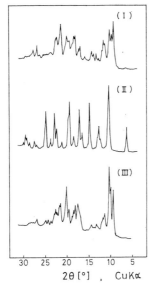

図 11-2 水溶液中で合成して得られた結晶（I）、クロロホルム中（II）、エタノール溶液中（III）から得られた結晶のXRD

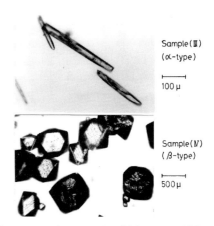

図 11-3 エタノールより析出した Ni 錯体の α 形（III）と、p-X を含む 4-MePy と MCS 混合溶液から得られた Ni 錯体 β 形（IV）の結晶形状

易に除去することができる。このため、乾燥して得られた β 形 Ni 錯体結晶を、以下の実験に用いた。

　この Ni 錯体は、水や一般の有機溶媒にはきわめて難溶であるが、クロロホルムには容易に溶けるほか、メチルセロソルブ（MCS）とメタノールにも比較的よく溶解する。そこで、比較的揮発性の低い MCS を晶析溶媒として用い、Ni 錯体の溶解度の検討を行った結果を示す[197]。メチ

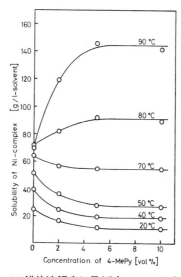

図 11-4 Ni 錯体溶解度に及ぼす 4-MePy の添加効果

245

ルセロソルブと 4-メチルピリジンを、種々の割合で混合した溶液を、三角フラスコ中で所定温度に保ち、攪拌しながら Ni 錯体を微量ずつ添加していき、それ以上溶解しなくなるときまでの添加量を求め、それを飽和溶解度として求めた。さらに、ジメチルグリオキシム法によっても溶解度を測定したが、両者は良好な一致を示した。Ni 錯体の MCS 中の溶解度は、低温側では温度とともに増加するが、80℃の高温になるとやがて減少するようになる。これは、高温になると解離が進行し、難溶性物質である Ni(SCN)$_2$ が生成するためと考えられる。そこで、この解離を抑制するために、配位子である 4-MePy を MCS 溶液に添加し、Ni 錯体溶解度への効果をみたのが、図 11-4 である。4-MePy の添加により、70℃以下では溶解度が減少するのに対して、80℃以上での高温では急激な増加がみられる。高温での急激な増加は、前述の解離が抑制されたことを示している。

(2) p-キシレンを含む溶液中での Ni 錯体溶解度

Werner 型金属錯体をホストとして p-、m-キシレン異性体の包接分離を行い、その包接結晶の析出挙動と分離メカニズムを明らかにすることを目的として、検討を行った。このため、まず 4-MePy を 10 Vol%含む MCS 溶液中での、Ni 錯体の溶解度と p-X 濃度の関係を、各温度で測定した(図 11-5)[197]。Ni 錯体の溶解度が、p-X 濃度とともに減少することが認められる。これは、次式の反応により形成される包接結晶の溶解度が低く、p-X の添加により平衡が左側に移動するためと考えられる。

p-X・クラスレート(s) ↔ Ni 錯体 ＋ p-X   (11-2)

上式中で s は固体状態を示す。図 11-5 の各曲線より上は過飽和領域であり、結晶の析出が起こることになる。

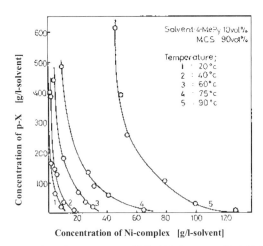

図 11-5 各温度における Ni 錯体溶解度の p-X 濃度依存性

第11章　包接結晶の多形現象と制御因子

(3)　Ni錯体ホストとp-Xの包接結晶多形の析出

　晶析は、40 g/L-solventのNi錯体と種々の量のp-Xを含む、4-MePy（10 vol%）とMCS（90 vol%）の混合溶液を、冷却することによって行った。まず所定濃度の混合溶液100 mlを晶析器に仕込み、70℃で30分間保った後、1.5℃/minの一定速度で20℃まで冷却した。晶析終了後のスラリーは、ガラスフィルターを用いて吸引濾過した後、結晶および母液のNi錯体およびp-Xの濃度を測定した。析出した結晶は、ろ過、n-ペンタンで洗浄後乾燥し、熱分解ガスクロマトグラフィーにより、p-XやMCSの分析を行った。熱分解温度は300℃、カラム温度は85℃（充填剤ベンジルジフェニル）とし、FIDにより検出を行った。結晶中の4-MePyは、pH逆滴定法によって決定したが、その際、0.4 N-HNO$_3$に包接結晶を溶解し、残留硝酸を0.1 N-NaOHで滴定した。

　母液についても、結晶と同一の分析法によって、その濃度、組成を決定した。図11-6は、析出した結晶中のゲスト分子（G）のNi錯体（H）に対するモル比（G/H）と、仕込み溶液中のp-XとNi錯体濃度のモル比（[p-X]/[Ni-complex]）の関係を示したものである。溶液中のp-X濃度が低い領域では、ほとんどp-Xは包接されないが、ある濃度以上になると、急激に結晶中のp-X量が増加する。そして、そのp-X量は限界値を示し、G/Hが1.0で飽和に達する。一方、p-X濃度の低い領域では、MCSおよび4-MePyの溶媒分子のみが存在し、MCSと4-MePyがそれぞれNi錯体に対して、0.48と0.34のモル比で包接されたと考えられる。

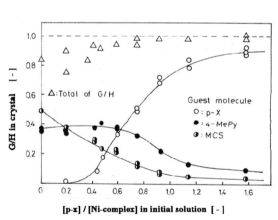

図11-6　回分晶析で得られた晶析組成（G/H）と溶液組成（[p-X]/[Ni-complex]）の相関

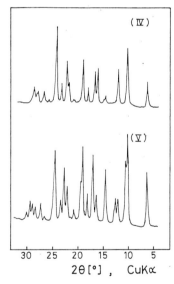

図11-7　p-X過剰存在下で得られた結晶（IV）と、p-Xを含まない溶液中から得られた結晶（V）のXRDパターン図

　p-X濃度とともに溶媒分子の量は減少し、p-Xが飽和に達するとともに消滅することが認められる。そこで、溶媒分子のみを包接した結晶と、p-Xにより飽和したときの結晶を、それぞれ「溶媒分子包接結晶」および「p-X包接結晶」と呼ぶことにする。また、これらの結晶はXRD測

247

定結果から、いずれも正方晶系の β 形に属し、空間群は $I4_1/a$ であることが明らかになった。また、結晶形状は図 11-3(Ⅳ) に示すように、いずれも正八面体である。しかし、**図 11-7** に示すように、溶媒結晶と p-X 包接結晶の XRD パターンは、わずかながら異なっていることが認められる。そこで、**表 11-1** および**表 11-2** は、溶媒分子包接結晶と p-X 包接結晶の格子間隔 d_{cal} に関する、解析結果の比較を行ったものである。前者の a 軸および c 軸の格子定数が 1.672 nm および 2.256 nm であるのに対して、後者は 1.699 nm および 2.324 nm という値が得られた。p-X 包接結晶については Lipkowski らの報告 (*)[195] があるが、格子定数の値はほぼ完全に一致している。また、両結晶の格子定数の比較から、p-X を包接した場合が溶媒分子を包接した場合よりも、a 軸で約 1.6%、c 軸で約 3.0% 増加していることがわかる。先述のように、p-X 濃度が過剰でない場合、p-X と溶媒分子の両方を包接した結晶が析出する。ここで、その析出形態として、2 つの場合が考えられる。すなわち、p-X 包接結晶と溶媒分子包接結晶が、それぞれ別の結晶固体を形成して析出する場合と、これら両者が、同一結晶固体内に固溶体的に混在して析出する場合である。この区別は、結晶モルフォロジーの観察からは、全く不可能である。図 11-6 の破線は、ゲスト分子の G/H の値の総和をとったものである。結晶中の p-X のモル比（G/H）が 0.3 以上で、その総和がほぼ一定値（1.0）を示すことが認められる。このことから、p-X 濃度が高くなると、溶媒分子も p-X と同様に、モル比が 1.0 で包接されるようになると考えられる。これは、溶媒分子包接結晶が、p-X 包接結晶と別の固体として析出する場合には考え難い。このため、p-X と溶媒分子包接結晶は、同一結晶固体内に固溶体的に混在しているとみなせる。また、溶媒分子のモル比（G/H）は、p-X 濃度とともに増加していることから、p-X が包接される際に、溶媒分子の"連れ込み効果"が発生したとみられ、これに対応して、先述のホスト格子間隔の膨張が起こったと考えられる。すなわち、ホスト格子間隔にはフレキシビリティーがあり、ゲ

表 11-1　溶媒分子クラスレート結晶の X-線回折結果

2θ	hkl	d_{obs}	d_{cal}
6.6	100	13.33	13.43
10.6	200	8.34	8.36
10.8	112	8.16	8.16
12.5	211	7.10	7.10
15.0	220	5.92	5.91
17.4	114	5.09	5.09
18.5	312	4.79	4.79
19.5	321	4.55	4.54
19.8	303	4.48	4.48
22.5	323	3.95	3.95
23.0	314	3.86	3.86
23.8	420	3.74	3.74
24.9	413	3.57	3.57
27.5	325	3.24	3.23

a = 16.72 Å
c = 22.56 Å
V = 6306.8 Å³

表 11-2　p-X クラスレート結晶の X-線回折結果

2θ	hkl*	d_{obs}	d_{cal}*
6.6	101	13.4	13.71
10.6	112	8.35	8.35
12.4	211	7.16	7.22
16.3	213	5.42	5.42
16.9	114	5.24	5.22
18.2	312	4.87	4.88
19.3	321	4.60	4.62
22.5	314	3.95	3.94
23.5	420	3.79	3.80
24.5	413	3.63	3.64
24.6	422	3.61	3.61

a = 16.99 Å
c = 23.24 Å
V = 6708.5 Å³

スト分子半径に応じて変化すると考えられる。これに対して、後章で述べるメチルナフタレンを含む系では、晶系そのものが、ゲスト分子によって変化する。そこで筆者は、ホスト格子間隔のみが変化する場合を"ミクロな多形現象"、別の空間群の異なる結晶が析出する場合を"マクロな多形現象"と呼んで区別している。

(4) Ni 錯体と p-X の包接結晶多形の析出挙動に及ぼす晶析温度、溶液組成の影響

先に示した図 11-6 では、回分冷却晶析法により結晶を析出させた。しかし、この方法では、晶析の過程で温度と溶液組成の両者が変化するために、厳密な対応関係が得られない。そこで、結晶組成と晶析温度、および溶液組成の関係について、微分晶析法による検討を行った[197]。この方法は、過飽和溶液中から一定温度で微量の結晶を析出させ、晶析と同一温度でろ過して、結晶組成の分析を行うものである。これによれば、析出する結晶が微量であるために、溶液組成変化が無視でき、固溶体結晶であっても、その組成は固体中心部から表面まで均一と考えられる。図 11-8 は、この方法によって、結晶組成に及ぼす温度効果をみたものである。縦軸は結晶中のp-X と Ni 錯体のモル比 (X_{p-X}) を示しており、晶析温度とともに X_{p-X} が急激に減少することがわかる。先述のように、これら結晶核は、p-X クラスレートと溶媒分子クラスレート（Sol・クラスレート）よりなる固溶体とみられるので、その結晶成長過程では、両クラスレートが同一固体表面上に、競争的に析出すると考えることができる[197]。

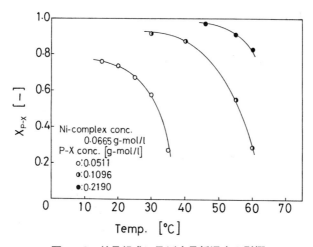

図 11-8 結晶組成に及ぼす晶析温度の影響

ここで、ホスト-ゲスト分子間相互作用により溶液中に液状クラスレート (l) が存在し、成長する結晶表面上で液状クラスレート (l) が吸着し、これが結晶内に取り込まれるとすれば、核発生および成長過程を含めた両クラスレートの析出過程は、近似的に次式によって表わされる。

$$\text{Ni 錯体} + \text{p-X} \leftrightarrow \text{p-X・クラスレート(l)}$$

$$\xrightarrow{R_{p-X}} \text{p-X・クラスレート(s)} \quad (11\text{-}3)$$

$$\text{Ni 錯体} + \text{溶媒分子} \leftrightarrow \text{Sol・クラスレート(l)}$$

$$\xrightarrow{R_{Sol}} \text{Sol・クラスレート(s)} \tag{11-4}$$

上式中、R_{p-X} と R_{Sol} は、各々のクラスレート析出速度を示す。

また、X_{p-X} は p-X クラスレートの析出割合に相当することから、次式で表わされる。

$$X_{p-X} = \frac{R_{p-X}}{R_{p-X} + R_{Sol}} \tag{11-5}$$

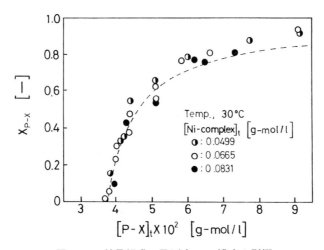

図 11-9　結晶組成に及ぼす p-X 濃度の影響

図 11-8 で、温度とともに X_{p-X} が減少したのは、(11-3) 式の、液状 p-X クラスレートの解離が進行し、R_{p-X} が R_{Sol} に比較して減少したためとみられる。また、図 11-9 は、晶析温度が 30℃における溶液中 p-X 濃度と、析出した結晶中の X_{p-X} との関係をみたものである。図より、p-X 濃度が低い場合、結晶中には p-X は包接されず、溶液濃度がある限界値を超えて、はじめて包接されることがわかる。そして、その量は急激に増加して、遂には X_{p-X} の値は 1.0 に近づくようになる。一方、結晶組成に及ぼす Ni 錯体濃度の影響は、ほとんどみられない。これは、Ni 錯体濃度とともに両クラスレートの析出速度が増加し、相殺する結果であるとみられる。X_{p-X} と溶解中 p-X 濃度の関係については、次に示すような半実験式が得られる。

$$\frac{X_{p-X}}{1-X_{p-X}} = \frac{R_{p-X}}{R_{Sol}} = \alpha([p-X] - C) \tag{11-6}$$

ここで、α は分離係数に相当する特性定数であり、C は p-X クラスレートが析出するための、p-X の限界濃度を示す。また、晶析温度が 20、40℃ の場合についても、図 11-9 と同様の結果が得られているが、限界濃度 C は温度とともに大きくなり、結晶中への p-X の取り込みが難しくなることを示している。

(5) p-X、m-X 異性体の分離効率

　p-X と m-X の混合物を含む MCS 溶液中から Ni 錯体の晶析を行うと、p-X が選択的に包接されるため、これら異性体の分離が可能である。しかし、晶析によって得られる結晶中には、p-X のみでなく m-X や溶媒分子も包接され、それらの量は操作条件によって変化することが認められる。以下では、操作条件と分離効率との相関性について、前節と同じ微分晶析法により検討した結果を示す[198]。

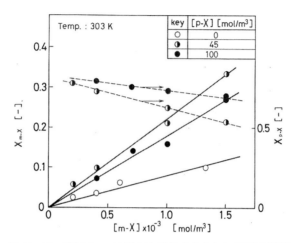

図 11-10　溶液中 m-X 濃度と結晶中キシレン濃度の関係

　p-X 濃度 0-100 mol/m^3 で一定とし、m-X を 200〜1500 mol/m^3 で変化させた MCS 溶液中から析出する結晶中のキシレン量は、図 11-10 のように変化する。結晶中の p-X と m-X の Ni 錯体に対するモル比を、X_{p-X}、および X_{m-X} で示す。m-X が p-X の 30 倍程度存在しても、なお p-X のほうが選択的に包接されることがわかる。また、溶液中の m-X 濃度とともに X_{m-X} が直線的に増加し、これに対応して X_{p-X} は直線的に減少する傾向がみられる。しかし、結晶中に取り込まれ

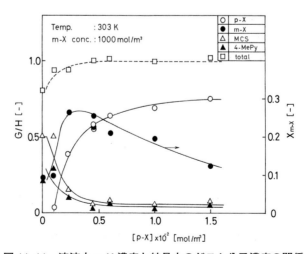

図 11-11　溶液中 p-X 濃度と結晶中のゲスト分子濃度の関係

251

る m-X 量は、予想に反して、溶液中に p-X が存在しない場合よりも、むしろ存在したときのほうが大きく、特に 45 mol/m³ で最も大きくなることが注目される。一方、**図 11-11** は、m-X 濃度を一定として、p-X 濃度を変化させた溶液中から析出する、結晶中のすべてのゲスト分子について、Ni 錯体に対するモル比（G/H）を示したものである。溶液中の p-X 濃度が低いと、p-X はほとんど包接されず、結晶中にはわずかな m-X と溶媒分子が取り込まれるだけであるが、p-X がある限界濃度を超えると、p-X が急激に包接されるようになる。この挙動は図 11-9 と同様である。また、p-X のモル比が 1.0 に近づくとともに、溶媒分子および m-X は、結晶中から消滅するようになる[198]。

　しかし、結晶中の m-X 量（X_{m-X}）には特異な挙動がみられ、p-X 濃度とともに初期には増加するが、極大値を経た後減少する。この極大値は、pX 濃度が 20〜50 mol/m³ にあり、図 11-10 はこの挙動を反映したものであることがわかる。また、図 11-11 の破線は、すべてのゲスト分子のG/H の総和を示したものであるが、X_{m-X} の極大付近で、ほぼ 1.0 の一定値に落ち着いている。初期の X_{m-X} の増加は、G/H の総和の増加、および結晶中の p-X 量の急激な増加と対応している。これは、p-X クラスレートの析出割合の増加に伴い、ホスト格子構造が膨張し（前節参照）、このとき m-X が"連れ込み効果"を受け、X_{m-X} が増加すると思われる[198]。一方、X_{m-X} の極大値以降では、いずれのゲスト分子も G/H の値は 1.0 であり、前節と同様に、これらのクラスレートも固溶体的に混在しているとみられる。そこで、m-X クラスレートについても、その析出過程は、次式のように近似できると考えられる。

$$\text{Ni 錯体} \quad + \quad \text{m-X} \quad \leftrightarrow \quad \text{m-X・クラスレート} \quad (1)$$

$$\xrightarrow{R_{m-X}} \quad \text{m-X・クラスレート} (s) \tag{11-7}$$

　この領域では、p-X 濃度の増大とともに m-X クラスレートの析出割合が減少し、このためX_{m-X} が減少することを示している。次に、これら p-X と m-X の固液間分配関係に Berthelot-Nernst 則を適用すれば[197]、次式が得られる。

$$\frac{X_{p-X}}{X_{m-X}} = \gamma \frac{[p-X]}{[m-X]} \tag{11-8}$$

ここで、γ は分離係数を示す。

　種々の条件下で得られた結果に上式を適用し、γ 値と溶液中の p-X と m-X の濃度比 [p-X]/[m-X] の関係を示したのが、**図 11-12** である。γ 値は、30〜150 の値をとるが、晶析温度が低く溶液中の p-X、m-X 両濃度が低いほど、分離度が高くなる傾向があることが認められる。しかし、このように γ 値が一定とならないことは、固液間分配関係が（11-8）式のような単純な相関式では表わせないことを示している。そこで、以下に晶析過程を考慮した取扱いを行った。先述のように、p-X と m-X のクラスレートの析出過程は、（11-3）および（11-7）式で表わされるが、p-X と m-X の分離効率は、これら両クラスレートの競合的な析出割合で決まるものと考えられる。

252

$$\frac{X_{p-X}}{X_{m-X}} = \frac{R_{p-X}}{R_{m-X}} \tag{11-9}$$

ここでは、粗い近似として、便宜的に両クラスレートの析出速度が各々の液状クラスレート濃度のべき関数で表わされるものとして、次式を用いることにする。

$$R_{p-X} = k_{p-X}([p-X \cdot クラスレート(l)])^p \tag{11-10}$$

$$R_{m-X} = k_{m-X}([m-X \cdot クラスレート(l)])^m \tag{11-11}$$

上式中、k_{p-X}、k_{m-X} は、析出速度定数である。

一方、(11-3) および (11-7) 式の液状クラスレートの解離平衡定数を、各々K_{p-X}、K_{m-X} とすれば、液状クラスレート濃度は各々次式で表わされる。

$$[p-X \cdot クラスレート(l)] = \frac{[p-X][Ni錯体]}{K_{p-X}} \tag{11-12}$$

$$[m-X \cdot クラスレート(l)] = \frac{[m-X][Ni錯体]}{K_{m-X}} \tag{11-13}$$

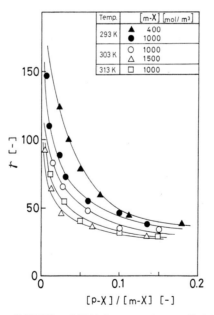

図 11-12　分離係数 γ と溶液中の p-X と m-X 濃度比の関係

以上から、次式の関係が得られる。

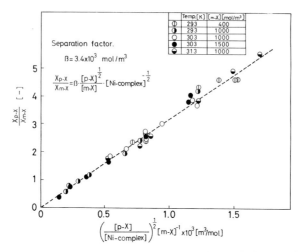

図 11-13　p-X と m-X の固液間分配関係の（11-14）式による相関

$$\frac{X_{p\text{-}X}}{X_{m\text{-}X}} = \beta \frac{\left([p-X]\right)^p}{\left([m-X]\right)^m}\left([\text{Ni錯体}]\right)^{p-m} \tag{11-14}$$

ただし、

$$\beta = \left(\frac{k_{p\text{-}X}}{k_{m\text{-}X}}\right)\left(\frac{K_{p\text{-}X}^{\ m}}{K_{m\text{-}X}^{\ p}}\right)$$

ここで、β は速度定数と平衡定数よりなる特性値であり、γ に代わる分離係数とみなせる。

定数 p、m の値としては、実験より 0.5 および 1.0 が得られた。この値を用いて固液間分配関係のデータを整理したのが、図 11-13 である。ほぼ良好に実験値と相関していることがわかる。

11.1.2　1-、2-メチルナフタレン異性体の分子認識と包接結晶多形現象

1-、2-メチルナフタレン（以下「1-MN」および「2-MN」と称する）（図 11-14）は、コールタール蒸留によって得られるメチルナフタレン油中の主成分であるが、これらを分離する場合、蒸留では沸点が接近し過ぎるため（いずれも 514～515 K）、不可能である。このため、一般的には、凝固点の違い（1-MN は 251 K、2-MN は 310～311 K）を利用して、2 成分系での冷却晶析により、2-MN の結晶を析出させ分離する方法がとられている。しかし、この方法では共晶点組成以

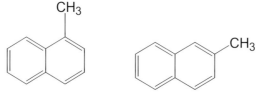

1-メチルナフタレン（1-MN）　　2-メチルナフタレン（2-MN）

図 11-14　1-、2-メチルナフタレン分子

上の分離を行うことはできない[188]。また、不純物が含まれやすく高純度のものが得られないなど、多くの問題点がある。そこで、1つの有効な方法として、包接結晶（クラスレート結晶）を利用する方法（アダクト晶析法）が考えられる。すでに述べたが、この方法では共晶点組成による制限を受けないばかりでなく、固溶体系でも分離ができる。また、室温付近での操作が可能であるなどの特徴を有している。前節で述べたNi錯体（Ni(C_6H_7N)$_4$(SCN)$_2$）は、1-、2-MN異性体に対しても分離が可能と考えられるので、その検討を行った[199-202]。

実験方法は、メチルセロソルブ（MCS）溶媒中に、ホストであるNi錯体のほかに、1-MNあるいは2-MNをそれぞれ種々の濃度で仕込み、完全に溶解させた後、各一定温度まで急冷し、結晶を析出させた。分析法については、前節と同様である。また手順としては、まず1-MN系の低濃度領域と高濃度領域で実験を行い、次いで2-MN、そして最後に1-、2-MN混合系で実験を行った。これらの検討結果から、本系での包接結晶多形現象のメカニズムや、ホスト分子による分子認識のメカニズムが明らかになってきた。以下には、これらの一連の検討結果について紹介する。

（A） 1-メチルナフタレン系における多形現象
① 1-メチルナフタレン（1-MN）系包接結晶の低濃度側での析出挙動

1-メチルナフタレン系での析出挙動について、Ni錯体や1-MNの濃度を変化させて晶析を行うと、析出結晶はNi錯体濃度にはあまり依存しないが、1-MN濃度により大きく影響を受けることが明らかになった[199]。1-MNが約 0.5 mol/L 以下の低濃度では、図 11-15(a)、(b) に示すように、モルフォロジーの異なる2種の結晶の析出が認められ、これらのXRDパターンは、図 11-16

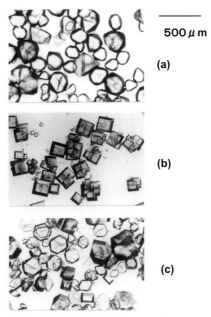

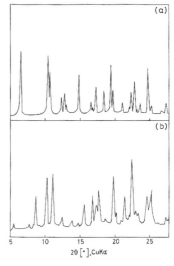

図 11-15　1-MN 系から析出する結晶の顕微鏡写真（(a) β形、(b) γ形、(c) γ'形）

図 11-16　1-MN 低濃度側で得られる結晶のXRDパターン（(a) β形、(b) γ形）

(a)、(b) のように異なっている。図11-16(a) は、明らかに前節の溶媒分子クラスレート結晶のXRDと一致しており、正方晶系でかご型構造を有するβ形であり、溶媒分子を包接した結晶であることを示している[211]。一方、11-16(b) のパターンは、Lipkowskiらの結果[195,196]との比較によって、層状構造をもつ単斜晶系で、P2$_1$/c 空間群に属するγ形であることがわかった。このことから、空間群が異なる結晶が析出する本系での現象を、前節の"ミクロな多形現象"に対して"マクロな多形現象"と呼んで区別することにする。また、これら両多形の析出挙動は、Ni錯体濃度（過飽和度）にほとんど依存しない一方で、1-MN濃度により敏感に変化することが明らかになった。

図11-17 は、析出した結晶中γ形組成（Y$_γ$）と、溶液中1-MN初期濃度（[1-MN]$_0$）の関係を示したものであるが、析出挙動はⅠ～Ⅲの3つの領域に分けられる。1-MN溶液濃度が0.134 mol/L 以下のⅠの領域では、β形のみが析出するが、0.218 mol/L 以上のⅢの領域では、γ形の析出が支配的になる。

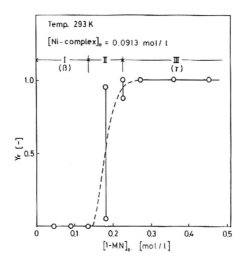

図11-17　γ形の析出割合（Y$_γ$）と溶液中1-MN初期濃度（[1-MN]$_0$）の関係

そして、Ⅱの狭い中間域では、βとγ形の両者が、それぞれ別の結晶固体を形成して競争的に析出することが認められた。また、このときの析出割合の値は、分散する傾向がみられる。さらに、これら析出したいずれの結晶においても、少なくとも48時間以上にわたって転移は起こらないことが確かめられた。

次に、これらの析出した結晶中に包接されているゲスト分子の分析結果を、**図11-18** に示す。縦軸には、結晶中のNi錯体に対するモル比（G/H）を、横軸は前図と同一である。β形のみが析出するⅠの領域では、結晶中には1-MNは存在せず、溶媒分子であるMCSだけが0.7～0.8のモル比で包接される。しかし、Ⅲの領域で析出するγ形結晶中には、1-MNとMCSの両分子がいずれも同じ1.0のモル比で包接されている。そして、中間のⅡの領域では、ゲスト分子のモル比は、析出する結晶構造に対応して変動する。

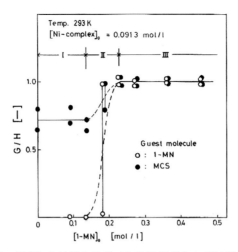

図 11-18 析出した結晶中のゲスト分子組成と 1-MN 濃度の関係

② クラスレート結晶多形の核発生メカニズム

クラスレート結晶多形の析出挙動は、前節で示したのと同様に、晶析の初期段階で起こる核発生過程が支配的であると考えられる。さらに、β 形と γ 形の析出割合が溶液組成に依存することは、Ni 錯体と各々のゲスト分子との相対的な相互作用が、溶液組成に対応して変化することを示している。そこで、β、γ 形それぞれについて、前節で示した液状クラスレート (l) の存在を仮定し、これらが競争的に凝集し核を形成するとすれば[199]、この場合の競争的核発生過程は、次式で表わされる。

$$Ni錯体 + 1-MN + MCS \xleftrightarrow{K_\gamma} \gamma-クラスレート(l) \xrightarrow{J_\gamma} \gamma-クラスレート(s) \quad (11\text{-}15)$$

$$Ni錯体 + MCS \xleftrightarrow{K_\beta} \beta-クラスレート(l) \xrightarrow{J_\beta} \beta-クラスレート(s) \quad (11\text{-}16)$$

ここで、K_γ、K_β は、γ および β 形液状クラスレート解離定数、J_γ、J_β はそれぞれの核発生速度を示している。

上式より、核発生の推進力である過飽和比 S は、過飽和溶液と過飽和溶液中の液状クラスレートの濃度比で与えられる。まず、同一の過飽和溶液中での γ および β 形の液状クラスレートの濃度は、それぞれ次式で表わされる。

$$[\gamma-クラスレート(l)] = \frac{[Ni錯体][1-MN][MCS]}{K_\gamma} \quad (11\text{-}17)$$

$$[\beta-クラスレート(l)] = \frac{[Ni錯体][MCS]}{K_\beta} \quad (11\text{-}18)$$

一方、固体クラスレート結晶と平衡にある液状クラスレート濃度は、次式で表わされる。

$$[\gamma-\text{クラスレート}(l)]_e = \frac{[Ni\text{錯体}]_{e-\gamma}[1-MN]_e[MCS]_e}{K_\gamma} \tag{11-19}$$

$$[\beta-\text{クラスレート}(l)]_e = \frac{[Ni\text{錯体}]_{e-\beta}[MCS]_e}{K_\beta} \tag{11-20}$$

ただし、e は固液平衡状態を示し、特に Ni 錯体の溶解度については、γ 形と β 形について区別するために $e\text{-}\gamma$ および $e\text{-}\beta$ で表わした。

以上から、γ と β 形に関する過飽和比 S_γ および S_β は、次式で表わされる。

$$S_\gamma = \frac{[\gamma-\text{クラスレート}(l)]}{[\gamma-\text{クラスレート}(l)]_e} = \frac{[Ni\text{錯体}][1-MN][MCS]}{[Ni\text{錯体}]_{e-r}[1-MN]_e[MCS]_e} \tag{11-21}$$

$$S_\beta = \frac{[\beta-\text{クラスレート}(l)]}{[\beta-\text{クラスレート}(l)]_e} = \frac{[Ni\text{錯体}][MCS]}{[Ni\text{錯体}]_{e-\beta}[MCS]_e} \tag{11-22}$$

ここで、MCS は溶媒であるので、過飽和溶液中と飽和溶液中の $1\text{-}MN$ 濃度を等しいと置くと、（11-21）と（11-22）式は、それぞれ次のように簡略化できる。

$$S_\beta = \frac{[Ni\text{錯体}]}{[Ni\text{錯体}]_{e-\beta}} \tag{11-23}$$

$$S_\gamma = \frac{[Ni\text{錯体}]}{[Ni\text{錯体}]_{e-\gamma}} \tag{11-24}$$

これらの過飽和比を用いれば、γ および β 形の核発生速度式として、次式が適用できる。

$$J_\gamma = A_\gamma \cdot \exp\left[\frac{-16\pi \; \sigma_\gamma^{\;3} \nu_\gamma^{\;2}}{3(kT)^3(\ln S_\gamma)^2}\right] \tag{11-25}$$

$$J_\beta = A_\beta \cdot \exp\left[\frac{-16\pi \; \sigma_\beta^{\;3} \nu_\beta^{\;2}}{3(kT)^3(\ln S_\beta)^2}\right] \tag{11-26}$$

式中、A_r、A_β は頻度因子、σ_γ、σ_β は界面エネルギー、ν_γ、ν_β は結晶固体中の分子容積を各々示している。

図 11-17 の析出挙動は、Ⅰの領域では、$J_\beta > J_\gamma$ であるが、1-MN の濃度とともに狭いⅡの領域で逆転が起こり、Ⅲの領域では $J_\gamma > J_\beta$ になることを示している。上式において、A、ν が、1-MN の狭い濃度範囲で急激に変化することは考えにくく、一定とみなせるものと思われる。したがって、両多形の析出挙動は、S の値が支配的であるとみられる。

258

③　ホスト格子の熱力学的安定性と溶解度

　包接結晶（クラスレート）多形の熱力学的安定性と転移挙動の基礎的な考え方に関しては、すでに第3章3.4で述べた。Ni錯体包接結晶多形である γ 形および β 形結晶のホスト格子に着目すると、これらの自由エネルギーは、ゲスト分子と格子構造の違いによって異なると考えられる。そこで、β 形および γ 形のホスト格子のケミカルポテンシャルを、μ_γ^s および μ_β^s とすれば、これらは各々の溶解度、X_γ^* および X_β^* と以下の関係にある。

$$\mu_\gamma^S = \mu_\gamma^L = \mu_o^l + kT \ln X_\gamma^* \tag{11-27}$$

$$\mu_\beta^S = \mu_\beta^L = \mu_o^l + kT \ln X_\beta^* \tag{11-28}$$

ここで、s と l は各々固体および液体状態を、μ_o^l は Ni 錯体の標準状態でのケミカルポテンシャルを示す。また、X_γ^* および X_β^* は、モル分率で表わしたときの、γ 形と β 形の Ni 錯体ホスト格子の溶解度であり、前述の［Ni 錯体］$_{e-\gamma}$ と［Ni 錯体］$_{e-\beta}$ とは単位が異なるのみである。上式から、自由エネルギーの大きい準安定形ホスト格子の溶解度は、安定形よりも大きく、ホスト格子構造に着目すれば、多形と同様の取り扱いができると考えられる[8, 176, 199]。

④　クラスレート結晶多形の溶解度と核発生挙動

　次に、各々の 1-MN 濃度に対して、β 形および γ 形結晶の、Ni 錯体ホストの溶解度を測定した。その結果を**図 11-19** に示す[199]。γ 形の溶解度［Ni 錯体］$_{e-\gamma}$ は、1-MN とともに減少するのに対して、β 形の溶解度［Ni 錯体］$_{e-\beta}$ は、ほぼ一定値を示す。

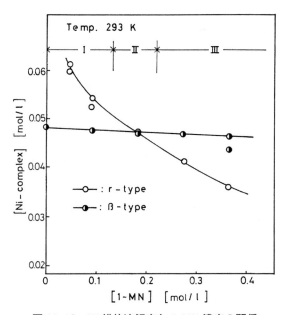

図 11-19　Ni 錯体溶解度と 1-MN 濃度の関係

そして、2 本の溶解度曲線は、0.183 mol/L で交差することより、その濃度以下では β 形が、

それ以上では γ 形が安定形であると考えられる。すなわち、この交点は、1-MN 濃度に対する一種の遷移点とみなすことができる。また、図中の Ⅰ、Ⅱ、Ⅲ は、図 11-17、図 11-18 と同じ 1-MN 濃度領域を示している。両図を比較すると、Ⅰ およびⅢ の領域では、それぞれの安定形のみが析出しており、また、Ⅱ の領域では、安定形と準安定形の両者が析出していることがわかる。図 11-19 の結果を用いれば、β 形と γ 形の過飽和比、S_β と S_γ を求めることができる。ここで、前に述べたように、これら両者の核発生挙動は、過飽和溶液中の Ni 錯体濃度にはほとんど依存しない。そこで、両者の相対過飽和比、$S_\gamma/S_\beta = [\text{Ni-complex}]_{e-\beta}/[\text{Ni-complex}]_{e-\gamma}$ をパラメーターとして用いると、Ⅰ の領域では $S_\gamma/S_\beta < 0.94$ であるのに対し、Ⅲ の領域では $S_\gamma/S_\beta > 1.04$、Ⅱ の領域では、$S_\gamma/S_\beta = 0.94 \sim 1.04$ であることがわかった。この相対過飽和度に対応して、両多形の核発生が起こったと思われる。

⑤ 転移現象

すでに述べたように、Ⅰ、Ⅱ、Ⅲ いずれの領域でも転移は認められなかった。これは、Ⅰ、Ⅲ の領域では、安定形が析出したためである。また、Ⅱ の領域では、両多形が析出したが転移は観察されなかった。ここで、両多形を形成するホスト格子の自由エネルギー差を $\Delta\mu^s$ とすると、(11-27) および (11-28) 式より次の関係が得られる。

$$\Delta\mu^S = \mu_\gamma{}^S - \mu_\beta{}^S = kT\ln(X_\gamma{}^*/X_\beta{}^*) \qquad (11\text{-}29)$$

これは γ 形 → β 形の転移の推進力を示しており、Ⅱ の領域ではこの絶対値が小さいために、転移が観測されなかったと考えられる。したがって、もしⅠ、Ⅲ の領域で、各々の準安定形が存在すれば、転移が進行することが予想される。そこで、各々の安定形の飽和溶液を準備して、これに安定形の結晶を添加した。すなわち、Ⅰ の領域（（[1-MN] = 0.0913 mol/L）で、β 形の飽和溶液に γ 形を添加し顕微鏡観察を行ったところ、**図 11-20** に示す変化が観察された[199]。明らかに、γ 形の溶解と β 形の成長による転移が進行することを示しており、先の考察が妥当なことを裏づけている。この転移過程は、次式に示すように、γ 形がゲスト分子である 1-MN と MCS 分子を放出して溶解し、新たに MCS 分子のみを包接した β 形が析出する、次式で表わされる溶液媒介転移メカニズムによるものである（見掛け上は、ゲスト分子の交換反応が起こったとみることもできる）。

$$\gamma-クラスレート(s) \xrightarrow{\text{溶解}} Ni錯体 + 1-MN + MCS$$

$$Ni錯体 + MCS \xrightarrow{\text{析出}} \beta-クラスレート \qquad (11\text{-}30)$$

一方、Ⅲ の領域（[1-MN] = 0.365 mol/L）で γ 形の飽和溶液に β 形結晶を添加した場合、**図 11-21** に示すように 2 種類の現象が観察された。すなわち、まず β 形結晶の添加直後に、結晶は気泡を出しながら、いくつかの部分に分裂する現象がみられる。そして、その後で β 形結晶が溶解し、γ 形結晶が析出する。後者の現象は、(11-30) 式と方向が逆の溶液媒介転移によるものである。また β 形結晶中の MCS 分子は、大気中で容易に揮発するが、β 形格子構造はそのま

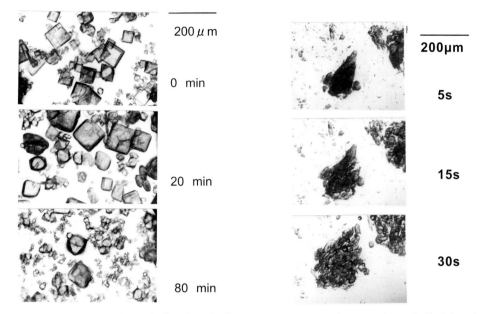

図 11-20　γ形からβ形への転移過程の観察　　　図 11-21　β形からγ形への転移過程の観察
　　　　　 ([1-MN]=0.0913 mol/L)　　　　　　　　　　　　　　([1-MN]=0.365 mol/L)

ま保たれていることが、X線回折パターンより確かめられた。このことから、β形結晶中には、一部のMCS分子の揮発による空孔が存在していると考えられる。この結晶を溶液中に添加した際、1-MN分子が空孔内に速やかに進入し、γ形格子が形成されると思われる。結晶の崩壊する現象は、このとき生じる格子ひずみが起点になると考えられる[199]。

⑥　1-MN高濃度側でのクラスレート結晶多形の析出挙動

1-MN溶液濃度が前節での値よりも高くなると、晶析により図11-15(c)の結晶が析出することが認められた。この結晶は、X線回折パターン(**図 11-22**)よりγ形の一種であると考えられるが、先の図11-16(b)のパターンとは、細部で一致しない。そこで、この結晶を「γ'形」と呼んで区別することにする。1-MN濃度が0.4 mol/L以上の領域では、γおよびγ'形結晶が析出する。**図 11-23**は、析出した固相中のγ'形結晶の重量分率($Y_{γ'}$)と、溶液中の[1-MN]との関係を示したものである。図11-17の場合に類似して、その析出挙動はⅢ、ⅣおよびⅤの3つの領域に分かれる[201]。Ⅲの領域では、先述のようにγ形のみが析出するが、Ⅴの領域ではγ'のみが析出するようになる。また、中間のⅣの領域では、γ形とγ'形の両者が析出するが、その析出割合は変動する。さらに、いずれの領域においても、転移の進行は少なくとも48時間は観察されなかった。これらの挙動は、先のⅠ〜Ⅲの領域に類似したものである。次に、これら析出した結晶中のゲスト分子を分析した結果、γ'形はMCSを含んでおらず、1-MNのみを2.0のモル比で包接したものであることがわかった。これらの結果から、Ⅰ〜Ⅴの全濃度域において析出する結晶中の、ゲスト分子とNi錯体のモル比(G/H)は、**図 11-24**のように示される。

先に示したγ形と同様に、γ'形の析出過程についても次式で表わされる。

$$\text{Ni錯体} + 2\cdot1\text{-MN} \underset{J_{\gamma'}}{\overset{K_{\gamma'}}{\rightleftarrows}} \gamma'\text{-クラスレート}(l) \xrightarrow{J_{\gamma'}} \gamma'\text{-クラスレート}(s) \tag{11-31}$$

ここで、$K_{\gamma'}$ と $J_{\gamma'}$ は、γ' 形液状クラスレートの解離定数と、核発生速度を示している。

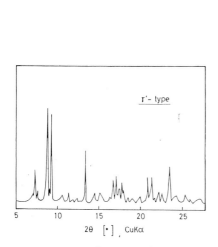

図 11-22　γ' 形 XRD パターン

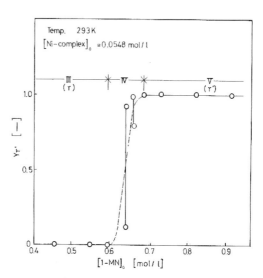

図 11-23　γ' 形の析出割合 $Y_{\gamma'}$ と 1-MN 濃度の関係

次に、γ' 形の溶解度についても測定し、β 形、γ 形溶解度の結果と合わせてプロットすると、1-MN 全濃度域にわたる溶解度曲線として、図 11-25 が得られた[201]。γ 形と γ' 形の溶解度曲線の交点から、遷移点は 0.624 mol/L となる。図より過飽和比を求めると、β 形と γ 形の場合と同様、γ 形と γ' 形の過飽和比が近接する特定の領域（IV）（$S_{\gamma'}/S_{\gamma} = 0.97 \sim 1.05$）では、両多形が析出

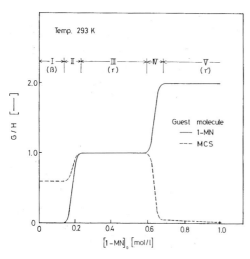

図 11-24　1-MN 全濃度領域で析出する結晶の組成と 1-MN 濃度の関係

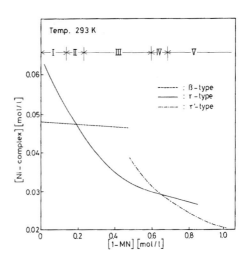

図 11-25　1-MN 濃度全領域に渡 β、γ、γ' 形の溶解度曲線

するが、一方の多形の過飽和度が大きくなる III ($S_\gamma/S_{\gamma'}<0.97$)、および V の領域 ($S_{\gamma'}/S_\gamma>1.05$) では、それぞれ安定形である γ および γ' 形が、優先的に析出することがわかった。これらの基本的な挙動は、I から III の領域で表わされる β と γ の関係と共通している。したがって、Ni 錯体包接結晶では、遷移点付近では準安定形と安定形の両者が析出するが、遷移点付近を除いては、自由エネルギーの小さい安定形が優先して析出することが明らかになった。

⑦ 1-MN 高濃度領域における転移現象

結晶析出後、II の領域同様に IV の領域でも 2 種の多形結晶が析出するにもかかわらず、数日以上経ても転移は観察されなかった。これは、転移の推進力である自由エネルギー差があまりに小さいためであると考えられる。そこで、推進力が大きいと考えられる 1-MN 濃度 0.80 mol/L（領域 V）の溶液に、準安定形である γ 形結晶を添加し、顕微鏡観察を行った[201]。すると、図 11-26 に示すように、γ 形の溶解と γ' 形の成長が観察され、これより (11-32)、(11-33) 式で表わされる溶液媒介転移が進行することが確かめられた。

$$\gamma - クラスレート(s) \xrightarrow{溶解} Ni錯体 + 1 - MN + MCS \tag{11-32}$$

$$Ni錯体 + 2 \cdot 1 - MN \xrightarrow{析出} \gamma' - クラスレート(s) \tag{11-33}$$

このときの転移の最大推進力（自由エネルギー差）は、次式で表わされる。

$$\Delta\mu^s = \mu_{\gamma'}^s - \mu_\gamma^s = kT \ln(X_{\gamma'}^*/X_\gamma^*) \tag{11-34}$$

また、領域 III では、上式と全く逆の転移（$\gamma' \rightarrow \gamma$）が進行することが確かめられた。さらに、III の領域では、β 形結晶（同様に準安定）を添加すれば、$\beta \rightarrow \gamma$ の転移も進行することが確かめられている。

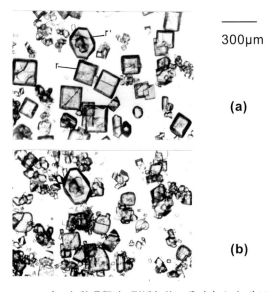

図 11-26　$\gamma \rightarrow \gamma'$ の転移過程（γ 形添加後 3 分 (a) および 30 分 (b)）

⑧ Ni 錯体包接結晶多形の析出挙動における温度効果（1-MN 低濃度域）

包接結晶多形の析出挙動や熱力学的安定性が、温度にどのように依存するか調べるため、1-MN 濃度を低濃度域（0.183 mol/L）で一定として、温度を変化させた検討を行った[200]。まず、種々の温度で β 形と γ 形結晶溶解度を測定した結果を、図 11-27 に示す。これより、1-MN 濃度が 0.183 mol/L では、溶解度の交点である遷移点は 293 K であり、高温側で β 形が安定形、低温側では γ 形が安定形であることがわかる。また、1-MN 濃度を変化させ、各濃度での遷移点を測定すると、図 11-28 が得られる。1-MN 濃度の増加により遷移点は上昇し、γ 形の安定域が増加することがわかる。次に、1-MN 濃度を 0.183 mol/L として、各温度で晶析を行った場合に得られた、結晶中の γ 形の割合 Y_γ と温度の関係を、図 11-29 に示している。温度に対しても、I′、II′、III′ の 3 つの領域に分かれ、I′ と III′ ではそれぞれ β と γ 形が析出し、II′ では両者の析出がみられた。遷移点が II′ の領域内にあることは、先述のとおりである。そこで、析出挙動をさらに詳細にみるため 1-MN 濃度を変化させ、それぞれの遷移点付近での、多形の析出挙動の検討を行った。温度を 283 K から 303 K の間で 3 点変化させ、晶析を行った場合の結果を、図 11-30 に示す。いずれの温度でも、I、III の領域では、安定形である β 形と γ 形がそれぞれ析出し、遷移点を含む II の領域では、安定形と準安定形の両者が析出する[200]。これらの傾向は、前述の図 11-17 の析出挙動に対応している。なお、II の領域では、いずれの場合も転移速度は検出できないほど遅い。しかし、283 K で結晶を析出させた後、303 K まで温度を上げると、安定形領域の変化により、γ → β への転移が進行することが認められる。

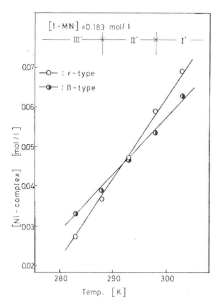

図 11-27　β、γ 形結晶の溶解度温度依存性

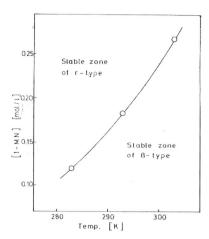

図 11-28　1-MN 濃度と遷移点の関係

第 11 章　包接結晶の多形現象と制御因子

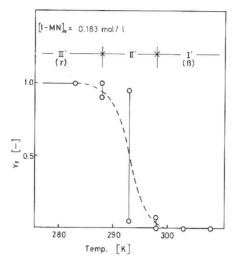

図 11-29　β、γ 形結晶の溶解度温度依存性

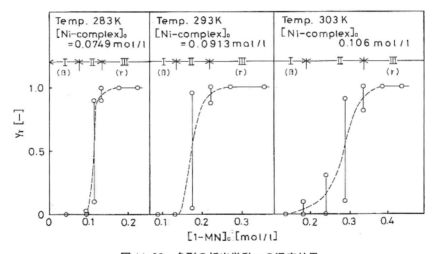

図 11-30　多形の析出挙動への温度効果

(B)　2-メチルナフタレン (2-MN) 系における多形現象と異性体の分子認識メカニズム
① 2-MN 系における包接結晶の析出挙動

　以上、1-MN を含む系での析出挙動を示したが、これの構造異性体である 2-MN の系でも晶析を行い、比較した[202]。2-MN を含む MCS 溶液中から Ni 錯体の晶析を行うと、2-MN が低濃度では、図 11-31 左図 (A) に示す結晶が得られた。この結晶の XRD パターンは図 11-31 右図 (A) に示す通りであり、1-MN 系で析出したものと同じ β 形であることが判明した。しかし、2-MN 濃度を増していくと、前節の 1-MN の系とは、著しく異なる結晶が析出することが観察された (図 11-31 左図 (B))。このとき、2-MN の系では結晶が析出しにくいため、Ni 錯体濃度を 1-MN 系の約 2.5 倍として、晶析を行った。2-MN が高濃度条件下で得られる結晶の X 線回折パターン (B) より、これは三斜晶系 (P$\bar{1}$) に属する γ 形[196]であると考えられる。また、組成

265

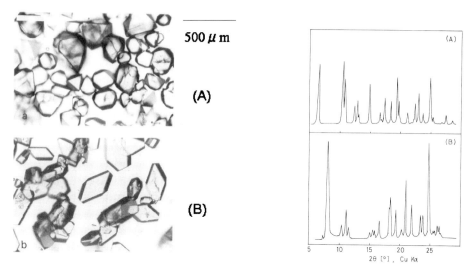

図 11-31　2-MN 系から析出する結晶（顕微鏡観察と XRD パターン）

分析から、β 形は 1-MN 系で得られたものと同一であるのに対して、γ 形は 1-MN 系でみられた γ′ 形に相当して、2-MN 分子をモル比 2.0 で包接したものであることが明らかになった。

② 2-MN 系で得られた包接結晶の FTIR、DSC 分析結果（1-MN 系との比較）

図 11-32 には、2-MN 系で得られた包接結晶の FTIR スペクトルを、1-MN 系で得られたものと比較している[8]。800～830 cm^{-1} 付近に、配位子である 4-メチルピリジンの、C-H 面外変角振動によると考えられるピークが存在するが、ゲスト分子により変化することが認められる。これは配位子とゲスト分子間の、相互作用の違いによるものと考えられる。また、図 11-33 には、各 Ni 錯体クラスレート結晶多形の、DSC（熱走査熱量計）曲線を示している[8]。528 K 付近の吸

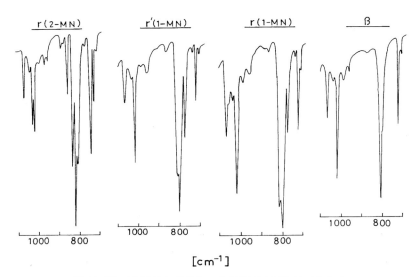

図 11-32　Ni 錯体クラスレート結晶の FTIR スペクトル

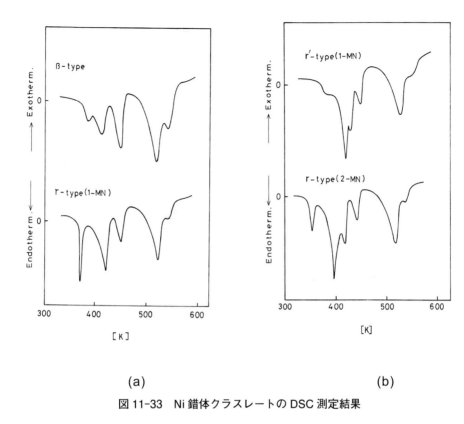

(a) (b)

図 11-33 Ni 錯体クラスレートの DSC 測定結果

熱ピークは、4-MePy 配位子の 4 分子のうちの 2 分子の脱離によるものである。残りの 2 分子は 425 K、458 K 付近で、段階的に 1 分子ずつ脱離している。β 形では MCS 溶媒分子が 391 K 付近で脱離するが、γ 形（1-MN 系）では、MCS 分子はそれよりも低温である 368 K に、その吸熱ピークがみられる。そして、包接された 1-MN 分子の脱離は、4-MePy の脱離に重なり、443 K で起こっているとみられる。

一方、γ′ 形（1-MN 系）では、包接された 2 分子の 1-MN 分子は、360 K 付近と 443 K 付近の 2 段階で、脱離が起こっていると考えられる。これらの結果に対して、2-MN 系の γ 形では、2 分子のうち 1 分子はかなり低温（361 K）で起こるが、残る 1 分子は 1-MN 分子と同様 443 K 付近で脱離するものと思われる。

③ 2-MN 系でのクラスレート多形結晶の析出挙動と 2-MN 溶液濃度の関係

次に、多形の析出挙動と 2-MN 溶液濃度の関係を、図 11-34 に示す[202]。析出した結晶（β 形 + γ 形）中の γ 形組成（Y_γ）を、縦軸にとっている。複雑な挙動を示し、2-MN 濃度が低い I の領域では β 形のみが析出するが、破線で示すように、2-MN 濃度が II の領域になると β と γ 形の両者が析出し、これらの割合は不安定に変動することがみられた。また、さらに高濃度側（領域 III）になると、γ 形のみが析出するようになる。

また、このときの結晶の核発生における待ち時間（τ）の 2-MN 濃度依存性を、図 11-35 に示す。図に示すように、待ち時間にはきわめて特異的な挙動がみられ、I、II の領域での待ち時間

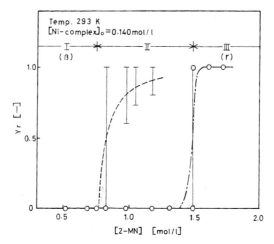

図 11-34　2-MN系でのクラスレート多形結晶の析出挙動

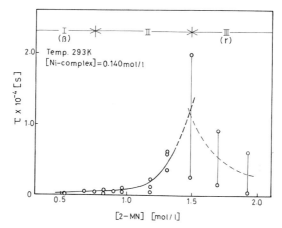

図 11-35　結晶の核発生待ち時間 (τ) と 2-MN 濃度の関係

は、1-MN の場合とは逆に、2-MN 濃度とともに増加する傾向にある。また、Ⅲの領域では、待ち時間がきわめて不安定に変動することが認められた[202]。

④　2-MN 系Ⅱの領域の核発生挙動と転移現象

Ⅱの領域では β 形と γ 形が観察されるが、晶析において最初に核発生するのは β 形であり、その後に γ 形が発生することが認められた。このとき析出した結晶中の、ゲスト分子のホストに対するモル比 (G/H) の、経時変化の測定を行った結果の一例を、図 11-36 上図に示す。明らかに、時間とともに 2-MN 量が増加しており、γ 形組成が増加することを示している。同時にMCS 量が減少し (β 形の減少)、ついには γ 形のみとなることがわかる。このことはその晶析過程で、1-MN 系にはみられなかった転移 ($\beta \rightarrow \gamma$) が進行することを示している。さらに、同時に測定した晶析過程の溶液濃度変化から、β 形の溶解度付近で肩が現れることが認められる。この過程で顕微鏡観察を行うと、図 11-37 に示すように、初期には β 形が析出するが、やがて β

形の溶解とγ形の核発生および成長による溶液媒介転移が進行し、最終的にはγ形のみとなることが確かめられた。以上より、IIの領域でY_γの一定値が得られなかったのは、β形に続くγ形の発生、ならびに転移の複雑な現象のためであることが明らかになった。γ形の核発生は、サンプリングの際に使用するガラス管の刺激などによる、不均一核発生によることがわかったので、サンプリングは全く行わず結晶を析出させたところ、IIの領域ではβ形のみが得られることが明らかになった。これに対し、IIIの領域ではサンプリングとは無関係に、γ形のみが析出する。したがって、これらの結果より、図11-34の一点鎖線が、真の核発生挙動を示すものと考えられる。

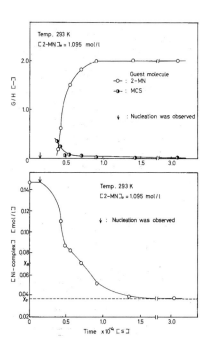

図11-36 2-MN系でのG/H、Ni錯体濃度の経時変化

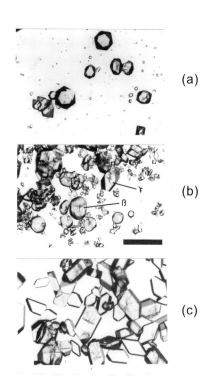

図11-37 β形からγ形への転移過程（[2-MN]=1.10 mol/L、(a) 0.4×10⁴ s後、(b) 0.7×10⁴ s後、(c) 3×10⁴ s後）

⑤ 2-MN系クラスレート結晶多形の溶解度と熱力学的安定性

先述のように、IIの領域ではβ形→γ形の転移がみられるが、これは核発生したβ形が安定形でないことを示している。1-MN系の晶析では、このような現象は起こらなかった。そこで、次にβ形およびγ形ホスト格子の溶解度の測定を行った結果を、図11-38に示す。この場合、2-MN濃度とともに、β形の溶解度は増加することがみられる。このことは、図11-35のI、IIの領域で、2-MN濃度とともに、核発生待ち時間が増加したことに対応している。一方、これに対応してγ形の溶解度は減少し、両曲線が0.58 mol/Lで交差することが認められる。これはIIIの領域で、待ち時間が減少したことに対応している。さらに、この結果を先の析出挙動と比較す

ると、Ⅰの領域のほとんどの部分とⅢの領域では、各々の安定形である β 形と γ 形が析出している。しかし、Ⅱの領域は、明らかに遷移点よりも右側にあり、γ 形が安定形と考えられるが、実際には、準安定形である β 形が γ 形と競争的に析出することがわかる[202]。

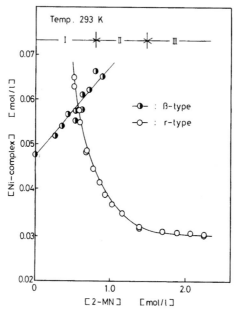

図 11-38　2-MN 系クラスレート結晶多形の溶解度曲線

⑥　1-、2-MN 系包接結晶多形の核発生挙動の違いと分子認識メカニズム

　1-MN 系と 2-MN 系での包接結晶多形の析出挙動を、図 11-39 に比較している[202]。1-MN 系と比較して、2-MN 系では、準安定形である β 形の析出範囲がきわめて広いことがわかる。この原因として、2-MN 系では、γ 形の結晶核が発生しにくいことが考えられる。図 11-40 には、1-MN 形系 γ' 形の結晶構造（A）と 2-MN 系 γ 形の結晶構造（B）を示している[8]。いずれも、ゲスト分子が層状に包接されているという特徴があるが、1-MN ではその傾きが 2 種類あり、それが交互に現れるのに対して、2-MN ではゲスト分子は傾きが一定である。また、1-MN 系 γ' 形の Ni 錯体のピリジン環のコンフォーメーションは、Ni に対して非対称性を有し、「プロペラ構造」を取っているが、2-MN 系 γ 形は中心対称である。このような Ni 錯体のコンフォーメーションの違いは、溶液中でのクラスター形成の容易さと関係があると考えられる。すなわち、1-MN 系 γ 形では、パッキングの際のフレキシビリティーが高いと考えられるが、2-MN を包接する γ 形構造は、そのクラスターの形成が難しく、そのために核発生が抑制されることが考えられる。この核発生挙動の違いが、分離（1-MN の選択的包接）のメカニズムの本質であろうと思われる。

第11章　包接結晶の多形現象と制御因子

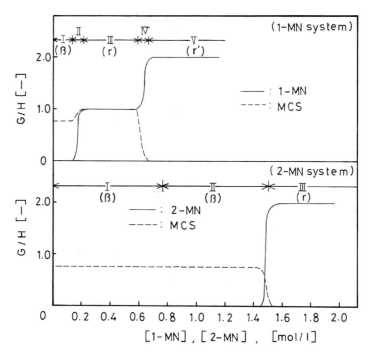

図11-39　1-MN系と2-MN系のクラスレート結晶多形の析出挙動比較

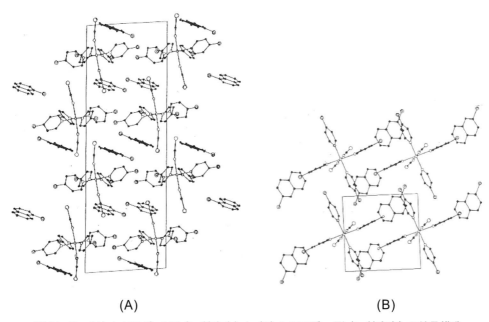

図11-40　(A) 1-MN系γ'形（b-軸方向）と（B) 2-MN系γ形（b-軸方向）の結晶構造

(C)　異性体混合系における多形現象と異性体分離のダイナミズム

　前節では、1-、2-メチルナフタレン（1-、2-MN）それぞれを含む単一系での、Ni錯体包接結晶多形の析出挙動について述べた。本節では、これらの混合系での包接結晶多形の析出挙動につ

271

いて紹介する[69,70,176]。

Ni錯体の包接化による1-、2-MN異性体の分離効率を検討するため、両異性体を0.2、0.4、および0.9 mol/Lの等モル濃度で含むMCS溶液中（異性体混合系）から、急速冷却法で、298 Kにおいて結晶を析出させている。Ni錯体濃度は、1-、2-MN異性体濃度により溶解度が減少するため、それぞれの異性体濃度に応じて変化させる必要がある。ここで、包接結晶の析出挙動について、もし異性体間の相互作用がないとすれば、単一系での析出挙動から、0.2 mol/Lでは、1-MN、2-MN系ともにβ形が析出することが予想される。また、0.4 mol/Lでは、1-MN系のγ形、あるいは2-MN系のβ形の析出が起こることが考えられる。さらに、0.9 mol/Lでは、1-MN系のγ'形か、2-MN系のβまたはγ形の析出が予想される。以下には、実際の異性体混合系からの析出挙動を示す。

① 1-、2-MN異性体濃度が0.2、0.4 mol/Lの混合系からの包接結晶析出挙動

0.2 mol/Lの異性体の混合系で、Ni錯体濃度を0.102 mol/Lとし晶析を行った場合、予想通りにβ形のみが析出することがわかった。Ni錯体濃度を変化させても、同様の結果が得られた。すなわち、この異性体濃度では、これら異性体の分離ができないことは明らかである。次に、異性体濃度が0.4 mol/Lの混合系で、Ni錯体濃度0.094 mol/Lで晶析を行い、晶析直後から得られた結晶組成の経時変化を測定した（図11-41(a)）。XRDの測定結果から、このとき得られる結晶はβ形ではなく、1-MN系のγ形のみが優先的に析出することが認められた。この場合も、Ni錯体濃度については、やはり依存しないという結果が得られた。また、これらの結果は、前節の1-MNを含む単一系から予想される挙動に一致しており、0.4 mol/L濃度では、異性体の分離ができることを示している。しかし、図11-41に示すように、結晶中には、少量ではあるが、2-MNが混入していることが認められる。そこで、このときの1-MNと2-MNの分離係数y、ならびに結晶中のメチルナフタレンに占める1-MNのモル分率f_{1-MN}を、次式のように表わした。

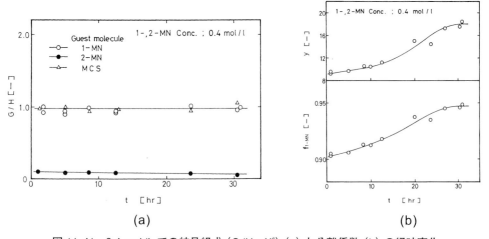

図11-41 0.4 mol/Lでの結晶組成（G/H＝X^s）(a)と分離係数(b)の経時変化

第 11 章　包接結晶の多形現象と制御因子

$$y = \frac{X^s_{1-MN} \cdot X^l_{2-MN}}{X^s_{2-MN} \cdot X^l_{1-MN}} \quad , \quad f = \frac{X_{1-MN}{}^s}{X_{1-MN}{}^s + X_{2-MN}{}^s} \tag{11-35}$$

ただし、X^s_{1-MN}、X^s_{2-MN} は、固相中の 1-、2-MN の Ni 錯体に対するモル比（G/H に対応）を、X^l_{1-MN}、X^l_{2-MN} は、各異性体の溶液中でのモル分率を示す。

　これらの経時変化をみると、図 11-41(b) の上図と下図のようになる。分離係数は時間とともに約 9 から 18 に増加し、f_{1-MN} はこれに対応して、時間とともに約 0.9 から 0.95 に増加することがわかる。このような分離係数ならびに f_{1-MN} の増加においては、撹拌による影響などは認められない。そこで筆者は、この原因として、結晶組成がフレキシブルに変化し、一度包接された 2-MN 分子が、固相中で拡散してきた 1-MN 分子に置換されるためではないかと考えている。後で述べる 0.9 mol/L の場合と同様と考えられる。

②　1-、2-MN 異性体濃度 0.9 mol/L の混合系からの包接結晶析出挙動

　両異性体濃度を 0.9 mol/L に上昇させ、Ni 錯体濃度 0.069 mol/L で晶析を行ったところ、この場合には図 11-42(a) に示すように、きわめて特徴的な包接多形結晶の析出挙動が観察された[69,70,176]。すなわち、単一系から予測されるように、晶析により 1-MN が優先的に包接されるものの、同時に 2-MN が多量に混入した結晶が析出する。さらに、この場合には図に示すように、経時的に結晶組成が大きく変化する。晶析直後には、1-MN（$X^s_{1-MN} = 1.0$）とともに 2-MN（$X^s_{2-MN} = 0.6$）がかなりの量混入しているが、時間経過とともに 1-MN 量がさらに増加し、逆に 2-MN 量は減少している。そして、最終的には X^s_{1-MN} は 1.8、X^s_{2-MN} は 0.16 という値になっている。この間の分離係数と f_{1-MN} の経時変化は、図 11-42(b) に示すとおりであり、時間経過とともに増加するものの、0.4 mol/L の場合よりも低い値となっている。なお、これらの挙動は Ni 錯体濃度（過飽和度）を変化させても同様であった。これは、0.4 mol/L ではみられなかった結晶中への 2-MN の混入が、0.9 mol/L では著しく起こっているためである。X^s_{1-MN} についてみると、

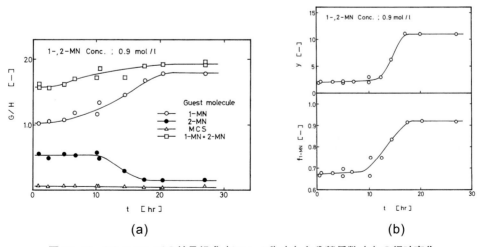

図 11-42　0.9 mol/L での結晶組成（G/H=X^s）(a) と分離係数 (b) の経時変化

273

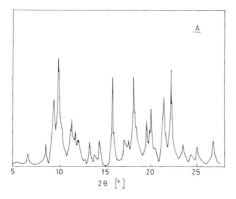

図 11-43　0.9 mol/L で得られた A 形結晶の XRD パターンと格子パラメター

表 11-3　格子パラメター比較

γ' (1-MN)	A
Monoclinic	Monoclinic
$P2_1/c$	$P2_1/m$
a = 11.528	a = 11.177
b = 11.890	b = 20.499
c = 32.852	c = 11.435
V = 4490 Å^3	V = 2311 Å^3
Z = 4	Z = 2

晶析直後には 1-MN 系 γ 形に近い組成の結晶が析出し、最終的には 1-MN 系 γ' 形が得られることが想像される。実際に最終的に得られた結晶は、XRD 測定結果から 1-MN 系 γ' 形であることが明らかになった。しかし、この結晶中には 2-MN がかなりの量 (X^s_{2-MN} = 0.16) 含まれており、1-MN 系 γ' 形に比べて、秩序の乱れが想像される。一方、晶析直後に得られた結晶の XRD パターンは、図 11-43 に示すように、明らかに 1-MN 系 γ 形、γ' 形いずれとも異なっている。これは大量の 2-MN の混入のためと考えられるが、この結晶を区別するため、ここでは「A 形」と呼ぶことにする。また、表 11-3 には X 線回折により得られた A 形の格子定数を、1-MN 系 γ' 形のものと比較している[69, 70, 176]。

③　1-、2-MN 異性体濃度 0.9 mol/L の混合系での包接結晶の析出挙動と分離メカニズム

以上の結果から、この A 形は時間経過とともに、溶液中で γ' 形に転移するものと考えられる。ここで、この転移過程の解析を行うために、モル分率を時間で微分し (dX/dt)、時間に対してプロットした (図 11-44)。これより、組成変化速度の相対的な大きさ、ならびに時間との関

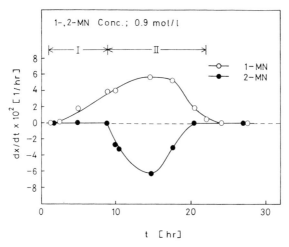

図 11-44　組成変化速度 (dX/dt) の経時変化

第 11 章　包接結晶の多形現象と制御因子

係がよくわかる。図 11-44 より、10 時間までは $X^s_{2\text{-MN}}$ が一定のまま $X^s_{1\text{-MN}}$ のみが増加し、その後、急激な $X^s_{1\text{-MN}}$ の増加と $X^s_{2\text{-MN}}$ の減少がみられる。これより、転移過程は 2 段よりなると考えられ、これらの領域をそれぞれ「I」および「II」と呼ぶことにする。I では、1-MN が徐々に結晶中に侵入し、G/H の合計値が増加するが、この間に結晶形状に変化はみられず、XRD パターンに大きな変化は認められない（ミクロな多形現象）。このことから、A 形にはかなりの空隙が存在すると考えられる。この間の顕微鏡観察を行うと、図 11-45 に示すように、晶析直後には、1-MN 系の γ と γ' 形のいずれとも異なるモルフォロジーをもつ、A 形結晶の析出がみられるが、その後 A 形の溶解と 1-MN 系 γ' 形の析出が認められ、最終的に γ' 形のみとなる。これより II の過程では、溶液媒介転移が進行していると考えられる（マクロな多形現象）。この γ' 結晶の析出により、II の転移速度は、I に比べて格段に大きく促進されたとみることができる（図 11-44 極大）。そして、やがて 25 時間後には、平衡値に達する。

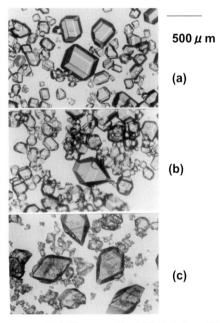

図 11-45　1-MN＋2-MN 混合系での A 形の析出 (a) と γ' 形 (c) への転移過程

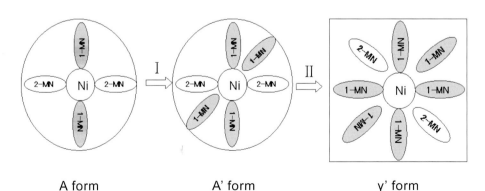

図 11-46　A 形から γ' 形への多形転移による異性体分離のダイナミズム

以上のI、IIの転移過程での、異性体分離のダイナミズムを示したのが、図 11-46 である。Iの過程ではA形が析出するが、結晶中で1-MNが固相中で拡散し、部分的に包接化が進行することが推測される（図 11-46 ではA'形を仮定）。しかし、それには限界があり、次のIIの過程では、溶液媒介転移によりγ'形の再結晶が起こり、1-MNの包接化がさらに進行する[69,70,176]。

11.2 ジオール系ホスト（DHC）包接結晶の分子認識と多形現象

有機化合物ホストのなかで、ジオール系化合物である 1,1-di(p-hydroxyphenyl) cyclohexane（DHC）は、図 11-47 に示すように、分子構造が比較的簡単であり合成も容易である反面、さまざまなゲスト分子と水素結合を介して包接することが知られている[203]。このホストの実用化のためには、包接化や包接結晶の析出挙動を明らかにする必要がある。ここでは、その応用として、揮発性香気成分である d-リモネン（1-methyl-4-(1-methylethenyl) cyclohexene）の徐放化を考え、その包接化や包接結晶の析出挙動に関する検討を行った[204]。さらに、DHCの析出における各種溶媒の影響、およびこれら溶媒中で、2-アセチルナフタレンに対する分子認識特性に関する検討も行ったので紹介する[205]。

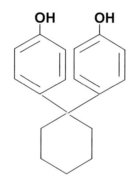

図 11-47　1,1-di(p-hydroxyphenyl) cyclohexane（DHC）

11.2.1　d-リモネン包接結晶の析出挙動と徐放化

ホストである 1,1-di(p-hydroxyphenyl)-cyclohexane（DHC）は、市販試薬を MeOH より再結晶して用い、晶析は d-リモネンおよび DHC を含むアセトン溶液から、急速冷却法により、293 K において行った[204]。結晶中のアセトンおよび d-リモネンは、液体クロマトグラフィー（HPLC）により分析し、析出固相については、粉末法によるX線回折の測定を行った。また、結晶に付着したアセトン、d-リモネン分子の蒸発挙動をみるため、これら両者に不活性な硫酸カリウム結晶を用いて、付着テストを行っている。

アセトン（AT）中から DHC の晶析を行うと、図 11-48(b) の結晶が得られ、この XRD は図 11-49(b) に示すとおりである。アセトン（AT）と d-リモネンを含む溶液中から晶析を行った場合、d-リモネンが低濃度では、アセトン中から得られたと同じ結晶（「B形」と呼ぶ）が析出するが、d-リモネン濃度が 2 mol/L 以上になると、図 11-48(a) のように、モルフォロジーの異なる

第 11 章　包接結晶の多形現象と制御因子

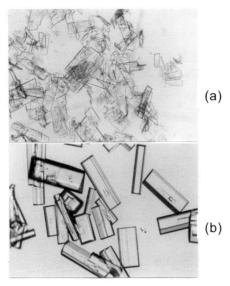

図 11-48　DHC 結晶（(a) d-リモネンとアセトンを包接、(b) アセトンのみ包接）

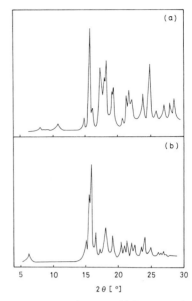

図 11-49　XRD パターン（(a) d-リモネンとアセトンを包接、(b) アセトンのみ包接）

結晶が析出するようになる。この XRD パターンは、図 11-49(a)（「A 形」と呼ぶ）に示すとおりであり、アセトンから得られた結晶とは構造が異なることを示している。分析結果から、B 形には、アセトンが 1：1 のモル比で含まれていることがわかった。また、A 形には、d-リモネンとアセトンの両者が包接されていることが明らかになった。これらの結晶は、同じホストで構造が異なる多形関係（擬多形といってもよい）にあることを示している。包接されたアセトンと、結晶表面に付着した d-リモネンは、約 2 時間で速やかに蒸発消滅するが、包接された d-リモネンは残留し、長期にわたって徐々に減少する（徐放効果）。このとき包接された d-リモネン量は、DHC に対して 0.2 のモル比であると考えられる。さらに、A 形結晶は、析出後 B 形へ転移することが観察された。この機構は溶液を媒介するものであり、この過程では、d-リモネンが溶液中に放出されることが明かとなった。

11.2.2　2-アセチルナフタレンの包接化における溶媒効果

以上から、d-リモネンとともに溶媒であるアセトンも、結晶中に取り込まれる。このことは、DHC が分子認識により d-リモネンを包接する際、溶媒分子との分子認識力の競合があることを示している。各種溶媒中における DHC の溶解度を測定した結果、テトラヒドロフラン、ジメチルホルムアミドには、約 50％の高濃度まで溶解するのに対して、トルエンやベンゼンなど芳香族系溶媒には、ほとんど溶解しないことが認められる。一方、晶析に適当な中間の溶解度をもつものとして、DMSO、AT、MCS、酢酸エチルおよびメタノールなどがある。ここでは、DHC の包接化における分子認識への溶媒効果の検討を行うため、アセトン（AT）、メチルセロソルブ（MCS）、ジメチルスルフォキシド（DMSO）を溶媒として用い、DHC の晶析を行った。さらに、

277

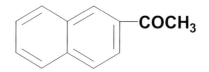

図 11-50 2-アセチルナフタレン (2-AN)

分子認識特性の検討を行うため、これらの溶媒に 2-アセチルナフタレン (2-AN)(図 11-50) を添加し、この存在下で晶析を行った[205]。

(1) 結晶中溶媒分子の脱離速度と結晶構造

晶析によって得られた結晶は、ろ過、乾燥後、AT、DMSO より析出した結晶組成分析は、液体クロマトグラフィーにより、MCS より得られた結晶については、液体およびガスクロマトグラフィーにより、組成分析を行った。いずれの場合も、結晶中には溶媒分子が含まれ、この量は大気中で経時変化が認められる。図 11-51 は、AT、MCS、DMSO 溶媒系での結果(ゲストである溶媒分子のホストに対するモル比、G/H)を示したものである。前節で示したように、AT 系では急激に結晶中の AT 分子は消失し、ろ過後約 1 時間でほぼ半減する。また、ろ過直後の G/H は、1.0 と考えられる。これに対し、MCS 分子の半減期は長く、約 10 日間であるが、G/H の初期値はやはり 1.0 であることが認められる。一方、DMSO 系においては、G/H の初期値は 1.0 であるが、40 日間を経ても結晶中の DMSO 分子の消失はほとんど観察されなかった。

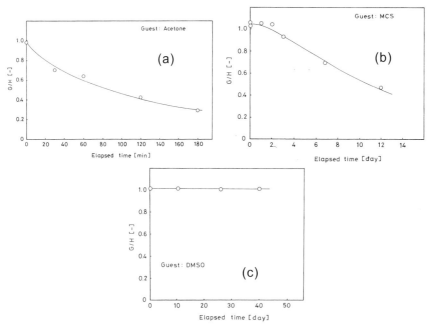

図 11-51 各溶媒中で得られた結晶の大気中での組成変化
(a) AT、(b) MCS、(c) DMSO

第 11 章 包接結晶の多形現象と制御因子

　以上の結果より、いずれの溶媒もホストに対し 1 : 1 のモル比で、包接結晶（分子錯体）を形成すると考えられる。また、MCS と DMSO から得られた結晶の X 線回折パターンは、図 11-52 の (a) および (b) に示すとおりであり、図 11-49(b) の AT の場合と比較して、いずれも異なる

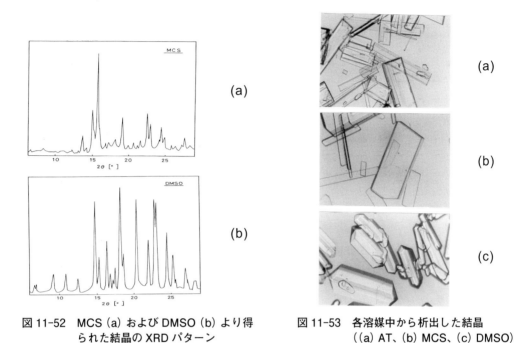

図 11-52　MCS (a) および DMSO (b) より得られた結晶の XRD パターン

図 11-53　各溶媒中から析出した結晶 ((a) AT、(b) MCS、(c) DMSO)

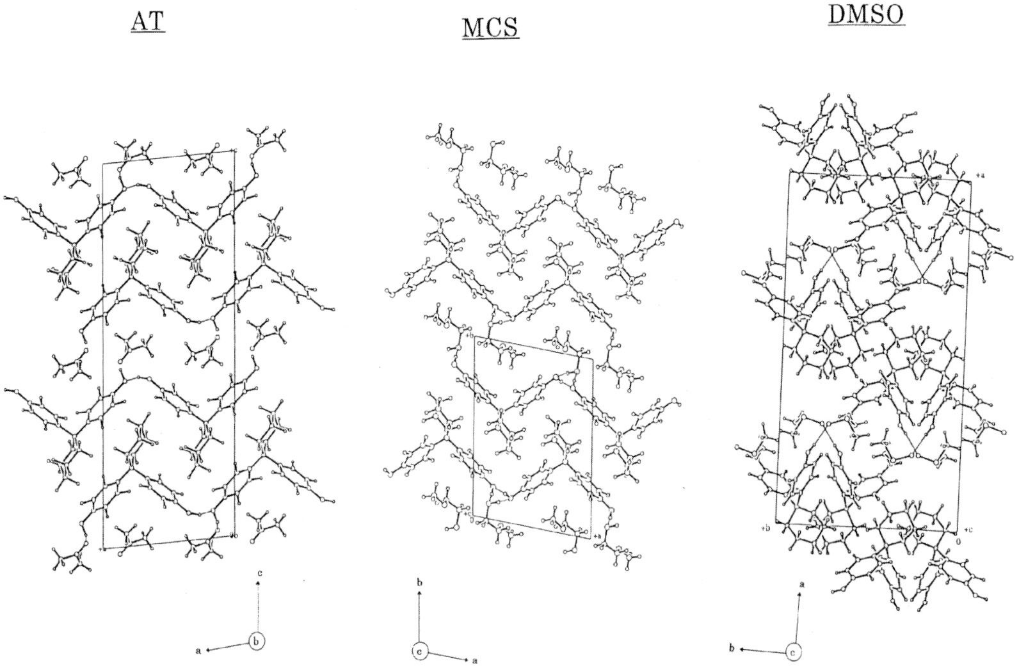

図 11-54　各溶媒中から得られた結晶の構造
（構造解析は、大阪市立大学理学部化学科の広津 健教授のご好意で行われた。）

ことがわかる（多形関係にある）。さらに、図 11-53 には、各溶媒中で得られた結晶のモルフォロジーを示している。AT、MCS からの結晶は、面角は異なるが、いずれも板状であるのに対し、DMSO の場合は、プリズム状を呈する。さらに AT と MCS から得られた結晶では、結晶面の角度が異なっている。これらの結晶について構造解析を行った結果を、図 11-54 に示す。AT から得られた結晶は単斜晶系（P2$_1$/c）、MCS からの結晶は三斜晶系（P$\bar{1}$）、DMSO からの結晶は斜方晶系（P$_{bca}$）に属すると考えられる。これらの構造は、基本的には、水素結合によって形成された層が積み重なった層状構造をとっている。特に AT、MCS 分子は明らかに、ホストの層間に挟まれたゲスト分子の層を形成して入っている。これに対して、DMSO では、AT、MCS の場合ほど単純な層構造ではないと考えられる。このような結晶構造が、溶媒分子の大気中への脱離（蒸発）の難易にも関係すると思われる。

(2) ホスト−ゲスト相互作用と脱離挙動の相関

図 11-55 は、ゲスト分子が結晶中から抜け出る様子を、モデルで示したものである。ゲスト分子（G）が蒸発するためには、ホスト（H）の格子中を、結晶表面まで拡散する必要がある。その拡散速度には、ゲスト分子の大きさ、ホスト−ゲスト間相互作用、および結晶構造が関与すると考えられる。示差操作熱量計（DSC）で測定を行った結果を、図 11-56 に示す。AT と MCS からの結晶では、2 つの吸熱ピークが認められるが、AT での 326 K、MCS での 370 K のピークは溶媒分子の蒸発によるもので、458 K のものはいずれもホストの融解によるものである。一方、DMSO では、溶媒の蒸発による 410 K の吸熱のピークが、1 つしか認められない。この値を

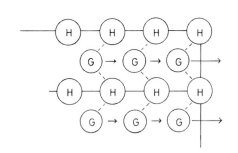
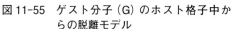

図 11-55 ゲスト分子（G）のホスト格子中からの脱離モデル

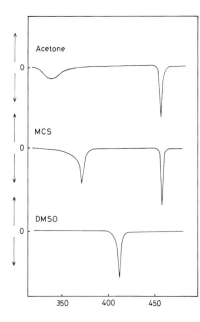

図 11-56 各溶媒中から得られた結晶の DSC 曲線

DMSOの沸点と比較すると、52 Kも高い。したがって、ピークが1つしか現れないのは、蒸発した溶媒分子が再度結晶表面上に凝縮し、結晶自体を溶解したためと考えられる。実際に、測定容器内に溶液が認められている。これら溶媒の脱離温度は、ホスト-ゲスト相互作用の強さを反映していると考えれば、DSCの結果は、相互作用の強さがDMSOで最も大きく、次いでMCS、そしてATが最も小さいことを示唆している。この順位は、先の大気中での溶媒分子の減少速度と対応している。

また、結晶中からの各溶媒の蒸発温度は、各溶媒の沸点よりも低いことから、溶媒分子と結晶格子間の相互作用エネルギーは、溶媒分子自身の凝集エネルギーよりも小さいことを示している。さらに、各結晶の赤外吸収スペクトルを、分子錯体を形成していないホストのみの結晶のそれと比較した結果、3200～3700 cm^{-1}のO-H伸縮振動の吸収が異なることが認められる（図11-57）。AT、MCSからの結晶、およびホストのみの結晶では、3600 cm^{-1}の遊離の水素結合による吸収が認められるのに対して、DMSOからの結晶では、その代わりに、3300 cm付近にブロードな大きな吸収が現れている。DMSOでは強い水素結合が形成し、このため遊離の水素結合の吸収が、長波長側へシフトしたためと考えられる。さらに、この結果は、AT、MCSでは、水素結合性がきわめて弱いことを示していると考えられる。以上のDSCとIRの検討結果は、先の結晶中からの蒸発速度に対応しており、ホスト-ゲスト相互作用の寄与が大きいことを示唆している。

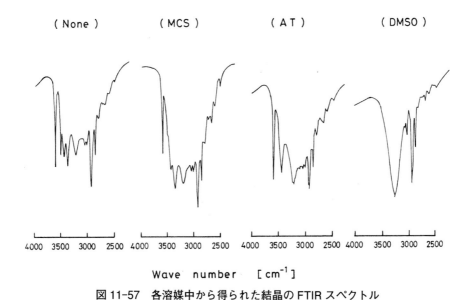

図11-57　各溶媒中から得られた結晶のFTIRスペクトル

(3) 各種溶媒中からの結晶中への2-AN分子取り込みにおける分子認識

溶媒との分子認識特性をみるため、ホストと種々の濃度の2-ANを含む、各種溶媒中で晶析を行った。ろ過後に結晶組成の分析を行った場合、2-ANは常温で固体であるため、結晶表面に析出して付着するおそれがある。そこで、結晶を分子錯体を形成しないn-ヘキサン（5 ml）で洗浄し、その後で分析を行った。DMSOおよびMCS溶液中では、2-AN濃度を約2.0 mol/Lまで上

げても、結晶のモルフォロジーは純粋系のものと同一であった。また、結晶中には溶媒分子のほかに、わずかな 2-AN の混入が認められたが、n-ヘキサンによる洗浄により、2-AN は完全に消滅し、溶媒分子のみが G/H＝1.0 で結晶中に残った。一方、AT 溶液中からは、純粋系とはモルフォロジーの異なる結晶が析出した。このモルフォロジーは、d-リモネン存在下で得られたものと類似している。AT 系で n-ヘキサンによる洗浄実験を行った結果、洗浄回数の増加とともに、AT、2-AN の G/H は減少するが、2 回以上の洗浄で一定値になることがわかった。このことから、結晶中には、AT と 2-AN の両者が包接されていると考えられる（分子錯体の形成）。こうして得られた結晶組成をプロットすると、図 11-58 が得られた。溶液中の 2-AN 濃度とともに、結晶中の 2-AN 濃度が増加することがわかる。また、AT と 2-AN の G/H の合計は、いずれの組成でもほぼ 1.0 であることがわかった。このことは、AT と 2-AN が固溶体的に、結晶中に混入していることを示している。また、X 線回折の測定を行った結果、AT と 2-AN の両者を含んだ結晶の構造は、2-AN の G/H が約 0.3 までは、AT のみから得られた結晶とほとんど差異は認められない。しかし、2-AN 量がそれ以上になると、X 線回折パターンに明らかな変化がみられるようになる（図 11-59）。これらの結果は、結晶中の AT 分子は d-リモネンよりもずっと容易に 2-AN で置換され、2-AN の G/H が 0.3 までは、結晶格子に目立った変化は起こらないが、それ以上に混入すると、格子定数の変化が起こることを示している。一方、結晶形状の観察の結果、2-AN が結晶中に混入したものでは、その G/H が 0.3 以下であっても、AT のみを含んだ結晶とは形状が異なることが認められる。この事実も、d-リモネン系での結果と類似している。

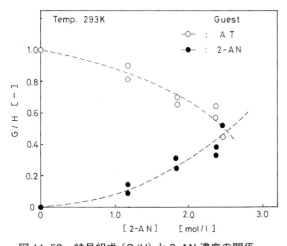 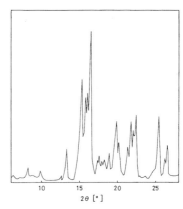

図 11-58　結晶組成（G/H）と 2-AN 濃度の関係　　図 11-59　2-AN を G/H＝0.4-0.5 で含んだ結晶の XRD パターン

(4)　溶液組成と結晶組成の関係

以上より、MCS と DMSO 中では、溶媒分子が 2-AN よりも優先的に取り込まれるが、AT の場合は、AT と 2-AN の両者が結晶中に取り込まれることが明らかになった。この原因として、ホストと溶媒分子の相互作用の強さが考えられる。すなわち、先に示したように、この相互作用は DMSO、MCS、AT の順に強く、特に DMSO とホスト間の水素結合は強いと思われる。この

ため、2-AN よりも DMSO および MCS の溶媒分子が、優先的に分子錯体を形成して、結晶中に取り込まれたと考えられる。これに対し、AT は、ホストとの相互作用が弱く、特に AT と 2-AN の両者がともにアセチル基をもっていることから、ホストとの相互作用は同程度の強さにあると思われる。このため 2-AN 分子が、AT と競合的に結晶中に取り込まれるものと考えられる。図 11-60 は、結晶中のゲスト中に占める 2-AN モル分率 X_{2-AN}^{S} と、溶液中の 2-AN モル分率 X_{2-AN}^{L} の関係を示しているが、これより 2-AN と AT 分子は、ほぼ等しい確率で結晶中に取り込まれていることがわかる。図 11-60 には、DMSO 中での結果も示しているが、この場合には結晶中に 2-AN が取り込まれないことがわかる。

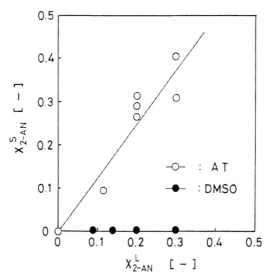

図 11-60 結晶中のゲスト中に占める 2-AN モル分率 X_{2-AN}^{S} と溶液中の 2-AN モル分率 X_{2-AN}^{L} の関係

さらに、AT 中では、AT よりも分子半径の大きいと考えられる 2-AN が、G/H が約 0.3 まで取り込まれても、ほとんど構造変化がみられないことから、AT 系で得られる結晶構造は、もともとパッキング密度が低く（空隙率が大きく）、フレキシビリティーの高い構造であると考えられる（図 11-54）。

(5) ゲスト分子交換を伴う転移メカニズム

AT 系で、2-AN を取り込んだ結晶を溶液中に放置すると、組成変化が観察された。すなわち、図 11-61 に示すように、時間経過とともに、AT が増加する一方で、2-AN が減少し、ついには AT のみを含んだ結晶になる。

このときの顕微鏡観察により、図 11-62 に示すように、2-AN を含む固溶体結晶 (A) が溶解し、AT のみを含む結晶 (B) が核発生し成長する様子が確認された。B は X 線回折により、AT のみの系から得られた結晶と、構造が同一のものであることが確かめられた。これらの結果から、2-AN を含む固溶体結晶である A は準安定形であり、AT のみを含む結晶 B は安定形であると考えられる。さらに、溶液中では、次式に示すように、A から B への物質移動を介した転移（溶液媒介転移）が進行することが明かとなった[205]。

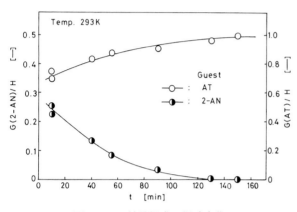

図 11-61 結晶組成の経時変化

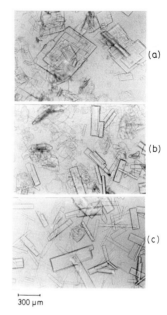

図 11-62 転移過程における結晶の経時変化((a) 10 分、(b) 40 分、(c) 80 分)

転移メカニズム

準安定相の溶解：

$$固溶体(A) \rightarrow Host + f \cdot 2-AN + (1-f) \cdot AT \quad (11-36)$$

安定相の析出：

$$Host + AT \rightarrow Crystal(B) \quad (11-37)$$

ただし、fは結晶中ゲスト分子中の 2-AN のモル分率である。

11.3 TEP ホスト包接結晶の多形現象と殺菌剤の徐放化

包接結晶はさまざまな応用が考えられるが[177,183,188]、その1つに分子カプセル化がある。ゲスト分子を分子カプセル化することにより、機能性を付与するものであるが、徐放化への応用もその1つである。本節では TEP (1,1,2,2-tetrakis(4-hydroxyphenyl)ethane)[206] (図 11-63) をホストとして用い、殺菌剤の徐放化について検討を行ったので、紹介する。

殺菌剤の1つである 5-chloro-2-methyl-4-isothiazolin-3-one[212,213] (CMI) (図 11-63) は、皮膚に対する刺激性のある液体であり、直接的に取り扱うのは危険である。一方、この CMI は、TEP と 2：1 の割合で反応し、TEP の層間に CMI を包接した層状の包接化合物を形成することが知られている (単斜晶系、P2$_1$/c)[206]。この包接化合物を用いれば、CMI を固体として取り扱うことができ、毒性の抑制とともに徐放化が期待できる。しかし、この徐放化特性や徐放化のメ

第 11 章　包接結晶の多形現象と制御因子

カニズムは、明らかではない。そこで、TEP-CMI 包接結晶からの、CMI の徐放化の挙動やメカニズムについて、検討を行った[207-209]。この結果、CMI の溶出過程では、TEP 包接結晶の多形現象が、深く関与することが明らかになった。次に、この溶出過程における温度効果を明らかにするとともに、TEP 包接結晶多形の析出過程における、濃度変化のモデル化を行った。さらに、TEP-CMI 結晶多形がメタノール中から析出するときの、溶液組成や温度依存性についても検討を行った。以下には、これらの結果について紹介する。

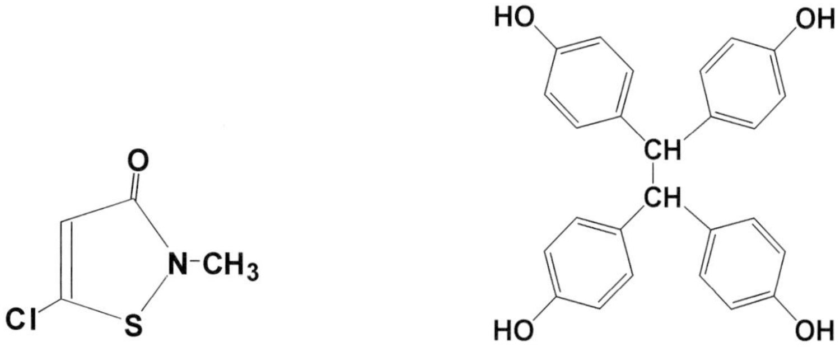

CMI ゲスト分子　　　　　　　　**TEP ホスト分子**

図 11-63　TEP と CMI の分子構造

11.3.1　転移による殺菌剤徐放化メカニズム

　TEP-CMI 包接結晶は、殺菌を目的とした水中での使用が考えられるが、TEP-CMI 包接結晶の、水への溶解度はきわめて低いため、測定に困難が予想される。このため、ここでは溶解度の高いメタノールと水の混合溶媒を用いて、実験を行った[207]。TEP-CMI 包接結晶の溶解挙動の測定には、恒温水を流通させたガラス製二重円筒槽を用い、溶液の撹拌には、マグネチックスターラー（ISUZU DCS-12、無負荷回転範囲：50〜1500 rpm）を用いている。水体積分率（V_H）は、0.5、0.67、0.91 の 3 種として、結晶量を変化させて、298 K および 308 K で実験を行った。撹拌は小撹拌子（15 mm×ϕ5 mm）を用いて撹拌速度 250 rpm の場合と、大撹拌子（20 mm×ϕ7 mm）を用いて撹拌速度 450 rpm の場合の、2 種の条件で行った。溶解過程において、間欠的に結晶を採取し、ろ過、乾燥の後、XRD、FT-IR、TG、DSC などによる測定を行った。また、溶液濃度は HPLC で、結晶組成はガスクロマトグラフィーやカールフィッシャーにより、分析を行っている。

（1）　水体積分率 V_H が 0.5 における TEP-CMI 包接結晶の溶解挙動（小撹拌子、250 rpm の場合）
　水体積分率（V_H）が 0.5 の場合について、小撹拌子を用いて撹拌速度 r が 250 rpm の場合の、CMI 濃度経時変化を図 11-64 に示す。横軸は時間、縦軸は CMI 濃度 C_C を示している。○、△、□は、それぞれ TEP-CMI 包接結晶の添加量 T_0 が 14、32、48×10^{-3} mol/L-solvent の場合の実験結果である。$T_0 = 14\times10^{-3}$ mol/L-solvent の場合、結晶添加後濃度は徐々に増大し、実験

285

開始後約50時間までに、28×10^{-3} mol/L付近に到達し、一定となる傾向を示した。TEP-CMI包接結晶中の、TEPとCMIの比率は1：2であるので、この場合、結晶中のすべてのCMIが放出されたと考えられる。添加量を$T_0 = 32 \times 10^{-3}$ mol/L-solventへと増加させると、濃度は$T_0 = 14 \times 10^{-3}$ mol/L-solventの場合よりも急激に変化し、38×10^{-3} mol/L付近で一定となった。さらに$T_0 = 48 \times 10^{-3}$ mol/L-solventとした実験を行ったが、$T_0 = 32 \times 10^{-3}$ mol/L-solventの場合と比べ、到達濃度に大きな違いは認められなかった。これは、CMIの溶解量に限界値が存在するためと考えられる。つまり、TEP-CMI包接結晶中のCMIは、溶液中に溶出していくが、すべてが放出されるのではなく、部分的に結晶中に残留することを示している。

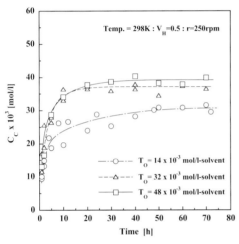 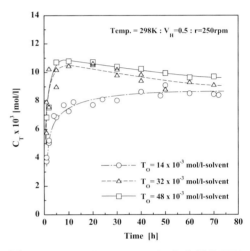

図11-64　r＝250 rpm、V_H＝0.5におけるCMI濃度経時変化　　図11-65　r＝250 rpm、V_H＝0.5におけるTEP濃度経時変化

次に、TEP濃度C_Tの経時変化についてのグラフを、図11-65に示す。$T_0 = 14 \times 10^{-3}$ mol/L-solventの場合、TEP濃度はスムーズに増大し、一定となる傾向が認められた。しかし、T_0が32、48×10^{-3} mol/L-solventと増加すると、濃度は急激に増大し、結晶添加後約10時間でピークを迎え、その後徐々に減少しながら、ほぼ同じ一定濃度に到達する傾向がみられる。また、現れるピークの値は、添加量が多いほど大きくなる傾向が認められた。これは、TEP-CMI包接結晶からのTEPの溶解速度が、結晶量が多いほど大きくなるためと考えられる。このような濃度経時変化から、溶液中でTEP-CMI包接結晶に、構造変化が生じたことが考えられる。また、図11-66は、図11-64、図11-65に対応するTEPとCMIの、濃度比（C_C/C_T）の経時変化を表わしたグラフである。初期には、包接結晶中のCMIとTEPのモル比である2.0と等しいが、時間と共に増加する。これは少なくとも、溶解初期のCMIの増加は、TEP-CMI包接結晶の溶解によることを示している。また、$T_0 = 32$, 48×10^{-3} mol/L-solventの場合、濃度比は約4で一定となるのに対し、$T_0 = 14 \times 10^{-3}$ mol/L-solventの場合は約3.5で一定となっている。これは、$T_0 = 14 \times 10^{-3}$ mol/L-soLventでは、結晶中のすべてのCMIを放出しても、CMI濃度の到達値が、他の条件と比べ低いためである。

第 11 章　包接結晶の多形現象と制御因子

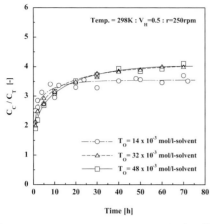

図 11-66　r＝250 rpm、V_H＝0.5 における濃度比（C_C/C_T）経時変化

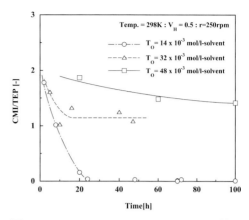

図 11-67　r＝250 rpm、V_H＝0.5 における結晶組成経時変化

図 11-67 は、以上の溶解過程に対応した、結晶組成の経時変化についてのグラフである。横軸は結晶を採取した時間、縦軸は結晶中の TEP と CMI のモル比（CMI/TEP）を示している。いずれの添加量の場合も、0 時間において 2 を通る曲線を描くと考えられる。$T_0 = 14 \times 10^{-3}$ mol/L-solvent では、モル比は急激に減少し、実験開始後約 25 時間までに、ほぼ 0 となっている。これは、結晶中の CMI がほぼすべて放出されたためである。$T_0 = 32、48 \times 10^{-3}$ mol/L-solvent では、比率は時間とともに減少し、それぞれ一定値に到達する傾向が認められた。その値は、添加量が多いほど大きくなる傾向にあり、このことは、CMI の溶解量に限界値が存在し、CMI が結晶中に残留することを示している。

(2) 包接結晶からの徐放化のメカニズム

結晶添加後の TEP 濃度の経時変化でピークがみられることから、結晶構造の変化が推測される。このため、V_H＝0.5 で結晶の XRD 測定を行った結果を図 11-68 に示す。T_0 が 32×10^{-3} mol/L-solvent の条件下で、初期（a）には存在しなかった矢印で示すピークが、5 時間後（b）には現れ、60 時間後（c）には大きくなっている。これより、新たな固相が出現していることがわかる。また、図 11-68(d) は、T_0 が 14×10^{-3} mol/L-solvent の場合で、30 時間後に得られた固相の XRD パターンである。矢印で示す新たなピークが、さらに大きくなる一方で、TEP-CMI 包接結晶（図 11-68(a)）の一部のピークが消滅している。この固相中には、CMI は存在していないので、これは新たな固相の XRD パターンであると考えられる。図 11-69 は、T_0 が 14×10^{-3} mol/L-solvent の場合の、溶液中の結晶の変化を顕微鏡で観察したものである。これより、CMI の溶出過程は、4 つのステップからなっていると考えられる。図 11-69(a) は TEP-CMI 結晶の添加直後、(b) は 20 分後の結晶であるが、TEP-CMI 結晶が添加後に溶解していることがわかる（第 1 ステップ）。(c) は 1 時間後のものであるが、TEP-CMI 結晶の溶解とともに、新たな菱形の微小結晶が出現していることがわかる（第 2 ステップ）。5 時間後の (d) は第 3 ステップを示し、この段階では、新たな結晶が成長するとともに、TEP-CMI 結晶がほぼ消滅する。第 4

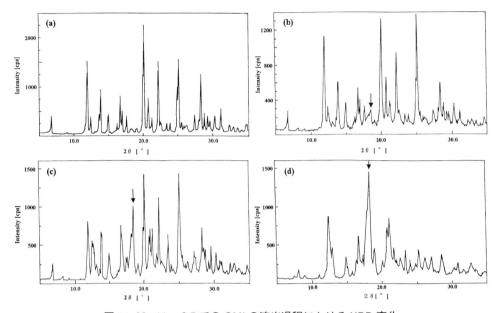

図 11-68　$V_H=0.5$ での CMI の溶出過程における XRD 変化
0 時間後 (a)、5 時間後 (b)、60 時間後 (c)（$T_0=32\times10^{-3}$ mol/L-solvent）：30 時間後 (d)（$T_0=14\times10^{-3}$ mol/L-solvent）

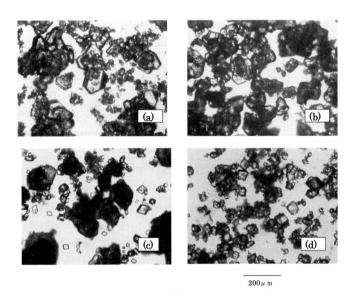

図 11-69　溶解過程の TEP-CMI 結晶

ステップは、平衡濃度に到達する段階である。したがって、図 10-68(d) は、この新たな結晶の XRD と考えられる。以上の結果から、徐放化のメカニズムは、TEP-CMI 結晶の溶解と、新たな結晶の析出の組み合わせによるもと考えられる[207, 208]。

得られた新たな結晶の組成を決定するために、ガスクロマトグラフィー、カールフィッシャー、ならびに TG を用いて分析を行った。この結果、結晶中にはメタノールと水の両者が含まれ、TEP に対するモル比は、いずれも 1.0 であることが明らかになった。

このため、筆者らは、この包接結晶（TEP・CH₃OH・H₂O）を「TEP-SOL 結晶」と呼ぶことにする。これらの結果から、徐放化の過程は次式で表わすことができる。

$$TEP-CMI(s) \leftrightarrow TEP + 2CMI$$

$$TEP + CH_3OH + H_2O \leftrightarrow TEP-SOL(s) \tag{11-38}$$

ただし、s は固相を示している。

　図 11-70 と図 11-71 は、TEP-CMI と TEP-SOL 結晶の、熱天秤（TG）および示唆熱分析（DTA）による測定結果を示している。図 11-70(a) は、TEP-CMI 結晶の TG 曲線で、430 K に 41％の大きな重量減少がみられる。これは、図 11-71(a) の DTA 曲線の、同温度付近での吸熱ピークに対応しており、CMI 分子の脱離によるものである。また、図 11-70(a) の 580 K 付近の減少は、TEP の熱分解によるものである。一方、図 11-70(b) の TEP-SOL 結晶（ろ過後 1.5 時間）の TG 曲線では、430 K 付近に重量減少はなく 310〜370 K に約 11％の減少がみられる。これは、メタノールと水の全量に相当していると考えられる。また、これに対応して、DTA 曲線では、370 K 以下で 2 つのピークがみられるが、それぞれがメタノールまたは水の脱離によると考えられる。大気中では、メタノール分子のほうが先に結晶中から消滅することが確かめられたが、DTA 測定においては、高温側のピークのほうが大気中の放置により先に減少する。したがって、DTA の高温側のピークのほうがメタノールの脱離によるものと推測される。図 11-70(c) の、TEP-CMI 結晶添加後 60 時間後の TG 曲線では、500 K 以下に 2 段階の減少があるが、それぞれ溶媒分子と CMI 分子の脱離による。DTA 曲線（図 11-71(c)）には、これらに対応した 2 つの吸熱ピークが現れている。同時にこれらの結果は、結晶が TEP-CMI と TEP-SOL 結晶の混合物であることを示している。

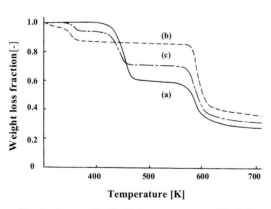

図 11-70　TG 曲線（(a) TEP-CMI 結晶、(b) TEP-SOL 結晶、(c) 60 時間後に得られた結晶（V_H=0.5、T_0=32×10⁻³ mol/L-solvent））

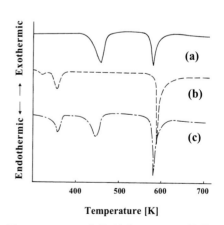

図 11-71　DTA 曲線（(a) TEP-CMI 結晶、(b) TEP-SOL 結晶、(c) 60 時間後に得られた結晶（V_H=0.5、T_0=32×10⁻³ mol/L-solvent））

（3） 水体積分率（V_H）が 0.67 における溶解挙動

　$r=250$ rpm、$V_H=0.67$ における CMI 濃度（C_c）の経時変化の測定結果を図 11-72 に示す。添加量（T_0）を 5、14、32×10^{-3} mol/L-solvent に変化させている。$T_0=5\times10^{-3}$ mol/L-solvent の場合、CMI 濃度は、実験開始後約 25 時間までに、10×10^{-3} mol/L 付近で一定となっている。これは、結晶中のすべての CMI を放出したためと考えられる。$T_0=14、32\times10^{-3}$ mol/L-solvent の場合は、添加量が多いほど濃度の増加速度が大きくなるが、ほぼ同じ一定濃度に到達する傾向が認められた。これは、TEP 存在下での溶解に限界があるためと考えられるが、その濃度は $V_H=0.5$ の場合より低くなった。また、TEP 濃度（C_T）の経時変化は、図 11-73 に示すとおりである。$T_0=5\times10^{-3}$ mol/L-solvent の場合、TEP 濃度は徐々に増大し、実験開始後約 25 時間でほぼ一定となっている。一方、$T_0=14、32\times10^{-3}$ mol/L-solvent における濃度経時変化は、$V_H=0.5$

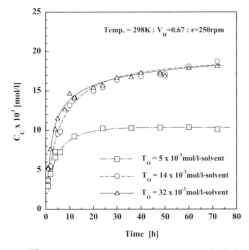

図 11-72　$r=250$ rpm、$V_H=0.67$ における CMI 濃度（C_C）経時変化

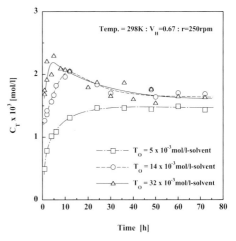

図 11-73　$r=250$ rpm、$V_H=0.67$ における TEP 濃度（C_T）経時変化

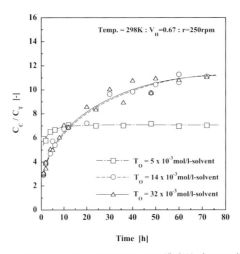

図 11-74　$r=250$ rpm、$V_H=0.67$ における濃度比（C_C/C_T）経時変化

の場合と同様に、濃度のピークが観察され、その後減少しほぼ同じ一定濃度に到達する傾向が認められた。このとき現れるピークは、添加量が多いほど大きくなる傾向がみられた。これは、転移過程での TEP-CMI 結晶の溶解速度が、T_0 とともに増加するためと思われる。この場合も、結晶の構造変化が原因と考えられる。また、TEP 濃度は 1.6×10^{-3} mol/L 付近に到達しており、$V_H = 0.5$ の場合より低くなった。これは TEP の溶解度が $V_H = 0.5$ よりも低いためであるが、これに対応して、CMI の平衡濃度も低くなっていると考えられる。XRD 測定より、$V_H = 0.5$ の場合と同様の転移が進行していることが確かめられたが、その速度ははるかに遅くなっている。これは TEP の溶解度が低いことと、TEP-CMI 結晶の溶解速度が小さいためと考えられる。

以上の濃度経時変化に対応した、TEP 濃度と CMI 濃度の比率 (C_C/C_T) の経時変化についてのグラフを、図 11-74 に示す。$T_0 = 5 \times 10^{-3}$ mol/L-solvent の場合、濃度の比率 (C_C/C_T) は、他の添加量の場合よりも小さく、約 7 で一定となっている。これは、この条件では結晶中のほぼすべての CMI が放出されるためである。$T_0 = 14, 32 \times 10^{-3}$ mol/L-solvent において、C_C/C_T の値は、時間とともに増大し、ほぼ同じ値に到達する傾向がみられた。しかし、その値は約 11 であり、水体積分率が 0.5 の場合よりも高くなる。

(4) 水体積分率 V_H が 0.91 における溶解挙動

r = 250 rpm、V_H = 0.91 における CMI (C_C)、および TEP 濃度 (C_T) 経時変化の測定結果を、図 11-75 および図 11-76 に示す。溶解度が、V_H = 0.5、0.67 に比べて低いため、添加量 (T_0) は、2.9、14、32×10^{-3} mol/L-solvent に変化させている。図 11-75 の CMI 濃度経時変化の $T_0 = 2.9 \times 10^{-3}$ mol/L-solvent において、CMI 濃度は非常にゆっくりと増加し、すべての CMI を放出した場合の濃度 (5.8×10^{-3} mol/L) に近づく傾向がみられる。$T_0 = 14, 32 \times 10^{-3}$ mol/L-solvent では、添加量が多いほど濃度の増加速度は速くなる傾向にあるが、ほぼ同じ濃度に到達している。その到達濃度は、水体積分率 V_H が 0.67 の場合よりもさらに低くなっている。このため、この条件下

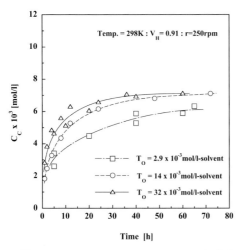

図 11-75　r=250 rpm、V_H=0.91 における CMI 濃度 (C_C) 経時変化

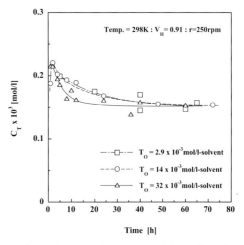

図 11-76　r=250 rpm、V_H=0.91 における TEP 濃度 (C_T) 経時変化

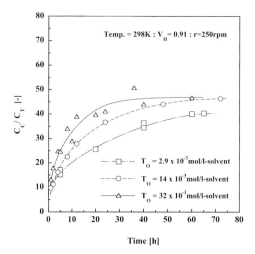

図11-77　r=250 rpm、V_H＝0.91 における濃度比（C_C/C_T）の経時変化

では、ほとんどの CMI 分子は結晶中に残留している。TEP 濃度経時変化（図11-76）において、いずれの添加量でも濃度のピークが現れ、その後減少しほぼ同じ濃度に到達した。このときの到達濃度は、V_H＝0.67 の場合よりもさらに低くなるが、TEP 濃度の溶解度が水体積分率の増加に伴い低くなるためと思われる。

図11-77 は、濃度比率（C_C/C_T）の経時変化についてのグラフである。T_0＝2.9×10^{-3} mol/L-solvent における到達値が低いのは、結晶中のすべての CMI を放出する条件であるためである。T_0＝14、32×10^{-3} mol/L-solvent においてほぼ同じ値に到達しているが、その値は約47と、水体積分率 V_H が 0.67 の場合よりもさらに大きくなった。このことより、C_C/C_T は、水体積分率の増加に伴い、大きくなる傾向にあることがわかる。V_H＝0.91 では、転移速度が非常に遅くなるが、V_H＝0.5 の場合と同じメカニズムで転移が進行することが確かめられた。

11.3.2　包接結晶溶解における濃度変化の動的メカニズムならびに温度効果

前節では、各溶液組成における TEP 包接結晶からの CMI の徐放化における TEP、CMI の溶液濃度変化を示した。攪拌は、小攪拌子を用い攪拌速度 250 rpm で実験を行ったが、この条件下では、結晶は溶液中に十分懸濁せず、結晶が実験セル底面に沈殿している状態にあった。このため、これらの溶液濃度変化は、攪拌の影響を受けるはずである。そこで、溶液中への分散状態が、TEP-CMI 結晶の溶解挙動にどのような影響を与えるか検討を行うため、攪拌子、20 mm×ϕ7 mm（大攪拌子）を用い、攪拌速度を変化させて、濃度変化などの測定を行った。特に、包接結晶溶解過程の濃度変化の動的メカニズムについて、包接結晶の溶解平衡を含めた検討を行った[208,209]。さらに、温度の影響についても検討を行い、徐放化のメカニズムの温度依存性を明らかにした。

（1）　水体積分率（V_H）0.5 における TEP-CMI 包接結晶の溶解挙動（大攪拌子、450 rpm の場合）

図11-78、図11-79 は、水体積分率（V_H）が 0.5 での各攪拌速度における、CMI 濃度（C_C）な

らびに TEP 濃度（C_T）の経時変化を示している。攪拌速度が 250 rpm から 450 rpm に増加すると、結晶が完全に懸濁するようになるが、これに伴い CMI 濃度は急激に増加し、50〜100 rpm の場合よりも高い濃度に到達するようになる。一方、TEP 濃度では、攪拌速度の増加とともにピーク位置が前にシフトし、同時に高くなることが認められる。ピークの出現と減衰は急激なため、測定が困難なほどである。また、実験時間内に到達する濃度（到達濃度）は、CMI 濃度とは逆に 50〜100 rpm の場合より低くなっている。以上の結果から、攪拌速度は TEP 濃度を減少させ、CMI 濃度を増加させる傾向にある。次に、図 11-80 と図 11-81 は、TEP-CMI 結晶添加量（T_0）を 14、32、48×10^{-3} mol/L-solvent に変化させた場合の、CMI（C_C）および TEP 濃度（C_T）の経時変化の測定結果を示している。CMI 濃度は攪拌速度の増加に伴い、いずれの添加量においても急激に増加し、一定の濃度となっている。$T_0 = 14 \times 10^{-3}$ mol/L-solvent における濃度は、

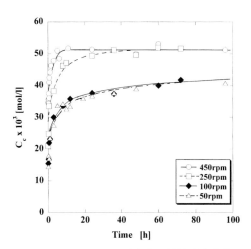

図 11-78　CMI 濃度経時変化の攪拌速度依存性（V_H=0.5、T_0=32×10^{-3} mol/L-solvent）

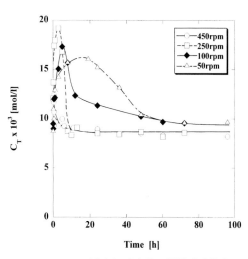

図 11-79　TEP 濃度経時変化の攪拌速度依存性（V_H=0.5、T_0=32×10^{-3} mol/L-solvent）

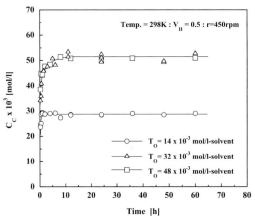

図 11-80　r=450 rpm、V_H=0.5 における CMI 濃度経時変化

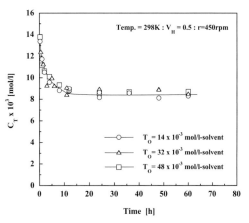

図 11-81　r=450 rpm、V_H=0.5 における TEP 濃度経時変化

小撹拌子の場合（図 11-64）と同様に、約 28×10^{-3} mol/L である。これは、この条件では結晶中のほぼすべての CMI が放出されるためと考えられる。一方、$T_0 = 32、48 \times 10^{-3}$ mol/L-solvent の場合、CMI 濃度の到達値は小撹拌子の場合よりも高く、52×10^{-3} mol/L 付近で一定となった。このことより、$V_H = 0.5$ における CMI の真の溶解限界は、52×10^{-3} mol/L 付近に存在すると考えられる。図 11-81 に示す TEP 濃度も、撹拌の増加に伴い急激に変化し、いずれの添加量でも、実験開始直後に濃度のピークが観察され、その後減少し、添加量によらずほぼ完全に、同一濃度で一定となった。また、その値は、小撹拌子の場合（図 11-65）よりも、若干低くなる傾向にある。このことより、水体積分率 0.5 における TEP の溶解限界は、8.3×10^{-3} mol/L 付近に存在すると考えられる。

以上の溶解過程に対応した、TEP 濃度と CMI 濃度の比（C_C/C_T）の経時変化のグラフを、図 11-82 に示す。撹拌強度の増加に伴い、CMI 濃度と TEP 濃度が急激に変化したために、その比率も、図 11-66 と比べ急激に変化し、実験開始後 15 時間までにほぼ一定となっている。$T_0 = 14 \times 10^{-3}$ mol/L-solvent における到達値は、小撹拌子の場合とほぼ同じである一方、$T_0 = 32、48 \times 10^{-3}$ mol/L-solvent では、高い値に到達している。これは小撹拌子の場合と比べて、CMI 濃度は高く、TEP 濃度は低い濃度に到達したためである。図 11-83 は、以上の溶解過程に対応した結晶組成の経時変化についてのグラフである。縦軸は、結晶中の TEP と CMI のモル比（CMI/TEP）を示している。$T_0 = 14 \times 10^{-3}$ mol/L-solvent では、実験開始後約 2 時間までにモル比は急激に減少し、ほぼ 0 となっている。これは、結晶中の CMI がほぼすべて放出されたためである。$T_0 = 32、48 \times 10^{-3}$ mol/L-solvent の場合、比率は時間とともに減少し、それぞれ一定値に到達する傾向が認められるが、その値は、添加量が多いほど大きくなる傾向にあり、また小撹拌子の場合よりも低い。これは、CMI の到達濃度が、小撹拌子の場合と異なることに対応している。

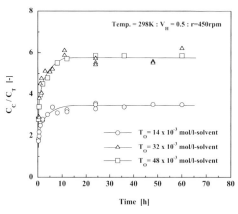

図 11-82　r＝450 rpm、V_H＝0.5 における濃度比（C_C/C_T）の経時変化

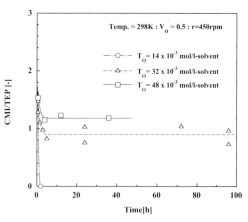

図 11-83　r＝450 rpm、V_H＝0.5 における結晶組成の経時変化

（2）　水体積分率 V_H が 0.91 における TEP-CMI 包接結晶の溶解挙動（大撹拌子、450 rpm の場合）

水体積分率 V_H を 0.91 として、大撹拌子を用い 450 rpm で測定した CMI（C_C）と TEP 濃度

(C_T) の経時変化を、図 11-84、図 11-85 に示す。図 11-84 で、T_0 が 2.9×10^{-3} mol/L-solvent の場合には、溶液中に全 CMI が溶出していることがわかる。前節の小攪拌子を用いた場合 (図 11-75、図 11-76) と比較すると、急激な CMI の濃度増加と TEP の濃度減少がみられ、一定濃度への到達も早いことがわかる。また、CMI 濃度において、T_0 が 14、32×10^{-3} mol/L-solvent では、濃度が完全に一致しており (8.8×10^{-3} mol/L)、前節の小攪拌子を用いた図 11-75 (7.5×10^{-3} mol/L) よりも、高い値になっていることがわかる。一方、図 11-85 の TEP 濃度についてみると、ピークが結晶添加後すぐに現れ、すべての T_0 でほぼ同一濃度 (0.13×10^{-3} mol/L) に落ち着いている。前節の小攪拌子を用いた場合 (0.15×10^{-3} mol/L) と比較すると、この値はわずかに低いことがみられる。

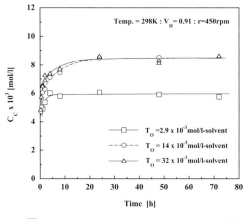

図 11-84　$r=450$ rpm、$V_H=0.91$ における CMI 濃度の経時変化

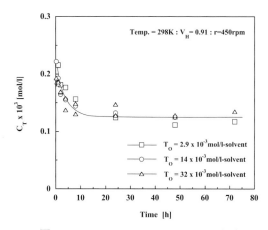

図 11-85　$r=450$ rpm、$V_H=0.91$ における TEP 濃度の経時変化

(3)　CMI の溶出過程における攪拌強度の影響

　小攪拌子 (250 rpm) による到達濃度が、攪拌が十分である大攪拌子 (450 rpm) の場合に比べて低い原因として、固液平衡への到達が十分ではないことが考えられる。すなわち、準平衡状態にあり、大攪拌子で 450 rpm まで攪拌強度を増加させたときには、真の平衡に到達すると考えられる。450 rpm では TEP-CMI 結晶は溶液中で完全に分散され、TEP-CMI 結晶の溶解と析出の両者が促進されるため、固液平衡は容易に達成される。図 11-86(a) は、大攪拌子 (450 rpm) で、TEP-CMI 結晶添加後 80 時間で得られた結晶の SEM 写真を示している ($V_H=0.5$)。図中、TEP-CMI 結晶が、ほぼ均一に溶解し小粒径になっているのに対し、TEP-SOL 結晶は、微小粒径として析出している。しかし小攪拌子 (250 pm) を用いた場合には、攪拌効率が低くなり、結晶は晶析器底面に残留し、ケーキ状になることが認められる。図 11-86(b) から、TEP-CMI 結晶粒径が、450 rpm の場合よりも明らかに大きいことがわかる。また、核発生した TEP-SOL 微結晶が、TEP-CMI 結晶の表面を覆うことが認められる。TEP-CMI の大粒径結晶の存在は、このような条件下では結晶が溶液中に分散されず、TEP-CMI 結晶の溶解が遅くなっていることを示している。このことから、TEP-CMI 結晶の表面を覆った TEP-SOL 微結晶は、TEP-CMI 結

図 11-86 結晶の SEM 写真((a) 大攪拌子 (450 rpm)、(b) 小攪拌子 (250 rpm)：$V_H=0.5$)

晶からの CMI の溶出を阻害するものと考えられる。このため、固液間の真の平衡到達ができないものと思われる。一方、攪拌強度を増加させると、TEP-CMI 結晶の溶解と TEP-SOL 結晶の核発生速度の両者が著しく増加した結果、いずれの結晶の粒径も小さくなったと思われる。

(4) 包接結晶溶解における CMI、TEP の到達濃度および溶液組成との関係

TEP-CMI と TEP-SOL 結晶の溶解平衡は、それぞれ次式のように表わされる[208]。

$$TEP-CMI(s) \overset{K_T}{\leftrightarrow} TEP + 2CMI \tag{11-39}$$

$$TEP \cdot CH_3OH \cdot H_2O(TEP-SOL)(s) \overset{K_S}{\leftrightarrow} TEP + CH_3OH + H_2O \tag{11-40}$$

ただし、s は固相を、K_T と K_S はそれぞれ TEP-CMI 結晶および TEP-SOL 結晶の解離平衡定数を示す。

また、K_T と K_S は次式のように書ける。

$$K_T = \frac{a_T\, a_C^{\,2}}{a_{TC}(s)} \tag{11-41}$$

$$K_S = \frac{a_T a_m a_w}{a_{TS}(s)} \tag{11-42}$$

ここで a_T、a_C、a_{TC}、a_{TS}、a_m、a_W は TEP、CMI、TEP-CMI 結晶、TEP-SOL 結晶、メタノール、水の活量を示す。

活量は、次式で表わされる。

$$a = \gamma C \tag{11-43}$$

ここで C は濃度、γ は活量係数である。

固体の活量を 1、各物質の活量係数を 1 と仮定すると、平衡定数は平衡濃度 C_T^e、C_C^e を用いて次式で表わされる。

$$K_T = C_T^e (C_C^e)^2 \tag{11-44}$$

$$K_S = C_T^e C_m C_w \tag{11-45}$$

ここで、溶媒であるメタノール（C_m）と水の濃度（C_w）は一定とみなせる。

CMI と TEP の到達濃度の対数と V_H をプロットすると、図 11-87 のように良好な直線関係が認められた（破線は 250 rpm（小撹拌子）、実線は 450 rpm（大撹拌子）の場合を示している）。

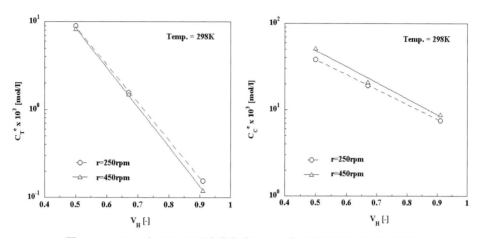

図 11-87　CMI と TEP の到達濃度（C_C^e、C_T^e）と溶液組成（V_H）の関係

真の平衡状態と考えられる大撹拌子（450 rpm）の場合には、平衡濃度（C_C^e、C_T^e）と溶媒組成 V_H の間に、次式が成り立つ。

$$\ln C_c^e = 0.41 - 4.29\, V_H \tag{11-46}$$

$$\ln C_T^e = 1.40 - 10.2\, V_H \tag{11-47}$$

また、298 K での TEP-CMI 結晶の解離定数 K_T を（11-44）式から計算すると、溶媒組成（V_H）との関係として次式が得られた。

$$\ln K_T = 19.3 - 18.9\, V_H \tag{11-48}$$

(5)　包接結晶溶解における濃度変化の動的メカニズム

TEP-CMI 包接結晶を溶液に添加すると、溶解が起こり CMI 濃度（C_C）が増加するが、これに伴い TEP 濃度（C_T）も増加する。図 11-88 は、このときの TEP と CMI 溶液濃度を、それぞれ縦軸と横軸にとって、経時変化の様子を表わしたモデル図である[208]。包接結晶添加後の溶解で、TEP ならびに CMI 濃度が図の破線のように増加するが、やがて実線で表わされる TEP-CMI 結晶の平衡曲線（(11-44) 式）に到達すると考えられる。しかし、それ以前でも TEP 濃度が、(11-

45) 式で表わされる TEP-SOL 結晶の平衡値（K_S/C_mC_w）よりも高くなると、TEP-SOL の核発生と成長が起こりうる。あるいは、TEP、CMI 濃度が増加し TEP-CMI 結晶の平衡曲線（（$K_T = C_T (C_c)^2$）に到達すると、やがて TEP-SOL 結晶が析出するようになり、TEP 濃度は、図 11-88 の曲線に沿って減少する。このため、TEP の濃度の経時変化にはピークが現れることになる。これが、TEP-CMI 包接結晶から TEP-SOL 包接結晶への、溶液媒介転移過程の動的メカニズムである。ただし、本系の場合、TEP と CMI 濃度は、ある一定の平衡値に到達する。この最終的な平衡値は、TEP-CMI と TEP-SOL の溶解平衡曲線の交点に対応し、次式で表わされる[208]。

$$C_T^e = \frac{K_s}{C_m C_w} = \frac{K_T}{(C_C^e)^2} \tag{11-49}$$

したがって、最終的に得られる CMI 濃度は（11-50）式で表わされ、この値は K_T と K_S の値によって決まると考えられる。

$$C_C^e = \sqrt{\frac{K_T C_m C_w}{K_S}} = \sqrt{\frac{K_T}{C_T^e}} \tag{11-50}$$

さらに、この最終的に到達する平衡は、TEP-CMI 結晶と TEP-SOL 結晶が共存できる溶液組成であると考えられるが、実際に、XRD 測定により、両結晶が平衡的に存在することが確かめられた。

ここで溶液相の自由度 F についてみると、次式で表わされる。

$$F = c + 2 - p \tag{11-51}$$

ここで、c は成分数、p は相数である。

TEP-CMI と TEP-MeOH の両包接結晶が共存する平衡系においては、相数は 3、成分数も 3

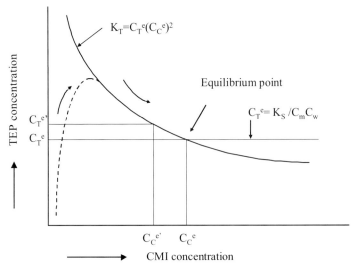

図 11-88　TEP-CMI 結晶の溶解過程における濃度変化モデル図

第 11 章　包接結晶の多形現象と制御因子

である。このため、F 値は 2 となるが、温度と圧力一定では、TEP 濃度と CMI 濃度は一定となる。

ただし、撹拌が十分でない（小撹拌子）場合には、準平衡状態が存在すると考えられる。この点を、図 11-88 の C_T'、C_C' で示している。TEP 濃度（C_T'）は、本来の平衡状態の値（C_T）よりも高く、CMI 濃度（C_C'）は、本来の平衡状態の値（C_C）よりも低くなっており、これらは、前述の撹拌子が小さい場合の結果に対応していると考えられる。

(6) 濃度変化に及ぼす撹拌強度の影響

溶解過程で、TEP-CMI 結晶添加後に撹拌強度を変化させると、CMI ならびに TEP 濃度が変化することが観察される。溶液組成 V_H が 0.5 のときの結果を、図 11-89、図 11-90 に示す。各曲線は、それぞれ各実験で得られたデータを示している。まず静止溶液中で結晶を添加すると、図 11-89 に示すように、ゆっくりと CMI 濃度が上昇する。また、これに対応して、TEP 濃度も上昇する（図 11-90）。a 点で小撹拌子（250 rpm）で撹拌を行うと、CMI 濃度は急激に上昇し一定値となった。これに対応して、TEP 濃度も急激に上昇してほぼ一定に近い濃度になったが、各実験データでは多少のばらつきがみられる。これは、TEP-CMI 結晶が溶解して、ほぼ飽和濃度に達したことを示している。そこで、次に大撹拌子を用いて 450 rpm で撹拌すると、CMI 濃度はさらに上昇し、完全に同一の一定濃度に到達した。これに対応して、TEP は減少がみられ一定値になった。このような挙動は、先の溶解モデルに対応しており、小撹拌子（250 rpm）では準平衡状態にあり、大撹拌子（450 rpm）で真の平衡状態に達することに対応するものと考えられる。

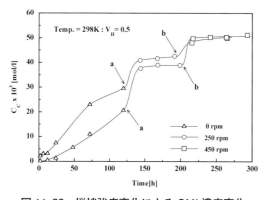

図 11-89　撹拌強度変化による CMI 濃度変化

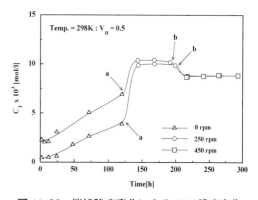

図 11-90　撹拌強度変化による TEP 濃度変化

(7) 包接結晶溶解における温度効果

温度を 318 K に上昇させると、CMI と TEP の濃度変化は、298 K とは異なる挙動が観察されるようになる。図 11-91 には、溶液組成 V_H が 0.5 において、大撹拌子（450 rpm）を用いて 318 K で実験を行ったときの結果を示している。図から TEP 濃度変化にピークは観察されず、TEP、CMI ともに、早い段階で一定値になることがわかる。XRD の測定により、TEP-CMI 添

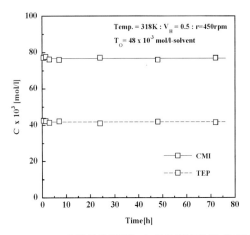

図 11-91　CMI の徐放化過程における温度効果（318 K）

加後の結晶中には、298 K では観察された TEP-SOL 結晶が、存在しないことが明らかになった。このことは、318 K においては、TEP-SOL への転移が進行しないことを示している。また、この事実は、TEP の溶液濃度変化において、ピークが現れないことに対応している。さらに、濃度の到達値（平衡値）は、CMI が TEP の 2 倍となっている。したがって、318 K では、TEP-SOL 結晶が析出せず、TEP-CMI 結晶の解離が大きく進行すると考えられる。この結果は、318 K で TEP-CMI の溶解を抑制し徐放化するためには、高濃度の TEP が必要であり、温度の上昇とともに徐放化が困難になることを示している。

11.3.3　包接結晶多形の析出挙動と溶液組成の関係

前節では、TEP-CMI 包接結晶からの CMI 徐放化のメカニズムを示すとともに、包接結晶の溶解における TEP、CMI 濃度変化の挙動や、動的メカニズムを明らかにした。ここで、TEP-CMI 包接結晶を、メタノール溶液から創生した場合の析出過程に着目すると、包接結晶の析出は（11-52）式で表わされる。しかし、メタノール溶液中で、必ずしも TEP-CMI 包接結晶のみが得られるとは限らない。そこで、本節では、TEP 包接結晶多形の析出挙動が、溶液組成や温度にどのように依存するか、メタノール中で検討を行った[209]。

$$TEP + 2CMI \rightarrow TEP-CMI(s) \qquad (11\text{-}52)$$

CMI は、直接的取り扱いが危険であり、また定量的な取り扱いが困難である。このためここでは、TEP-CMI 包接結晶と固体である TEP を混合して、溶液組成の調整を行った。メタノール 80 ml に対して、TEP-CMI 包接結晶を 3.35～9.49 g、TEP を 0～5.74 g の範囲で溶解させて（TEP と CMI の初期溶液濃度はそれぞれ 120～250 mmol/L、140～300 mmol/L となる）、298 K および 308 K で晶析を行った。

(1)　298 K での包接結晶の析出挙動

まず、TEP-CMI 包接結晶のみを溶解させ、TEP が 150 mmol/L、CMI が 300 mmol/L の条件

下で、298 K において晶析を行った。この場合に得られる結晶は、XRD の測定から TEP-CMI 包接結晶であることが判明した。しかし、同溶液に TEP を添加し、TEP を 210 mmol/L、CMI を 300 mmol/L として晶析を行った場合に得られた結晶では、**図 11-92**(a) の矢印に示すように、$2\theta = 18°$ 付近に、TEP-CMI 結晶にはみられない新たなピークが観察された。また、TEP を同濃度として、TEP-CMI 濃度を低くして（TEP、150 mmol/L, CMI、180 mmol/L）晶析を行うと、図 11-92(b) に示す XRD パターンを有する結晶が得られた。この XRD パターンでは、TEP-CMI 包接結晶によるピークが消滅し、矢印が示す新たなピークが顕著になっている。この XRD パターンを、図 11-68(d) に示す TEP・CH$_3$OH・H$_2$O（TEP-SOL）のものと比較すると、似ているようにみえる。しかし、本系では水は存在しないので、得られた結晶は異なるはずである。そこで、この結晶の TG 分析を行ったところ（**図 11-93**）、350 K から 370 K 付近に、ゲスト分子の解離によるとみられる重量減少が認められた。この重量減少が約 13.8% であることから、この場合はメタノール 2 分子の脱離が起こったものと思われる。

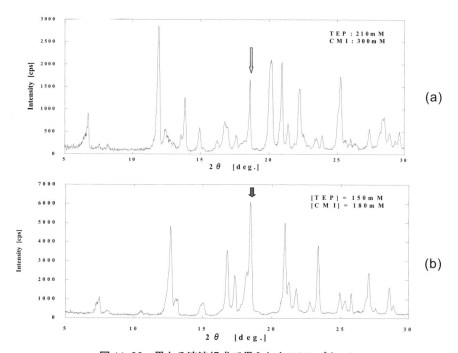

図 11-92　異なる溶液組成で得られた XRD パターン
(a) TEP＝210 mmol/L、CMI＝300 mmol/L：(b) TEP＝150 mmol/L、CMI＝180 mmol/L

このことから、析出した結晶は、次式のように TEP と MeOH が 1 対 2 で包接化した TEP・2CH$_3$OH（以後「TEP-MeOH 包接結晶」）であると考えられる[209]。

$$TEP + 2CH_3OH \rightarrow TEP - MeOH(s) \tag{11-53}$$

すなわち、本系では、(11-52) 式と (11-53) 式による TEP-CMI 結晶と TEP-MeOH 結晶が、競合的に析出することがわかった。また、TEP-MeOH 包接結晶のモルフォロジーを観察したところ、**図 11-94** に示すように菱形板状であることが観察された。この結晶の構造は、ホストと

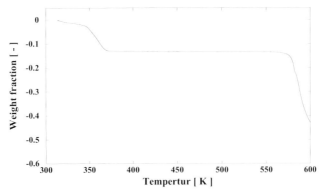

図 11-93　TEP-MeOH 包接結晶の TG 曲線

図 11-94　TEP-MeOH 包接結晶のモルフォロジー

ゲストが層状で繰り返し重なった構造をとっていることが、鈴木ら[206]によって報告されている。したがって、TEP・CH$_3$OH・H$_2$O（TEP-SOL）包接結晶も類似の構造をとっていると考えられ、この結晶では、TEP-MeOH 包接結晶中の MeOH 分子の1分子が、水分子で置換された構造をとっているものと考えられる。

(2)　溶液組成と包接多形の析出領域

　さまざまな仕込み溶液組成で、298 K において晶析を行い、そのときの初期濃度と析出した結晶の関係を、図 11-95 に示した。横軸が TEP、縦軸が CMI の仕込み溶液濃度を示している。▲が TEP-CMI 包接結晶のみが析出した場合を、●が TEP-CMI 包接結晶と TEP-MeOH 包接結晶の混合物が析出した場合を、■が TEP-MeOH 包接結晶のみが析出した場合を示している。また、斜線部では結晶は析出しない。図中、一点鎖線より上の領域が TEP-CMI 包接結晶のみが析出し、破線より下の領域が TEP-MeOH 包接結晶のみが析出すると思われる。一点鎖線と破線の間では、TEP-CMI 包接結晶と TEP-MeOH 包接結晶の両者が析出する。したがって、TEP 濃度が減少するほど、CMI 濃度が低くても、TEP-CMI 結晶が析出することがわかる。また、一点鎖線から、CMI 濃度と TEP 濃度の比が約 1.4 以上で、TEP-CMI 結晶が析出すると考えられる。

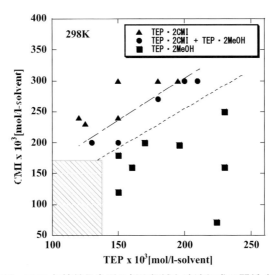

図 11-95　TEP 包接結晶多形の析出領域と溶液組成の関係（298 K）

(3) 包接多形析出領域における温度効果

包接多形の析出挙動における温度効果をみるため、308 K の場合においても晶析を行った。308 K の場合の初期濃度と、析出した結晶の関係を、図 11-96 に示す。308 K では溶解度が大きくなるために、TEP および TEP-CMI 結晶の仕込み濃度は、298 K よりも高くなる。また、包接結晶の解離が進行するために、結晶の析出しない斜線部の面積も格段に大きくなり、操作範囲は狭くなったと思われる。しかし、一点鎖線と破線で示される析出領域の傾向は、298 K の場合に類似して、一点鎖線から CMI 濃度と TEP 濃度の比が、約 1.1 以上で TEP-CMI 結晶が析出することがわかる。

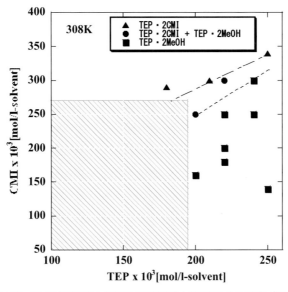

図 11-96　TEP 包接結晶多形の析出領域と溶液組成の関係（308 K）

（4）　２種の包接結晶共存の平衡濃度

　TEP-CMI の解離定数を K_T（(11-44) 式）、また、TEP-MeOH 包接結晶の解離定数を K_M（$= C_T^e (C_m^e)^2$）とすれば、２固相が共存する平衡においては、(11-49)、(11-50) 式と同様に、(11-54)、(11-55) 式が成立する。

$$C_T^{\ e} = \frac{K_M}{(C_m^{\ e})^2} = \frac{K_T}{(C_C^{\ e})^2} \tag{11-54}$$

$$C_C^{\ e} = \sqrt{\frac{K_T(C_m^{\ e})^2}{K_M}} \tag{11-55}$$

　メタノール濃度は一定とみなせるので CMI 濃度は K_T と K_M で決まることになる。TEP-CMI と TEP-MeOH 包接結晶の、２固相共存下での TEP と CMI 平衡濃度を測定すると、298 K では 110 mmol/L と 155 mmol/L、308 K では 160 mmol/L と 230 mmol/L が得られた。これより K_T 値を概算すると、298 K では 2.6×10^6（298 K）、308 K では 8.4×10^6（308 K）となった。これより、308 K では 298 K に比べ TEP-CMI 包接結晶の解離が大きく進んでいることがわかる。

304

応用編

第12章 多形制御における種晶効果および界面、超音波の影響

　一般の晶析操作において、種晶添加は人為的に2次核を発生させることにより、溶液全体の核発生を早めて粒径制御を行うなどを目的として用いられる。しかし、多形が存在する場合には、多形の種晶を添加することによって、核発生の促進ばかりでなく、目的の結晶構造を得ること（多形制御）が可能になる。第1章の晶析の基礎（1.4.1）で述べたように、一般に種晶による2次核発生には、古くからいろいろなメカニズムが知られているが、最近では整理統合した形で、contact nucleation として2次核発生が取り扱われている場合が多い。これには、結晶表面に付着していた微結晶の脱離や、インペラーとの衝突で破損した微結晶が2次核となる場合（microattrition）、および流体力学的せん断応力（fluid shear）などによって、結晶表面の吸着層が脱離して2次核となる場合が、主たるメカニズムとして知られている。最近、Myerson ら[13]は、スチール棒と γ-glycine 結晶を接触させることにより2次核発生を発生させ、その発生種からメカニズムの検討を行っている。γ 形が安定形であるグリシン水溶液中低過飽和度で検討を行い、スチール棒と γ-glycine 結晶の接触強度があるレベル以上では γ 形が析出することから、2次核発生のメカニズムは microattrition（微視的破砕）によるとしている。また、接触強度が弱い条件下では α 形が析出するため、これは吸着層からのクラスターの脱離によると結論付けている。また、多形の晶析において、種晶を添加したときの2次核発生に関しては、冷却晶析の場合についてさまざまな報告がみられる。たとえば、Beckman[214]は、準安定領域を考え、冷却法における多形の種晶添加について議論している。Biscans ら[215]は、医薬結晶多形の冷却晶析における準安定幅への種晶の影響について報告を行い、Al-Zoubi ら[216]は、paracetamol の多形の析出挙動への初期濃度や他の操作条件の影響について検討を行っている。また、Tao ら[217]は、D-mannitol の晶析において、多形の混入核発生は種晶表面のエピタキシャル成長によるとしている。L-グルタミン酸の晶析でも α 形結晶の種晶効果はみられるが、Cashell ら[218]は、この機構として準安定な α 形表面における β 形の2次核形成によるとしている。しかし、Cornel ら[219]は、同現象について、α 形種晶が純粋なものではなく、実は種晶中へ混入した β 形が2次核発生や転移挙動を変化させることによるとした報告を行っている。一方、貧溶媒晶析においても、種晶の添加は目的の多形を優先的に得ることに有効と考えられる。しかし、冷却晶析法に比べ、種晶効果に関する定量的な検討例は、ほとんど見当たらない。さらに、包接結晶多形に関する種晶効果については、研究報告そのものがみられない。

　まず、種晶を添加することによる多形制御について検討する際の操作因子を、図12-1 に示す。代表的な因子として、種晶量、前処理、撹拌速度、種晶を添加する際の過飽和度などがある。これらは、多形を含まない一般の晶析においても同様である。過飽和度は、貧溶媒晶析や冷

却晶析など、その晶析操作における種晶添加時期に対応する。また、種晶の溶媒による洗浄などの前処理が、多形の析出に影響する場合があることも知られている。これは種晶表面の汚れなど、表面の状態が変化していることを示しており、このことは不均一核発生の可能性も示唆するものと思われる。本章では、筆者らがこれまで検討を行ってきた、L-グルタミン酸やL-ヒスチジンのアミノ酸結晶多形の析出に及ぼす種晶や界面の影響[158]をはじめとして、BPT多形の貧溶媒晶析における種晶効果、ならびに超音波の影響、さらに包接結晶の分子認識と多形現象に及ぼす種晶効果などの検討結果について紹介する[69,70,220]。

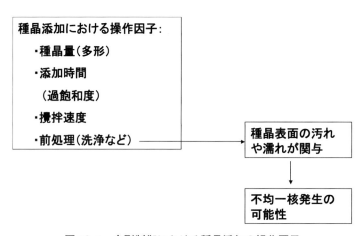

図 12-1　多形制御における種晶添加の操作因子

12.1 L-グルタミン酸多形の析出における界面の影響

第5章では、L-グルタミン酸多形の撹拌槽中での晶析における競合的な析出挙動について、回分冷却法による検討結果を紹介した。たとえば、温度効果が大きく、45℃では両多形が競争的に析出するが、25℃では α 形のみが優先的に析出することを示した。しかし、静止溶液中では、25℃においても図 12-2 で示すように、鱗片状の β 形が α 形とともに晶析器底部より析出することが観察された[80]。この現象は、静止溶液では、L-グルタミン酸多形の析出への晶析器壁面の影響が現れてくることを示している。この効果は過飽和度によっても異なり、S_a が高い（3.5）と鱗片状の β 形が約50%析出する。しかし、S_a が低い 2.0 以下では、同様な β 形のみの析出がみられた。また、気液界面での析出においても、β 形が優勢となることが観察された。これらの結果は、器壁あるいは気液界面が、β 形の2次元核発生に有利なことを示している。このような界面のアミノ酸結晶析出への影響は、Weissbuch ら[221]および Jacquemain ら[222]の、シンクロトロンを用いた界面の吸着層構造解析による検討結果などに対応している。すなわち、本研究の上記界面では、疎水基を界面側に配向した L-グルタミン酸の吸着層が形成されており、これらがテンプレートとして、多形の核発生に作用することが考えられる。さらに、これに関連した不均一界面での核生成の例として、Roberts ら[223]は、Entacapone の晶析で金属である金が多形の析出に影響を与えることを報告している。すなわち、金が存在しなければ通常 D 形が析出するが、静止

溶液中で金(100)面が存在すると、安定形のA形が選択的にエピタキシャル成長することを認めた。これは金表面に形成した自己会合分子膜が、多形の核発生テンプレートとして働くためとしている。また、CaridiやHorstら[224]はisonicotinamide多形の析出において、酸化チタンなどさまざまなテンプレートを用い、自己会合による核発生への効果の検討を行っている。

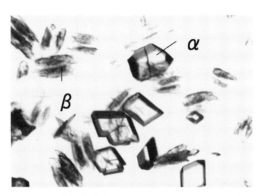

図 12-2　静止溶液中、25℃での L-Glu 結晶の析出

12.2　L-ヒスチジン(L-His)多形の種晶効果と2次核発生メカニズム

第5章では、L-ヒスチジン(L-His)多形の核発生挙動について示した。ここでは、L-ヒスチジン溶液を急速冷却し、目的温度、過飽和度に達した直後、1次核生成が起こる前に多形A、Bいずれかの種晶を添加して、析出挙動を検討した結果を紹介する。種晶として105〜149 mμのふるい分けされたAおよびB形結晶1 mgを、293 Kの過飽和溶液50 mlにそれぞれ添加している。各溶液濃度(過飽和度)で析出した結晶の多形組成を分析した結果を、図12-3に示す[93]。

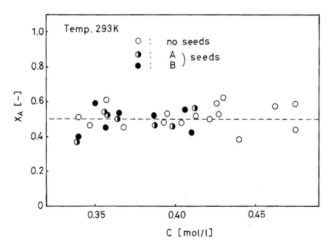

図 12-3　L-His 多形の析出挙動における種晶の効果

図より明らかなように、いずれの過飽和度(溶液濃度)においても、またいずれの多形の種晶を用いても、両多形がほぼ等しい確率で析出しており、種晶添加の効果はみられない。一方、L-

グルタミン酸では多形の種晶の効果がみられており、添加した種結晶と同一の多形が優先的に析出する。このように、種晶の効果についても、L-グルタミン酸とL-ヒスチジンでは異なっている[69-70]。しかし、ここで注目すべきこととして、L-ヒスチジンでいずれの多形の種晶を添加しても、明らかに核発生の待ち時間は短縮され添加直後に核発生が起こる。このことは核発生が1次核発生ではなく、2次核発生によることを示している。さらに、微視的破砕によれば種晶と同じ多形が析出するはずであるが、いずれの種晶でも、結果的に両多形がほぼ等しい割合で核発生しているので、このメカニズムは微視的破砕（microattrition）によるものではないと考えられる。そこで、このメカニズムとして筆者ら[158]は、A形あるいはB形の種晶表面から脱離した吸着層中のクラスターの分子が、溶液中で安定な平衡状態（A、B多形が等しい存在割合）に、速やかに変換するとするモデルを提案した（**図12-4**）。この変換により、種晶の種類にかかわらず、多形が同等の確率で核発生するものと考えられる。

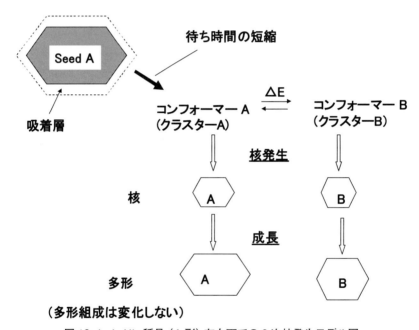

図12-4　L-His 種晶（A形）存在下での2次核発生モデル図

12.3 貧溶媒晶析での種晶効果と2次核発生メカニズム

　貧溶媒晶析においても、種晶の添加は有効と考えられる。しかし、貧溶媒の添加により溶液組成が時間とともに変化するために、種晶の添加時期が問題になる。第8章では、BPTの貧溶媒晶析を行い、制御因子と多形の析出挙動の相関性や、析出メカニズムについて示した。ここでは貧溶媒晶析において、種晶を添加する際の制御因子を示すとともに、多形の2次核発生挙動の検討により、新たに2次核発生モデルを提唱したので紹介する[220]。

　貧溶媒晶析は、前報と同様に、BPTメタノール溶液（水5 Vol%）に貧溶媒である水を添加する方法で行い、この過程でA形の種晶を添加して、多形の析出挙動に及ぼす影響をみた。**表**

12-1 は、理解を助けるため、第 8 章で示したなかで、いくつかの操作条件における安定多形ならびに 1 次核発生多形を抜粋して示したものである。表に示すように、313 K では D 形が安定形で、いずれの初期濃度（C_0）、水添加速度（W）においても D 形が優先的に析出する。また、333 K においては A 形が安定であり、低い添加速度では A 形が析出するが、高い初期濃度と添加速度（W>1.4 ml/min）においては、BH 形が優先的に析出する。このため、種晶効果の実験は、313 K では初期濃度を 0.024 および 0.040 mol/L とし、水添加速度 0.28 および 0.47 ml/min で行った。また 333 k では、初期濃度 0.055 および 0.079 mol/L において、水添加速度は 2.8 ml/min で実験を行った。貧溶媒晶析においても種晶の添加は、1 次核発生が起こる（待ち時間（τ_p）以前に行う必要がある。このため、まず種晶の非存在下で貧溶媒添加を始めてから一次核が発生するまでの待ち時間（τ_p）と、貧溶媒添加速度（W）の関係を測定し、種晶（A 形を使用）は、その 1 次核発生以前に添加した。この場合の操作条件として、温度、初期濃度のほかに、貧溶媒添加開始後の種晶添加時間（Ts）ならびに種晶添加量（Sw）などを変化させた。晶析温度は、298 K と 333 K で実験を行った。

表 12-1　操作条件と安定多形ならびに 1 次核発生多形の関係（第 8 章より抜粋）

温度［K］	C_0［mol/L］	W［mL/min］	安定形	1 次核
313	0.024	0.25-0.70	D	D
313	0.040	0.25-0.70	D	D＋（BH）
333	0.055	W＞1.4	A	BH
333	0.055	W＜1.0	A	A
333	0.079	W＞1.4	A	BH
333	0.079	W＜1.0	A	A

12.3.1　313 K での種晶効果と制御因子の影響

313 K において、初期濃度 C_0 を 0.024 mol/L、0.040 mol/L とし、種晶非存在下で貧溶媒晶析を行ったときの溶液濃度変化は、各貧溶媒添加速度に対して第 8 章図 8-36 のようになる。このときの核発生待ち時間 τ_p を、貧溶媒添加速度 W に対してプロットすると、各初期濃度について図 12-5 が得られた。待ち時間は添加速度 W とともに小さくなり、初期濃度が高いほど短くなることがわかる。この待ち時間 τ_p を基準にして、待ち時間よりも早い段階の種々の種晶添加時間 Ts で種晶量 S_w を変化させ、多形の析出挙動の観察を行った。図 12-6 と図 12-7 は、初期濃度 C_0 を 0.040 mol/L として、貧溶媒添加速度 W が 0.28 ml/min および 0.47 ml/min の場合の多形の析出挙動を、種晶添加時間 Ts および種晶量 S_w に対してマッピングしたものである。ただし、いずれの場合も、種晶の添加直後に核発生は速やかに起こることが観察された。0.28 ml/s の条件では種晶を添加しない場合、D 形が優勢であるが、時に BH 形が析出することもあった。しかし、A 形種晶を添加すると、Ts が遅く種晶量が多い（40 mg）条件下でのみ、D 形に混じってわずかに A 形の析出がみられるようになる。図 12-7 の貧溶媒添加速度が 0.47 ml/s の場合も、やはり D 形の析出が優勢であるが、同様に種晶量が多く、添加時間が遅くなるほど、種晶の効果がわずかながら認められるようになる。これらの結果から、種晶効果への貧溶媒添加速度の影

響は小さいと考えられる。また、種晶の添加とほぼ同時に核発生が起こっていることから、核発生は1次核発生ではなく2次核発生と考えられる。さらに、A形種晶の添加にもかかわらずD形結晶が発生していることから、核発生のメカニズムは、微視的破砕ではないと考えられる。

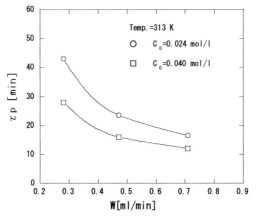

図12-5　核発生待ち時間（τ_p）を貧溶媒添加速度（W）

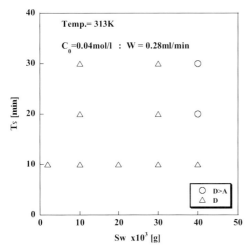

図12-6　多形の析出挙動と種晶添加時間（Ts）および種晶量（S_w）の関係（C_0＝0.040 mol/L、W＝0.28 ml/s）

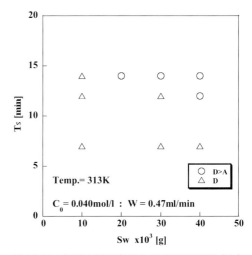

図12-7　多形の析出挙動と種晶添加時間（Ts）および種晶量（S_w）の関係（C_0＝0.040 mol/L、W＝0.47 ml/s）

次に、初期濃度（C_0）を0.024 mol/Lに変化させて実験を行った結果を図12-8、図12-9に示す。図12-8は貧溶媒添加速度（W）が0.28 ml/s、図12-9は貧溶媒添加速度（W）が0.47 ml/sの場合の析出挙動を示す。これらの条件下では種晶無添加ではBHまたはD形が析出する。いずれの場合も種晶添加とほぼ同時に核発生が観察されたことから、やはり2次核発生が起こっていると考えられる。ただし、初期濃度の低い0.024 mol/Lの場合、0.040 mol/Lの場合と大きく異なり大量のA形の析出が認められた。種晶を添加すると、添加時間が長く、種晶量が多いほどA形の析出量が増加する傾向が認められ、ついには純粋なA形結晶が得られた。しかし、同じ

種晶量でも添加時間（Ts）で比較するとその影響は大きく、添加時間が短い場合、D形やBH形が析出するようになる。図12-8の貧溶媒添加速度0.28 ml/sの場合の結果から、種晶添加時間が40分以上、種晶量10 mg以上で純粋なA形が得られる。したがって、これが純粋A形を得るためのこの貧溶媒添加速度での臨界条件とみられる。このような傾向は、図12-9の貧溶媒添加速度が0.47 ml/sでもみられる。やはり、種晶添加時間が長く、種晶量が多くなるとA形の析出量が増加し、ついには純粋なA形が得られた。純粋なA形は種晶添加時間が25分以上、種晶量20 mg以上で得られ、この貧溶媒添加速度での臨界条件と考えられる。以上からA形の種晶効果は貧溶媒添加速度の影響は比較的小さいが、初期濃度、種晶添加時間、種晶量の影響は大きいことがわかった。そして、初期濃度は低く、種晶添加時間は遅く、また種晶量が多いほどA形が優先的に得られることが明らかとなった。

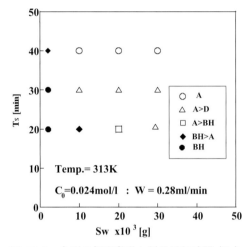

図12-8　多形の析出挙動と種晶添加時間（Ts）および種晶量（S_w）の関係
（C_0＝0.024 mol/L、W＝0.28 ml/s）

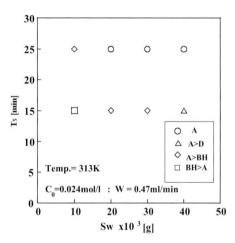

図12-9　多形の析出挙動と種晶添加時間（Ts）および種晶量（S_w）の関係
（C_0＝0.024 mol/L、W＝0.47 ml/s）

12.3.2　333 Kにおける種晶効果と転移速度

333 Kにおける種晶無添加系でのBPTの析出挙動は、第8章図8-28のとおりであるが、いくつかの操作条件における1次核発生の多形と安定形を、表12-1に示している。333 Kでは、水の添加速度ならびに初期濃度に応じて、A形またはBH形が析出する。特に、初期濃度が高く、貧溶媒である水の添加速度が大きい場合には、BH形が析出する傾向にある。このため本実験では、BH形のみが析出する初期濃度である0.055 mol/Lおよび0.079 mol/Lを選び、貧溶媒添加速度を2.8 ml/sとした。そして操作条件として、A形種晶添加時間ならびに種晶量を変化させて検討を行った。ただしこの条件下では、水添加の終了近くで1次核発生が起こる。このため、種晶は水添加終了2分前に添加した。したがって、1次核発生と2次核発生の区別は難しいが、この場合も、核発生は種晶添加とほぼ同時に起こる様子が観察された。また、種晶添加により、BH形とともにA形の析出が認められるようになった。一方、晶析後に析出した結晶の経時変化を測定すると、いずれの初期濃度の場合も、析出したBH形がより安定なA形に転移すること

が観測された。図 12-10 と図 12-11 は、それぞれ初期濃度が 0.055 mol/L および 0.079 mol/L の場合に析出した、BH 形と A 形の混合物結晶中の、A 形組成（$X_{A/BH}$）の経時変化を示している。図中 0 min は水添加終了時点を示しており、貧溶媒添加速度が 2.8 ml/s では、5 分ですべての貧溶媒の添加が終了する。したがって、これらの図は、貧溶媒添加終了後の結晶中多形組成変化を示している。図より、種晶を添加しない 1 次核発生のみの場合（$S_w=0$）に比べて、種晶添加により、明らかに BH 形とともに A 形が析出するようになっており、A 形の組成は、種晶量（S_w）とともに増加することがわかる。これは、2 次核発生により A 形が発生したことを示すものである。ただし、この場合に認められる A 形の量は少なく、種晶効果は、明らかに 313 K に比べて小さいと思われる。また、いずれの図においても、種晶添加により A 形への転移速度が大きく促進され、その程度は種晶量とともに増加する。転移速度が促進されたのは、種晶により A 形結晶の析出量が増大したためと考えられる。

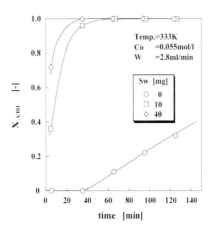

図 12-10　333 K における BH 形から A 形への転移速度に及ぼす A 形種晶量の影響

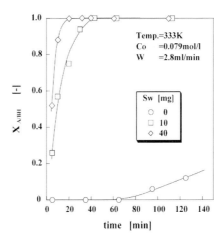

図 12-11　333 K における BH 形から A 形への転移速度に及ぼす A 形種晶量の影響

12.3.3　多形の種晶効果と 2 次核発生のメカニズム

以上の実験結果から、多形の種晶効果のメカニズムを考察する。まず、制御因子としての種晶量の影響については、2 次核発生に有効な種晶の表面積が増加するためと考えられる。313 K での結果において、初期濃度 0.04 mol/L では、A 形の種晶を添加しても D 形が析出した。このときの待ち時間が著しく短縮されたことから、2 次核発生が起こり、そのメカニズムは微視的破砕（microattrition）ではないと考えられる。この場合のメカニズムとして、図 12-4 と同様に A 形種晶表面から吸着層（クラスターA）が脱離した後、速やかに安定なクラスター D に転移し、これが溶液中で核となることが考えられる。しかし、0.024 mol/L では、A 形の析出量は種晶添加時間や種晶添加量とともに増加し、ついには純 A 形の結晶が得られる。この初期濃度や種晶添加時間の影響についての説明は、容易ではない。そこで、この影響について、筆者は吸着層の厚みが溶液濃度とともに増加することが原因とするメカニズムを提案した[70, 220]。図 12-12 に、この

モデルを示す。初期濃度が低いと種晶吸着層の厚みが薄く、クラスター内の分子と種晶表面との相互作用が強いため、吸着層内のクラスターの分子配列はA形に近いと考えられる。このため、吸着層の脱離により、A形の2次核発生が優先的に起こる。しかし、初期濃度が高いと、吸着層の厚みが増大し、吸着層内クラスターの分子と種晶表面との相互採用が弱まり、分子配列がA形から乱れ、むしろ安定形であるD形配列の割合が増加するため、D形が析出するようになると考えられる。このような初期濃度が高い条件下では、A形クラスターが脱離しても、そのなかにはD形配列が混在するため、D形クラスターに容易に転移するものと想像される。種晶添加時間の効果も、この吸着層の厚みに対応していると考えられる。すなわち、種晶添加時間が長くなると、水の添加により濃度が減少するために吸着層の厚みが減少し、このためA形が析出しやすくなると推測される。

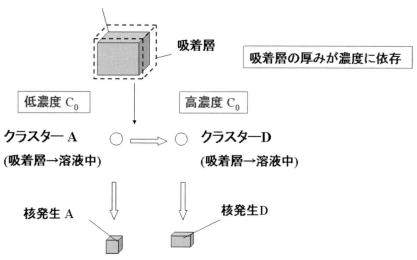

図12-12　種晶効果への初期濃度の影響と2次核発生メカニズム

　333Kでは、先述のように種晶効果は小さく、1次核発生と2次核発生の判別は難しかった。しかし、種晶添加により転移速度が増大したことは、A形の2次核発生が種晶により促進されたことを示すものと考えられる。333Kでの種晶効果が313Kよりも小さい原因としては、温度上昇によりクラスターA形が析出しても転移速度が大きく、速やかにD形に変化してしまうこと、あるいは種晶表面の吸着層内分子配列の乱れがきわめて大きいことなどが考えられる。

12.4　貧溶媒晶析での多形の析出における超音波の効果

　超音波の照射により、結晶の核発生が促進されることは一般に知られている。超音波のエネルギーは液体を加熱すると同時に、マクロ的対流や固液境界に近い小渦のミクロ的な流れまでも引き起こす。超音波の膨張過程では、断熱的に気泡が膨張し、その周辺では温度が低下し過飽和度

が増大すると考えられる。また、圧縮過程では、気泡は断熱圧縮状態になり、気泡内は高温高圧となり、ついには押しつぶされて気泡が消滅する（この際に強い衝撃性の音波を発生する（キャビテーション））。このような過程で起こる核発生は、1次核発生に属するとみることができる。Virone や Kramer ら[225]は、硫酸アンモニウム溶液からの核発生待ち時間や、粒径分布に及ぼす超音波の影響について検討を行っている。また、Guo ら[226]は、roxithromycin の貧溶媒晶析における種晶添加と超音波の影響について比較を行い、超音波が核発生を促進し、それが撹拌効果によるものであること、また超音波が凝集を減少させるとしている。多形の析出における超音波の効果の報告は少ないが、Gracin や Rasmuson ら[227]は、p−アミノ安息香酸の多形の析出における超音波の効果を検討し、超音波の印加により、通常析出し難い安定形の β 形の析出が促進されることなどを報告している。ここでは、BPT の貧溶媒晶析において超音波を照射し、多形析出への効果について検討を行うとともに、前節で述べた種晶効果との比較を行ったので紹介する。

（1）　実験方法

　超音波の発生装置には、SMT 製 UH-300（出力 300 W）を用い、晶析槽に挿入したチップ（マイクロチップステップ型）から超音波を発生させ（超音波出力 45 W、周波数 20 kHz±3 kHz）、323 K および 313 K で実験を行った。超音波を照射する際の操作因子として、温度や初期濃度のほかに、晶析を開始してから超音波を印加するまでの時間（超音波の照射開始時間「tss1」）や、照射する時間長さ Δt を採用した。ただし、超音波の照射開始は、貧溶媒晶析での核発生待ち時間 τ_p 以内で行っている（tss1＜τ_p）。照射時間長さについては、あらかじめ温度上昇への影響を測定したところ、3分以上になると2K以上の上昇がみられた。このため、照射時間長さは2分以内で行っている。また、貧溶媒晶析は、インペラーによる撹拌条件下（110 rpm）で行っているが、インペラーと超音波発生チップの接触を避けるため、超音波を照射する間は撹拌を停止した。なお、この間の溶液の撹拌は、超音波の効果により十分になされているとみられる。さらに、前章で示したように、323 K においては貧溶媒の添加終了後に、D 形や BH 形が A 形に転移する。そこで、この過程への超音波の影響をみるため、第2段階の超音波の照射（「tss2」とする）を行い、この影響についても検討を行った。

（2）　323 K での第1段階超音波（tss1）の効果

　晶析器内に溶媒 40 ml（MeOH 38 ml, H$_2$O 2 ml）を仕込み、初期濃度 Co を 0.040 mol/L、水添加速度 W を 0.28 ml/min として、貧溶媒晶析を行った。この条件では、通常の核発生待ち時間 τ_p は 40 分である。また、析出結晶は第8章図 8-17 に示すように、通常 BH 形が優先的に析出する。この貧溶媒晶析の途中で、超音波の照射開始時間 tss1 を 30 分とし、60 秒間（Δt）照射したところ、超音波の照射とともに核発生が起こった。このときの析出した結晶を分析したところ、D 形であることがわかった。照射開始時間 tss1 を 30 から 40 分の間で変化させたが、やはり D 形の析出がみられた。さらに照射時間長さ Δt を 120 秒に増加したが、同様の結果が得られた。

　Co＝0.055 mol/L、W＝0.28 ml/min では、τ_p＝27 分である。析出結晶は通常 BH 形が析出する

が、超音波を tss1 = 20 分、23 分で 60 秒間（Δt）照射したところ、いずれの場合も D 形が優先的に析出した。

Co = 0.055 mol/L、W = 0.71 ml/min の条件では、τ_p = 13 分である。この場合も通常の析出結晶は BH 形である。超音波を tss1 = 8 分で 60 秒間および 120 秒間（Δt）照射したが、やはり D 形が優先的に析出した。

以上の結果、超音波の照射により水和物である BH 形よりも、溶媒和物である D 形が析出しやすくなることがわかった。また粒径も、超音波照射により小さくなることが観察された。貧溶媒晶析のモデル（第 8 章図 8-18 参照）で示したように、貧溶媒液滴周辺では過飽和度が高くなると同時に、貧溶媒である水組成が高く、このため BH 形の析出が優先的に起こったと考えられる。しかし、超音波の照射では、この液組成が均一化されるため、安定な溶媒の付加物である D 形が優先的に析出したと考えられる。

（3） 323 K での第 2 段階超音波（tss2）の効果

貧溶媒の添加終了後に第 2 段階の超音波の照射を行い、転移過程への影響をみた（この照射時間を「tss2」とする）。Co = 0.055 mol/L、W = 0.28 ml/min の条件下で、上述の第一段階の超音波照射（tss1）に加え、添加終了後 1 時間（tss2 = 110 分）に、第 2 段階の超音波照射として 120 秒間（Δt）照射した。この結果、析出した D 形が A 形に転移する時間が短縮され、粒径も小さくなることが観察された。これは、D 形よりも安定な A 形の核発生速度が促進されたためと思われる。Co = 0.040 mol/L、W = 0.28 ml/min の条件下でも、第 2 段階の超音波照射により析出した D 形から A 形への転移速度が促進されることが確かめられた。以上に示すように、323 K では超音波の第 1 段階照射により D 形の析出がみられ、第 2 段階の照射で A 形への転移速度の促進が起こることが認められた。

（4） 313 K での超音波（tss1、tss2）の効果

313 K でも 323 K と同様に、超音波の効果（tss1、tss2）について検討を行った。たとえば、初期濃度 C_0 を 0.040 mol/L、貧溶媒添加速度 W を 0.28 ml/s として晶析を行い、超音波の照射開始時間 tss1 や照射時間長さ Δt を変化させると、第 1 段階照射で粒径が小さくなるものの、やはりほとんど D 形が析出し、多形析出への目立った効果は認められなかった。また 313 K では、A 形への転移が進行しないために、第 2 段階照射の影響はみられなかった。

以上に示したように、本系では超音波照射の効果は、BPT の晶析条件に依存する。また、多形制御においては、超音波照射は核発生の促進ならびに微粒化の効果はみられるものの、種晶に比べ多形制御への効果は乏しいという結果が得られた。

12.5 Ni 錯体包接結晶多形の種晶効果と 2 次核発生メカニズム

包接結晶多形の析出における種晶効果については、ほとんど報告はみられない。第 11 章では Ni 錯体ホスト（図 11-1）を用い、1-メチルナフタレン（1-MN）と 2-メチルナフタレン（2-MN）

異性体ゲスト分子の、それぞれを含む系における多形の析出挙動について述べた。1-MN 系では、ゲスト分子濃度に対応して溶媒分子を包接した β 形、溶媒と 1-MN をそれぞれホストに対して 1：1 の割合で包接した γ 形、さらに 1-MN のみを 2 分子包接した γ' 形が析出することが明らかになった。一方、2-MN 系では、ゲスト分子濃度とともに 1-MN 系で得られたと同じ β 形と溶媒分子と 2-MN をホストに対して 1：2 で包接した γ 形が析出した。2-MN 系では β 形が析出するゲスト分子濃度範囲が広く、γ 形は高ゲスト分子濃度でなければ析出しない。このことは、Ni 錯体により 1-MN が優先的に包接されることを示すものと考えられ、この現象が分子認識のメカニズムであることを報告した[8,202]。さらに、その結果を踏まえて、1-、2-MN 等モル混合系からの包接結晶多形の析出挙動を検討した結果、前章でも述べたように、それぞれのゲスト分子濃度領域で、基本的に 1-MN 系で得られたものと同様の結晶が析出した。しかしながら、混合系では、ゲスト分子濃度が高い程、得られた結晶中には、1-MN とともに 2-MN がかなりの量で混入することが判明した。また、析出した後、溶液媒介転移を含む結晶組成変化が、2 つの段階を経て起こり、このために、分離効率が時間とともに改善されることも認められた。そこで、ここではさらに分離効率を上げるため、すなわち包接結晶の多形制御を効率よく行うために、種晶を添加した場合の検討を行った。種晶効果の検討として、まず、1-MN, 2-MN それぞれの系において、各系で得られた包接結晶多形の種晶を用いて実験を行った。次いで、1-、2-MN 等モル濃度の混合系でこれらの種晶を添加して、包接結晶多形の析出挙動ならびに分離効率の検討を行ったので、これらの結果を紹介する。

12.5.1　1-および 2-メチルナフタレン系における種晶効果

　1-MN、2-MN それぞれの系で、Ni 錯体包接結晶多形の析出領域において、それぞれの系で得られた種晶を添加し、析出挙動への効果を検討した。1-MN 系では、図 11-25 の I の領域で 1-MN 系の γ および γ'、III の領域で β および γ'、V の領域で β および γ 形の種晶を用いて晶析を行った。この結果、いずれの領域でも 1 次核発生と同じ多形が析出し、種晶の影響はみられなかった。また、混合物が析出する II、IV の領域においても、各種晶を添加したが、明らかな効果は認められなかった。2-MN 系でも同様に、2-MN 系で得られた種晶を添加して実験を行った。図 11-38 に示す 2-MN 系 I、II の領域へは γ 形種晶を、III の領域へは β 形種晶を添加したところ、表 12-2 のように、遷移点より低濃度の β 形が安定形である I の領域では、γ 形種晶を添加しても β 形しか析出しないが、1 次核発生では β 形が析出した II の領域では、γ 形種晶の添加により γ 形のみが析出した。また、III の領域では 1 次核発生では γ 形が析出するが、β 形種晶添加により、準安定形であるにもかかわらず β 形の析出がみられた。このように、2-MN 系では、複雑ではあるが種晶効果が顕著にみられた。なお、種晶量の影響を検討するため、50 ml の溶液に対して 0.2〜50 mg で種晶を変化させたが、いずれも量による違いはほとんどみられなかった、このことは、種晶が微量でも、その効果が敏感であることを示している。

　このような包接結晶種晶による複雑な 2 次核発生について、筆者は、図 12-13 のモデル図に示すようなメカニズムを考えている。種晶（I 形）表面の吸着層より脱離したクラスター中のゲスト分子（G_I）と、溶液中ゲスト分子（G_{II}）の間で交換反応が起こり、そのときのゲスト分子濃

第 12 章　多形制御における種晶効果および界面、超音波の影響

度に依存して、I 形あるいは II 形の 2 次核発生が起こる。2-MN 系での種晶の効果が 1-MN 系と大きく異なる原因として、次のように考えられる。先述のように、溶液中で安定形のホスト-ゲスト分子間相互作用の強い 1-MN 系では、種晶表面の吸着層でも種晶の多形にかかわりなく安定形のクラスターが形成されるか、あるいは種晶と同じクラスターが脱離したとしても不安定なため、図 12-13 に示すように速やかにゲスト分子の交換反応が溶液中ゲスト分子との間で起こり、安定形（II 形）の 2 次核発生が起こると考えられる。しかし、溶液中でホスト-ゲスト分子間相互作用が比較的弱い 2-MN 系では、種晶表面でも種晶と同じ多形の吸着層構造が取りやすく、それが準安定形であっても、たとえば III の領域では β 形の 2 次核発生が起こると考えられる。したがって、この場合の 1-、2-MN 系での種晶効果の違いは、溶液中ホスト-ゲスト相互作用の強さの違いが大きく影響していると考えられる。

表 12-2　2-MN 系における種晶効果

Part	I	II	III
1 次核	β	β	γ
種晶 ↓ 2 次核	γ ↓ β	γ ↓ γ	β ↓ β
安定形	β	γ	γ

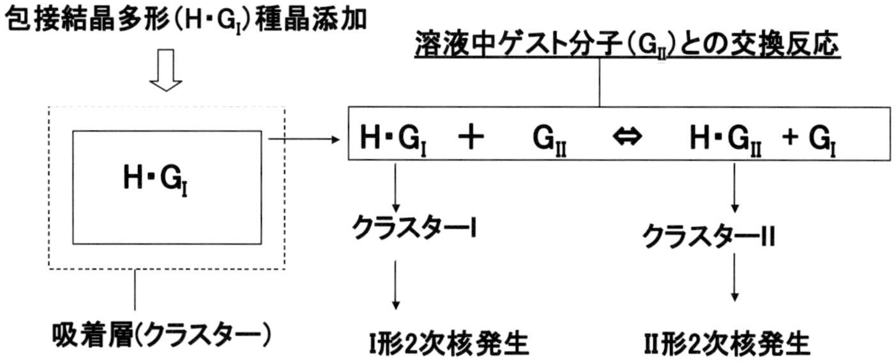

図 12-13　包接結晶の 2 次核発生モデル

12.5.2　異性体混合系からの異性体分離に及ぼす種晶効果

異性体の混合系において、種晶を添加することにより、優先的な包接結晶の核発生を促進し、分離効率が上昇することが期待される。そこで、異性体等モル濃度（0.2、0.4、0.9 mol/L）の混合系に、β 形、γ 形（1-MN 系）、γ 形（2-MN 系）、γ' 形（1-MN 系）の各種晶を添加して、析出挙動の検討を行った。溶液を冷却して、298 K に到達した時点で種晶 5 mg を添加した。

（1）　1-、2-MN 異性体濃度 0.2 mol/L の混合系における種晶効果

第 11 章 11.1.2（C）で述べたように、1-、2-MN 異性体が 0.2 mol/L の等モル濃度混合系で、種晶無添加で Ni 錯体濃度を変化させても β 形のみが析出し、この条件下では異性体分離ができな

かった。そこで、ここでは同じ異性体濃度において Ni 錯体濃度を 0.102 mol/L とし、β形、γ形（1-MN系）、γ形（2-MN系）、γ'形（1-MN系）の各種晶を添加して晶析実験を行った。同条件下で、種晶無添加での待ち時間（τ）は約 80 分であるが、種晶を添加すると、いずれの種晶の場合も 2～5 分に短縮された。このことから、明らかに 2 次核発生が起こったと考えられる。この溶液にγ形（1-MN系）種晶を添加した場合の結晶組成の経時変化を、**図 12-14**(a) に示す。種晶添加直後には、組成 XRD の測定結果から、γ形（1-MN系）が析出することが確かめられた。しかし、これを溶液中で放置すると、結晶組成は図のように徐々に変化し、1 週間後には安定形であるβ形に転移することがわかった。したがって、0.2 mol/L の場合でも種晶を添加することにより、転移が起こる前に固液分離を行えば、異性体分離が可能になることが明らかになった。**図 12-15** には、このγ形（1-MN系）からβ形への転移過程の顕微鏡観察結果を示している。溶液を媒介するメカニズムにより、転移が進行していることがわかる。この転移により、分離係数は図 12-14(b) に示すように、時間経過とともに減少する。さらにγ'形及びγ形（2-MN系）種晶を添加した場合についても検討を行ったところ、これらの種晶でもγ形（1-MN系）が発生し、β形に転移することが認められた。すなわち、いずれの種晶の添加でも、核発生の待ち時間（τ）は短縮され、同一の多形（γ形（1-MN系））が析出した。種晶の影響はあるが、種晶の

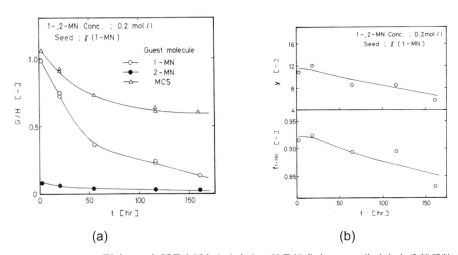

(a)   (b)

図 12-14　0.2 mol/L でγ形（1-MN）種晶を添加したときの結晶組成（G/H＝X^s）(a) と分離係数 (b) の経時変化

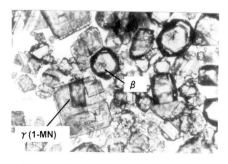

図 12-15　0.2 mol/L でγ形（1-MN）種晶添加で析出した結晶の転移過程

多形種によらず γ 形の 2 次核発生が起こり、特に 2-MN 系 γ 形の種晶でも、1-MN 系 γ 形の 2 次核発生が起こったことは注目される。この場合の種晶効果のメカニズムとしては、図 12-13 に示すように結晶表面吸着層中で種晶のゲスト分子（たとえば 2-MN 分子）と、溶液中の 1-MN 分子との交換反応が起こり、1-MN と溶媒分子を包接した γ 形（1-MN 系）が核発生したと推測される。また、この溶液中では、溶媒分子のみを包接した β 形が安定形であるので、いずれは溶液媒介転移により γ 形は β 形に転移する。

（2） 1-、2-MN 異性体濃度 0.4 mol/L の混合系における種晶効果

　1-、2-MN 濃度が 0.4 mol/L の場合、Ni 錯体濃度を 0.094 mol/L として晶析を行った。この場合の種晶無添加での待ち時間（τ）は約 90 分であるが、β 形、γ 形（1-MN 系）、γ 形（2-MN系）、γ' 形（1-MN 系）のいずれの種晶を添加した場合にも、待ち時間（τ）は 2〜5 分に短縮された。また、いずれの種晶を添加しても、γ 形（1-MN 系）のみが生成した。結晶中ゲスト分子組成の経時変化はほとんど認められず、図 11-41 に示す種晶を添加しない 1 次核生成の場合の組成変化と同様であった。この 2 次核発生の挙動は、0.2 mol/L の場合と同様であるが、転移は起こらない。この場合、いずれの種晶添加でも、待ち時間は短縮され 2 次核発生が起こるが、結晶表面吸着層あるいは溶液中では γ 形のクラスターが安定であり、他の多形の種晶が添加されても、脱離したクラスターでゲスト分子交換反応（図 12-13）が起こり、これが γ 形の 2 次核発生に至ると考えられる。

（3） 1-、2-MN 異性体濃度 0.9 mol/L の混合系における種晶効果

　さらに濃度を上げて、1-、2-MN 濃度が 0.9 mol/L の場合について、Ni 錯体濃度 0.069 mol/L で晶析を行った。種晶無添加での待ち時間（τ）は約 90 分であるのに対して、β 形、γ 形（1-MN系）、γ 形（2-MN 系）、γ' 形（1-MN 系）の各種晶を添加すると、いずれの種晶でも待ち時間（τ）は 5 分以内に短縮された。γ' 形の種晶を添加した場合、得られた結晶の XRD 測定から、γ' 形が優先的に析出したと考えられる。このことは、結晶の組成（**図 12-16**(a)）ならびに顕微鏡観察結果（**図 12-17**）からも確認できる。この場合の結晶組成変化は、晶析直後には 2-MN が 20％ 程度混入していることが認められるが、数時間で速やかに 2-MN 量は減少し、1-MN の包接量が増加し γ' 形の結晶になる。このときも 2-MN はまだ 15％ 程度残留し、1-MN と 2-MN の合計が 2.0 であることから、γ' 形結晶中の一部の 1-MN が、固溶体的に 2-MN に置換されているものと考えられる。初期の 1-MN 量の増加については、一部 A 形が発生しており、これが図 11-46 のメカニズムにより、γ' 形に転移したためではないかと思われる。また、γ 形（1-MN 系）種晶を添加した場合にも、同様の結果が得られた。一方、β 形あるいは γ 形（2-MN 系）種晶を添加した場合には、種晶無添加の均一核発生（図 11-42）の場合と同様にまず A 形構造が得られ、均一核発生の場合と同様に γ' 形に転移した（図 11-42(a)）。このときの分離係数と $f_{1\text{-MN}}$ の時間変化は、均一核発生の場合とほぼ同様であった。以上より、0.9 mol/L の場合には、種晶効果が種晶多形の種類により明確に分かれた。γ' 形種晶では 2-MN が混入するものの γ' 形が析出する。γ 形（1-MN 系）種晶では、γ' 形種晶に近い種晶効果がみられた。これは種晶から脱離した γ 形ク

ラスターで、ゲスト分子交換によりγ'クラスターが形成されたためと考えられる。しかし、β形とγ形（2-MN系）種晶では、待ち時間は短縮され2次核発生を誘発するものの、多形組成への影響は全くみられなかった。これは、種晶表面から脱離したクラスターそのものが不安定で、A形の2次核発生は誘発するが、γ'形クラスターの形成までは至らなかったためと思われる。以上、異性体混合系では、γ'形など限定された種晶の添加により多形制御が可能となり、分離効率が大きく改善されることが明らかになった（図12-16 (b)）。また、図12-16 (a) より経時変化の過程で、固溶体的に混入した2-MNが1-MNに置換されることで分離がさらに進むこと、あるいはこのときの所要時間が、種晶添加で大きく短縮されることなども明らかになった。

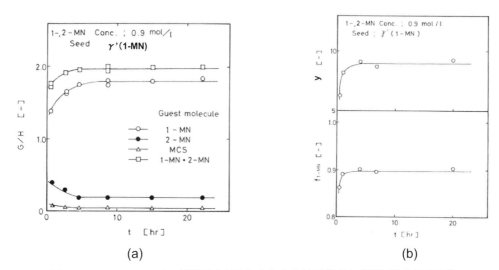

図12-16　0.9 mol/Lでγ'形種晶を添加したときの結晶組成と分離係数の経時変化

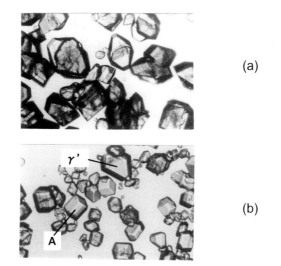

図12-17　0.9 mol/Lでγ'形（a）およびγ形（2-MN系）種晶（b）を添加したときに析出した結晶

応用編

第13章 超臨界流体を用いる晶析による粒径ならびに多形制御

　超臨界流体では、密度、粘度、あるいは拡散係数などの物性値が、一般の溶媒とは異なることが知られている。特に、圧力と温度のわずかな変化により、それらの物性値が大きく変化するという特徴を有している。このような特性を利用して超臨界流体中で晶析を行うことにより、通常の溶液中からの晶析操作では生成しない結晶製品が得られることが期待される。超臨界流体を利用する晶析法としては、溶質を溶解した高温、高圧の超臨界流体をノズルから噴出させ、急激に気体状態にまで減圧することにより結晶を析出させる RESS 法（Rapid Expansion of Supercritical Solutions）、溶質を溶解した常温の溶媒に貧溶媒としての超臨界ガスを吹き込み、溶解度を減少させて結晶を析出させる GAS 法（Gas Antisolvent Method）（PGSS 法などとも呼ばれる）、および溶質を溶解した溶液をノズルより超臨界流体中に連続的に噴射し、結晶を析出させる PCA 法（Precipitation with a Compressed Antisolvent）（SAS 法などとも呼ばれる）などが知られている。これらはいずれも、粒子生成法として用いられた報告が多い。RESS 法は超臨界流体の水を溶媒として用い、金属酸化物微粒子などへ適用した例などが多くみられる[228-300]。図 13-1 には、回分操作である GAS 法と、半連続操作である PCA 法の操作図を示している。GAS 法は、古くはニトログアニジンやクエン酸など[301,302]への適用があり、その後、医薬関連の検討例[303,304]もあるが、報告は少ない。一方、PCA 法の報告は多く、Soy lecithin や酒石酸など[305-307]への適用から、医薬への応用[304,308]なども多くみられる。

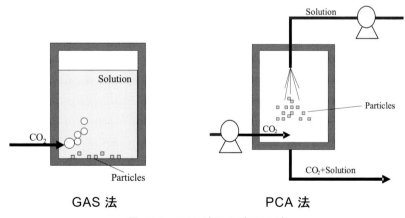

図 13-1　GAS 法および PCA 法

ここで、GAS 法および PCA 法の特徴を以下に列挙する。
1. RESS 法が一般に高温、高圧で操作がなされるのに比較して、常温、低圧での操作が可能

321

である。
2. 圧力操作のみにより、晶析が可能である。
3. 超臨界流体としてCO_2を用いた場合、貧溶媒の分離除去が容易である。
4. CO_2は無毒であり、医薬などへの適用に有利である。

また、GAS法とPCA法を比較すれば、PCA法では超臨界流体中に溶液を注入するため、急激な過飽和生成が可能であり、さらに小粒径結晶が得られることが期待できる。半連続操作のため、回分操作のGAS法に比べれば、定圧力操作で生産量の増加が期待できることなどが考えられる。

筆者らは、超臨界流体としてCO_2を用い、GAS法ならびにPCA法による晶析操作条件と結晶の析出挙動、結晶形状、粒径分布、多形などとの相関性に関する検討を行ってきた。ここでは、エタノールを溶媒とし、超臨界流体としてCO_2を用い、医薬品の一種であるスルファチアゾール（$C_9H_9N_3O_2S_2$）（SUT）の晶析挙動[309-311]について紹介する。なお、スルファチアゾール（$C_9H_9N_3O_2S_2$）（SUT）の固相転移挙動については、第3章3.3.5で解説している。

13.1 超臨界流体晶析装置および実験方法

図13-2に、作成した高圧晶析セルを示す。装置は高圧下での結晶析出挙動を測定するため、石英ガラス製観測窓②を備えている（晶析部①：内径40 mm、高さ100 mm、内容積145 cm^3）。また、下部はフランジになっていて、晶析終了後には下部のフィルター③よりろ過を行い、析出した結晶は、フランジを取り外すことによって、取り出せるようになっている。

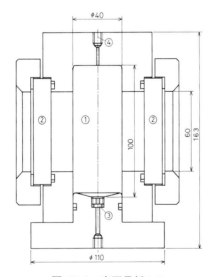

図13-2　高圧晶析セル

溶質として、医薬品の一種であるスルファチアゾール（$C_9H_9N_3O_2S_2$）（SUT）をエタノールに溶解させ、溶液の調整を行った。所定量の溶液を晶析槽①に仕込み、恒温槽中で温度を一定（298 K）

に保った後、CO₂を高圧ポンプで加圧し、圧力調節器で調節しながら供給し、結晶を析出させた。このとき観測窓より、溶液体積の増加率（$\Delta V/V_0$）を測定するとともに、結晶の核発生ならびに析出挙動を観測した。晶析が終了し、平衡に到達するのに十分と思われる時間の経過後、溶液を一定圧力に保持したままろ過を行った。晶析実験に際して、SUTを飽和したエタノール溶液中への、CO_2の溶解度（モル分率）の測定を298 Kで行ったが（図13-3 ○印）、図に示すように、エタノール純系で、他の温度で測定された文献値（JAAレポート（1966））に、ほぼ良好に対応した結果が得られた。

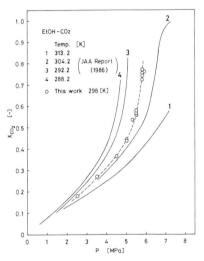

図13-3　エタノール中へのCO_2溶解度と圧力の関係

13.2　GAS法における加圧法と析出結晶の粒径

GAS法での操作因子として、温度、最大圧力、加圧方法、仕込み濃度ならびに溶媒などが考えられる。このうち加圧方法は、超臨界流体を使用した際の特徴ともいえる制御因子であり、通常の晶析の過飽和度の生成方法に対応する。本研究では、図13-4に示すように、3種の方法について検討を行っている。図13-4(a)は、"段階的加圧法"と呼ぶものであり、CO_2の圧力を段階的（0.5 MPaずつ）に加えるが、溶液の体積増加がみられなくなった時点で、圧力を増加する

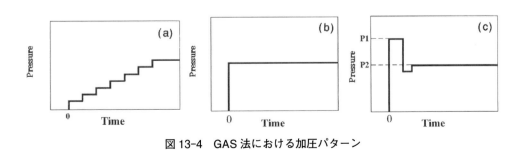

図13-4　GAS法における加圧パターン

ようにしている。また、同法における最大圧力や温度の影響についても、検討を行った。さらに、図13-4(b)は、"急速加圧法"であり、最大圧力まで一挙に加圧して晶析を行っている。図13-4(c)は、最初に急激に高圧力を加え、次の段階で急速に減圧する方法で、"2段圧力変化法"と呼び、本研究で新たに考案された方法である。

13.2.1 段階的加圧法
(1) 析出挙動における最大圧力の影響

298 K 一定条件下で、加圧する最大圧力を 4.5～6.0 MPa の範囲で変化させ、段階的加圧法により、スルファチアゾールのエタノール溶液からの析出挙動について検討を行った。図 13-5 は、最大圧が 5.5 MPa の場合の、体積膨張率 ($\Delta V/V_0$) の測定結果である。圧力とともに体積は段階的に増加し、最大体積膨張率 ($\Delta V_{max}/V_0$) は約 1.0 (5.5 MPa) に達することが認められる。また、結晶の析出量は最大圧とともに増加するが、結晶の発生はいずれの最大圧でも、体積増加 ($\Delta V/V_0$) が 0.54～0.57 の範囲で観察された。このとき、析出した結晶形状は図 13-6(a) に示すように、最大圧力によらずすべて柱状で、その粒径は予想に反し大きく、いずれの場合も 2～6 mm であった。これらの析出した結晶においては、晶析セル器壁へのスケーリングの形態をとるものが、約 1/2 を占めることが認められた。

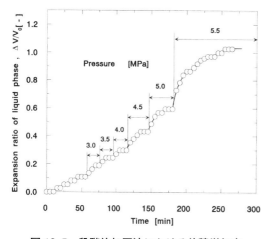

図 13-5 段階的加圧法における体積増加率

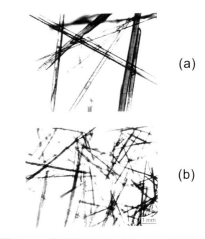

図 13-6 段階的加圧法 (a) および急速加圧法 (b) で析出した結晶

(2) 析出挙動における温度効果

温度の析出挙動への影響をみるため、293～308 K の範囲で温度を変化させ、段階的加圧法により晶析実験を行った。このとき、各温度での飽和溶液を用いている。この結果、293 K および 298 K では 5.0 MPa で結晶の発生が観察されるが、308 K では結晶の析出速度は遅く、6.5 MPa まで加圧してはじめて結晶の析出がみられた。これは、CO_2 の溶解度が高温になるほど低いためと考えられる。また、これらの結晶の析出においては、いずれの場合も、晶析セル器壁へのスケーリングの形態で柱状晶の析出がみられ、温度による大きな変化は観察されない。

13.2.2 急速加圧法

前法では、過飽和度の増加速度が小さいため、粒径の大きい結晶が得られたと思われる。CO_2 の加圧速度を変化させれば、CO_2 の溶解速度、すなわち過飽和度の増加速度が変化すると考えられる。このため、加圧速度の大きいほど、準安定領域 (metastable zone) 幅が増加し、したがって核発生が急激に起こり、粒径の小さい結晶が得られることが予測される。また、これに伴いスケーリングの防止効果が期待される。そこで、最大圧力を 5.0-5.8 MPa まで一挙に加圧する"急速加圧法 (rapid 法)"を用いて晶析を行った。図 13-7 は、最大圧 5.0、5.5、5.8 MPa のそれぞれの場合の、体積増加率の測定結果を示している。

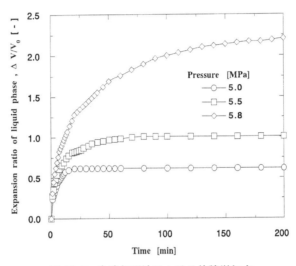

図 13-7 急速加圧法における体積増加率

目的圧力での CO_2 飽和濃度に到達する時間は、段階的加圧法に比べて、はるかに短かいことがわかる。このとき得られた結晶は、図 13-6(b) に示すように、いずれの最大圧力でも、結晶の形状は前法と同様柱状であった。しかし、粒径には変化がみられ、5.5 MPa 以上では、段階的加圧法に比べて、粒径が 1/2～1/3 小さくなることが確認された。このことは、過飽和度の急激な増加により核発生が促進されたことを示し、粒径制御における有利性を示唆している。ただし、5.0 MPa ではほとんど変化が認められなかった。これは、5.0 MPa では、急速加圧法でも圧力がほぼ最大圧 (5.0 MPa) に達するまで、核発生が起こらないためと考えられる。一方、核発生が起こるときの溶液体積膨張率 ($\Delta V/V_0$) については、いずれの最大圧力でも 0.44～0.69 の範囲にあり、その影響は認められず、また段階的加圧法との間に大きな違いは観測されない。さらに、スケーリングについても、その効果はほとんど観察されなかった。

13.2.3 2段圧力変化法

前述のように、急速加圧法では段階的加圧法よりも小さい粒径が得られるが、その効果は期待したほどではない。ここで、結晶の粒径制御においては、核発生過程と結晶成長過程を分離することができればきわめて有利である。

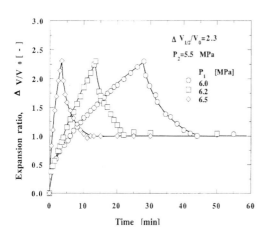

図 13-8　2 段圧力変化法での体積増加率変化

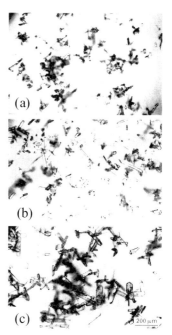

図 13-9　2 段圧力変化法で析出した結晶（(a) P_1=6.5 MPa；(b) P_1=6.2 MPa；(c) P_1=6.0 MPa）（P_2=5.5 MPa；$\Delta V_{1\to 2}/V_0$=2.3）

　この観点から、最初に、急速に高圧力を加え核を発生させておき、次の段階で減圧することにより、結晶を成長させる方法（「2 段圧力変化法」と称する）を新たに考案し、検討を行った。この加圧パターンを図 13-4(c) に示す。この方法のパラメーターとしては、1 次圧（1 段目の圧力 P_1）、2 次圧（2 段目の圧力 P_2）および 1 次圧から 2 次圧に切り替える際の体積膨張率（$\Delta V_{1\to 2}/V_0$）が考えられる。図 13-8 は、P_2 を 5.5 MPa で一定とし、P_1 を 6.0～6.5 MPa の間で変化させた場合の、体積増加率変化の測定結果を示している。ただし、圧力の切り替えは $\Delta V_{1\to 2}/V_0$ が 2.3 の時点で行っている。この結果、得られた結晶の顕微鏡写真を図 13-9 に示す。段階的加圧法で得られた結晶よりも 1 桁以上小さく、急速加圧法の場合と比べても、1 桁程度小さい結晶が得られていることがわかる。2 段圧力変化法では、操作条件により、数十～数百マイクロメートル程度の小粒径の結晶を析出させることが明らかになった。さらに、この方法によれば、スケーリングの量をほぼ完全に抑制することができることが認められた。

13.3　GAS 法における多形の析出挙動

　スルファチアゾール（SUT）は複数の多形が知られている。Higuchi ら[66]と黒田らは[312]、I、II 形の XRD を示し、これらは一致している。その後、Anwar ら[313]も、SUT 多形構造に関する報告を行い、XRD パターンを示しているが、明らかに樋口や黒田が示したものとは異なっている。筆者は、初期の報告者である樋口や黒田の呼び方に従って、多形の議論を行うことにする。すで

に SUT に関しては、第 3 章 3.3.5 で、I 形から II 形への固相転移について解説した。図 13-10 には、原料である I 形（図 13-10(a)）と GAS 法で得られた結晶の XRD パターンを示している。図 13-10(b) は、段階的加圧法で得られた結晶（長軸方向 2〜6 mm）の XRD パターンである。第 3 章 3.3.5 の図 3-8(b) で示した II 形の XRD パターンと比較すると、明らかに異なっており、別の構造を有していると考えられる。また、I 形のパターンと比較すると、主なピーク位置は近く類似しているが、厳密にみれば異なっている。このように、スルファチアゾールの多形の XRD は、判別し難い場合が多くみられる。このことに関連して、Blagden ら[65] は、その構造に関する議論の中で、従来の報告の中で混乱があったことを指摘している。図 13-10(b) の段階的加圧法で得られた結晶は、I 形でも II 形でもなく、別の構造を取るものと考えられるため、ここでは III 形と呼ぶことにする。一方、急速加圧法で得られた結晶の XRD パターンを、図 13-10(c) に示す。矢印に示すピーク位置から、結晶は I 形 と III 形の混合物と考えられる（しかし、これらの間でモルフォロジーの違いを見分けることは難しい）。さらに図 13-10(d) には、2 段圧力変化法で得られた XRD パターンを示す。この場合も急速加圧法に類似して、I 形と III 形の混合物が析出していると思われる。ただし、急速加圧法に比べて、I 形の割合が増加する傾向にある。このため、過飽和度の増加は、I 形の析出を促進させるものと考えられる。

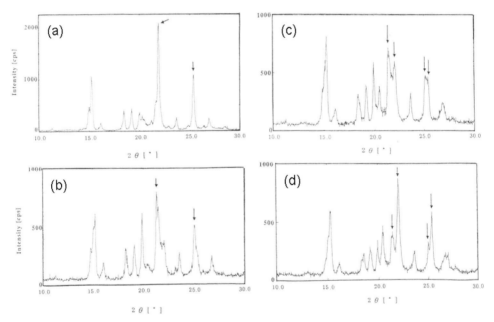

図 13-10　X 線回折パターン

13.4　PCA 法における操作因子と粒径変化

13.4.1　実験装置と方法

PCA 法の実験装置は、図 13-1 に示す通りである。まず、晶析セルに一定圧力で CO_2 を流通させた後、エタノール溶媒のみを所定時間流した。続いてスルファチアゾール溶液に切り替え、所

定時間溶液を供給し、結晶を析出させた。溶液供給の終了後、CO₂ を 30 分間流し続けゆっくりと減圧を行い、結晶を取り出し、結晶析出量、結晶形状、粒径等の測定を行った。CO₂ の流量は 3.0 L/min 一定とし、スルファチアゾール溶液濃度は 0.0117 mol/L とした。操作因子として温度、圧力、溶液流量、溶液を供給するノズル径について、検討を行った。温度は 303、308、318 K、圧力は 9、10、11 MPa で変化させた。溶液流量は、0.5、1.0、2.0 ml/min とし、流量に応じて、溶液供給時間を 20、40、80 分と変化させた。これは各実験において、試料供給量を一定にするためである。また、溶液の供給状態の影響を見るために、溶液ノズル径は 1000 μm、300 μm で実験を行った。なお、本実験では、CO₂ を注入するノズルの位置の影響をみるため、ノズル位置を図 13-11 の I と II のように変化させた検討を行った。ノズル位置 I では、CO₂ がセルの下部から、ノズル位置 II では CO₂ が溶液と並流に供給される。しかし、実験結果から結晶形状、粒径に及ぼすノズル位置の影響は認められなかったため、以後はノズル位置を I として実験を行った。

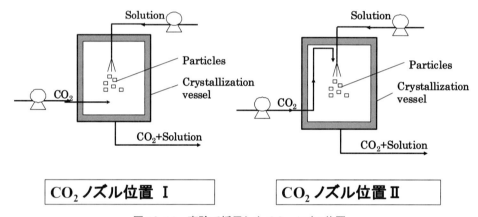

図 13-11　実験で採用した CO₂ ノズル位置

13.4.2　エタノール溶液供給後のセル内の相挙動

エタノールおよび溶液供給後におけるセル内の相変化について観察すると、溶液流量 (fe) が 0.5 ml/min の場合、エタノールを注入し始めてしばらくすると、下から透明な相が現れ、時間と共に上昇し、やがて相の界面が消えた。続いて試料溶液を添加すると、約 20 分経過すると黒くなり、やがて透明に戻った。溶液流量 (fe) が 2.0 ml/min のときはエタノールを注入してすぐに下から黒い相ができ、そして時間と共に透明になり、その後透明な状態を維持した。このような相の変化は、CO₂ とエタノール溶液のミクロな混合状態の変化によるものと思われる。

13.4.3　ノズル径や溶液流量による影響

(1)　溶液ノズル径 1000 μm の場合

308 K、10 MPa において、各溶液流量で得られた結晶の顕微鏡写真を、図 13-12 に示す。溶液流量 1.0 ml/min, 2.0 ml/min で得られた結晶は、どちらも数ミリの大粒径針状晶であり、溶液流量 0.5 ml/min では、粒径が著しく小さくなることがわかる。

第 13 章　超臨界流体を用いる晶析による粒径ならびに多形制御

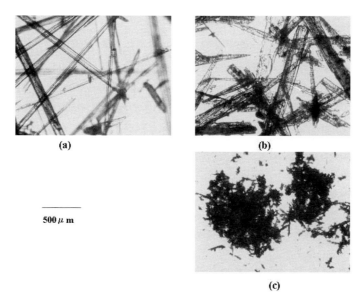

図 13-12　308 K and 10 MPa で得られた結晶：(a) f_e=2.0 ml/min、(b) f_e=1.0 ml/min、(c) f_e=0.5 ml/min（ノズル径 1000 μm）

表 13-1　溶液ノズル径 1000 μm で析出した結晶の形状と粒径

T[K]	P[MPa]	f_e[mL/min]	結晶形状	粒径
303	10	0.5	粉末状	数 10〜数 100 μm
		1.0	針状晶	1〜2 mm
		2.0	針状晶	2〜3 mm
308	9, 10, 11	0.5	粉末状	数 10〜数 100 μm
		1.0	針状晶	0.5〜3 mm
		2.0	針状晶	0.5〜5 mm
318	9, 10	0.5	粉末状	数 10〜数 100 μm
		1.0	針状晶	1〜2 mm
		2.0	針状晶	1〜3 mm

温度、圧力、溶液流量などの異なる条件を含む全実験結果を、表 13-1 に示す。全ての温度、圧力において、溶液流量（f_e）が大きく 2.0、1.0 ml/min のときは、粒径が数ミリと大きい針状晶となり、f_e が小さく 0.5、0.2 ml/min のときは微粒子が得られた。この結果は、期待したとおり、PCA 法では GAS 法よりも小粒径が得られることを示している。また、溶液流量の粒径に対する影響は大きい一方で、温度、圧力の粒径に対する影響は小さいと考えられる。さらに、溶液流量が増加すると粒径が大きくなり、GAS 法の場合と同程度の針状晶の結晶が析出する。一方、多形については、GAS 法の急速加圧法や 2 段圧力変化法同様に、I 形と III 形の混合物が析出することが認められた。

(2)　溶液ノズル径 300 μm の場合

図 13-13 には、溶液ノズル径を 300 μm とし、圧力 10 MPa、温度 308 K で各溶液流量（2.0、

1.0、0.5 ml/min）において得られた結晶の顕微鏡写真を示している。この場合においても、溶液流量が小さいほど粒径が小さいことが認められる。また、**表 13-2** には、圧力 10 MPa、温度 308 K、318 K での全実験結果を示す。比較のため、溶液ノズル径 1000 µm での結果も示している。ノズル径の比較を行うと明らかなように、すべての流量において、ノズル径が小さくなるとともに粒径が小さくなっている。さらに溶液流量を小さくすれば、格段に微小粒径が得られることがわかる。また、XRD の測定結果からは、やはり多形の I 形と III 形混合物が析出したものと思われる。

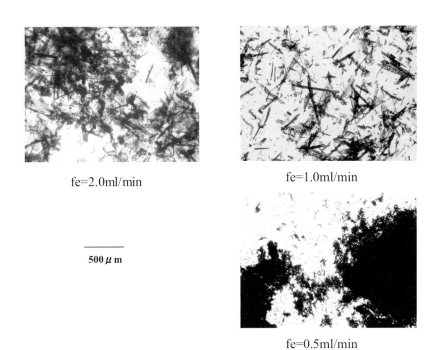

fe=2.0ml/min

fe=1.0ml/min

500 µm

fe=0.5ml/min

図 13-13 溶液ノズル径 300 µm、圧力 10 MPa、温度 308 K で得られた結晶：(a) f_e=2.0 ml/min、(b) f_e=1.0 ml/min、(c) f_e=0.5 ml/min

表 13-2 溶液ノズル径 300 µm で析出した結晶の形状と粒径
（ノズル径 1000 µm と比較）

圧力 [MPa]	温度 [K]	溶液ノズル径 [µ]	溶液流量 [ml/min]	結晶形状	粒径
10	308	1000	0.5	粉末状	数 10～数 100 µm
			2.0	針状晶	数 mm
		300	0.5	粉末状	数 µm～数 10 µm
			2.0	針状晶	0.5～1.0 mm
	318	1000	0.5	粉末状	数 10～数 100 µm
			2.0	針状晶	数 mm
		300	0.5	粉末状	数 µm～数 10 µm
			2.0	針状晶	0.5～1.0 mm

13.4.4 結晶粒径変化のメカニズム

溶液流量と液滴の大きさの関係にはさまざま報告[314,315]がなされている。溶液流量が増加するとウェーバー数（N_{we}）が増加し、これにより液滴径が減少することなども知られている。そこで、本実験で液滴径と結晶粒子径が対応しているとすると、溶液流量の増加によって、結晶粒径が小さくなることが考えられる。しかし、本実験の結果は、このこととはむしろ逆の傾向を示し、溶液流量とともに結晶粒径は増加している。この原因として、筆者らは以下のように考えている。まず液滴径と結晶粒径は、直接的に対応しないと思われる。ノズルより溶液を噴射すると、液滴の周りに拡散場が形成されるがCO_2により瞬時に貧溶媒化され、このため液滴周辺で核発生が起こり結晶が析出すると考えられる。このモデル図を図 13-14 に示す。流量が増加すると、液滴径は多少小さくなっても液滴数が大きく増加するために、エタノールが高濃度の低過飽和の結晶成長場が形成される。このため、粒子が成長し大きくなると考えられる。ノズル径の影響については、ノズル径が小さくなると、ノズルから噴射された後の液滴径は顕著に小さくなり液滴数も増加すると考えられる。このときの液滴周囲ではCO_2により一挙に大過飽和が形成され、このため急激な核発生が起こり、微小粒径の結晶が得られるものと考えられる。

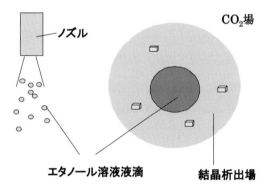

図 13-14　ノズル噴射後の液滴と結晶析出のモデル図

おわりに

　結晶多形は、医薬品結晶の"bioavailability"をはじめ、さまざまな有機、無機化合物結晶の性質や機能性に直結するとともに、種々の重要な問題の原因にもなっている。したがって、多形の制御技術は、さまざまな材料開発において鍵となる基盤技術である。多形現象を解明するためには、個々の系について基本要素である溶質の凝集とクラスター形成、核発生、結晶成長、転移の各過程に着目し検討することによって、多形現象の共通の本質を明らかにすることが重要である。本書では晶析ならびに多形現象の基礎の解説から、さまざまな系における実際の多形現象を紹介するとともに、多形現象のメカニズムや種々の多形制御因子について解説を行った。さらに、多形制御因子は熱力学平衡因子と、過飽和の形成が関与する速度因子に分けられ、多形の析出挙動がいずれかの因子で支配されることなどを、実際例から紹介した。また多形現象には、溶質が関係するさまざまな分子間相互作用や溶媒和構造、そしてコンフォーメーションが関係することを、各章ごとに示した。さらに、多形制御における添加物効果や溶媒効果、物質の分子構造と多形現象の相関、さらには種晶効果と界面の影響などについて解説を行った。種晶効果においては、種晶表面吸着層の厚みが関与することや、包接結晶では種晶から脱離したクラスター中での、ゲスト分子交換反応が関与することなどを示唆した。

　今後、多形制御技術の一層の進展が期待されるが、特に多形のクラスターの形成過程は溶液構造、結晶構造および核発生の速度過程の接点である意味から、今後の解明が待たれる。放射光などによる微細不均一多形固相の解析や、過飽和溶液中の溶媒和構造、ならびに精度の高いコンフォーマーなどの分析が必要で、特に過飽和形過程での、ダイナミックなクラスター形成プロセスと多形現象との相関についての検討は、きわめて興味がもたれる。これらの熱力学的平衡および速度因子の視点からの検討により、多形現象の予測が可能になることを期待している。

文　献

1) 中西浩一郎：溶解度の理論と計算，講談社（1982）
2) 藤代亮一，和田悟朗，玉虫伶太：溶液の性質 II，東京化学同人（1968）
3) D. J. W. Grant, T. Higuchi：Solubility behavior of organic compounds, John Wiley & Sons（1990）
4) J. W. Mullin, M. Kitamura, *J. Crystal Growth*, 71, 118（1985）；M. Kitamura, J. W. Mullin, *Proc. of World Congress III of Chem. Eng.*, II, 1048（1986）
5) 北村光孝，中井　資：化学工学論文集，8，442（1982）
6) J. W. Mullin：Crystallization, Butterworth-Heinemann Ltd, Oxford（1993）
7) 渡辺信淳，渡辺　昌，玉井康勝：表面および界面，共立出版（1977）
8) 北村光孝（分担執筆），戸田芙三夫編：包接化合物の基礎と応用，エヌ・ティー・エス（1989）
9) N. Nishiguchi et al, *Proc. of 12th Symposium of Industrial Crystallization '93*, 1（1993）
10) O. J. Catchpole, S. Hochmann and S. R. J. Anderson：High Pressure Chemical Engineering, ed. by Ph. Rudolf von Rohr, Ch. Trepp, p.309（1996）
11) J. Garside：Industrial crystallization from solution, *Chem. Eng. Sci.*, 40, 3（1985）
12) E. G. Denk, G. D. Botsaris, *J. Crystal Growth*, 13/14, 493（1972）
13) Y. Cui, A. S. Myerson, *Crystal Growth & Design*, 14, 5152（2014）
14) M. Kitamura, H. Endo, *J. Chem. Eng. Japan*, 24, 593（1991）
15) 日本結晶成長学会編：結晶成長ハンドブック，共立出版（1995）
16) G. H. Gilmer, P. Bennema, *J. Crystal Growth*, 13/14, 148（1972）
17) W. K. Burton, N. Cabrera and F. C. Frank, *Phil. Trans. Roy. Soc. London*, 243, 299（1951）
18) I. T. Rusli, M. A. Larson and J. Garside, *AIChE Symposium Series*, 76, 52（1980）
19) U. Zacher, A. Mersman, *J. Crystal Growth*, 147, 1（1995）
20) O. Meadhra, H. J. M. Kramer and G. M. van Rosmalen, *J. Crystal Growth*, 152, 4（1995）
21) A. E. Nielsen, O. Sohnel , *J. Cryst. Growth*, 11, 233（1971）
22) D. M. Levins, J. R. Glastonbury, *Trans. Inst. Chem. Engrs.*, 50, 132（1972）
23) J. Garside, S. J. Jancic, *AIChE J.*, 22, 887（1976）
24) S. Nagata, N. Nishinaga, *Proc. Paciffc Chem. Eng. Congr., Kyoto*, 3, 301（1972）
25) 北村光孝：結晶成長と不純物，化学工学，72，（1991）
26) X. Yang, G. Qian, X. Duan and X. Zhou, *Cryst. Growth & Design*, 13, 1295（2013）
27) E. A. Guggenheim：Mixtures, p29, Oxford Clarendon Press（1952）
28) R. Miroslawa, et al., *J. Crystal Growth*, 273, 577（2005）
29) M. Matsuoka et al., *J. Crystal Growth*, 73, 563（1985）

30) R. J. Davey, *J. Crystal Growth*, 34, 109 (1976)

31) L. Addadi et al, *Nature*, 296, 21 (1982)：L. Addadi et al, *Amgew. Chem. Int. Ed. Engl.*, 24, 466 (1985)

32) Z. Berkovitch-Yellin, J. Mill, L. Addadi, M. Idelson, M. Lahav and L. Leiserowitz, *J. Am. Chem. Soc.*, 107, 3111 (1985)

33) A. S. Myerson, S. M. Jang, *J. Crystal Growth*, 156, 459 (1995)

34) R. J. Davey, J. W. Mullin, *J. Crystal Growth*, 23, 89 (1974)；ibid., 26, 45 (1974)

35) J. Nyvlt：Solid-liquid phase equilibria, Elsevier Scientific Pub.Co., Amsterdam (1977)

36) E. Simone, G. Steele and Z. K. Nagy, *Cryst. Eng, Comm.*, 17, 9370 (2015)

37) J. E. Ricci, *J. Amer. Chem. Soc.*, 57, 805 (1935)

38) M. Vaida et al, *Nature*, 241, 1475 (1988)

39) M. A. Elamayen, *J. Inorg. Nucl. Chem.*, 26, 2159 (1964)

40) M. Kitamura, T. Nakai, *J. Chem. Eng. Japan*, 16, 288 (1983)

41) V. Chlopin, *Z. Anorg. Allgem. Chem.*, 143, 97 (1925)

42) 北村光孝 他：化学工学論文集，16，232 (1990)

43) N. Cabrera, D. A. Vermilyea：Growth and Perfection of Crystals, p.393, Wiley, New York (1958)

44) N. Kubota, J. W. Mullin, *J. Crystal Growth*, 152, 203 (1995)

45) W. C. McCrone：Physics and Chemistry of the Organic solid State, p.725, Vol.II, D. Fox, M. Labes, A. Weissberger, Eds, Interscience, NewYork (1965)

46) 北村光孝：粉体工学会誌，29，118 (1992)：北村光孝：ケミカルエンジニアリング，48 (5)，357 (2003)

47) S. C Mraw, et al., *J. Chem. Thermodynamics.*, 10, 359 (1978)

48) 横山照由ら：薬学雑誌，99，837 (1979)：黒田耕司ら：薬学雑誌，99，745 (1979)

49) 佐藤清隆，小林雅通：脂質の構造とダイナミックス，共立出版 (1992)

50) 笠井順一：化学工業，708 (1991)

51) F. Toda, *Topics in Current Chemistry*, 140, 43 (1987)

52) A. Burger, R. Ramberger, *Mikrochimica Acta*, 273 (1979)

53) W. Ostwald, *Z. Phys. Chem.*, 22, 289 (1987)

54) S. Bruns, J. Reichelt and H. K. Cammenga, *Thermochimica Acta*, 72, 31 (1984)

55) J. K. Nimmo, B. W. Lucas, *Acta Cryst.* B32, 348 (1976)

56) Y. Matsuda et al., *J. Pharmaceutical Science*, 73, 1453 (1984)

57) M. Avrami, *J. Chem. Phys.*, 7, 1103 (1939)

58) Yu. V. Mnyukh, *J. Crystal Growth*, 32, 371 (1976)

59) P. T. Cardew, R. J. Davey and A. J. Ruddick, *J. Chem. Soc. Faraday Trans.*, 80, 659 (1984)

60) P. T. Cardew, R. J. Davey, *Proc. Roy. Soc.* (*London*), A398, 415 (1985)

61) S. Maruyama, H. Ooshima, *Chem. Eng. J.*, 81, 1 (2001)

62) K. Sato, R. Boistelle, *J. Crystal Growth*, 66, 441 (1984)

63) K. Sato, T. Kuroda, *J. Am. Oil. Chem. Soc.*, 64, 124 (1987)

64) A. Noda, M. Kitamura, to be submitted to *Ind. Eng. Chem. Res.* (野田暁子，修士論文（広島大学大学院工学研究科）(2001))

65) N. Blagden, et al, *J. Chem.Soc., Faraday Trans.*, 94, 1035 (1998)

66) W. I. Higuchi, P. D. Bernardo and S. C. Mehtha, *J. Pharm. Sci.*, 56, 200 (1967)

67) H. E. Kissinger, *Analytical Chemistry*, 29, 1703 (1957)

68) Renuka, S. K. Singh, A. K. Yadav, M. Gulati, A. Mittal, R. Narang and V. Garg, *Int. J. Pharm Tech Res.*, 9, 144 (2016)

69) M. Kitamura, *Cryst. Eng. Comm., Highlight*, 11, 949 (2009)；*J. Crystal Growth*, 237-239, 2205 (2002)

70) 北村光孝：粉体技術，9，24 (2017)

71) M. Kitamura, K. Horimoto, *J. Crystal Growth*, 373, 151 (2013)

72) S. Jiang, P. Jansens, J. H ter Horst, *Crystal Growth & Design*, 10, 2541 (2010)

73) N. C. S. Kee, R. B. H. Tan and R. D. Braatz, *Crystal Growth & Design*, 9, 3044 (2009)

74) Y. Iitaka, *Acta Cryst.*, 14, 1 (1991)

75) S. Hirokawa, *Acta Cryst.*, 8, 637 (1955)

76) N. Hirayama, K. Shirahata, Y. Ohsagi and Y. Sasada, *Bull. Chem. Soc. Jpn.*, 53, 30 (1980)

77) M. Matsumoto, K. Kunihisa, *Chem. Lett.*, 1279 (1984)

78) K. Hayashi, N. Nagashima and T. Hino, *Nippon Nogei Kagaku Kaishi*, 38, 77 (1964)；永嶋伸也：日本結晶成長学会誌, 35, 381 (1993)

79) X. Ni, A. Liao, *Chem. Eng. Journal*, 156, 226 (2010)

80) M. Kitamura, *J. Crystal Growth*, 96, 541 (1989)

81) N. S. Ham：Molecular and Quantom Pharmacology, P.261, Reidel Publishing Co., Dordrecht (1974)

82) A. Bravais：Etudes Cristallographiques, Paris (1913)

83) J. D. H. Donnay, D. Harker, *Am. Mineralogist*, 22, 463 (1937)

84) P. Hartman, W. G. Perdok, *Acta Cryst.*, 8, 49 (1995)

85) Z. Berkovitch-Yellin, *J. Am. Chem. Soc.*, 107, 8239 (1985)

86) L. Li, N. Rodriguez-Hornedo, *J. Crystal Growth*, 121, 33 (1992)

87) M. Kitamura, T. Ishizu, *J. Crystal Growth*, 209, 138 (2000)

88) M. Kitamura, K. Onuma, *J. Colloid. Interface Si.*, 224, 311 (2000)

89) K. Onuma, A. Ito and T. Tateishi, *J. Crystal Growth*, 167, 773 (1996)

90) K. Onuma, A. Ito, I. Tabe and T. Tateishi, *J. Phys. Chem. B.*, 101, 8534 (1997)

91) A. J. Malkin, T. A. Land, Yu. G. Kuznetsov, A. McPherson and J. DeYoreo, *J. Phys. Rev. Lett.*, 75, 2778 (1995)

92) I. L. Smol'skii, A. I. Malkin and A. A. Chernov, *Soviet. Phys. Cryst.*, 31, 454 (1986)

93) M. Kitamura, *J. Chem. Eng. Japan*, 26, 303（1993）

94) J. J. Maddin, E. L. McGandy, and N. C. Seeman, *Acta Cryst.*, B28, 2377（1972）

95) J. J. Maddin, E. L. McGandy, N. C. Seeman, M. M. Harding and A. Hoy, *Acta Cryst.*, B28, 2382
（1972）

96) L. Weissbuch. L. Addadi, Z. Berkovitch-Yellin, E. Gati, S. Weinstein, M. Lahav and L.
leiserowitz, *J. Am. Chem. Soc.*, 105, 6615（1983）

97) Li. Li., D. Lechuga-Ballesteros, B. A. Szkudlarek and N. R. Hernedo, *J. Colloid. Interface Si.*,
168, 8（1994）

98) V. Torbeev, E. Shavit, I. Weissbuch, L. Leiserowitz and M. Lahav, *Crystal Growth & Design*, 5,
2190（2005）

99) C. Sano, T. Kashiwagi, N. Nagashima and T. Kawakita, *J. Crystal Growth*, 178, 568（1997）

100) N. Garti, H. Zour, *J. Crystal Growth*, 172, 486（1997）

101) P. Dhanasekaran, K. Srinivasan, *J. Crystal Growth* 364, 23（2013）

102) R. J. Davey, N. Blagden, G. D. Potts and R. Docherty, *J. Am. Chem. Soc.*, 119, 1767（1997）

103) M. Kitamura, H. Funahara, *J. Chem. Eng. Japan*, 27, 124（1994）

104) M. Kitamura, T. Ishizu, *J. Crystal Growth*, 192, 225（1998）

105) L. Addadi, Z. Berkovitch-Yellin, I. Weissbuch, J. V. Mil, L. J. W. Shimon, M. Lahav and L.
Leiserowitz, *Angew. Che. Int. Ed. Engl.*, 24, 466（1985）

106) Y. Sakata, H. Maruyama and K. Takeuchui, *Agr. Biol. Chem.*, 27 133（1963）

107) Y. Sakata, H. Suzuki and K. Takenouchi, *Agr. Biol. Chem.*, 26, 816（1962）

108) S. N. Black, R. J. Davey and M. Halcrow, *J. Crystal Growth*, 79, 765（1986）

109) I. Owczarek, K. Sangwal, *J. Crystal Growth*, 102, 574（1990）

110) M. Kitamura, T. Nakamura, *Powder Technology*, 121, 39（2001）；M. Kitamura et al., to be
submitted to *Ind. Eng. Chem. Res.*

111) 笠井順一：化学工業，708（1991）

112) L. Addadi, S. Weiner, *Angew. Che. Int. Ed. Engl.*, 31, 153（1992）

113) F. Lippmann：Sedimentary carbonate minerals, Springer-Verlag Berlin（1973）

114) S. Mann, B. R. Heywood, S. Rajam, J. B. A. Walker, R. J. Davey and J. D. Birchall, *Adv. Mater.*,
2, 257（1990）

115) N. Chevalier, C. Chevallard, M. Goldmann, G. Brezesinski and P. Guenoun, *Cryst. Growth
Des.*, 12, 2299（2012）

116) C. Lendrum, K. McGrath, *Cryst. Growth Des.*, 9, 4319（2009）

117) J. Kanakis, E. Dalas, *J. Crystal growth*, 219, 277（2000）

118) M. Kitamura, *J. Colloid Inter. Scie.*, 236, 318（2001）

119) Y. Kotani, H. Tsuge, *Can. J. Chem. Eng.*, 68, 435（1990）

120) J. L. Wray, F. Daniel, *J. Am. Chem Soc.*, 79, 2031（1957）

121) Y. Kitano, *Bull, Chem. Soc. Japan*, 35, 1973（1967）

122) M. M. Reddy, G. H. Nancollas, *J. Crystal Growth*, 35, 33 (1976)

123) G. H. Nancollas, K. Sawada, *J. Petrol. Technol.*, 34, 645 (1982)

124) 山口 喬, 村川和紀：材料, 30, 856 (1981)

125) C. F. Tai, F. B. Chen, *AIChE J.*, 44, 1790 (1998)

126) K. Ukai, K. Toyokura, *Kagaku Kougaku Ronbunshu*, 23, 707 (1997)

127) N. Wada, T. Umegaki, *J. Soc. Inorg. Mater. Japan* (Gypsum & Lime), 245, 17 (1993)

128) 加藤照夫, 城之薗恵子, 永島聡子：*Gypsum and Lime*, 245, 40 (1993)

129) F. C. Meldrum, S. T. Hyde, *J. Crystal Growth*, 231, 544 (2001)

130) F. Manoli, E. Dalas, *J. Crystal Growth*, 359, 218 (2000)

131) M. Kitamura, H. Konno, A. Yasui and H. Masuoka, *J. Crystal Growth*, 236, 323 (2002)

132) H. Konno, Y. Nanri and M. Kitamura, *Powder Technology*, 123, 33 (2002)

133) M. S. Rao, *J. Chem. Soc. Japan*, 46, 1414 (1973)

134) L. Brecevic, A. E. Nielsen, *J. Crystal Growth*, 98, 504 (1989)

135) Y. Inoue, Y. Kanaji, *Gypsum and Lime*, 94, 24 (1968)

136) R. Beck, J. Andreassen, *Cryst. Growth Des.*, 10, 2934 (2010)

137) N. Spanos, P. G. Koutsoukos, *J.Crystal Growth*, 191, 783 (1998)

138) R. A. Berner, *Geochim. Cosmochim. Acta*, 39, 489 (1975)

139) R. A. Berner, J. W. Morse, *Am. J. Sci.*, 274, 108 (1974)

140) S. Tracy, D. Williams and H. M. Jennings, *J. Crystal Growth*, 193, 382 (1998)

141) M. Kitamura, Y. Ayata and K. Matsumoto, *Proc. of CHEMECA 2009*, Austraria (2009)

142) J. D. Passaretti et al., *Tappi J.*, 76 (12), 135 (1993)

143) K. Tanaka, *J. Soc. Inorg. Mater. Japan*, 193, 31 (1984)

144) L. F. Goodwin, *J. Soc. Chem. Ind.* 45, 360T (1926)

145) H. Theliander, *Nord. Pulp Pap. Res.*, No.2, 81 (1992)

146) C. Merris, Innovative Advances in the Forest Products Industries, *AIChE Symposium Series*, 94 (319), 103 (1998)

147) Y. Ueda, H. Manabe, M. Mitsuda and M. Kitamura, *Trans IChemE.*, 78, 756 (2000)

148) H. Imaizumi, N. Nambu and T. nagai, *Chem. Pharm. Bull.*, 28, 2565 (1980)

149) K. Ashizawa, K. Uchikawa, T. Hattori, T. Sato and Y. Miyake, *J. Pharmaceutical Sciences*, 77, 635 (1988)

150) T. Threlfall, *Organic Process Research and Development*, 4, 384 (2000)

151) L. Yu, S. M. Rutzel-Eens and C. A. Mitchell, *Organic Process Research and Development*, 4, 396 (2000)

152) I. Weissbuch, V. Yu. Torbeev, L. Leiserowits and M. Lahav, *Angew. Chem. Int. Ed.*, 44, 3226 (2005)

153) K. S. Howard, Z. K. Nagy, B. Saha, A. L. Robertson, G. steele and D. Martin, *Crystal Growth & Design*, 9, 3964 (2009)

154) M. Kitamura, K. Nakamura, *J. Crystal Growth*, 236, 676（2002）

155) M. Kitamura, K. Nakamura, *J. Chem Eng. Jap.*, 35, 1116（2002）

156) M. Kitamura, M. Sugimoto, *J. Crystal Growth*, 257, 177（2003）

157) M. Luisa, et al, *Thermochimica Acta*, 411, 53（2004）

158) M. Kitamura, *Cryst. Growth Des.*, 4, 1153（2004）

159) M. Kitamura, S. Hironaka, *Cryst. Growth Des.*, 6, 1214（2006）

160) D. Britton, *Acta Crystallographica*, B62（1）, 109（2006）

161) K. Bowes, C. Glidewell, J. Low and M. Melguizo, *Acta Crystallographica*, C59（1）, 4（2003）

162) R. S. Payne, R. J. Roberts, R. C. Rowe and R. Docherty, *International Journal of Pharmaceuticals*, 177, 231（1999）

163) D. S. Coombes, et al., *Crystal Growth & Design*, 5, 879（2005）

164) M. Kitamura, T. Hara, *Crystal Growth & Design*, 7, 1575（2007）

165) T. Hara, Y. Hayashi and M. Kitamura, *Crystal Growth & Design*, 7, 147（2007）

166) T. Hara, K. Adachi, M. Takimoto-Kamimura and M. Kitamura, *Crystal Growth & Design*, 9, 3031（2009）

167) M. Kitamura, E. Umeda, A. Kano and K. Miki, *Ind. Eng. Chem. Res.*, 51, 12814（2012）

168) M. Kitamura, H. Furukawa, *J. Crystal Growth*, 141, 193（1994）

169) M. Kitamura, T. Hara and M. Kamimura, *Crystal Growth & Design*, 6, 1945（2006）

170) M. Kitamura, Y. Hayashi and T. Hara, *J. Crystal Growth*, 310, 3067（2008）

171) M. Kitamura, K. Horimoto, *J. Crystal Growth*, 373, 151（2013）

172) C. Roelands, S. Jiang, M. Kitamura, J. ter Horst, H. Kramer and P. Jansens, *Crystal Growth & Design*, 6, 955（2006）

173) R. J. Davey, J. W. Mullin and M. J. L. Whiting, *J. Crystal Growth*, 58, 304（1982）

174) S. Gracin, A. C. Rasmuson, *Crystal Growth & Design*, 4, 1013（2004）

175) R. M. Vrcelj, H. G. Gallagher and J. N. Sherwood, *J. Am. Chem. Soc.*, 123, 2291（2001）

176) 北村光孝, 中桐園子：結晶成長学会誌, 22, 49（1995）

177) 竹本喜一：包接化合物の科学, 東京化学同人（1978）

178) J. L. Atwood：Ed., Inclusion Compounds, Vol.1, Academic Press, New York（1984）

179) E. Webe：Ed., Molecular Inclusion and Molecular Recognition Clathrates II, Springer, Berlin（1988）

180) S. L. Childs et al, *J. Am. Chem. Soc.*, 126, 13335（2004）

181) J. F. Remenaer, et al., *J. Am. Chem. Soc.*, 125, 8456（2003）

182) Y. Ueda, H. Manabe and M. Kitamura, *Crystal Engineering*, 4, 329（2001）

183) 戸田芙三夫, 化学と工業, 40, 300（1987）；戸田芙三夫, 有機合成化学雑誌, 45, 745（1987）

184) A. M. Pivovar, K. T. Holman and M. D. Ward, *Chem. Mater.*, 13, 3018（2001）

185) 北村光孝：ケミカルエンジニアリング, 50（1985）；妹尾　学他編：分離科学ハンドブック, p.510, 共立出版（1994）

186) M. Miyata, et al, Nature, 343, 446 (1990)

187) A. Ueno, F. Moriwaki, Y. Hino and T. Osa, *J. Chem Soc. Perkin Trans. II*, 921 (1985)

188) C. M. Fernandes, M. T. Vieira and F. J. Veiga, *Eur. J. Pharm.Sci.*, 15, 79 (2002)

189) A. Lemmerer, D. A. Adsmond, C. Esterhuysen and J. Bernstein, *Crystal Growth & Design*, 13, 3935 (2013)

190) R. Prohens, A. Portell and X. Alcobe, *Crystal Growth & Design*, 12, 4548 (2012)

191) G. P. Stahly, *Crystal Growth & Design*, 7, 1007 (2007)

192) I. Tabushi, K. Yamamura and T. Nabeshima, *J. Am. Chem. Soc.*, 106, 5267 (1984)

193) W. D. Schaeffer, W. S. Dorsey, D. A. Skinner and C. G. Christian, *J. Am. Chem. Soc.*, 79, 5870 (1957)

194) T. Iwamoto, T. Nakano, M. Morita, T. Miyosi, T. Miyamoto and Y. Sasaki, *Inorg. Chim. Acta*, 2, 313 (1968)

195) J. Lipkowski, S. Majchrzak, *Roczniki Chem.*, 49, 1655 (1975)

196) J. Lipkowski, P. Sgarabotto and G. D. Andreetli, *Acta Cryst.*, B36, 51 (1980)

197) 北村光孝，若林英二，中井　資：化学工学論文集，7，50 (1981)；北村光孝，中井　資：化学工学論文集，8，273 (1982)

198) 北村光孝，中井　資：化学工学論文集，11，444 (1985)

199) M. Kitamura, *J. Chem. Eng. Japan*, 21, 589 (1988)

200) M. Kitamura, *J. Chem. Eng. Japan*, 22, 551 (1989)

201) M. Kitamura, *J. Crystal Growth*, 102, 255 (1990)

202) M. Kitamura, T. Tanaka, *J. Crystal Growth*, 142, 165 (1994)

203) I. Goldberg, Z. Stein, K. Tanaka and F. Toda, *J. Inclusion Phenomena*, 6, 15 (1988)

204) M. Kitamura, A. Kuroda and F. Toda, *J. Inclusion Phenomena*, 10, 305 (1991)

205) M. Kitamura, Y. Kawaguchi and F. Toda, *J. Inclusion Phenomena*, 15, 27 (1993)

206) H. Suzuki, *Tetrahedron Lett.*, 35, 5015 (1994)；ibid., 38, 4563 (1997)

207) M. Kitamura, M. Fujimoto, *J. Crystal Growth*, 256, 393 (2003)

208) M. Kitamura, T. Abe and M. Kishida, *Chem. Eng. Res. Design*, 86, 1053 (2008)

209) A. Fujiwara, M. Kitamura, *J. Crystal Growth*, 373, 50 (2013)

210) M. Kitamura, T. Nakai, *J. Chem. Eng. Japan*, 15, 105 (1982)

211) A. Yu. Manakov, J. Lipkowski, K. Swinska and M. Kitamura, *J. Inclu. Phenom.*, 26, 1 (1996)

212) P. J. Collier, A. Ramsey, R. D. Waigh, K. T. Douglas, P. Austin and P. Gilbert, *J. Appl. Bacteriology*, 69, 578 (1990)

213) P. J. Collier, P. Austin and P. Gilbert, *International J. Pharmaceutics*, 74, 195 (1991)

214) Beckmann, W., *Organic Process Research & Development* 2000, 4, 372-383

215) S. Teychene, J. M. Autret and B. Biscans, *J. Crystal Growth*, 4, 971 (2004)

216) N. Al-Zoubi, S. Malamataris, *Int. J. Pharm.*, 260,123 (2003)

217) J. Tao, K. Jones and L. Yu, *Crystal Growth & Design*, 7, 2410 (2007)

218) C. Cashell, D. Corecoran and B. K. Hodnett, *Chem. Comm.*, 373（2003）

219) J. Cornel, C. Lindenberg and M. Mazzotti, *Crystal Growth & Design*, 9, 243（2009）

220) M. Kitamura, Y. Hayashi, *Ind. Eng. Chem. Res.*, 55, 1413（2016）

221) I. Weissbuch, et al., *J. Am. Chem. Soc.*, 112, 7718（1990）

222) D. Jacquemain, et al., *Angew. Chem. Int. Ed. Engl.*, 31, 130（1992）

223) A. Kwokal, T. H. Nguyen and K. J. Roberts, *Crystal Growth & Design*, 9, 4324（2009）

224) A. Caridi, S. Kulkarni, G. D. Profio, E. Curcio, and J. H. ter Horst, *Crystal Growth & Design.* 14, 1135（2014）

225) C. Virone, H. J. M. Kramer G. M. van Rosmalen, A. H. Stoop and T. W. Bakker, *J. Crystal Growth*, 294, 9（2006）

226) Z. Guo, M. Zhang, H. Li, J. Wang and E. Kougoulos, *J. Crystal Growth*, 273, 555（2005）

227) S. Garcin, M. Uusi-Penttila and A. C. Rasmuson, *Crystal Growth & Design*, 5, 1787（2005）

228) D. W. Matson, J. L. Fulton, R. C. Petersen and R. D. Smith, *Ind. Eng. Chem.Res.*, 26, 2298（1987）

229) R. S. Mohamed, P. G. Debenedetti and R. K. Prud'homme, *AIChE Journal*, 35, 325（1989）

300) E. M. Berends, O. S. L. Bruinsma and G. M. van Rosmalen, *J. Crystal Growth*, 128, 50（1993）

301) P. M. Gallapher, M. P. Coffey, V. J. Krukonis and N. Kulastis, *ACS Symp. Ser.*, 406, 334（1989）

302) C. Y. Tai, C.-S. Cheng, *J. Crystal Growth*, 183, 622（1998）

303) J. Fages, et al., *Powder Technology*, 141, 219（2004）

304) F. Fusaro, M. Hanchen, M. Mazzotti and G. Muhrer, *Ind. Eng. Chem. Res.*, 44, 1502（2005）

305) D. J. Dixon, K. P. Johnston and R. A. Bodmeier, *AIChE J.*, 39, 127（1993）

306) C. Magnan, E. Badens, N. Commenges and G. Charbit, *J. Supercritical Fluids*, 19, 69（2000）

307) H. Krober, U. Teipel, *J. Supercritical Fluids*, 22, 229（2002）

308) E. Reverchon, I. Marco and G. Porta, *Int. J. Pharm.*, 243, 83（2002）

309) M. Kitamura, M. Yamamoto, Y. Yoshinaga and H. Masuoka, *J. Crystal Growth*, 178, 378（1997）

310) M. Kitamura：Supercritical Fluids, ed., by Y. Arai, T. Sako and Y. Takebayashi, p.310, Springer（2002）

311) 北村，金山，小島：化学工学会年会講演要旨集（2004）

312) 黒田耕司，横山照由，梅田常雄：薬学雑誌，97，143（1977）

313) J. Anwar, S. E. Tarling and P. Barnes, *J. Pharm. Sci.*, 78, 337（1989）

314) R. W. Tate, W. R. Marshall, *Chem. Eng. Progr.*, 49, 169, 226（1953）

315) 石岡要造：化学工学，28，52（1964）

索 引

アルファベット・記号

Abrami の式 ……………………………… 51
BCF モデル ……………………… 14, 68, 74-76
bioavailability ……………………… 38, 242
FTIR … 40, 159, 160, 165, 186-188, 193, 194, 196, 213, 219, 220, 223, 224, 266, 281
GAS（法）……… 6, 7, 321-323, 326, 327, 329
Gibbs-Kelvin（Thomson）式 ……… 6, 130
Gibbs-Thomson 効果 ………………… 19-21
NaN モデル …………………… 14, 74-79
PCA 法 ………………… 7, 321, 322, 327, 329
RESS 法 ………………………………… 7, 321
ΔL 法則 …………………………… 15, 208

あ行

アダクト晶析 ………… 6, 7, 39, 58, 243, 255
安定形 …… 38-40, 42-45, 48, 60, 64, 66, 76, 77, 82, 84, 85, 125, 129, 135, 152, 163-167, 177, 187-189, 194, 195, 204, 205, 207, 210, 211, 214, 217, 219, 221, 223, 229, 230, 232, 234, 235, 237, 239, 241, 259, 260, 263, 264, 269, 270, 283, 305, 307, 309, 311, 313, 314, 316-319

安定多形 ……………………………… 309
イオンの吸着 ……………………… 23, 36
異性体分離 ……… 7, 242, 271, 275, 276, 317, 318
1 次核発生 ……………… 8, 17, 308-313, 316
液状クラスレート ……… 242, 243, 249, 253, 257, 262
オストワルドの段階則 …… 44, 60, 67, 81, 164, 174, 184, 188, 195, 197, 226, 229, 230, 234, 237, 241
温度効果 ….. 66, 67, 123, 134, 136, 140, 141, 155, 156, 165, 167, 177, 178, 184, 185, 249, 264, 265, 285, 292, 299, 300, 303, 306, 324

か行

界面エネルギー … 5, 6, 9, 15, 19, 42-44, 67, 130, 231, 234, 237, 258
解離平衡 ……………………… 170, 253, 296
化学ポテンシャル …………………… 41, 42
拡散過程 ……………………… 12, 13, 71, 72
拡散モデル …………………………… 3, 12

341

核発生速度 …… 8, 11, 13, 14, 26, 43, 45, 59, 66-68, 88, 89, 125, 150, 156, 197, 210, 238, 257, 258, 262, 296, 315

核発生モデル …… 3, 171, 198, 230, 308, 317

攪拌槽 …………… 3, 11, 13, 16, 123, 207, 306

攪拌速度 …… 8, 11, 57, 58, 60, 149, 150, 285, 292, 293, 305

活性化エネルギー …… 10, 45, 50-53, 82, 83, 85, 120, 185

過飽和度 …… 3, 6-8, 11, 13-16, 18-20, 22, 28, 35, 36, 43, 44, 57-61, 64, 66, 67, 72-74, 76, 77, 81, 84, 90, 91, 93, 95-97, 99-102, 105, 106, 113-116, 118, 119, 120, 125, 127, 128, 136, 144-150, 153, 155, 156, 158, 168, 169, 171, 174, 176, 178, 197, 198, 207, 209, 210-212, 224, 226-231, 234, 237, 239, 240, 256, 260, 263, 273, 305-307, 313, 315, 323, 325, 327

過冷却度 ……………………………… 3, 16, 36

擬似多形 ………………………………… 46

気相媒介転移 ……………………… 44, 45

急速冷却法 … 61, 64, 81, 183, 184, 186, 199, 200, 204-206, 213, 223, 226, 234, 272, 276

吸着 …… 11, 23-26, 32, 36, 37, 44, 71, 87, 89, 91, 92, 94-101, 107, 108, 111-113, 116-119, 132, 149, 212, 249, 305, 306, 308, 312, 313, 316, 317, 319

吸着等温式 ……………………… 25, 97, 98

共晶系 ……………………………… 3-5, 108

局所過飽和度 ……… 127, 136, 145-148, 150, 155, 171

均一核発生 ……… 3, 8-10, 43, 269, 306, 319

クラスター（胚種）…… 9, 11, 26, 48, 59, 80, 87, 178, 198, 206, 230, 231, 237, 241, 270, 305, 308, 312, 313, 316, 317, 319, 320

クラスレート …… 39, 47, 48, 242, 243, 248-250, 252-254, 256-259, 261, 266-271

形状係数 ……… 9, 14, 84, 105, 208, 209, 240

結晶構造 …… 15, 23-25, 30, 31, 38-40, 47, 49, 58, 63, 67, 68, 87, 90, 94, 120, 121, 159, 165, 183, 186, 187, 189-193, 195-197, 199-204, 206, 215, 223, 230, 256, 270, 271, 278, 280, 283, 287, 305

結晶成長速度 …… 8, 13, 91, 94, 96, 97, 105, 231

固液平衡 … 3-5, 7, 15, 24, 31, 41, 46, 48, 58, 162, 258, 295

固相転移 …… 39, 44, 45, 48, 49, 51, 53, 218, 322, 327

コッセルモデル …………………… 3, 11

互変転移 ……………………… 40-42, 61

固溶体 …… 3-5, 23-25, 31-33, 35, 36, 109, 248, 249, 252, 254, 282, 283, 319, 320

混合溶媒 ……… 158, 177, 206, 207, 212, 214, 221, 285

コンフォーマー …… 59, 61, 67, 68, 184, 185, 187, 198, 206, 212, 213, 230, 231, 237, 241

コンフォーメーション …… 44, 59, 62, 63, 67, 68, 184, 185, 189, 191, 192, 195-203, 206, 220, 222, 230, 231, 234, 270

さ行

種晶 ………… 8, 10, 11, 16, 17, 53, 57, 61, 94, 101-103, 105, 106, 108-110, 112-114, 116-118, 163, 167, 173, 180, 185, 208, 209, 238, 239, 305-320

準安定形 …… 38-40, 42-45, 53, 60, 63, 84, 85, 101, 120, 125, 127, 129, 144, 158, 162-164, 166, 167, 177, 187, 194, 195, 207, 210, 221, 226, 229, 232, 234, 237, 241, 259, 260, 263, 264, 270, 283, 316, 317

準安定領域 ………… 8, 25, 60, 61, 305, 325

晶析法 …… 5-7, 26, 28, 58-61, 81, 206, 249, 251, 255, 305, 321

蒸発晶析 ………………………………… 6, 35, 186

晶癖 ……………………………… 23, 24, 32, 33, 36

徐放化 …… 242-244, 276, 284, 285, 287-289, 292, 300

成長速度の粒径依存性 ……………… 15, 19

前駆体 ………… 124, 125, 127, 128, 136, 137

速度因子 ……………………………… 59, 206, 231

た行

多形制御因子 ………… 57, 59, 60, 123, 158

多形の核発生 … 43, 59, 61, 67, 87, 127, 170, 188, 197, 206, 207, 213, 216, 218, 221, 231, 237, 257, 260, 270, 306, 307

多形の成長速度 …… 44, 68, 87, 90, 207-211

多形の溶解度 … 5, 39, 40, 42, 57, 59, 62, 63, 80, 82, 84, 158, 159, 161, 165-168, 172, 207, 209, 231-233, 259, 269, 270

単一結晶 …… 22, 36, 68, 87, 89, 90, 117, 200

単変転移 ………………… 41, 42, 60, 61, 64, 231

置換基 ……… 62, 87, 102, 107, 113, 114, 119, 183, 184, 202

超音波 ……………… 57, 58, 305, 306, 313-315

超臨界流体 ……………… 6, 7, 57, 58, 321-323

転移 …… 30, 38-46, 48-53, 57, 58, 62-66, 80, 82-86, 88, 89, 122, 124, 125, 127-129, 133, 136, 137, 141-143, 154, 157, 158, 161, 162, 164, 167, 168, 172-176, 178-181, 183, 187, 189, 194, 206-209, 211, 214, 216, 217, 221, 226, 229, 231, 232, 237-239, 241, 243, 244, 256, 260, 261, 263, 264, 268, 269, 274-277, 283-285, 292, 300, 311-315, 318, 319

転移挙動 … 45, 80, 82, 88, 90, 152-154, 157-159, 161-164, 167, 168, 170, 172-174, 177, 178, 181, 206, 207, 211, 213, 221, 237, 305

転移速度　62, 66, 82, 84, 85, 87, 89, 90, 129-132, 152-154, 157, 162, 172-175, 178, 180, 185, 207, 211, 216, 226, 231, 237-239, 241, 259, 264, 275, 292, 311-313, 315

添加物効果 …… 23, 26, 32, 37, 80, 87-92, 96, 101-103, 105, 107, 111, 115, 118, 119, 123, 131

添加物（の）混入 …… 23, 103, 107, 109, 111

テンプレート ……………………… 306, 307

同素体 …………………………………… 38

な行

二酸化炭素 ……………………………… 7, 120

2次核発生 ……… 3, 6, 8-11, 16, 17, 61, 108, 207, 305, 307, 308, 310-313, 315-320

2次元核発生 ………… 3, 13, 14, 74, 79, 306

熱分解ガスクロマトグラフィー …… 247

熱分析 …………… 40, 45, 200, 213, 236, 289

熱力学的安定性　39, 46, 120, 158, 161, 162, 164, 168, 170, 177, 206, 221, 231-233, 242, 243, 259, 264, 269

熱力学平衡因子 ………… 59, 206, 213, 223

ノズル径（の影響）………………… 329-331

は行

反応晶析 …… 7, 57, 58, 120, 1233, 135, 136,

138, 141-143, 149, 158, 243

非晶質 ……………………………………… 124

微分晶析（法）… 27-33, 61, 81, 88, 249, 251

表面反応過程 …… 12, 13, 19-21, 71, 72, 74

貧溶媒 ……… 6, 7, 58, 59, 158, 168-171, 177, 207, 213, 221, 305, 308-312, 314, 315, 321, 322, 331

貧溶媒晶析 …… 6, 7, 58, 158, 161, 168, 169, 171, 176, 177, 206, 213, 305, 306, 308, 309, 313-315

不均一核発生 …………… 3, 8, 10, 269, 306

不均一反応系 ………………………… 122

不純物効果 ……………………… 23, 25, 36

不純物の混入 ……………… 23, 24, 26, 28

分子構造 …… 23-25, 45, 58, 62, 87, 88, 101, 108, 110, 111, 116, 183-186, 199, 206, 223, 231, 235, 237, 244, 276, 285

分子錯体 ………… 38, 39, 242, 279, 281-283

分子認識 …… 7, 58, 242-244, 254, 255, 265, 270, 276-278, 281, 306, 316

粉末X線回折 ……………………… 40, 200

ベルグ効果 …………………………… 15

包接結晶 …… 7, 38, 39, 46-48, 58, 242-244, 246-249, 254, 255, 258, 263-266, 270-274, 276, 279, 284-287, 289, 292, 294, 296-306, 315-317

母液付着 …………………… 108, 109, 116

ま行

メカノケミカルな転移 ·················· 44, 45

モルフォロジー ········ 15, 23-25, 37-40, 62,
77-80, 87, 89-93, 95, 101, 112, 117, 123,
124, 126-18, 130, 133, 145, 155, 161, 162,
175, 176, 178, 184, 187, 192, 199, 202, 203,
226, 227, 229, 230, 248, 255, 274, 276, 280,
282, 301, 302, 327

や行

融液媒介転移 ······························ 45, 219

融解熱則 ·· 41

溶液媒介転移 ··· 44, 45, 67, 84, 89, 124, 128,
129, 141, 142, 157, 162, 164, 172, 178, 187,
188, 194, 207, 208, 229, 260, 263, 269, 275,
276, 283, 298, 316, 319

溶液流速 ································ 71, 72, 90

溶解速度 ······ 16, 20-22, 38, 45, 68, 84, 122,
129, 150, 157, 176, 187, 207, 238, 286, 291,
325

溶解度 ······· 3, 5-8, 10, 12, 19, 27, 28, 38-42,
44, 47, 48, 57-60, 62-64, 66, 72, 76, 80, 82,
84, 85, 89, 103, 104, 128-133, 149-153, 156,
158, 159, 161-168, 171-174, 176, 178, 182,
183, 185, 187, 192-194, 197, 200, 206-218,
221, 222, 224, 226-229, 231-234, 236-240,
242, 245, 246, 258, 259, 262, 264, 265, 268-
270, 272, 277, 285, 291, 292, 303, 321, 323,
324

溶媒効果 ········ 158, 204, 206, 211-213, 221,
223, 230, 231, 234-237, 239, 243, 277

ら行

らせん転位 ······························ 13, 14, 76

粒径分布 ········ 15-17, 23, 83, 139, 146, 314,
322

冷却晶析 ········ 6, 7, 58, 60, 61, 64, 158, 176,
200, 205, 213, 249, 254, 305

冷却速度 ················ 6, 8, 58, 60, 61, 64, 176

北村　光孝（きたむら　みつたか）

1968年　九州工業大学工学部卒業
1970年　京都大学大学院工学研究科修士課程修了
1978年　民間企業を経て広島大学工学部助手、助教授
2002年　オランダ・デルフト工科大学プロセス研究所
　　　　客員教授
2005年　兵庫県立大学大学院工学研究科教授
2011年　松山市にて北村多形制御研究所開設
　　　　現在に至る。
工学博士（1978年、京都大学）

●表紙，函画像：kiko／PIXTA（ピクスタ）

多形現象と制御技術
──晶析と多形の基礎から多形制御の実際まで──

発行日	2018年4月16日　初版第一刷発行
発行者	吉田　隆
発行所	株式会社エヌ・ティー・エス
	〒102-0091 東京都千代田区北の丸公園 2-1 科学技術館2階
	TEL.03-5224-5430　http://www.nts-book.co.jp
編集・装丁	西山智佳子
印刷・製本	日本ハイコム株式会社

ISBN978-4-86043-517-2

© 2018　北村光孝

落丁・乱丁本はお取り替えいたします。無断複写・転写を禁じます。定価はケースに表示しております。
本書の内容に関し追加・訂正情報が生じた場合は、㈱エヌ・ティー・エスホームページにて掲載いたします。
※ホームページを閲覧する環境のない方は、当社営業部(03-5224-5430)へお問い合わせください。